天津市安装工程预算基价

第六册 工业管道工程

DBD 29-306-2020

天津市住房和城乡建设委员会
天津市建筑市场服务中心 主编

中国计划出版社

目　录

第三章 阀 门 安 装

第四章　法 兰 安 装

第五章　板卷管制作与管件制作

第六章　管道支架制作、安装

第七章　管道压力试验、吹扫与清洗

第八章　无损探伤与焊口热处理

第九章　其他项目制作、安装

附　　录

册　说　明

一、本册基价包括管道安装，管件连接，阀门安装，法兰安装，板卷管制作与管件制作，管道支架制作与安装，管道压力试验、吹扫与清洗，无损探伤与焊口热处理，其他项目制作与安装9章，共3048条基价子目。

二、本册基价适用于以下范围：

1.新建、扩建项目的工业管道安装工程。

2.厂区范围内的车间、装置、站、罐区及其相互之间各种生产用介质输送管道。

3.厂区第一个连接点以内的生产用(包括生产与生活共用)给水、排水、蒸汽、煤气输送管道。给水以入口水表井为界；排水以厂围墙外第一个污水井为界；蒸汽和煤气以入口第一个计量表(阀门)为界；锅炉房、水泵房以外墙皮为界。

三、本册基价以国家和有关工业部门发布的现行产品标准、设计规范、施工及验收技术规范、技术操作规程、质量评定标准和安全操作规程为依据。

四、本册基价场外运费是按1km考虑的。场外运距超过1km时，其超过部分的人工和机械乘以系数1.10。

五、本册基价各子目不包括以下内容，应参照其他章节列项或另行补充：

1.单件质量100kg以外的管道支架，管道预制钢平台的摊销参照本基价第五册《静置设备与工艺金属结构制作安装工程》DBD 29-305-2020的相应基价子目。

2.地沟和埋地管道的土石方及砌筑工程参照建筑工程相应基价子目。

3.单体和局部试运转所需的水、电、蒸汽、气体、油(油脂)、燃气等。

4.配合局部联动试车费。

5.管道安装完后的充气保护和防冻保护。

6.设备、材料、成品、半成品、构件等在施工现场范围以外的运输费用。

7.管道和安装支架的喷砂除锈、刷油、绝热参照本基价第十一册《刷油、绝热、防腐蚀工程》DBD 29-311-2020相应基价子目。

六、下列项目按系数分别计取：

1.脚手架措施费按分部分项工程费中人工费的4%计取，其中人工费占35%。

2.车间内整体封闭式地沟管道，其人工和机械乘以系数1.20(管道安装后盖板封闭地沟除外)。

3.超低碳不锈钢管执行不锈钢管的子目，其人工和机械乘以系数1.15。

4.高合金钢管执行合金钢管的子目，其人工和机械乘以系数1.15。

5.安装与生产同时进行降效增加费按分部分项工程费中人工费的10%计取，全部为人工费。

6.在有害身体健康的环境中施工降效增加费按分部分项工程费中人工费的10%计取，全部为人工费。

第一章　管 道 安 装

说　明

一、本章适用范围：低、中、高压碳钢管、不锈钢管、合金钢管及有色金属管、非金属管、生产用铸铁管安装。

二、本章预算基价各子目的工作内容：

1.本章均包括直管安装全部工序内容，不包括管件的管口连接工序。

2.衬里钢管包括直管、管件、法兰安装及拆除全部工序内容。

三、本章各基价子目不包括以下工作内容，应参照其他章节列项或另行补充：

1.管件连接。

2.阀门安装。

3.法兰安装。

4.管道压力试验、吹扫与清洗。

5.焊口无损探伤与热处理。

6.管道支架制作与安装。

7.管口焊接管内、外充氩保护。

8.管件制作、揻弯。

工程量计算规则

管道安装依据管道压力、材质、连接方式、型号、规格，按设计图示管道中心线长度以延长米计算，不扣除阀门、管件所占长度，遇弯管时，按两管交叉的中心线交点计算。方形补偿器以其所占长度按管道安装工程量计算。

一、低 压 管 道

1.有缝钢管(螺纹连接)

工作内容: 管子切口、套丝、管口连接、管道安装。 **单位:** 10m

编号				6-1	6-2	6-3	6-4	6-5	6-6
项目				公称直径(mm以内)					
				15	20	25	32	40	50
预算基价	总价(元)			**61.09**	**68.00**	**76.28**	**84.64**	**91.46**	**102.49**
	人工费(元)			60.75	67.50	75.60	83.70	90.45	101.25
	材料费(元)			0.30	0.46	0.60	0.82	0.89	1.12
	机械费(元)			0.04	0.04	0.08	0.12	0.12	0.12
组成内容		单位	单价	数量					
人工	综合工	工日	135.00	0.45	0.50	0.56	0.62	0.67	0.75
材料	低压碳钢管	m	—	(10)	(10)	(10)	(10)	(10)	(10)
	尼龙砂轮片 $D500\times25\times4$	片	18.69	0.004	0.005	0.006	0.008	0.009	0.011
	氧气	m^3	2.88	—	—	0.009	0.013	0.015	0.018
	乙炔气	kg	14.66	—	—	0.004	0.005	0.006	0.007
	零星材料费	元	—	0.23	0.37	0.40	0.56	0.59	0.76
机械	砂轮切割机 $D500$	台班	39.52	0.001	0.001	0.002	0.003	0.003	0.003

2.碳钢伴热管(氧乙炔焊)

工作内容：管子切口、揻弯、管口组对、焊接、管道安装。 **单位：**10m

编号				6-7	6-8	6-9	6-10	6-11	6-12
项目				用于装置内管道			用于外管廊管道		
				公称直径(mm以内)					
				15	20	25	15	20	25
预算基价	总价(元)			**94.32**	**112.14**	**128.30**	**67.05**	**74.55**	**82.54**
	人工费(元)			90.45	106.65	118.80	64.80	71.55	78.30
	材料费(元)			3.39	4.82	8.56	1.91	2.55	3.60
	机械费(元)			0.48	0.67	0.94	0.34	0.45	0.64
组成内容		单位	单价	数量					
人工	综合工	工日	135.00	0.67	0.79	0.88	0.48	0.53	0.58
材料	低压碳钢管	m	—	(10.20)	(10.20)	(10.20)	(10.15)	(10.15)	(10.15)
	气焊条 $D<2$	kg	7.96	0.004	0.007	0.007	0.003	0.003	0.004
	尼龙砂轮片 $D100\times16\times3$	片	3.92	0.005	0.007	0.008	0.003	0.004	0.005
	尼龙砂轮片 $D500\times25\times4$	片	18.69	0.011	0.015	0.019	0.008	0.010	0.012
	氧气	m^3	2.88	0.278	0.399	0.754	0.105	0.156	0.279
	乙炔气	kg	14.66	0.103	0.154	0.295	0.042	0.062	0.103
	零星材料费	元	—	0.82	1.05	1.62	0.81	0.97	1.01
机械	电焊机（综合）	台班	74.17	0.006	0.008	0.010	0.004	0.005	0.007
	砂轮切割机 $D500$	台班	39.52	0.001	0.002	0.005	0.001	0.002	0.003

3.不锈钢伴热管(电弧焊)

工作内容：管子切口、揻弯、管口组对、焊接、管道安装、焊缝钝化。

单位：10m

编号				6-13	6-14	6-15	6-16	6-17	6-18
项目				用于装置内管道			用于外管廊管道		
				公称直径(mm以内)					
				15	20	25	15	20	25
预算基价	总价(元)			**307.82**	**371.37**	**433.29**	**158.67**	**175.80**	**197.47**
	人工费(元)			301.05	363.15	421.20	153.90	170.10	189.00
	材料费(元)			4.13	4.95	7.72	2.98	3.53	5.57
	机械费(元)			2.64	3.27	4.37	1.79	2.17	2.90
组成内容		单位	单价	数量					
人工	综合工	工日	135.00	2.23	2.69	3.12	1.14	1.26	1.40
材料	低压不锈钢管	m	—	(10.20)	(10.20)	(10.20)	(10.15)	(10.15)	(10.15)
	不锈钢电焊条	kg	66.08	0.036	0.045	0.071	0.024	0.030	0.047
	尼龙砂轮片 $D100\times16\times3$	片	3.92	0.054	0.068	0.094	0.036	0.045	0.063
	尼龙砂轮片 $D500\times25\times4$	片	18.69	0.016	0.019	0.031	0.010	0.012	0.021
	零星材料费	元	—	1.24	1.35	2.08	1.07	1.15	1.82
机械	电焊条烘干箱 600×500×750	台班	27.16	0.002	0.003	0.005	0.002	0.002	0.003
	电焊机（综合）	台班	74.17	0.025	0.032	0.044	0.017	0.021	0.029
	电动空气压缩机 $6m^3$	台班	217.48	0.003	0.003	0.003	0.002	0.002	0.002
	砂轮切割机 $D500$	台班	39.52	0.002	0.004	0.008	0.001	0.003	0.006

4.碳钢管(氧乙炔焊)

工作内容：管子切口、坡口加工、管口组对、焊接、管道安装。 **单位：**10m

编号				6-19	6-20	6-21	6-22	6-23	6-24
项目				公称直径(mm以内)					
				15	20	25	32	40	50
预算基价	总价(元)			**51.17**	**55.47**	**67.25**	**75.79**	**82.74**	**91.36**
	人工费(元)			49.95	54.00	64.80	72.90	79.65	87.75
	材料费(元)			0.96	1.13	1.93	2.25	2.38	2.75
	机械费(元)			0.26	0.34	0.52	0.64	0.71	0.86
组成内容		**单位**	**单价**	**数量**					
人工	综合工	工日	135.00	0.37	0.40	0.48	0.54	0.59	0.65
材料	低压碳钢管	m	—	(9.72)	(9.72)	(9.72)	(9.72)	(9.72)	(9.57)
	气焊条 $D<2$	kg	7.96	0.003	0.003	0.004	0.006	0.006	0.008
	尼龙砂轮片 $D100\times16\times3$	片	3.92	0.003	0.004	0.054	0.067	0.086	0.103
	尼龙砂轮片 $D500\times25\times4$	片	18.69	0.004	0.005	0.006	0.008	0.009	0.011
	氧气	m^3	2.88	0.004	0.005	0.008	0.016	0.018	0.021
	乙炔气	kg	14.66	0.002	0.002	0.003	0.006	0.006	0.008
	零星材料费	元	—	0.81	0.95	1.51	1.66	1.69	1.90
机械	电焊机（综合）	台班	74.17	0.003	0.004	0.006	0.007	0.008	0.010
	砂轮切割机 $D500$	台班	39.52	0.001	0.001	0.002	0.003	0.003	0.003

5.碳钢管(电弧焊)

工作内容：管子切口、坡口加工、坡口磨平、管口组对、焊接、垂直运输、管道安装。

单位：10m

编号				6-25	6-26	6-27	6-28	6-29	6-30	6-31	6-32	6-33
项目				公称直径(mm以内)								
				15	20	25	32	40	50	65	80	100
预算基价	总价(元)			**51.55**	**56.38**	**68.68**	**77.84**	**85.27**	**96.32**	**126.38**	**148.80**	**213.63**
	人工费(元)			48.60	52.65	63.45	71.55	78.30	87.75	112.05	132.30	147.15
	材料费(元)			1.15	1.38	2.10	2.43	2.56	3.10	5.75	6.46	9.34
	机械费(元)			1.80	2.35	3.13	3.86	4.41	5.47	8.58	10.04	57.14
组成内容		**单位**	**单价**	**数量**								
人工	综合工	工日	135.00	0.36	0.39	0.47	0.53	0.58	0.65	0.83	0.98	1.09
材料	低压碳钢管	m	—	(9.72)	(9.72)	(9.72)	(9.72)	(9.72)	(9.57)	(9.57)	(9.57)	(9.57)
	碳钢电焊条 E4303 *D*3.2	kg	7.59	0.024	0.031	0.049	0.061	0.069	0.096	0.172	0.202	0.378
	尼龙砂轮片 *D*100×16×3	片	3.92	0.016	0.021	0.021	0.027	0.030	0.045	0.072	0.085	0.098
	尼龙砂轮片 *D*500×25×4	片	18.69	0.004	0.005	0.006	0.008	0.009	0.011	—	—	—
	氧气	m^3	2.88	0.001	0.001	0.001	0.006	0.007	0.008	0.254	0.286	0.429
	乙炔气	kg	14.66	0.001	0.001	0.001	0.002	0.002	0.003	0.085	0.096	0.143
	零星材料费	元	—	0.81	0.95	1.52	1.67	1.70	1.92	2.18	2.36	2.75
机械	电焊条烘干箱 600×500×750	台班	27.16	0.002	0.003	0.003	0.004	0.005	0.006	0.010	0.012	0.018
	电焊机（综合）	台班	74.17	0.023	0.030	0.040	0.049	0.056	0.070	0.112	0.131	0.190
	砂轮切割机 *D*500	台班	39.52	0.001	0.001	0.002	0.003	0.003	0.003	—	—	—
	吊装机械（综合）	台班	664.97	—	—	—	—	—	—	—	—	0.064

工作内容：管子切口、坡口加工、坡口磨平、管口组对、焊接、垂直运输、管道安装。

单位：10m

编号				6-34	6-35	6-36	6-37	6-38	6-39	6-40	6-41	6-42
项目				公称直径(mm以内)								
				125	150	200	250	300	350	400	450	500
预算基价	总价(元)			**258.84**	**298.67**	**364.88**	**486.19**	**531.15**	**596.03**	**674.54**	**812.60**	**934.55**
	人工费(元)			174.15	205.20	234.90	295.65	328.05	360.45	411.75	502.20	603.45
	材料费(元)			9.34	11.40	17.64	28.54	32.25	36.90	41.02	55.28	61.80
	机械费(元)			75.35	82.07	112.34	162.00	170.85	198.68	221.77	255.12	269.30
组成内容		**单位**	**单价**	**数量**								
人工	综合工	工日	135.00	1.29	1.52	1.74	2.19	2.43	2.67	3.05	3.72	4.47
材料	低压碳钢管	m	—	(9.41)	(9.41)	(9.41)	(9.36)	(9.36)	(9.36)	(9.36)	(9.25)	(9.25)
	碳钢电焊条 E4303 *D*3.2	kg	7.59	0.419	0.530	0.912	1.793	2.197	2.602	2.944	4.368	4.828
	氧气	m^3	2.88	0.437	0.553	0.816	1.219	1.305	1.390	1.524	1.786	2.059
	乙炔气	kg	14.66	0.145	0.184	0.272	0.407	0.435	0.463	0.508	0.595	0.686
	尼龙砂轮片 *D*100×16×3	片	3.92	0.099	0.137	0.237	0.416	0.378	0.567	0.642	0.880	0.974
	零星材料费	元	—	2.39	2.55	3.45	3.82	3.96	4.14	4.32	4.81	5.35
机械	电焊条烘干箱 600×500×750	台班	27.16	0.020	0.025	0.035	0.050	0.054	0.057	0.064	0.075	0.083
	电焊机（综合）	台班	74.17	0.214	0.268	0.380	0.538	0.569	0.600	0.679	0.799	0.883
	吊装机械（综合）	台班	664.97	0.077	0.077	0.098	0.137	0.137	0.152	0.166	0.181	0.181
	载货汽车 8t	台班	521.59	0.006	0.008	0.014	0.023	0.028	0.040	0.046	0.057	0.063
	汽车式起重机 8t	台班	767.15	0.006	0.008	0.014	0.023	0.028	0.040	0.046	0.057	0.063

6.碳钢管(氩电联焊)

工作内容:管子切口、坡口加工、坡口磨平、管口组对、焊接、管口封闭、垂直运输、管道安装。 **单位:**10m

编号				6-43	6-44	6-45	6-46	6-47	6-48	6-49	6-50	6-51
项目				公称直径(mm以内)								
				15	20	25	32	40	50	65	80	100
预算基价	总价(元)			**59.48**	**64.56**	**78.87**	**89.95**	**99.06**	**118.33**	**147.51**	**173.30**	**257.33**
	人工费(元)			55.35	59.40	71.55	81.00	89.10	103.95	129.60	152.55	183.60
	材料费(元)			1.85	2.23	3.43	4.08	4.44	5.42	7.88	9.02	12.86
	机械费(元)			2.28	2.93	3.89	4.87	5.52	8.96	10.03	11.73	60.87
组成内容		**单位**	**单价**	**数量**								
人工	综合工	工日	135.00	0.41	0.44	0.53	0.60	0.66	0.77	0.96	1.13	1.36
材料	低压碳钢管	m	—	(9.72)	(9.72)	(9.72)	(9.72)	(9.72)	(9.57)	(9.57)	(9.57)	(9.57)
	碳钢电焊条 E4303 *D*3.2	kg	7.59	0.001	0.001	0.001	0.002	0.002	0.069	0.087	0.104	0.265
	碳钢焊丝	kg	10.58	0.012	0.015	0.024	0.030	0.034	0.035	0.037	0.044	0.056
	尼龙砂轮片 *D*100×16×3	片	3.92	0.013	0.016	0.021	0.026	0.030	0.046	0.072	0.085	0.146
	尼龙砂轮片 *D*500×25×4	片	18.69	0.004	0.005	0.006	0.008	0.009	0.013	0.019	0.023	0.033
	氧气	m^3	2.88	0.001	0.001	0.001	0.006	0.007	0.008	0.226	0.255	0.381
	乙炔气	kg	14.66	0.001	0.001	0.001	0.002	0.002	0.003	0.076	0.086	0.127
	氩气	m^3	18.60	0.033	0.042	0.067	0.083	0.095	0.099	0.104	0.123	0.157
	钍钨棒	kg	640.87	0.00007	0.00008	0.00013	0.00017	0.00019	0.00020	0.00021	0.00025	0.00031
	零星材料费	元	—	0.91	1.06	1.63	1.80	1.84	2.07	2.36	2.56	2.99
机械	电焊条烘干箱 600×500×750	台班	27.16	—	—	—	—	—	0.004	0.005	0.006	0.012
	电焊机(综合)	台班	74.17	0.003	0.004	0.006	0.007	0.008	0.049	0.060	0.069	0.132
	氩弧焊机 500A	台班	96.11	0.021	0.027	0.035	0.044	0.050	0.053	0.055	0.065	0.082
	砂轮切割机 *D*500	台班	39.52	0.001	0.001	0.002	0.003	0.003	0.003	0.004	0.005	0.008
	吊装机械(综合)	台班	664.97	—	—	—	—	—	—	—	—	0.064

工作内容：管子切口、坡口加工、坡口磨平、管口组对、焊接、管口封闭、垂直运输、管道安装。 **单位：**10m

编号				6-52	6-53	6-54	6-55	6-56	6-57	6-58	6-59	6-60
项目				公称直径(mm以内)								
				125	150	200	250	300	350	400	450	500
预算基价	总价(元)			**292.49**	**330.51**	**404.91**	**542.04**	**595.58**	**704.70**	**753.32**	**906.32**	**1038.31**
	人工费(元)			198.45	220.05	251.10	317.25	355.05	427.95	445.50	542.70	648.00
	材料费(元)			13.74	15.84	23.53	35.66	39.87	44.44	49.59	64.72	72.15
	机械费(元)			80.30	94.62	130.28	189.13	200.66	232.31	258.23	298.90	318.16
组成内容		单位	单价	数量								
人工	综合工	工日	135.00	1.47	1.63	1.86	2.35	2.63	3.17	3.30	4.02	4.80
材料	低压碳钢管	m	—	(9.41)	(9.41)	(9.41)	(9.36)	(9.36)	(9.36)	(9.36)	(9.25)	(9.25)
	碳钢电焊条 E4303 *D*3.2	kg	7.59	0.320	0.375	0.690	1.504	1.889	2.274	2.573	3.915	4.328
	碳钢焊丝	kg	10.58	0.067	0.080	0.110	0.136	0.140	0.144	0.164	0.184	0.204
	尼龙砂轮片 *D*100×16×3	片	3.92	0.149	0.167	0.211	0.365	0.334	0.500	0.566	0.768	0.850
	尼龙砂轮片 *D*500×25×4	片	18.69	0.035	—	—	—	—	—	—	—	—
	氧气	m^3	2.88	0.386	0.541	0.816	1.219	1.305	1.390	1.524	1.803	2.059
	乙炔气	kg	14.66	0.128	0.180	0.272	0.407	0.453	0.463	0.508	0.601	0.686
	氩气	m^3	18.60	0.187	0.223	0.308	0.382	0.393	0.404	0.459	0.516	0.572
	钍钨棒	kg	640.87	0.00037	0.00045	0.00062	0.00076	0.00079	0.00081	0.00092	0.00103	0.00114
	零星材料费	元	—	2.66	2.86	3.84	4.31	4.53	4.87	5.14	5.79	6.45
机械	电焊条烘干箱 600×500×750	台班	27.16	0.012	0.017	0.026	0.040	0.044	0.048	0.054	0.066	0.073
	电焊机（综合）	台班	74.17	0.135	0.187	0.285	0.444	0.480	0.515	0.583	0.705	0.779
	氩弧焊机 500A	台班	96.11	0.098	0.117	0.162	0.200	0.206	0.212	0.241	0.271	0.300
	半自动切割机 100mm	台班	88.45	—	0.056	0.080	0.113	0.118	0.122	0.132	0.151	0.171
	砂轮切割机 *D*500	台班	39.52	0.008	—	—	—	—	—	—	—	—
	吊装机械（综合）	台班	664.97	0.077	0.077	0.098	0.137	0.137	0.152	0.166	0.181	0.181
	载货汽车 8t	台班	521.59	0.007	0.010	0.016	0.027	0.033	0.047	0.053	0.066	0.073
	汽车式起重机 8t	台班	767.15	0.007	0.010	0.016	0.027	0.033	0.047	0.053	0.066	0.073

7.碳钢板卷管(电弧焊)

工作内容：管子切口、坡口加工、坡口磨平、管口组对、焊接、垂直运输、管道安装。

单位：10m

编号				6-61	6-62	6-63	6-64	6-65	6-66	6-67
项目				公称直径(mm以内)						
				200	250	300	350	400	450	500
预算基价	总价(元)			**317.69**	**368.20**	**427.38**	**520.16**	**592.82**	**714.65**	**824.28**
	人工费(元)			202.50	236.25	280.80	341.55	396.90	486.00	567.00
	材料费(元)			15.74	18.85	21.65	34.01	37.85	41.85	46.05
	机械费(元)			99.45	113.10	124.93	144.60	158.07	186.80	211.23
组成内容		**单位**	**单价**	**数量**						
人工	综合工	工日	135.00	1.50	1.75	2.08	2.53	2.94	3.60	4.20
材料	碳钢板卷管	m	—	(9.88)	(9.88)	(9.88)	(9.88)	(9.88)	(9.78)	(9.78)
	碳钢电焊条 E4303 *D*3.2	kg	7.59	0.882	1.118	1.333	2.403	2.718	3.053	3.414
	氧气	m^3	2.88	0.943	1.074	1.184	1.611	1.748	1.888	2.024
	乙炔气	kg	14.66	0.314	0.358	0.395	0.537	0.583	0.629	0.676
	尼龙砂轮片 *D*100×16×3	片	3.92	0.223	0.279	0.333	0.544	0.616	0.692	0.767
	零星材料费	元	—	0.85	0.93	1.03	1.13	1.22	1.31	1.39
机械	电焊条烘干箱 600×500×750	台班	27.16	0.019	0.024	0.028	0.039	0.044	0.049	0.055
	电焊机（综合）	台班	74.17	0.212	0.262	0.314	0.425	0.481	0.542	0.603
	载货汽车 8t	台班	521.59	0.014	0.018	0.021	0.025	0.028	0.041	0.046
	汽车式起重机 8t	台班	767.15	0.014	0.018	0.021	0.025	0.028	0.041	0.046
	吊装机械（综合）	台班	664.97	0.098	0.105	0.111	0.120	0.128	0.139	0.159

工作内容：管子切口、坡口加工、坡口磨平、管口组对、焊接、垂直运输、管道安装。 **单位：**10m

编号				6-68	6-69	6-70	6-71	6-72	6-73	6-74
项目				公称直径(mm以内)						
				600	700	800	900	1000	1200	1400
预算基价	总价(元)			**992.37**	**1168.98**	**1348.96**	**1506.88**	**1743.10**	**2359.45**	**2878.34**
	人工费(元)			684.45	803.25	919.35	1030.05	1152.90	1561.95	1904.85
	材料费(元)			52.77	72.14	91.10	101.91	124.39	196.38	272.38
	机械费(元)			255.15	293.59	338.51	374.92	465.81	601.12	701.11
组成内容		**单位**	**单价**	**数量**						
人工	综合工	工日	135.00	5.07	5.95	6.81	7.63	8.54	11.57	14.11
材料	碳钢板卷管	m	—	(9.78)	(9.67)	(9.67)	(9.67)	(9.57)	(9.57)	(9.57)
	碳钢电焊条 E4303 *D*3.2	kg	7.59	3.684	5.825	7.469	8.390	10.354	16.277	23.261
	氧气	m^3	2.88	2.459	2.743	3.377	3.756	4.463	7.147	9.360
	乙炔气	kg	14.66	0.820	0.915	1.126	1.252	1.500	2.382	3.120
	尼龙砂轮片 *D*100×16×3	片	3.92	0.920	1.097	1.442	1.620	2.015	3.251	4.595
	零星材料费	元	—	2.10	2.31	2.52	2.71	3.06	4.59	5.12
机械	电焊条烘干箱 600×500×750	台班	27.16	0.092	0.111	0.127	0.143	0.160	0.251	0.297
	电焊机（综合）	台班	74.17	0.837	1.003	1.146	1.287	1.442	2.277	2.688
	载货汽车 8t	台班	521.59	0.055	0.063	0.080	0.090	0.111	0.133	0.155
	汽车式起重机 8t	台班	767.15	0.055	0.063	0.080	0.090	0.111	0.133	0.155
	吊装机械（综合）	台班	664.97	0.180	0.203	0.221	0.240	0.318	0.382	0.442

工作内容：管子切口、坡口加工、坡口磨平、管口组对、焊接、垂直运输、管道安装。 **单位：**10m

编号				6-75	6-76	6-77	6-78	6-79	6-80	6-81	6-82
项目				公称直径(mm以内)							
				1600	1800	2000	2200	2400	2600	2800	3000
预算基价	总价(元)			**3210.92**	**3850.87**	**4939.95**	**5637.02**	**6303.56**	**7510.73**	**8475.53**	**9305.36**
	人工费(元)			2035.80	2394.90	3088.80	3551.85	4013.55	4779.00	5420.25	6022.35
	材料费(元)			313.30	357.66	515.84	566.44	617.08	789.54	847.72	908.01
	机械费(元)			861.82	1098.31	1335.31	1518.73	1672.93	1942.19	2207.56	2375.00
组成内容		**单位**	**单价**	**数量**							
人工	综合工	工日	135.00	15.08	17.74	22.88	26.31	29.73	35.40	40.15	44.61
材料	碳钢板卷管	m	—	(9.36)	(9.36)	(9.36)	(9.36)	(9.36)	(9.36)	(9.36)	(9.36)
	碳钢电焊条 E4303 *D*3.2	kg	7.59	26.560	30.710	44.211	48.611	53.009	69.569	74.903	80.236
	氧气	m^3	2.88	10.905	12.170	17.647	19.306	21.015	25.479	27.165	29.122
	乙炔气	kg	14.66	3.635	4.056	5.883	6.435	7.005	8.494	9.055	9.707
	尼龙砂轮片 *D*100×16×3	片	3.92	5.248	5.901	8.607	9.465	10.322	13.153	14.163	15.172
	零星材料费	元	—	6.44	6.93	9.47	10.44	11.06	12.05	12.71	13.37
机械	电焊条烘干箱 600×500×750	台班	27.16	0.339	0.381	0.564	0.620	0.676	0.844	0.909	0.974
	电焊机（综合）	台班	74.17	3.069	3.450	5.109	5.618	6.127	7.591	8.188	8.768
	载货汽车 8t	台班	521.59	0.212	0.318	0.352	0.388	0.423	0.459	0.575	0.616
	汽车式起重机 8t	台班	767.15	0.212	0.318	0.352	0.388	0.423	0.459	0.575	0.616
	吊装机械（综合）	台班	664.97	0.529	0.635	0.733	0.880	0.985	1.150	1.255	1.360

8.碳钢板卷管(埋弧自动焊)

工作内容：管子切口、坡口加工、坡口磨平、管口组对、焊接、垂直运输、管道安装。 **单位：**10m

编号				6-83	6-84	6-85	6-86	6-87	6-88	6-89	6-90
项目				公称直径(mm以内)							
				600	700	800	900	1000	1200	1400	1600
预算基价	总价(元)			**870.12**	**1006.73**	**1171.13**	**1308.72**	**1502.50**	**1980.71**	**2452.57**	**2950.97**
	人工费(元)			602.10	702.00	808.65	907.20	1008.45	1335.15	1653.75	1975.05
	材料费(元)			60.99	69.67	90.36	101.07	112.05	176.95	247.37	284.75
	机械费(元)			207.03	235.06	272.12	300.45	382.00	468.61	551.45	691.17
组成内容		**单位**	**单价**	**数量**							
人工	综合工	工日	135.00	4.46	5.20	5.99	6.72	7.47	9.89	12.25	14.63
材料	碳钢板卷管	m	—	(9.78)	(9.67)	(9.67)	(9.67)	(9.57)	(9.57)	(9.57)	(9.36)
	碳钢埋弧焊丝	kg	9.58	2.174	2.489	3.181	3.573	3.965	6.234	9.062	10.348
	埋弧焊剂	kg	4.93	3.261	3.734	4.772	5.360	5.948	9.351	13.593	15.522
	氧气	m^3	2.88	2.459	2.743	3.648	4.059	4.463	7.147	9.360	10.905
	乙炔气	kg	14.66	0.820	0.915	1.217	1.354	1.500	2.382	3.120	3.635
	尼龙砂轮片 $D100\times16\times3$	片	3.92	0.881	1.009	1.445	1.623	1.802	2.908	4.111	4.695
	零星材料费	元	—	1.53	2.15	2.35	2.51	2.83	4.23	4.73	5.99
机械	自动埋弧焊机 1200A	台班	186.98	0.088	0.101	0.118	0.133	0.147	0.231	0.309	0.354
	载货汽车 8t	台班	521.59	0.055	0.063	0.080	0.090	0.111	0.133	0.155	0.212
	汽车式起重机 8t	台班	767.15	0.055	0.063	0.080	0.090	0.111	0.133	0.155	0.212
	吊装机械（综合）	台班	664.97	0.180	0.203	0.221	0.240	0.318	0.382	0.442	0.529

工作内容：管子切口、坡口加工、坡口磨平、管口组对、焊接、垂直运输、管道安装。　　　　**单位：**10m

编号				6-91	6-92	6-93	6-94	6-95	6-96	6-97
项目				公称直径(mm以内)						
				1800	2000	2200	2400	2600	2800	3000
预算基价	总价(元)			**3563.79**	**4473.16**	**5141.31**	**5778.92**	**6773.97**	**7711.53**	**8510.15**
	人工费(元)			2338.20	2953.80	3420.90	3886.65	4575.15	5231.25	5842.80
	材料费(元)			319.10	468.36	514.23	560.13	685.14	735.31	787.57
	机械费(元)			906.49	1051.00	1206.18	1332.14	1513.68	1744.97	1879.78
组成内容		**单位**	**单价**	**数量**						
人工	综合工	工日	135.00	17.32	21.88	25.34	28.79	33.89	38.75	43.28
材料	碳钢板卷管	m	—	(9.36)	(9.36)	(9.36)	(9.36)	(9.36)	(9.36)	(9.36)
	碳钢埋弧焊丝	kg	9.58	11.633	17.225	18.939	20.650	25.344	27.286	29.229
	埋弧焊剂	kg	4.93	17.450	25.837	28.409	30.980	38.015	40.930	43.840
	氧气	m^3	2.88	12.170	17.647	19.306	21.015	25.479	27.165	29.122
	乙炔气	kg	14.66	4.056	5.883	6.435	7.005	8.494	9.055	9.707
	尼龙砂轮片 $D100\times16\times3$	片	3.92	5.279	7.700	8.467	9.234	11.771	12.674	13.577
	零星材料费	元	—	6.42	8.72	9.61	10.16	10.89	11.46	12.03
机械	自动埋弧焊机 1200A	台班	186.98	0.398	0.588	0.647	0.706	0.842	0.906	0.971
	载货汽车 8t	台班	521.59	0.318	0.352	0.388	0.423	0.459	0.575	0.616
	汽车式起重机 8t	台班	767.15	0.318	0.352	0.388	0.423	0.459	0.575	0.616
	吊装机械（综合）	台班	664.97	0.635	0.733	0.880	0.985	1.150	1.255	1.360

9.不锈钢管(电弧焊)

工作内容: 管子切口、坡口加工、坡口磨平、管口组对、焊接、管口封闭、垂直运输、管道安装、焊缝钝化。 **单位:** 10m

编号				6-98	6-99	6-100	6-101	6-102	6-103	6-104	6-105
项目				公称直径(mm以内)							
				15	20	25	32	40	50	65	80
预算基价	总价(元)			**77.08**	**86.02**	**98.88**	**110.93**	**142.55**	**164.88**	**217.44**	**248.89**
	人工费(元)			72.90	81.00	91.80	102.60	129.60	149.85	195.75	206.55
	材料费(元)			2.64	3.16	4.69	5.47	7.41	8.51	12.45	14.46
	机械费(元)			1.54	1.86	2.39	2.86	5.54	6.52	9.24	27.88
组成内容		**单位**	**单价**	**数量**							
人工	综合工	工日	135.00	0.54	0.60	0.68	0.76	0.96	1.11	1.45	1.53
材料	低压不锈钢管	m	—	(9.84)	(9.84)	(9.84)	(9.84)	(9.74)	(9.74)	(9.74)	(9.53)
	不锈钢电焊条	kg	66.08	0.020	0.026	0.038	0.047	0.071	0.085	0.133	0.156
	尼龙砂轮片 *D*100×16×3	片	3.92	0.024	0.030	0.039	0.048	0.048	0.048	0.081	0.094
	尼龙砂轮片 *D*500×25×4	片	18.69	0.005	0.006	0.010	0.012	0.014	0.014	0.020	0.025
	零星材料费	元	—	1.13	1.21	1.84	1.95	2.27	2.44	2.97	3.32
机械	电焊条烘干箱 600×500×750	台班	27.16	0.001	0.002	0.002	0.003	0.006	0.008	0.011	0.013
	电焊机(综合)	台班	74.17	0.014	0.018	0.024	0.030	0.065	0.077	0.111	0.130
	电动空气压缩机 $1m^3$	台班	52.31	—	—	—	—	—	—	—	0.061
	电动空气压缩机 $6m^3$	台班	217.48	0.002	0.002	0.002	0.002	0.002	0.002	0.002	0.002
	等离子切割机 400A	台班	229.27	—	—	—	—	—	—	—	0.061
	砂轮切割机 *D*500	台班	39.52	0.001	0.001	0.003	0.003	0.003	0.004	0.007	0.007

工作内容：管子切口、坡口加工、坡口磨平、管口组对、焊接、管口封闭、垂直运输、管道安装、焊缝钝化。 **单位：**10m

编号				6-106	6-107	6-108	6-109	6-110	6-111	6-112	6-113
项目				公称直径(mm以内)							
				100	125	150	200	250	300	350	400
预算基价	总价(元)			**310.34**	**393.19**	**466.03**	**658.58**	**877.87**	**1051.16**	**1197.18**	**1338.82**
	人工费(元)			249.75	260.55	302.40	436.05	530.55	621.00	704.70	785.70
	材料费(元)			22.51	25.35	41.63	57.47	112.14	157.37	182.43	206.34
	机械费(元)			38.08	107.29	122.00	165.06	235.18	272.79	310.05	346.78
组成内容		**单位**	**单价**	**数量**							
人工	综合工	工日	135.00	1.85	1.93	2.24	3.23	3.93	4.60	5.22	5.82
材料	低压不锈钢管	m	—	(9.53)	(9.53)	(9.38)	(9.38)	(9.38)	(9.38)	(9.38)	(9.38)
	不锈钢电焊条	kg	66.08	0.266	0.311	0.545	0.753	1.546	2.199	2.555	2.890
	尼龙砂轮片 *D*100×16×3	片	3.92	0.145	0.170	0.242	0.378	0.708	0.991	1.153	1.305
	尼龙砂轮片 *D*500×25×4	片	18.69	0.037	—	—	—	—	—	—	—
	零星材料费	元	—	3.67	4.13	4.67	6.23	7.20	8.18	9.08	10.25
机械	电焊条烘干箱 600×500×750	台班	27.16	0.019	0.022	0.030	0.042	0.063	0.079	0.091	0.103
	电焊机（综合）	台班	74.17	0.190	0.222	0.303	0.418	0.631	0.786	0.913	1.032
	电动空气压缩机 1m³	台班	52.31	0.080	0.105	0.126	0.175	0.228	0.278	0.322	0.364
	电动空气压缩机 6m³	台班	217.48	0.002	0.002	0.002	0.002	0.002	0.002	0.002	0.002
	等离子切割机 400A	台班	229.27	0.080	0.105	0.126	0.175	0.228	0.278	0.322	0.364
	砂轮切割机 *D*500	台班	39.52	0.013	—	—	—	—	—	—	—
	载货汽车 8t	台班	521.59	—	0.007	0.009	0.014	0.024	0.033	0.037	0.042
	汽车式起重机 8t	台班	767.15	—	0.007	0.009	0.014	0.024	0.033	0.037	0.042
	吊装机械（综合）	台班	664.97	—	0.077	0.077	0.098	0.137	0.137	0.152	0.166

10.不锈钢管(氩弧焊)

工作内容：管子切口、坡口加工、管口组对、焊接、管口封闭、垂直运输、管道安装、焊缝钝化。

单位：10m

编号				6-114	6-115	6-116	6-117	6-118	6-119
项目				公称直径(mm以内)					
				15	20	25	32	40	50
预算基价	总价(元)			**78.79**	**88.43**	**102.63**	**116.58**	**144.07**	**166.83**
	人工费(元)			72.90	81.00	93.15	105.30	124.20	144.45
	材料费(元)			2.44	3.11	4.31	5.06	6.63	7.60
	机械费(元)			3.45	4.32	5.17	6.22	13.24	14.78
组成内容		**单位**	**单价**	**数量**					
人工	综合工	工日	135.00	0.54	0.60	0.69	0.78	0.92	1.07
材料	低压不锈钢管	m	—	(9.84)	(9.84)	(9.84)	(9.84)	(9.74)	(9.74)
	不锈钢焊丝 1Cr18Ni9Ti	kg	55.02	0.010	0.015	0.019	0.024	0.035	0.042
	尼龙砂轮片 $D100\times16\times3$	片	3.92	0.029	0.039	0.047	0.060	0.073	0.087
	尼龙砂轮片 $D500\times25\times4$	片	18.69	0.005	0.006	0.010	0.012	0.014	0.014
	氩气	m^3	18.60	0.028	0.041	0.053	0.067	0.099	0.118
	钍钨棒	kg	640.87	0.00005	0.00008	0.00010	0.00013	0.00019	0.00022
	零星材料费	元	—	1.13	1.21	1.84	1.95	2.19	2.35
机械	氩弧焊机 500A	台班	96.11	0.031	0.040	0.048	0.059	0.069	0.082
	电动空气压缩机 $6m^3$	台班	217.48	0.002	0.002	0.002	0.002	0.002	0.002
	砂轮切割机 $D500$	台班	39.52	0.001	0.001	0.003	0.003	0.003	0.004
	普通车床 630×2000	台班	242.35	—	—	—	—	0.025	0.026

工作内容：管子切口、坡口加工、管口组对、焊接、管口封闭、垂直运输、管道安装、焊缝钝化。 **单位：**10m

编号				6-120	6-121	6-122	6-123	6-124	6-125
项目				公称直径(mm以内)					
				65	80	100	125	150	200
预算基价	总价(元)			**218.42**	**234.77**	**293.36**	**371.33**	**445.99**	**625.42**
	人工费(元)			187.65	199.80	241.65	249.75	294.30	419.85
	材料费(元)			10.92	13.02	20.04	22.73	34.74	52.99
	机械费(元)			19.85	21.95	31.67	98.85	116.95	152.58
组成内容		**单位**	**单价**	**数量**					
人工	综合工	工日	135.00	1.39	1.48	1.79	1.85	2.18	3.11
材料	低压不锈钢管	m	—	(9.74)	(9.53)	(9.53)	(9.53)	(9.38)	(9.38)
	不锈钢焊丝 1Cr18Ni9Ti	kg	55.02	0.065	0.078	0.135	0.158	0.259	0.403
	尼龙砂轮片 *D*100×16×3	片	3.92	0.119	0.161	0.214	0.302	0.389	0.611
	尼龙砂轮片 *D*500×25×4	片	18.69	0.020	0.025	0.037	—	—	—
	氩气	m^3	18.60	0.184	0.220	0.377	0.444	0.726	1.126
	钍钨棒	kg	640.87	0.00035	0.00041	0.00070	0.00082	0.00136	0.00211
	零星材料费	元	—	2.86	3.28	3.62	4.07	4.59	6.13
机械	氩弧焊机 500A	台班	96.11	0.110	0.129	0.196	0.230	0.331	0.469
	电动葫芦 单速 3t	台班	33.90	0.031	0.032	0.043	0.046	0.065	0.066
	电动空气压缩机 $1m^3$	台班	52.31	—	—	—	0.012	0.014	0.020
	电动空气压缩机 $6m^3$	台班	217.48	0.002	0.002	0.002	0.002	0.002	0.002
	等离子切割机 400A	台班	229.27	—	—	—	0.012	0.014	0.020
	砂轮切割机 *D*500	台班	39.52	0.007	0.007	0.013	—	—	—
	普通车床 630×2000	台班	242.35	0.031	0.032	0.043	0.046	0.065	0.066
	载货汽车 8t	台班	521.59	—	—	—	0.007	0.009	0.014
	汽车式起重机 8t	台班	767.15	—	—	—	0.007	0.009	0.014
	吊装机械（综合）	台班	664.97	—	—	—	0.077	0.077	0.098

11.不锈钢管(氩电联焊)

工作内容：管子切口、坡口加工、管口组对、焊接、管口封闭、垂直运输、管道安装、焊缝钝化。 **单位：**10m

编号				6-126	6-127	6-128	6-129	6-130	6-131
项目				公称直径(mm以内)					
				50	65	80	100	125	150
预算基价	总价(元)			**169.35**	**219.39**	**236.57**	**286.67**	**387.84**	**438.08**
	人工费(元)			141.75	183.60	195.75	233.55	264.60	284.85
	材料费(元)			10.83	13.84	16.40	20.95	23.80	37.10
	机械费(元)			16.77	21.95	24.42	32.17	99.44	116.13
组成内容		**单位**	**单价**	**数量**					
人工	综合工	工日	135.00	1.05	1.36	1.45	1.73	1.96	2.11
材料	低压不锈钢管	m	—	(9.74)	(9.74)	(9.53)	(9.53)	(9.53)	(9.38)
	不锈钢电焊条	kg	66.08	0.067	0.086	0.100	0.129	0.150	0.309
	不锈钢焊丝 1Cr18Ni9Ti	kg	55.02	0.031	0.040	0.049	0.066	0.078	0.096
	尼龙砂轮片 $D100\times16\times3$	片	3.92	0.097	0.125	0.168	0.216	0.305	0.393
	尼龙砂轮片 $D500\times25\times4$	片	18.69	0.014	0.020	0.025	0.037	—	—
	氩气	m^3	18.60	0.086	0.113	0.137	0.185	0.221	0.269
	钍钨棒	kg	640.87	0.00016	0.00021	0.00024	0.00032	0.00037	0.00044
	零星材料费	元	—	2.35	2.86	3.27	3.61	4.05	4.57
机械	电焊条烘干箱 $600\times500\times750$	台班	27.16	0.005	0.006	0.008	0.010	0.012	0.019
	电焊机（综合）	台班	74.17	0.051	0.065	0.077	0.099	0.115	0.192
	氩弧焊机 500A	台班	96.11	0.062	0.080	0.093	0.122	0.144	0.169
	电动葫芦 单速 3t	台班	33.90	—	0.031	0.032	0.043	0.046	0.065
	电动空气压缩机 $1m^3$	台班	52.31	—	—	—	—	0.012	0.014
	电动空气压缩机 $6m^3$	台班	217.48	0.002	0.002	0.002	0.002	0.002	0.002
	等离子切割机 400A	台班	229.27	—	—	—	—	0.012	0.014
	砂轮切割机 $D500$	台班	39.52	0.004	0.007	0.007	0.013	—	—
	普通车床 630×2000	台班	242.35	0.026	0.031	0.032	0.043	0.046	0.065
	载货汽车 8t	台班	521.59	—	—	—	—	0.007	0.009
	汽车式起重机 8t	台班	767.15	—	—	—	—	0.007	0.009
	吊装机械（综合）	台班	664.97	—	—	—	—	0.077	0.077

工作内容：管子切口、坡口加工、管口组对、焊接、管口封闭、垂直运输、管道安装、焊缝钝化。　　**单位：**10m

编　　号				6-132	6-133	6-134	6-135	6-136
项　　目				公称直径(mm以内)				
				200	250	300	350	400
预算基价	总　　价(元)			**620.57**	**817.70**	**972.75**	**1102.55**	**1230.98**
	人　工　费(元)			410.40	491.40	571.05	645.30	718.20
	材　料　费(元)			56.94	110.47	154.91	181.62	207.00
	机　械　费(元)			153.23	215.83	246.79	275.63	305.78
组成内容		**单位**	**单价**	**数　　量**				
人工	综合工	工日	135.00	3.04	3.64	4.23	4.78	5.32
材料	低压不锈钢管	m	—	(9.38)	(9.38)	(9.38)	(9.38)	(9.38)
	不锈钢电焊条	kg	66.08	0.507	1.213	1.786	2.074	2.346
	不锈钢焊丝 1Cr18Ni9Ti	kg	55.02	0.136	0.172	0.213	0.259	0.307
	氩气	m^3	18.60	0.379	0.480	0.594	0.725	0.860
	钍钨棒	kg	640.87	0.00061	0.00076	0.00090	0.00106	0.00120
	尼龙砂轮片 $D100\times16\times3$	片	3.92	0.616	1.128	1.429	1.876	2.137
	零星材料费	元	—	6.10	7.01	7.94	8.80	9.94
机械	电焊条烘干箱 600×500×750	台班	27.16	0.031	0.049	0.064	0.075	0.085
	电焊机（综合）	台班	74.17	0.307	0.493	0.645	0.749	0.847
	氩弧焊机 500A	台班	96.11	0.230	0.294	0.342	0.378	0.429
	电动葫芦 单速 3t	台班	33.90	0.066	0.072	0.078	0.081	0.083
	电动空气压缩机 $1m^3$	台班	52.31	0.020	0.026	0.031	0.036	0.041
	电动空气压缩机 $6m^3$	台班	217.48	0.002	0.002	0.002	0.002	0.002
	等离子切割机 400A	台班	229.27	0.020	0.026	0.031	0.036	0.041
	载货汽车 8t	台班	521.59	0.014	0.024	0.033	0.037	0.042
	汽车式起重机 8t	台班	767.15	0.014	0.024	0.033	0.037	0.042
	普通车床 630×2000	台班	242.35	0.066	0.072	0.078	0.081	0.083
	吊装机械（综合）	台班	664.97	0.098	0.137	0.137	0.152	0.166

12.不锈钢板卷管(电弧焊)

工作内容：管子切口、坡口加工、坡口磨平、管口组对、焊接、垂直运输、管道安装、焊缝钝化。 **单位：**10m

编号				6-137	6-138	6-139	6-140	6-141	6-142	6-143
项目				公称直径(mm以内)						
				200	250	300	350	400	450	500
预算基价	总价(元)			**566.13**	**667.84**	**781.24**	**896.93**	**1018.88**	**1244.23**	**1402.26**
	人工费(元)			367.20	432.00	510.30	587.25	673.65	795.15	900.45
	材料费(元)			42.95	53.58	63.77	74.15	84.32	142.43	158.53
	机械费(元)			155.98	182.26	207.17	235.53	260.91	306.65	343.28
组成内容		**单位**	**单价**	**数量**						
人工	综合工	工日	135.00	2.72	3.20	3.78	4.35	4.99	5.89	6.67
材料	不锈钢板卷管	m	—	(9.98)	(9.98)	(9.98)	(9.88)	(9.88)	(9.88)	(9.78)
	不锈钢电焊条	kg	66.08	0.567	0.708	0.843	0.979	1.106	1.942	2.150
	尼龙砂轮片 *D*100×16×3	片	3.92	0.509	0.635	0.757	0.879	0.994	1.505	1.667
	零星材料费	元	—	3.49	4.31	5.10	6.01	7.34	8.20	9.92
机械	电焊条烘干箱 600×500×750	台班	27.16	0.025	0.031	0.037	0.042	0.048	0.065	0.072
	电焊机（综合）	台班	74.17	0.246	0.307	0.366	0.424	0.479	0.647	0.717
	电动空气压缩机 $1m^3$	台班	52.31	0.208	0.259	0.308	0.358	0.405	0.462	0.512
	电动空气压缩机 $6m^3$	台班	217.48	0.002	0.002	0.002	0.002	0.002	0.004	0.004
	等离子切割机 400A	台班	229.27	0.208	0.259	0.308	0.358	0.405	0.462	0.512
	载货汽车 8t	台班	521.59	0.010	0.012	0.014	0.017	0.019	0.026	0.029
	汽车式起重机 8t	台班	767.15	0.010	0.012	0.014	0.017	0.019	0.026	0.029
	吊装机械（综合）	台班	664.97	0.098	0.105	0.111	0.120	0.128	0.139	0.159

工作内容：管子切口、坡口加工、坡口磨平、管口组对、焊接、垂直运输、管道安装、焊缝钝化。　　**单位：**10m

编号				6-144	6-145	6-146	6-147	6-148	6-149	6-150
项目				公称直径（mm以内）						
				600	700	800	900	1000	1200	1400
预算基价	总价(元)			**1929.66**	**2222.70**	**2737.00**	**3101.24**	**3511.93**	**4283.87**	**5389.24**
	人工费(元)			1161.00	1335.15	1548.45	1759.05	1988.55	2463.75	2961.90
	材料费(元)			321.73	368.10	581.20	652.55	724.18	866.33	1256.11
	机械费(元)			446.93	519.45	607.35	689.64	799.20	953.79	1171.23
组成内容		单位	单价	数量						
人工	综合工	工日	135.00	8.60	9.89	11.47	13.03	14.73	18.25	21.94
材料	不锈钢板卷管	m	—	(9.78)	(9.78)	(9.78)	(9.78)	(9.78)	(9.78)	(9.78)
	不锈钢电焊条	kg	66.08	4.550	5.207	8.298	9.319	10.341	12.384	18.027
	尼龙砂轮片 $D100\times16\times3$	片	3.92	2.609	2.985	4.785	5.374	5.962	7.140	10.768
	零星材料费	元	—	10.84	12.32	14.11	15.68	17.48	20.01	22.68
机械	电焊条烘干箱 600×500×750	台班	27.16	0.162	0.186	0.212	0.238	0.264	0.316	0.372
	电焊机（综合）	台班	74.17	1.379	1.578	1.798	2.020	2.241	2.683	3.160
	电动空气压缩机 $1m^3$	台班	52.31	0.620	0.709	0.848	0.952	1.055	1.262	1.541
	电动空气压缩机 $6m^3$	台班	217.48	0.004	0.004	0.006	0.006	0.006	0.007	0.008
	等离子切割机 400A	台班	229.27	0.620	0.709	0.848	0.952	1.055	1.262	1.541
	载货汽车 8t	台班	521.59	0.035	0.048	0.063	0.081	0.090	0.105	0.153
	汽车式起重机 8t	台班	767.15	0.035	0.048	0.063	0.081	0.090	0.105	0.153
	吊装机械（综合）	台班	664.97	0.180	0.203	0.221	0.240	0.318	0.382	0.442

13.不锈钢板卷管(氩电联焊)

工作内容：管子切口、坡口加工、坡口磨平、管口组对、焊接、垂直运输、管道安装、焊缝钝化。 **单位：**10m

编号				6-151	6-152	6-153	6-154	6-155	6-156	6-157
项目				公称直径(mm以内)						
				200	250	300	350	400	450	500
预算基价	总价(元)			**562.27**	**665.45**	**779.29**	**895.06**	**1015.60**	**1245.75**	**1406.08**
	人工费(元)			346.95	409.05	483.30	556.20	637.20	757.35	858.60
	材料费(元)			45.13	56.38	67.24	78.20	88.90	145.59	162.00
	机械费(元)			170.19	200.02	228.75	260.66	289.50	342.81	385.48
组成内容		**单位**	**单价**	**数量**						
人工	综合工	工日	135.00	2.57	3.03	3.58	4.12	4.72	5.61	6.36
材料	不锈钢板卷管	m	—	(9.98)	(9.98)	(9.98)	(9.88)	(9.88)	(9.88)	(9.78)
	不锈钢电焊条	kg	66.08	0.292	0.364	0.434	0.504	0.569	1.309	1.449
	不锈钢焊丝 1Cr18Ni9Ti	kg	55.02	0.186	0.233	0.279	0.324	0.366	0.411	0.455
	氩气	m^3	18.60	0.521	0.654	0.779	0.906	1.025	1.151	1.274
	钍钨棒	kg	640.87	0.00073	0.00092	0.00109	0.00127	0.00144	0.00161	0.00178
	尼龙砂轮片 $D100\times16\times3$	片	3.92	0.506	0.632	0.754	0.875	0.990	1.499	1.661
	零星材料费	元	—	3.46	4.28	5.07	5.97	7.29	8.16	9.87
机械	电焊条烘干箱 600×500×750	台班	27.16	0.013	0.016	0.019	0.022	0.025	0.044	0.048
	电焊机（综合）	台班	74.17	0.127	0.158	0.188	0.218	0.247	0.436	0.483
	氩弧焊机 500A	台班	96.11	0.243	0.304	0.367	0.426	0.483	0.545	0.603
	电动空气压缩机 $1m^3$	台班	52.31	0.208	0.259	0.308	0.358	0.405	0.462	0.520
	电动空气压缩机 $6m^3$	台班	217.48	0.002	0.002	0.002	0.002	0.002	0.004	0.004
	等离子切割机 400A	台班	229.27	0.208	0.259	0.308	0.358	0.405	0.462	0.520
	汽车式起重机 8t	台班	767.15	0.010	0.012	0.014	0.017	0.019	0.026	0.029
	吊装机械（综合）	台班	664.97	0.098	0.105	0.111	0.120	0.128	0.139	0.159
	载货汽车 8t	台班	521.59	0.010	0.012	0.014	0.017	0.019	0.026	0.029

工作内容：管子切口、坡口加工、坡口磨平、管口组对、焊接、垂直运输、管道安装、焊缝钝化。 **单位：**10m

编号				6-158	6-159	6-160	6-161	6-162	6-163	6-164
项目				公称直径(mm以内)						
				600	700	800	900	1000	1200	1400
预算基价	总价(元)			**1725.09**	**1988.00**	**2511.27**	**2847.04**	**3223.91**	**3933.87**	**5057.99**
	人工费(元)			1015.20	1167.75	1386.45	1576.80	1780.65	2208.60	2691.90
	材料费(元)			247.04	282.43	478.70	537.13	595.89	712.30	1106.07
	机械费(元)			462.85	537.82	646.12	733.11	847.37	1012.97	1260.02
组成内容		**单位**	**单价**	**数量**						
人工	综合工	工日	135.00	7.52	8.65	10.27	11.68	13.19	16.36	19.94
材料	不锈钢板卷管	m	—	(9.78)	(9.78)	(9.78)	(9.78)	(9.78)	(9.78)	(9.78)
	不锈钢电焊条	kg	66.08	2.333	2.667	5.335	5.987	6.641	7.947	13.311
	不锈钢焊丝 1Cr18Ni9Ti	kg	55.02	0.664	0.760	0.865	0.971	1.076	1.289	1.500
	氩气	m^3	18.60	1.861	2.129	2.419	2.717	3.016	3.611	4.200
	钍钨棒	kg	640.87	0.00212	0.00243	0.00275	0.00309	0.00344	0.00412	0.00479
	尼龙砂轮片 $D100\times16\times3$	片	3.92	2.480	2.837	4.570	5.132	5.694	6.818	10.301
	零星材料费	元	—	10.65	12.10	13.90	15.45	17.23	19.71	22.38
机械	电焊条烘干箱 600×500×750	台班	27.16	0.071	0.081	0.116	0.130	0.144	0.172	0.231
	电焊机（综合）	台班	74.17	0.707	0.808	1.156	1.298	1.439	1.722	2.307
	氩弧焊机 500A	台班	96.11	0.710	0.815	0.926	1.040	1.154	1.398	1.622
	电动空气压缩机 $1m^3$	台班	52.31	0.620	0.709	0.848	0.952	1.055	1.262	1.541
	电动空气压缩机 $6m^3$	台班	217.48	0.004	0.004	0.006	0.006	0.006	0.007	0.008
	等离子切割机 400A	台班	229.27	0.620	0.709	0.848	0.952	1.055	1.262	1.541
	载货汽车 8t	台班	521.59	0.035	0.048	0.063	0.081	0.090	0.105	0.153
	汽车式起重机 8t	台班	767.15	0.035	0.048	0.063	0.081	0.090	0.105	0.153
	吊装机械（综合）	台班	664.97	0.180	0.203	0.221	0.240	0.318	0.382	0.442

14.铝管(氩弧焊)

工作内容：管子切口、坡口加工、坡口磨平、管口组对、焊前预热、焊接、垂直运输、管道安装、焊缝酸洗。 **单位：**10m

编号				6-165	6-166	6-167	6-168	6-169	6-170	6-171	6-172	6-173
项目				管道外径(mm以内)								
				18	25	30	40	50	60	70	80	100
预算基价	总价(元)			**49.11**	**54.94**	**60.89**	**73.15**	**82.15**	**101.15**	**112.97**	**195.57**	**238.57**
	人工费(元)			47.25	52.65	58.05	68.85	76.95	94.50	105.30	149.85	182.25
	材料费(元)			0.81	1.05	1.31	2.06	2.53	3.41	4.00	6.82	7.83
	机械费(元)			1.05	1.24	1.53	2.24	2.67	3.24	3.67	38.90	48.49
组成内容		**单位**	**单价**	**数量**								
人工	综合工	工日	135.00	0.35	0.39	0.43	0.51	0.57	0.70	0.78	1.11	1.35
材料	铝管	m	—	(10.00)	(10.00)	(10.00)	(10.00)	(9.88)	(9.88)	(9.88)	(9.88)	(9.88)
	铝合金氩弧焊丝 丝321 *D*1～6	kg	49.32	0.003	0.004	0.005	0.010	0.013	0.017	0.020	0.034	0.037
	尼龙砂轮片 *D*100×16×3	片	3.92	0.001	0.001	0.010	0.014	0.018	0.022	0.026	0.347	0.410
	尼龙砂轮片 *D*500×25×4	片	18.69	0.002	0.002	0.002	0.005	0.005	0.005	0.006	—	—
	氧气	m^3	2.88	0.001	0.001	0.001	0.002	0.002	0.038	0.047	0.053	0.070
	乙炔气	kg	14.66	0.001	0.001	0.001	0.001	0.001	0.018	0.022	0.025	0.032
	氩气	m^3	18.60	0.009	0.011	0.015	0.029	0.036	0.046	0.054	0.093	0.099
	钍钨棒	kg	640.87	0.00002	0.00002	0.00003	0.00006	0.00007	0.00009	0.00011	0.00019	0.00020
	零星材料费	元	—	0.42	0.58	0.67	0.82	0.99	1.11	1.27	1.41	1.76
机械	氩弧焊机 500A	台班	96.11	0.006	0.008	0.011	0.018	0.022	0.028	0.032	0.034	0.040
	电动空气压缩机 1m^3	台班	52.31	—	—	—	—	—	—	—	0.125	0.157
	电动空气压缩机 6m^3	台班	217.48	0.002	0.002	0.002	0.002	0.002	0.002	0.002	0.002	0.002
	等离子切割机 400A	台班	229.27	—	—	—	—	—	—	—	0.125	0.157
	砂轮切割机 *D*500	台班	39.52	0.001	0.001	0.001	0.002	0.003	0.003	0.004	—	—

工作内容：管子切口、坡口加工、坡口磨平、管口组对、焊前预热、焊接、垂直运输、管道安装、焊缝酸洗。

单位：10m

编号				6-174	6-175	6-176	6-177	6-178	6-179	6-180	6-181
项目				管道外径（mm以内）							
				125	150	180	200	250	300	350	410
预算基价	总价（元）			**295.69**	**384.66**	**486.48**	**545.08**	**641.91**	**756.21**	**998.95**	**1247.90**
	人工费（元）			225.45	251.10	332.10	375.30	423.90	491.40	642.60	773.55
	材料费（元）			9.71	15.01	18.02	21.73	33.10	45.32	79.38	124.40
	机械费（元）			60.53	118.55	136.36	148.05	184.91	219.49	276.97	349.95
组成内容		**单位**	**单价**	**数量**							
人工	综合工	工日	135.00	1.67	1.86	2.46	2.78	3.14	3.64	4.76	5.73
材料	铝管	m	—	(9.88)	(9.88)	(9.88)	(9.88)	(9.88)	(9.88)	(9.88)	(9.88)
	铝合金氩弧焊丝 丝321 *D*1～6	kg	49.32	0.046	0.084	0.098	0.124	0.164	0.236	0.473	0.765
	氧气	m^3	2.88	0.088	0.118	0.144	0.179	0.667	0.897	1.406	2.038
	乙炔气	kg	14.66	0.041	0.055	0.066	0.083	0.312	0.419	0.657	0.954
	氩气	m^3	18.60	0.125	0.227	0.264	0.332	0.436	0.635	1.287	2.097
	钍钨棒	kg	640.87	0.00025	0.00045	0.00053	0.00066	0.00087	0.00127	0.00257	0.00419
	尼龙砂轮片 *D*100×16×3	片	3.92	0.517	0.674	0.895	0.998	1.477	1.935	2.913	4.275
	零星材料费	元	—	2.07	2.57	3.05	3.37	4.06	4.74	5.37	8.37
机械	氩弧焊机 500A	台班	96.11	0.051	0.083	0.096	0.121	0.148	0.216	0.410	0.646
	等离子切割机 400A	台班	229.27	0.196	0.240	0.287	0.320	0.407	0.488	0.598	0.735
	电动空气压缩机 $1m^3$	台班	52.31	0.196	0.240	0.287	0.320	0.407	0.488	0.598	0.735
	电动空气压缩机 $6m^3$	台班	217.48	0.002	0.002	0.002	0.002	0.002	0.002	0.002	0.002
	载货汽车 8t	台班	521.59	—	—	—	—	0.005	0.007	0.010	0.016
	汽车式起重机 8t	台班	767.15	—	—	—	—	0.005	0.007	0.010	0.016
	吊装机械（综合）	台班	664.97	—	0.064	0.069	0.069	0.074	0.078	0.084	0.090

15.铝板卷管(氩弧焊)

工作内容：管子切口、坡口加工、坡口磨平、管口组对、焊接、垂直运输、管道安装、焊缝酸洗。 **单位：**10m

编号				6-182	6-183	6-184	6-185	6-186	6-187	6-188
项目				管道外径(mm以内)						
				159	219	273	325	377	426	478
预算基价	总价(元)			**455.90**	**549.04**	**609.03**	**722.89**	**868.88**	**984.81**	**1131.25**
	人工费(元)			318.60	372.60	392.85	469.80	564.30	642.60	749.25
	材料费(元)			15.96	21.77	27.09	32.31	45.28	51.13	57.65
	机械费(元)			121.34	154.67	189.09	220.78	259.30	291.08	324.35
组成内容		**单位**	**单价**	**数量**						
人工	综合工	工日	135.00	2.36	2.76	2.91	3.48	4.18	4.76	5.55
材料	铝板卷管	m	—	(9.98)	(9.98)	(9.98)	(9.98)	(9.88)	(9.88)	(9.88)
	铝合金氩弧焊丝 丝321 *D*1～6	kg	49.32	0.097	0.134	0.167	0.200	0.295	0.333	0.374
	氧气	m^3	2.88	0.011	0.016	0.019	0.030	0.034	0.039	0.044
	乙炔气	kg	14.66	0.004	0.006	0.007	0.011	0.013	0.015	0.016
	氩气	m^3	18.60	0.264	0.364	0.455	0.542	0.800	0.904	1.015
	钍钨棒	kg	640.87	0.00053	0.00073	0.00091	0.00108	0.00160	0.00181	0.00203
	尼龙砂轮片 *D*100×16×3	片	3.92	0.746	1.037	1.298	1.550	2.156	2.441	2.743
	零星材料费	元	—	2.91	3.72	4.56	5.35	6.09	6.83	7.91
机械	氩弧焊机 500A	台班	96.11	0.074	0.102	0.127	0.152	0.209	0.237	0.266
	等离子切割机 400A	台班	229.27	0.253	0.350	0.429	0.519	0.613	0.693	0.777
	电动空气压缩机 $1m^3$	台班	52.31	0.253	0.350	0.429	0.519	0.613	0.693	0.777
	电动空气压缩机 $6m^3$	台班	217.48	0.002	0.002	0.002	0.002	0.002	0.002	0.003
	载货汽车 8t	台班	521.59	—	—	0.005	0.006	0.008	0.010	0.011
	汽车式起重机 8t	台班	767.15	—	—	0.005	0.006	0.008	0.010	0.011
	吊装机械（综合）	台班	664.97	0.064	0.069	0.074	0.078	0.084	0.090	0.098

工作内容：管子切口、坡口加工、坡口磨平、管口组对、焊接、垂直运输、管道安装、焊缝酸洗。 **单位：**10m

编号				6-189	6-190	6-191	6-192	6-193	6-194
项目				管道外径(mm以内)					
				529	630	720	820	920	1020
预算基价	总价(元)			**1344.97**	**1587.09**	**1860.92**	**2270.41**	**2631.22**	**3040.72**
	人工费(元)			886.95	1051.65	1243.35	1513.35	1786.05	2079.00
	材料费(元)			80.16	94.50	109.37	153.40	172.10	191.31
	机械费(元)			377.86	440.94	508.20	603.66	673.07	770.41
组成内容		**单位**	**单价**	**数量**					
人工	综合工	工日	135.00	6.57	7.79	9.21	11.21	13.23	15.40
材料	铝板卷管	m	—	(9.78)	(9.78)	(9.78)	(9.78)	(9.78)	(9.78)
	铝合金氩弧焊丝 丝321 $D1\sim6$	kg	49.32	0.556	0.654	0.759	1.115	1.252	1.396
	氧气	m^3	2.88	0.044	0.057	0.060	0.065	0.072	0.097
	乙炔气	kg	14.66	0.017	0.022	0.023	0.025	0.028	0.037
	氩气	m^3	18.60	1.515	1.777	2.065	3.031	3.402	3.774
	钍钨棒	kg	640.87	0.00303	0.00355	0.00413	0.00606	0.00680	0.00755
	尼龙砂轮片 $D100\times16\times3$	片	3.92	3.539	4.156	4.834	6.292	7.067	7.841
	零星材料费	元	—	8.37	10.14	11.42	12.93	14.40	15.87
机械	氩弧焊机 500A	台班	96.11	0.385	0.452	0.525	0.744	0.835	0.926
	等离子切割机 400A	台班	229.27	0.882	1.034	1.201	1.401	1.572	1.743
	电动空气压缩机 $1m^3$	台班	52.31	0.882	1.034	1.201	1.401	1.572	1.743
	电动空气压缩机 $6m^3$	台班	217.48	0.003	0.003	0.003	0.005	0.005	0.005
	载货汽车 8t	台班	521.59	0.014	0.017	0.019	0.026	0.029	0.032
	汽车式起重机 8t	台班	767.15	0.014	0.017	0.019	0.026	0.029	0.032
	吊装机械（综合）	台班	664.97	0.111	0.126	0.142	0.155	0.168	0.223

16.铜管(氧乙炔焊)

工作内容：管子切口、坡口加工、坡口磨平、管口组对、焊前预热、焊接、垂直运输、管道安装。　　**单位：**10m

编号				6-195	6-196	6-197	6-198	6-199	6-200	6-201
项目				管道外径(mm以内)						
				20	30	40	50	65	75	85
预算基价	总　价(元)			**55.23**	**74.37**	**91.66**	**116.22**	**150.61**	**156.72**	**174.08**
	人工费(元)			54.00	72.90	89.10	113.40	145.80	151.20	163.35
	材料费(元)			1.19	1.39	2.44	2.66	4.61	5.28	6.22
	机械费(元)			0.04	0.08	0.12	0.16	0.20	0.24	4.51
组成内容		**单位**	**单价**	**数量**						
人工	综合工	工日	135.00	0.40	0.54	0.66	0.84	1.08	1.12	1.21
材料	低压铜管	m	—	(10.00)	(10.00)	(10.00)	(10.00)	(10.00)	(9.88)	(9.88)
	铜气焊丝	kg	46.03	0.001	0.003	0.005	0.007	0.010	0.012	0.014
	氧气	m^3	2.88	0.009	0.014	0.030	0.038	0.200	0.234	0.276
	乙炔气	kg	14.66	0.004	0.005	0.012	0.015	0.090	0.105	0.124
	硼砂	kg	4.46	0.001	0.001	0.001	0.002	0.002	0.003	0.003
	尼龙砂轮片 $D100\times16\times3$	片	3.92	0.003	0.008	0.010	0.013	0.017	0.020	0.211
	尼龙砂轮片 $D500\times25\times4$	片	18.69	0.005	0.007	0.011	0.013	0.014	0.016	—
	零星材料费	元	—	0.95	0.97	1.70	1.71	1.92	2.12	2.12
机械	电动空气压缩机 $1m^3$	台班	52.31	—	—	—	—	—	—	0.016
	等离子切割机 400A	台班	229.27	—	—	—	—	—	—	0.016
	砂轮切割机 $D500$	台班	39.52	0.001	0.002	0.003	0.004	0.005	0.006	—

工作内容：管子切口、坡口加工、坡口磨平、管口组对、焊前预热、焊接、垂直运输、管道安装。　　**单位：**10m

编号				6-202	6-203	6-204	6-205	6-206	6-207	6-208
项目				管道外径(mm以内)						
				100	120	150	185	200	250	300
预算基价	总价(元)			**275.19**	**352.36**	**406.20**	**511.05**	**550.10**	**677.90**	**794.05**
	人工费(元)			210.60	216.00	249.75	315.90	344.25	411.75	488.70
	材料费(元)			18.13	21.67	26.68	32.50	34.87	43.57	51.95
	机械费(元)			46.46	114.69	129.77	162.65	170.98	222.58	253.40
组成内容		**单位**	**单价**	**数量**						
人工	综合工	工日	135.00	1.56	1.60	1.85	2.34	2.55	3.05	3.62
材料	低压铜管	m	—	(9.88)	(9.88)	(9.88)	(9.88)	(9.88)	(9.88)	(9.88)
	铜气焊丝	kg	46.03	0.175	0.210	0.263	0.325	0.350	0.440	0.527
	氧气	m^3	2.88	0.677	0.814	1.019	1.257	1.359	1.702	2.043
	乙炔气	kg	14.66	0.281	0.338	0.421	0.520	0.563	0.704	0.845
	尼龙砂轮片 *D*100×16×3	片	3.92	0.399	0.482	0.607	0.752	0.814	1.022	1.230
	硼砂	kg	4.46	0.034	0.041	0.051	0.063	0.068	0.085	0.102
	零星材料费	元	—	2.29	2.63	2.86	3.07	3.10	3.71	4.14
机械	等离子切割机 400A	台班	229.27	0.165	0.198	0.247	0.305	0.330	0.412	0.494
	电动空气压缩机 $1m^3$	台班	52.31	0.165	0.198	0.247	0.305	0.330	0.412	0.494
	载货汽车 8t	台班	521.59	—	0.006	0.007	0.009	0.010	0.012	0.018
	汽车式起重机 8t	台班	767.15	—	0.006	0.007	0.009	0.010	0.012	0.018
	吊装机械（综合）	台班	664.97	—	0.077	0.077	0.098	0.098	0.137	0.137

17.铜板卷管(氧乙炔焊)

工作内容:管子切口、坡口加工、坡口磨平、管口组对、焊接、垂直运输、管道安装。 **单位:**10m

编号				6-209	6-210	6-211	6-212	6-213	6-214	6-215
项目				管道外径(mm以内)						
				155	205	255	305	355	405	505
预算基价	总价(元)			**371.95**	**490.89**	**634.82**	**733.67**	**930.86**	**1073.04**	**1318.80**
	人工费(元)			225.45	299.70	372.60	438.75	562.95	658.80	819.45
	材料费(元)			16.89	22.23	36.10	43.13	73.00	83.23	104.05
	机械费(元)			129.61	168.96	226.12	251.79	294.91	331.01	395.30
组成内容		**单位**	**单价**	**数量**						
人工	综合工	工日	135.00	1.67	2.22	2.76	3.25	4.17	4.88	6.07
材料	铜板卷管	m	—	(9.98)	(9.98)	(9.98)	(9.88)	(9.88)	(9.78)	(9.78)
	铜气焊丝	kg	46.03	0.207	0.273	0.448	0.536	0.918	1.047	1.308
	氧气	m^3	2.88	0.533	0.703	1.148	1.374	2.339	2.669	3.334
	乙炔气	kg	14.66	0.205	0.270	0.441	0.528	0.900	1.027	1.282
	尼龙砂轮片 $D100\times16\times3$	片	3.92	0.464	0.616	1.036	1.242	2.116	2.419	3.025
	硼砂	kg	4.46	0.041	0.053	0.087	0.104	0.179	0.204	0.253
	零星材料费	元	—	0.82	1.03	1.26	1.43	1.72	1.90	2.46
机械	载货汽车 8t	台班	521.59	0.006	0.008	0.013	0.015	0.018	0.020	0.025
	汽车式起重机 8t	台班	767.15	0.006	0.008	0.013	0.015	0.018	0.020	0.025
	吊装机械(综合)	台班	664.97	0.077	0.098	0.137	0.137	0.152	0.166	0.181
	等离子切割机 400A	台班	229.27	0.251	0.332	0.420	0.502	0.606	0.692	0.862
	电动空气压缩机 $1m^3$	台班	52.31	0.251	0.332	0.420	0.502	0.606	0.692	0.862

18.合金钢管(电弧焊)

工作内容： 管子切口、坡口加工、管口组对、焊接、管口封闭、垂直运输、管道安装。 **单位：** 10m

编号				6-216	6-217	6-218	6-219	6-220	6-221	6-222	6-223	6-224
项目				公称直径(mm以内)								
				15	20	25	32	40	50	65	80	100
预算基价	总价(元)			**78.10**	**88.33**	**110.86**	**121.72**	**132.45**	**154.35**	**205.43**	**221.22**	**274.34**
	人工费(元)			74.25	83.70	98.55	108.00	117.45	136.35	178.20	190.35	225.45
	材料费(元)			2.09	2.39	3.53	4.13	4.50	5.68	8.39	9.67	15.44
	机械费(元)			1.76	2.24	8.78	9.59	10.50	12.32	18.84	21.20	33.45
组成内容		单位	单价	数量								
人工	综合工	工日	135.00	0.55	0.62	0.73	0.80	0.87	1.01	1.32	1.41	1.67
材料	低压合金钢管	m	—	(9.84)	(9.84)	(9.84)	(9.84)	(9.84)	(9.84)	(9.84)	(9.53)	(9.53)
	合金钢电焊条	kg	26.56	0.025	0.032	0.050	0.063	0.071	0.099	0.176	0.207	0.388
	尼龙砂轮片 $D100\times16\times3$	片	3.92	0.028	0.033	0.040	0.047	0.053	0.062	0.082	0.095	0.136
	尼龙砂轮片 $D500\times25\times4$	片	18.69	0.004	0.005	0.006	0.008	0.009	0.013	0.019	0.023	0.033
	氧气	m^3	2.88	0.004	0.004	0.005	0.006	0.006	0.009	0.012	0.014	0.021
	乙炔气	kg	14.66	0.001	0.001	0.002	0.002	0.002	0.003	0.004	0.005	0.007
	零星材料费	元	—	1.22	1.29	1.89	2.08	2.19	2.49	2.95	3.26	3.82
机械	电焊条烘干箱 600×500×750	台班	27.16	0.002	0.002	0.004	0.005	0.005	0.007	0.011	0.013	0.019
	电焊机 (综合)	台班	74.17	0.023	0.029	0.044	0.054	0.063	0.077	0.125	0.148	0.220
	电动葫芦 单速 3t	台班	33.90	—	—	—	—	—	—	0.033	0.035	0.059
	砂轮切割机 $D500$	台班	39.52	—	0.001	0.002	0.003	0.003	0.003	0.004	0.005	0.008
	普通车床 630×2000	台班	242.35	—	—	0.022	0.022	0.023	0.026	0.033	0.035	0.059

工作内容：管子切口、坡口加工、管口组对、焊接、管口封闭、垂直运输、管道安装。　　**单位：**10m

编号				6-225	6-226	6-227	6-228	6-229	6-230	6-231	6-232	6-233
项目				公称直径(mm以内)								
				125	150	200	250	300	350	400	450	500
预算基价	总价(元)			**346.03**	**384.52**	**536.84**	**695.24**	**756.34**	**848.75**	**988.55**	**1134.03**	**1326.19**
	人工费(元)			233.55	260.55	368.55	446.85	486.00	535.95	641.25	704.70	865.35
	材料费(元)			16.52	19.94	32.02	58.04	69.35	81.19	91.54	131.90	145.88
	机械费(元)			95.96	104.03	136.27	190.35	200.99	231.61	255.76	297.43	314.96
组成内容		**单位**	**单价**	**数量**								
人工	综合工	工日	135.00	1.73	1.93	2.73	3.31	3.60	3.97	4.75	5.22	6.41
材料	低压合金钢管	m	—	(9.53)	(9.38)	(9.38)	(9.38)	(9.38)	(9.38)	(9.38)	(9.38)	(9.38)
	合金钢电焊条	kg	26.56	0.431	0.546	0.937	1.842	2.253	2.663	3.013	4.459	4.929
	尼龙砂轮片 *D*100×16×3	片	3.92	0.146	0.188	0.283	0.439	0.498	0.576	0.652	0.817	0.905
	尼龙砂轮片 *D*500×25×4	片	18.69	0.035	—	—	—	—	—	—	—	—
	氧气	m^3	2.88	0.023	0.084	0.126	0.189	0.201	0.213	0.240	0.288	0.316
	乙炔气	kg	14.66	0.008	0.028	0.042	0.064	0.068	0.071	0.080	0.096	0.105
	零星材料费	元	—	3.66	4.05	5.05	5.91	5.98	6.55	7.09	8.03	8.97
机械	电焊条烘干箱 600×500×750	台班	27.16	0.022	0.027	0.039	0.055	0.059	0.062	0.070	0.083	0.092
	电焊机（综合）	台班	74.17	0.246	0.298	0.421	0.595	0.629	0.663	0.746	0.877	0.970
	电动葫芦 单速 3t	台班	33.90	0.060	0.060	0.063	0.064	0.065	0.065	0.067	0.084	0.088
	半自动切割机 100mm	台班	88.45	—	0.006	0.009	0.013	0.013	0.013	0.015	0.017	0.020
	砂轮切割机 *D*500	台班	39.52	0.008	—	—	—	—	—	—	—	—
	载货汽车 8t	台班	521.59	0.007	0.010	0.016	0.027	0.033	0.047	0.053	0.066	0.073
	汽车式起重机 8t	台班	767.15	0.007	0.010	0.016	0.027	0.033	0.047	0.053	0.066	0.073
	普通车床 630×2000	台班	242.35	0.060	0.060	0.063	0.064	0.065	0.065	0.067	0.084	0.088
	吊装机械（综合）	台班	664.97	0.077	0.077	0.098	0.137	0.137	0.152	0.166	0.181	0.181

19.合金钢管(氩弧焊)

工作内容: 管子切口、坡口加工、管口组对、焊接、管口封闭、垂直运输、管道安装。 **单位:** 10m

编号				6-234	6-235	6-236	6-237	6-238	6-239
项目				公称直径(mm以内)					
				15	20	25	32	40	50
预算基价	总价(元)			**75.83**	**84.84**	**106.09**	**117.13**	**127.98**	**148.60**
	人工费(元)			71.55	79.65	93.15	102.60	112.05	129.60
	材料费(元)			2.32	2.65	3.97	4.66	5.14	6.53
	机械费(元)			1.96	2.54	8.97	9.87	10.79	12.47
组成内容		单位	单价	数量					
人工	综合工	工日	135.00	0.53	0.59	0.69	0.76	0.83	0.96
材料	低压合金钢管	m	—	(9.84)	(9.84)	(9.84)	(9.84)	(9.84)	(9.84)
	合金钢焊丝	kg	16.53	0.012	0.015	0.024	0.030	0.034	0.047
	尼龙砂轮片 $D100\times16\times3$	片	3.92	0.036	0.042	0.051	0.061	0.072	0.085
	尼龙砂轮片 $D500\times25\times4$	片	18.69	0.004	0.005	0.006	0.008	0.009	0.013
	氧气	m^3	2.88	0.004	0.004	0.005	0.006	0.006	0.009
	乙炔气	kg	14.66	0.001	0.001	0.002	0.002	0.002	0.003
	氩气	m^3	18.60	0.033	0.042	0.067	0.083	0.095	0.132
	钍钨棒	kg	640.87	0.00007	0.00008	0.00013	0.00017	0.00019	0.00026
	零星材料费	元	—	1.22	1.29	1.89	2.08	2.19	2.49
机械	氩弧焊机 500A	台班	96.11	0.020	0.026	0.037	0.046	0.053	0.063
	砂轮切割机 $D500$	台班	39.52	0.001	0.001	0.002	0.003	0.003	0.003
	普通车床 630×2000	台班	242.35	—	—	0.022	0.022	0.023	0.026

工作内容：管子切口、坡口加工、管口组对、焊接、管口封闭、垂直运输、管道安装。　　**单位：**10m

编　号				6-240	6-241	6-242	6-243	6-244
项　目				公称直径(mm以内)				
				65	80	100	125	150
预算基价	总　价(元)			**197.87**	**213.89**	**276.15**	**350.03**	**381.55**
	人 工 费(元)			168.75	180.90	224.10	233.55	248.40
	材 料 费(元)			9.95	11.49	17.56	19.97	25.43
	机 械 费(元)			19.17	21.50	34.49	96.51	107.72
组成内容		**单位**	**单价**	**数　量**				
人工	综合工	工日	135.00	1.25	1.34	1.66	1.73	1.84
材料	低压合金钢管	m	—	(9.84)	(9.53)	(9.53)	(9.53)	(9.38)
	合金钢焊丝	kg	16.53	0.084	0.099	0.168	0.201	0.270
	尼龙砂轮片 *D*100×16×3	片	3.92	0.121	0.140	0.205	0.250	0.310
	尼龙砂轮片 *D*500×25×4	片	18.69	0.019	0.023	0.033	0.035	—
	氧气	m^3	2.88	0.012	0.014	0.021	0.023	0.084
	乙炔气	kg	14.66	0.004	0.005	0.007	0.008	0.028
	氩气	m^3	18.60	0.236	0.277	0.472	0.562	0.757
	钍钨棒	kg	640.87	0.00047	0.00055	0.00094	0.00112	0.00151
	零星材料费	元	—	2.95	3.26	3.82	3.66	4.05
机械	氩弧焊机 500A	台班	96.11	0.103	0.121	0.186	0.222	0.276
	电动葫芦 单速 3t	台班	33.90	0.033	0.035	0.059	0.060	0.060
	半自动切割机 100mm	台班	88.45	—	—	—	—	0.006
	砂轮切割机 *D*500	台班	39.52	0.004	0.005	0.008	0.008	—
	普通车床 630×2000	台班	242.35	0.033	0.035	0.059	0.052	0.060
	载货汽车 8t	台班	521.59	—	—	—	0.007	0.010
	汽车式起重机 8t	台班	767.15	—	—	—	0.007	0.010
	吊装机械（综合）	台班	664.97	—	—	—	0.077	0.077

20.合金钢管(氩电联焊)

工作内容：管子切口、坡口加工、管口组对、焊接、管口封闭、垂直运输、管道安装。 **单位：**10m

	编　　号			6-245	6-246	6-247	6-248	6-249	6-250
	项　　目			公称直径(mm以内)					
				50	65	80	100	125	150
预算基价	总　　价(元)			**166.17**	**212.23**	**229.63**	**293.30**	**378.04**	**402.85**
	人　工　费(元)			144.45	183.60	197.10	240.30	260.55	272.70
	材　料　费(元)			6.96	8.70	10.03	16.20	18.33	21.07
	机　械　费(元)			14.76	19.93	22.50	36.80	99.16	109.08
	组 成 内 容	**单位**	**单价**	**数　　量**					
人工	综合工	工日	135.00	1.07	1.36	1.46	1.78	1.93	2.02
材料	低压合金钢管	m	—	(9.84)	(9.84)	(9.53)	(9.53)	(9.53)	(9.38)
	合金钢电焊条	kg	26.56	0.069	0.087	0.102	0.265	0.319	0.373
	合金钢焊丝	kg	16.53	0.029	0.037	0.044	0.056	0.067	0.080
	尼龙砂轮片 *D*100×16×3	片	3.92	0.066	0.081	0.093	0.134	0.143	0.184
	尼龙砂轮片 *D*500×25×4	片	18.69	0.013	0.019	0.023	0.033	0.035	—
	氧气	m^3	2.88	0.009	0.012	0.014	0.021	0.023	0.084
	乙炔气	kg	14.66	0.003	0.004	0.005	0.007	0.008	0.028
	氩气	m^3	18.60	0.080	0.104	0.123	0.157	0.187	0.223
	钍钨棒	kg	640.87	0.00016	0.00021	0.00025	0.00031	0.00037	0.00045
	零星材料费	元	—	2.49	2.94	3.24	3.81	3.64	4.03
机械	电焊条烘干箱 600×500×750	台班	27.16	0.004	0.005	0.006	0.013	0.013	0.018
	电焊机 (综合)	台班	74.17	0.054	0.068	0.080	0.156	0.159	0.210
	氩弧焊机 500A	台班	96.11	0.044	0.057	0.068	0.086	0.103	0.123
	电动葫芦 单速 3t	台班	33.90	—	0.033	0.035	0.059	0.060	0.060
	半自动切割机 100mm	台班	88.45	—	—	—	—	—	0.006
	砂轮切割机 *D*500	台班	39.52	0.003	0.004	0.005	0.008	0.008	—
	普通车床 630×2000	台班	242.35	0.026	0.033	0.035	0.059	0.060	0.060
	载货汽车 8t	台班	521.59	—	—	—	—	0.007	0.010
	汽车式起重机 8t	台班	767.15	—	—	—	—	0.007	0.010
	吊装机械 (综合)	台班	664.97	—	—	—	—	0.077	0.077

工作内容： 管子切口、坡口加工、管口组对、焊接、管口封闭、垂直运输、管道安装。

单位： 10m

编号				6-251	6-252	6-253	6-254	6-255	6-256	6-257
项目				公称直径(mm以内)						
				200	250	300	350	400	450	500
预算基价	总价(元)			**566.60**	**710.38**	**751.03**	**896.71**	**1043.93**	**1197.96**	**1400.26**
	人工费(元)			388.80	475.20	491.40	569.70	680.40	750.60	919.35
	材料费(元)			33.37	44.11	54.61	81.20	91.61	130.65	144.55
	机械费(元)			144.43	191.07	205.02	245.81	271.92	316.71	336.36
组成内容		**单位**	**单价**	**数量**						
人工	综合工	工日	135.00	2.88	3.52	3.64	4.22	5.04	5.56	6.81
材料	低压合金钢管	m	—	(9.38)	(9.38)	(9.38)	(9.38)	(9.38)	(9.38)	(9.38)
	合金钢电焊条	kg	26.56	0.690	1.032	1.373	2.274	2.573	3.915	4.328
	合金钢焊丝	kg	16.53	0.110	0.118	0.125	0.144	0.164	0.184	0.204
	氧气	m^3	2.88	0.126	0.147	0.168	0.213	0.240	0.288	0.316
	乙炔气	kg	14.66	0.042	0.049	0.056	0.071	0.080	0.096	0.105
	氩气	m^3	18.60	0.308	0.329	0.350	0.404	0.459	0.516	0.572
	钍钨棒	kg	640.87	0.00062	0.00066	0.00070	0.00081	0.00092	0.00103	0.00114
	尼龙砂轮片 $D100\times16\times3$	片	3.92	0.277	0.389	0.487	0.563	0.638	0.800	0.885
	零星材料费	元	—	5.03	5.54	5.90	6.53	7.07	8.00	8.94
机械	电焊条烘干箱 600×500×750	台班	27.16	0.028	0.035	0.041	0.053	0.060	0.073	0.080
	电焊机（综合）	台班	74.17	0.316	0.381	0.446	0.570	0.641	0.774	0.856
	氩弧焊机 500A	台班	96.11	0.169	0.181	0.193	0.222	0.252	0.283	0.314
	电动葫芦 单速 3t	台班	33.90	0.063	0.064	0.064	0.065	0.067	0.084	0.088
	半自动切割机 100mm	台班	88.45	0.009	0.010	0.011	0.013	0.015	0.017	0.020
	载货汽车 8t	台班	521.59	0.016	0.027	0.033	0.047	0.053	0.066	0.073
	汽车式起重机 8t	台班	767.15	0.016	0.027	0.033	0.047	0.053	0.066	0.073
	吊装机械（综合）	台班	664.97	0.098	0.137	0.137	0.152	0.166	0.181	0.181
	普通车床 630×2000	台班	242.35	0.063	0.064	0.064	0.065	0.067	0.084	0.088

21.衬里钢管预制安装（电弧焊）

工作内容：管子切口、坡口加工、坡口磨平、管口组对、管口焊接、法兰焊接、管口封闭、法兰安装、管道安装。

单位：10m

编号				6-258	6-259	6-260	6-261	6-262	6-263	6-264	6-265
项目				公称直径(mm以内)							
				32	40	50	65	80	100	125	150
预算基价	总价(元)			**718.21**	**800.12**	**915.11**	**984.69**	**1131.02**	**1388.58**	**1540.14**	**2135.05**
	人工费(元)			581.85	639.90	716.85	754.65	851.85	1008.45	1053.00	1480.95
	材料费(元)			50.66	62.52	76.57	95.75	122.46	167.10	197.32	251.92
	机械费(元)			85.70	97.70	121.69	134.29	156.71	213.03	289.82	402.18
组成内容		**单位**	**单价**	**数量**							
人工	综合工	工日	135.00	4.31	4.74	5.31	5.59	6.31	7.47	7.80	10.97
材料	低压碳钢管	m	—	(9.92)	(9.92)	(9.92)	(9.92)	(9.92)	(9.92)	(9.81)	(9.81)
	低压碳钢对焊管件	个	—	(3.93)	(3.93)	(3.93)	(3.04)	(3.04)	(2.84)	(2.84)	(3.55)
	低中压碳钢平焊法兰	个	—	(22.11)	(22.11)	(22.11)	(19.79)	(19.79)	(19.79)	(19.78)	(17.27)
	碳钢电焊条 E4303 *D*3.2	kg	7.59	1.834	2.093	2.667	4.277	5.004	7.119	8.199	11.427
	尼龙砂轮片 *D*100×16×3	片	3.92	0.118	0.135	0.175	0.214	0.252	0.394	0.440	0.756
	尼龙砂轮片 *D*500×25×4	片	18.69	0.365	0.426	0.608	—	—	—	—	—
	石棉橡胶板 低中压 δ0.8～6.0	kg	20.02	0.737	1.106	1.290	1.484	2.144	2.802	3.790	4.029
	氧气	m^3	2.88	0.036	0.038	0.044	1.745	1.971	3.018	3.153	6.064
	乙炔气	kg	14.66	0.012	0.012	0.014	0.581	0.658	1.006	1.051	2.020
	零星材料费	元	—	14.42	15.72	18.12	19.20	25.25	31.99	33.00	34.49
机械	电焊条烘干箱 600×500×750	台班	27.16	0.101	0.116	0.145	0.171	0.199	0.271	0.291	0.424
	电焊机（综合）	台班	74.17	1.055	1.206	1.504	1.748	2.040	2.773	2.989	4.403
	砂轮切割机 *D*500	台班	39.52	0.119	0.129	0.157	—	—	—	—	—
	载货汽车 8t	台班	521.59	—	—	—	—	—	—	0.007	0.010
	汽车式起重机 8t	台班	767.15	—	—	—	—	—	—	0.007	0.010
	吊装机械（综合）	台班	664.97	—	—	—	—	—	—	0.077	0.077

工作内容： 管子切口、坡口加工、坡口磨平、管口组对、管口焊接、法兰焊接、管口封闭、法兰安装、管道安装。 **单位：** 10m

编号				6-266	6-267	6-268	6-269	6-270	6-271	6-272
项目				公称直径(mm以内)						
				200	250	300	350	400	450	500
预算基价	总价(元)			**3097.10**	**3965.99**	**4508.82**	**4835.00**	**5436.75**	**6026.95**	**6949.07**
	人工费(元)			2108.70	2623.05	3069.90	3234.60	3619.35	3954.15	4538.70
	材料费(元)			344.03	505.54	549.49	638.73	734.38	828.02	1047.87
	机械费(元)			644.37	837.40	889.43	961.67	1083.02	1244.78	1362.50
	组成内容	**单位**	**单价**	**数量**						
人工	综合工	工日	135.00	15.62	19.43	22.74	23.96	26.81	29.29	33.62
材料	低压碳钢管	m	—	(9.81)	(9.81)	(9.81)	(9.81)	(9.81)	(9.81)	(9.81)
	低压碳钢对焊管件	个	—	(3.34)	(3.19)	(3.19)	(2.27)	(2.27)	(2.27)	(2.27)
	低中压碳钢平焊法兰	个	—	(14.69)	(12.53)	(12.53)	(10.19)	(10.19)	(10.19)	(10.19)
	碳钢电焊条 E4303 *D*3.2	kg	7.59	20.717	37.471	41.276	51.595	58.318	65.138	89.937
	石棉橡胶板 低中压 δ0.8～6.0	kg	20.02	4.039	4.108	4.176	4.590	5.865	6.885	7.055
	氧气	m^3	2.88	7.897	11.459	12.916	12.961	14.401	16.511	19.360
	乙炔气	kg	14.66	2.634	3.820	4.307	4.321	4.800	5.505	6.454
	尼龙砂轮片 *D*100×16×3	片	3.92	1.100	1.716	2.052	2.385	2.704	3.490	3.863
	零星材料费	元	—	40.26	43.16	44.22	45.21	51.89	53.85	58.49
机械	电焊条烘干箱 600×500×750	台班	27.16	0.705	0.898	0.956	1.014	1.146	1.317	1.455
	电焊机（综合）	台班	74.17	7.273	9.264	9.840	10.415	11.773	13.531	14.946
	载货汽车 8t	台班	521.59	0.016	0.027	0.033	0.047	0.053	0.066	0.073
	汽车式起重机 8t	台班	767.15	0.016	0.027	0.033	0.047	0.053	0.066	0.073
	吊装机械（综合）	台班	664.97	0.098	0.137	0.137	0.152	0.166	0.181	0.181

22.塑料管(热风焊)

工作内容： 管子切口、坡口加工、管口组对、焊接、管道安装。

单位： 10m

编号				6-273	6-274	6-275	6-276	6-277	6-278	6-279
项目				管道外径(mm以内)						
				20	25	32	40	50	75	90
预算基价	总价(元)			**67.03**	**71.55**	**78.98**	**92.32**	**121.07**	**165.02**	**188.98**
	人工费(元)			64.80	68.85	75.60	87.75	114.75	155.25	176.85
	材料费(元)			0.50	0.58	0.68	0.87	2.05	3.16	3.59
	机械费(元)			1.73	2.12	2.70	3.70	4.27	6.61	8.54
组成内容		单位	单价	数量						
人工	综合工	工日	135.00	0.48	0.51	0.56	0.65	0.85	1.15	1.31
材料	塑料管	m	—	(10)	(10)	(10)	(10)	(10)	(10)	(10)
	电	kW•h	0.73	0.176	0.215	0.273	0.374	0.433	0.666	0.863
	电阻丝	根	11.04	0.003	0.003	0.003	0.004	0.005	0.005	0.007
	塑料焊条	kg	13.07	0.002	0.003	0.004	0.006	0.010	0.021	0.029
	零星材料费	元	—	0.31	0.35	0.40	0.47	1.55	2.34	2.50
机械	电动空气压缩机 0.6m^3	台班	38.51	0.045	0.055	0.070	0.096	0.111	0.171	0.221
	木工圆锯机 *D*500	台班	26.53	—	—	—	—	—	0.001	0.001

工作内容：管子切口、坡口加工、管口组对、焊接、管道安装。 **单位：**10m

编号				6-280	6-281	6-282	6-283	6-284	6-285
项目				管道外径(mm以内)					
				110	125	150	180	200	250
预算基价	总价(元)			**235.37**	**262.32**	**330.31**	**367.08**	**414.87**	**627.27**
	人工费(元)			220.05	245.70	306.45	341.55	380.70	556.20
	材料费(元)			4.28	5.12	6.93	7.60	9.78	16.14
	机械费(元)			11.04	11.50	16.93	17.93	24.39	54.93
组成内容		**单位**	**单价**	**数量**					
人工	综合工	工日	135.00	1.63	1.82	2.27	2.53	2.82	4.12
材料	塑料管	m	—	(10)	(10)	(10)	(10)	(10)	(10)
	电	kW•h	0.73	1.114	1.160	1.713	1.815	2.465	5.558
	电阻丝	根	11.04	0.007	0.007	0.008	0.008	0.009	0.010
	塑料焊条	kg	13.07	0.057	0.060	0.132	0.140	0.215	0.428
	零星材料费	元	—	2.64	3.41	3.87	4.36	5.07	6.38
机械	电动空气压缩机 0.6m^3	台班	38.51	0.286	0.298	0.439	0.465	0.632	1.425
	木工圆锯机 *D*500	台班	26.53	0.001	0.001	0.001	0.001	0.002	0.002

23. 塑料管(承插粘接)

工作内容： 管子切口、管口组对、粘接、管道安装。

单位： 10m

编号				6-286	6-287	6-288	6-289	6-290	6-291
项目				管道外径(mm以内)					
				20	25	32	40	50	75
预算基价	总价(元)			**51.80**	**54.60**	**58.79**	**65.67**	**80.65**	**108.21**
	人工费(元)			51.30	54.00	58.05	64.80	79.65	106.65
	材料费(元)			0.50	0.60	0.74	0.87	1.00	1.53
	机械费(元)			—	—	—	—	—	0.03
组成内容		**单位**	**单价**	**数量**					
人工	综合工	工日	135.00	0.38	0.40	0.43	0.48	0.59	0.79
材料	承插塑料管	m	—	(10)	(10)	(10)	(10)	(10)	(10)
	胶粘剂 1#	kg	28.27	0.004	0.005	0.007	0.008	0.010	0.016
	零星材料费	元	—	0.39	0.46	0.54	0.64	0.72	1.08
机械	木工圆锯机 *D*500	台班	26.53	—	—	—	—	—	0.001

工作内容：管子切口、管口组对、粘接、管道安装。　　　　　　**单位：**10m

编号				6-292	6-293	6-294	6-295	6-296	6-297	6-298
项目				管道外径(mm以内)						
				90	110	125	150	180	200	250
预算基价	总价(元)			**116.61**	**143.03**	**163.71**	**194.14**	**213.96**	**227.12**	**259.72**
	人工费(元)			114.75	140.40	160.65	190.35	209.25	221.40	252.45
	材料费(元)			1.83	2.60	3.03	3.76	4.68	5.67	7.22
	机械费(元)			0.03	0.03	0.03	0.03	0.03	0.05	0.05
组成内容		**单位**	**单价**	**数量**						
人工	综合工	工日	135.00	0.85	1.04	1.19	1.41	1.55	1.64	1.87
材料	承插塑料管	m	—	(10)	(10)	(10)	(10)	(10)	(10)	(10)
	胶粘剂 1#	kg	28.27	0.019	0.032	0.036	0.043	0.052	0.057	0.072
	零星材料费	元	—	1.29	1.70	2.01	2.54	3.21	4.06	5.18
机械	木工圆锯机 *D*500	台班	26.53	0.001	0.001	0.001	0.001	0.001	0.002	0.002

24.玻璃钢管(胶泥)

工作内容：管子切口、坡口加工、管口连接、管道安装。

单位：10m

编号				6-299	6-300	6-301	6-302	6-303	6-304	6-305
项目				公称直径(mm以内)						
				25	40	50	80	100	125	150
预算基价	总价(元)			**82.47**	**123.82**	**155.49**	**223.25**	**277.01**	**349.26**	**428.46**
	人工费(元)			74.25	110.70	139.05	197.10	245.70	314.55	379.35
	材料费(元)			8.14	12.96	16.28	25.87	30.99	34.28	48.60
	机械费(元)			0.08	0.16	0.16	0.28	0.32	0.43	0.51
组成内容		**单位**	**单价**	**数量**						
人工	综合工	工日	135.00	0.55	0.82	1.03	1.46	1.82	2.33	2.81
材料	玻璃钢管	m	—	(10)	(10)	(10)	(10)	(10)	(10)	(10)
	尼龙砂轮片 *D*500×25×4	片	18.69	0.006	0.013	0.018	0.028	0.041	0.048	0.058
	胶泥	kg	16.01	0.455	0.726	0.908	1.452	1.726	1.924	2.779
	零星材料费	元	—	0.74	1.09	1.41	2.10	2.59	2.58	3.02
机械	砂轮切割机 *D*500	台班	39.52	0.002	0.004	0.004	0.007	0.008	0.011	0.013

25.玻璃管(法兰连接)

工作内容:管子切口、管口连接、管道安装。 **单位:**10m

编号				6-306	6-307	6-308	6-309	6-310	6-311	6-312
项目				公称直径(mm以内)						
				25	40	50	65	80	100	125
预算基价	总价(元)			**126.86**	**145.49**	**166.78**	**229.82**	**242.89**	**326.91**	**394.25**
	人工费(元)			124.20	140.40	160.65	221.40	232.20	313.20	378.00
	材料费(元)			2.66	5.09	6.13	8.42	10.69	13.71	16.25
组成内容		**单位**	**单价**	**数量**						
人工	综合工	工日	135.00	0.92	1.04	1.19	1.64	1.72	2.32	2.80
材料	玻璃管	m	—	(10)	(10)	(10)	(10)	(10)	(10)	(10)
	法兰	套	—	(12)	(12)	(12)	(12)	(12)	(12)	(12)
	橡胶圈	个	—	(48)	(48)	(48)	(48)	(48)	(48)	(48)
	T形胶垫	个	—	(12)	(12)	(12)	(12)	(12)	(12)	(12)
	石棉橡胶板 低中压 δ0.8~6.0	kg	20.02	0.100	0.200	0.233	0.333	0.433	0.566	0.666
	零星材料费	元	—	0.66	1.09	1.47	1.75	2.02	2.38	2.92

26.法兰铸铁管(法兰连接)

工作内容:管子切口、管口组对、法兰连接、管道安装。

单位:10m

编号				6-313	6-314	6-315	6-316	6-317	6-318
项目				公称直径(mm以内)					
				75	100	125	150	200	250
预算基价	总价(元)			**257.80**	**273.98**	**365.55**	**403.83**	**481.29**	**634.94**
	人工费(元)			152.55	162.00	193.05	220.05	270.00	352.35
	材料费(元)			93.65	97.80	149.30	160.58	184.23	246.51
	机械费(元)			11.60	14.18	23.20	23.20	27.06	36.08
	组成内容	**单位**	**单价**	**数量**					
人工	综合工	工日	135.00	1.13	1.20	1.43	1.63	2.00	2.61
材料	法兰铸铁管	m	—	(10)	(10)	(10)	(10)	(10)	(10)
	石棉橡胶板 低中压 δ0.8～6.0	kg	20.02	0.443	0.580	0.784	1.190	1.267	1.343
	胶圈 D100	个	9.77	2.575	2.575	—	—	—	—
	胶圈 D150	个	12.94	—	—	2.575	2.575	—	—
	胶圈 D200	个	18.19	—	—	—	—	2.575	—
	胶圈 D300	个	28.25	—	—	—	—	—	2.575
	支撑圈 D100	个	8.71	2.575	2.575	—	—	—	—
	支撑圈 D150	个	17.72	—	—	2.575	2.575	—	—
	支撑圈 D200	个	20.43	—	—	—	—	2.575	—
	支撑圈 D300	个	27.01	—	—	—	—	—	2.575
	带帽玛铁螺栓 M20×100	套	2.94	10.30	10.30	15.45	15.45	15.45	20.60
	零星材料费	元	—	6.91	8.32	9.23	12.38	14.00	16.76
机械	载货汽车 8t	台班	521.59	0.009	0.011	0.018	0.018	0.021	0.028
	汽车式起重机 8t	台班	767.15	0.009	0.011	0.018	0.018	0.021	0.028

工作内容：管子切口、管口组对、法兰连接、管道安装。 **单位：**10m

编号				6-319	6-320	6-321	6-322	6-323	6-324
项目				公称直径(mm以内)					
				300	350	400	450	500	600
预算基价	总价(元)			**699.15**	**922.55**	**1015.72**	**1375.63**	**1469.83**	**1837.33**
	人工费(元)			403.65	534.60	602.10	758.70	838.35	1063.80
	材料费(元)			249.11	331.25	342.17	531.81	533.47	643.81
	机械费(元)			46.39	56.70	71.45	85.12	98.01	129.72
组成内容		**单位**	**单价**	**数量**					
人工	综合工	工日	135.00	2.99	3.96	4.46	5.62	6.21	7.88
材料	法兰铸铁管	m	—	(10)	(10)	(10)	(10)	(10)	(10)
	石棉橡胶板 低中压 δ0.8～6.0	kg	20.02	1.452	1.604	2.049	2.406	2.465	2.411
	胶圈 *D*300	个	28.25	2.575	—	—	—	—	—
	胶圈 *D*400	个	42.49	—	2.575	2.575	—	—	—
	胶圈 *D*500	个	58.99	—	—	—	2.575	2.575	—
	胶圈 *D*600	个	74.12	—	—	—	—	—	2.575
	支撑圈 *D*300	个	27.01	2.575	—	—	—	—	—
	支撑圈 *D*400	个	37.07	—	2.575	2.575	—	—	—
	支撑圈 *D*500	个	57.06	—	—	—	2.575	2.575	—
	支撑圈 *D*600	个	76.01	—	—	—	—	—	2.575
	带帽玛铁螺栓 M20×100	套	2.94	20.60	25.75	25.75	—	—	—
	带帽玛铁螺栓 M22×120	套	4.50	—	—	—	36.05	36.05	41.20
	黑铅粉	kg	0.44	—	—	—	—	—	0.172
	零星材料费	元	—	17.18	18.57	20.58	22.59	23.07	23.48
机械	载货汽车 8t	台班	521.59	0.036	0.044	0.053	0.063	0.073	0.097
	汽车式起重机 8t	台班	767.15	0.036	0.044	0.053	0.063	0.073	0.097
	直流弧焊机 30kW	台班	92.43	—	—	0.024	0.030	0.030	0.036
	电动空气压缩机 0.6m^3	台班	38.51	—	—	0.024	0.030	0.030	0.036

27.承插铸铁管(石棉水泥接口)

工作内容： 检查及清扫管材、切管、管道安装、调制接口材料、接口、养护。 **单位：** 10m

编号				6-325	6-326	6-327	6-328	6-329	6-330	6-331
项目				公称直径(mm以内)						
				75	100	150	200	300	400	500
预算基价	总价(元)			**121.56**	**125.71**	**160.35**	**243.64**	**273.55**	**373.12**	**471.82**
	人工费(元)			110.70	112.05	140.40	217.35	190.35	260.55	332.10
	材料费(元)			10.86	13.66	19.95	26.29	34.77	48.80	68.28
	机械费(元)			—	—	—	—	48.43	63.77	71.44
组成内容		**单位**	**单价**	**数量**						
人工	综合工	工日	135.00	0.82	0.83	1.04	1.61	1.41	1.93	2.46
材料	铸铁管	m	—	(10)	(10)	(10)	(10)	(10)	(10)	(10)
	水泥 32.5级	kg	0.36	1.144	1.419	2.090	2.684	3.597	4.928	6.952
	石棉绒（综合）	kg	12.32	0.500	0.611	0.899	1.166	1.554	2.131	3.008
	氧气	m^3	2.88	0.055	0.099	0.132	0.231	0.264	0.495	0.627
	乙炔气	kg	14.66	0.022	0.044	0.055	0.099	0.110	0.209	0.264
	油麻	kg	16.48	0.231	0.284	0.420	0.536	0.725	0.987	1.397
	零星材料费	元	—	—	0.01	0.01	0.01	0.01	0.02	0.02
机械	汽车式起重机 8t	台班	767.15	—	—	—	—	0.04	0.06	0.07
	载货汽车 5t	台班	443.55	—	—	—	—	0.04	0.04	0.04

工作内容：检查及清扫管材、切管、管道安装、调制接口材料、接口、养护。 **单位：**10m

编号				6-332	6-333	6-334	6-335	6-336	6-337	6-338	6-339
项目				公称直径(mm以内)							
				600	700	800	900	1000	1200	1400	1600
预算基价	总价(元)			**580.80**	**770.95**	**820.07**	**1007.64**	**1121.08**	**1341.54**	**1947.63**	**2427.80**
	人工费(元)			382.05	531.90	550.80	711.45	734.40	899.10	1383.75	1784.70
	材料费(元)			84.51	101.80	119.91	139.16	171.96	218.01	287.31	345.66
	机械费(元)			114.24	137.25	149.36	157.03	214.72	224.43	276.57	297.44
组成内容		**单位**	**单价**	**数量**							
人工	综合工	工日	135.00	2.83	3.94	4.08	5.27	5.44	6.66	10.25	13.22
材料	铸铁管	m	—	(10)	(10)	(10)	(10)	(10)	(10)	(10)	(10)
	水泥 32.5级	kg	0.36	8.635	10.428	12.342	14.377	17.886	22.902	30.503	36.850
	石棉绒（综合）	kg	12.32	3.730	4.507	5.339	6.216	7.737	9.901	13.187	15.940
	氧气	m^3	2.88	0.759	0.891	0.990	1.100	1.232	1.342	1.452	1.584
	乙炔气	kg	14.66	0.319	0.374	0.407	0.462	0.517	0.561	0.605	0.660
	油麻	kg	16.48	1.733	2.090	2.478	2.877	3.581	4.589	6.111	7.382
	零星材料费	元	—	0.03	0.03	0.04	0.05	0.06	0.07	0.10	0.12
机械	载货汽车 5t	台班	443.55	0.05	0.05	0.06	0.06	0.09	0.09	—	—
	载货汽车 8t	台班	521.59	—	—	—	—	—	—	0.11	0.13
	汽车式起重机 8t	台班	767.15	0.12	0.15	0.16	0.17	—	—	—	—
	汽车式起重机 16t	台班	971.12	—	—	—	—	0.18	0.19	—	—
	汽车式起重机 20t	台班	1043.80	—	—	—	—	—	—	0.21	0.22

28.承插铸铁管(青铅接口)

工作内容：检查及清扫管材、切管、管道安装、化铅、打麻、打铅口。　　**单位：**10m

编号				6-340	6-341	6-342	6-343	6-344	6-345	6-346
项目				公称直径(mm以内)						
				75	100	150	200	300	400	500
预算基价	总价(元)			**271.04**	**310.44**	**429.06**	**590.24**	**773.74**	**1019.09**	**1394.10**
	人工费(元)			121.50	124.20	155.25	237.60	253.80	307.80	411.75
	材料费(元)			149.54	186.24	273.81	352.64	471.51	647.52	910.91
	机械费(元)			—	—	—	—	48.43	63.77	71.44
组成内容		**单位**	**单价**	**数量**						
人工	综合工	工日	135.00	0.90	0.92	1.15	1.76	1.88	2.28	3.05
材料	铸铁管	m	—	(10)	(10)	(10)	(10)	(10)	(10)	(10)
	青铅	kg	22.81	6.215	7.736	11.381	14.639	19.617	26.892	37.923
	氧气	m^3	2.88	0.055	0.099	0.132	0.231	0.264	0.495	0.627
	乙炔气	kg	14.66	0.022	0.044	0.055	0.099	0.110	0.209	0.264
	油麻	kg	16.48	0.229	0.284	0.418	0.539	0.720	0.987	1.392
	焦炭	kg	1.25	2.625	3.098	4.442	5.702	7.098	9.744	12.663
	木柴	kg	1.03	0.210	0.263	0.525	0.525	0.840	1.050	1.260
	零星材料费	元	—	0.02	0.03	0.04	0.06	0.07	0.10	0.14
机械	汽车式起重机 8t	台班	767.15	—	—	—	—	0.04	0.06	0.07
	载货汽车 5t	台班	443.55	—	—	—	—	0.04	0.04	0.04

工作内容：检查及清扫管材、切管、管道安装、化铅、打麻、打铅口。 **单位：**10m

编号				6-347	6-348	6-349	6-350	6-351	6-352	6-353	6-354
项目				公称直径（mm以内）							
				600	700	800	900	1000	1200	1400	1600
预算基价	总价（元）			**1733.64**	**2240.81**	**2533.90**	**3057.72**	**3609.93**	**4521.14**	**6126.46**	**7430.97**
	人工费（元）			488.70	738.45	769.50	1021.95	1061.10	1316.25	1891.35	2355.75
	材料费（元）			1130.70	1365.11	1615.04	1878.74	2334.11	2980.46	3958.54	4777.78
	机械费（元）			114.24	137.25	149.36	157.03	214.72	224.43	276.57	297.44
组成内容		**单位**	**单价**	**数量**							
人工	综合工	工日	135.00	3.62	5.47	5.70	7.57	7.86	9.75	14.01	17.45
材料	铸铁管	m	—	(10)	(10)	(10)	(10)	(10)	(10)	(10)	(10)
	青铅	kg	22.81	47.110	56.873	67.327	78.408	97.621	124.950	166.439	201.074
	氧气	m^3	2.88	0.759	0.891	0.990	1.100	1.232	1.342	1.452	1.584
	乙炔气	kg	14.66	0.319	0.374	0.407	0.462	0.517	0.561	0.605	0.660
	油麻	kg	16.48	1.730	2.090	2.474	2.879	3.585	4.589	6.113	7.386
	焦炭	kg	1.25	15.414	18.900	22.365	24.507	27.888	31.731	36.120	41.097
	木柴	kg	1.03	1.260	1.470	1.470	1.890	1.890	2.436	2.436	3.129
	零星材料费	元	—	0.18	0.21	0.25	0.29	0.36	0.46	0.61	0.73
机械	载货汽车 5t	台班	443.55	0.05	0.05	0.06	0.06	0.09	0.09	—	—
	载货汽车 8t	台班	521.59	—	—	—	—	—	—	0.11	0.13
	汽车式起重机 8t	台班	767.15	0.12	0.15	0.16	0.17	—	—	—	—
	汽车式起重机 16t	台班	971.12	—	—	—	—	0.18	0.19	—	—
	汽车式起重机 20t	台班	1043.80	—	—	—	—	—	—	0.21	0.22

29.承插铸铁管(膨胀水泥接口)

工作内容: 检查及清扫管材、切管、管道安装、调制接口材料、接口、养护。 **单位:** 10m

编号				6-355	6-356	6-357	6-358	6-359	6-360	6-361
项目				公称直径(mm以内)						
				75	100	150	200	300	400	500
预算基价	总价(元)			**103.24**	**107.69**	**136.86**	**216.21**	**295.06**	**326.98**	**411.85**
	人工费(元)			97.20	99.90	125.55	201.15	226.80	234.90	301.05
	材料费(元)			6.04	7.79	11.31	15.06	19.83	28.31	39.36
	机械费(元)			—	—	—	—	48.43	63.77	71.44
组成内容		**单位**	**单价**	**数量**						
人工	综合工	工日	135.00	0.72	0.74	0.93	1.49	1.68	1.74	2.23
材料	铸铁管	m	—	(10)	(10)	(10)	(10)	(10)	(10)	(10)
	膨胀水泥	kg	1.00	1.749	2.178	3.201	4.114	5.500	7.546	10.648
	氧气	m^3	2.88	0.055	0.099	0.132	0.231	0.264	0.495	0.627
	乙炔气	kg	14.66	0.022	0.044	0.055	0.099	0.110	0.209	0.264
	油麻	kg	16.48	0.231	0.284	0.420	0.536	0.725	0.987	1.397
	零星材料费	元	—	—	—	—	—	0.01	0.01	0.01
机械	汽车式起重机 8t	台班	767.15	—	—	—	—	0.04	0.06	0.07
	载货汽车 5t	台班	443.55	—	—	—	—	0.04	0.04	0.04

工作内容：检查及清扫管材、切管、管道安装、调制接口材料、接口、养护。 **单位：**10m

编号				6-362	6-363	6-364	6-365	6-366	6-367	6-368	6-369
项目				公称直径(mm以内)							
				600	700	800	900	1000	1200	1400	1600
预算基价	总价(元)			**512.54**	**677.67**	**717.43**	**879.01**	**977.84**	**1163.99**	**1518.43**	**1853.32**
	人工费(元)			349.65	481.95	499.50	642.60	665.55	816.75	1081.35	1363.50
	材料费(元)			48.65	58.47	68.57	79.38	97.57	122.81	160.51	192.38
	机械费(元)			114.24	137.25	149.36	157.03	214.72	224.43	276.57	297.44
组成内容		**单位**	**单价**	**数量**							
人工	综合工	工日	135.00	2.59	3.57	3.70	4.76	4.93	6.05	8.01	10.10
材料	铸铁管	m	—	(10)	(10)	(10)	(10)	(10)	(10)	(10)	(10)
	膨胀水泥	kg	1.00	13.222	15.961	18.898	22.011	27.401	35.068	46.706	56.441
	氧气	m^3	2.88	0.759	0.891	0.990	1.100	1.232	1.342	1.452	1.584
	乙炔气	kg	14.66	0.319	0.374	0.407	0.462	0.517	0.561	0.605	0.660
	油麻	kg	16.48	1.733	2.090	2.478	2.877	3.581	4.589	6.111	7.382
	零星材料费	元	—	0.01	0.02	0.02	0.02	0.03	0.03	0.04	0.05
机械	载货汽车 5t	台班	443.55	0.05	0.05	0.06	0.06	0.09	0.09	—	—
	载货汽车 8t	台班	521.59	—	—	—	—	—	—	0.11	0.13
	汽车式起重机 8t	台班	767.15	0.12	0.15	0.16	0.17	—	—	—	—
	汽车式起重机 16t	台班	971.12	—	—	—	—	0.18	0.19	—	—
	汽车式起重机 20t	台班	1043.80	—	—	—	—	—	—	0.21	0.22

30. 低压预应力(自应力)混凝土管(胶圈接口)

工作内容: 检查及清扫管材、管道安装、上胶圈、对口、调直、牵引。

单位: 10m

编号				6-370	6-371	6-372	6-373	6-374	6-375
项目				公称直径(mm以内)					
				300	400	500	600	700	800
预算基价	总 价(元)			**389.65**	**575.15**	**706.04**	**879.70**	**1135.50**	**1200.84**
	人 工 费(元)			288.90	438.75	546.75	661.50	865.35	899.10
	材 料 费(元)			19.57	30.71	36.77	42.56	59.10	66.18
	机 械 费(元)			81.18	105.69	122.52	175.64	211.05	235.56
组成内容		单位	单价	数量					
人工	综合工	工日	135.00	2.14	3.25	4.05	4.90	6.41	6.66
材料	预应力混凝土管	m	—	(10)	(10)	(10)	(10)	(10)	(10)
	润滑剂	kg	4.04	0.160	0.180	0.221	0.260	0.300	0.340
	橡胶圈 *DN*300	个	9.18	2.06	—	—	—	—	—
	橡胶圈 *DN*400	个	14.55	—	2.06	—	—	—	—
	橡胶圈 *DN*500	个	17.41	—	—	2.06	—	—	—
	橡胶圈 *DN*600	个	20.14	—	—	—	2.06	—	—
	橡胶圈 *DN*700	个	28.09	—	—	—	—	2.06	—
	橡胶圈 *DN*800	个	31.45	—	—	—	—	—	2.06
	零星材料费	元	—	0.01	0.01	0.01	0.02	0.02	0.02
机械	载货汽车 5t	台班	443.55	0.03	0.04	0.05	0.05	0.05	0.06
	汽车式起重机 8t	台班	767.15	0.07	0.09	0.10	0.16	0.20	0.22
	卷扬机 双筒慢速 50kN	台班	236.29	0.06	0.08	0.10	0.13	0.15	0.17

工作内容：检查及清扫管材、管道安装、上胶圈、对口、调直、牵引。　　　　**单位：**10m

编号				6-376	6-377	6-378	6-379	6-380	6-381
项目				公称直径(mm以内)					
				900	1000	1200	1400	1600	1800
预算基价	总价(元)			**1640.62**	**1796.77**	**2271.47**	**2748.65**	**3326.81**	**3895.22**
	人工费(元)			1287.90	1332.45	1748.25	2108.70	2529.90	3036.15
	材料费(元)			87.06	93.48	111.43	130.05	154.21	170.30
	机械费(元)			265.66	370.84	411.79	509.90	642.70	688.77
组成内容		**单位**	**单价**	**数量**					
人工	综合工	工日	135.00	9.54	9.87	12.95	15.62	18.74	22.49
材料	预应力混凝土管	m	—	(10)	(10)	(10)	(10)	(10)	(10)
	润滑剂	kg	4.04	0.380	0.420	0.500	0.600	0.680	0.760
	橡胶圈 *DN*900	个	41.50	2.06	—	—	—	—	—
	橡胶圈 *DN*1000	个	44.54	—	2.06	—	—	—	—
	橡胶圈 *DN*1200	个	53.09	—	—	2.06	—	—	—
	橡胶圈 *DN*1400	个	61.93	—	—	—	2.06	—	—
	橡胶圈 *DN*1600	个	73.49	—	—	—	—	2.06	—
	橡胶圈 *DN*1800	个	81.14	—	—	—	—	—	2.06
	零星材料费	元	—	0.03	0.03	0.04	0.05	0.07	0.08
机械	载货汽车 5t	台班	443.55	0.06	—	—	—	—	—
	载货汽车 8t	台班	521.59	—	0.09	0.09	—	—	—
	载货汽车 10t	台班	574.62	—	—	—	0.12	—	—
	载货汽车 15t	台班	809.06	—	—	—	—	0.15	0.15
	汽车式起重机 8t	台班	767.15	0.25	—	—	—	—	—
	汽车式起重机 16t	台班	971.12	—	0.28	0.31	—	—	—
	汽车式起重机 20t	台班	1043.80	—	—	—	0.35	—	—
	汽车式起重机 30t	台班	1141.87	—	—	—	—	0.38	0.41
	卷扬机 双筒慢速 50kN	台班	236.29	0.20	0.22	0.27	0.32	0.37	0.42

二、中 压 管 道

1.碳钢管(电弧焊)

工作内容：管子切口、坡口加工、坡口磨平、管口组对、焊接、垂直运输、管道安装。　　**单位：**10m

编号				6-382	6-383	6-384	6-385	6-386	6-387	6-388	6-389	6-390
项目				公称直径(mm以内)								
				15	20	25	32	40	50	65	80	100
预算基价	总价(元)			**70.76**	**80.62**	**90.20**	**102.30**	**114.31**	**129.16**	**158.99**	**197.56**	**282.47**
	人工费(元)			67.50	75.60	83.70	94.50	105.30	117.45	143.10	176.85	202.50
	材料费(元)			1.24	1.72	2.42	2.85	3.05	4.04	5.77	8.91	12.75
	机械费(元)			2.02	3.30	4.08	4.95	5.96	7.67	10.12	11.80	67.22
组成内容		**单位**	**单价**	**数量**								
人工	综合工	工日	135.00	0.50	0.56	0.62	0.70	0.78	0.87	1.06	1.31	1.50
材料	中压碳钢管	m	—	(9.72)	(9.72)	(9.72)	(9.72)	(9.72)	(9.57)	(9.57)	(9.57)	(9.57)
	碳钢电焊条 E4303 *D*3.2	kg	7.59	0.032	0.064	0.079	0.098	0.112	0.191	0.320	0.377	0.639
	尼龙砂轮片 *D*100×16×3	片	3.92	0.013	0.026	0.032	0.041	0.047	0.054	0.079	0.093	0.144
	尼龙砂轮片 *D*500×25×4	片	18.69	0.004	0.006	0.008	0.010	0.012	0.018	—	—	—
	氧气	m^3	2.88	0.001	0.001	0.001	0.009	0.010	0.013	0.107	0.424	0.585
	乙炔气	kg	14.66	0.001	0.001	0.001	0.003	0.003	0.004	0.035	0.141	0.195
	零星材料费	元	—	0.85	1.00	1.53	1.69	1.72	1.95	2.21	2.40	2.79
机械	电焊条烘干箱 600×500×750	台班	27.16	0.002	0.004	0.004	0.006	0.006	0.009	0.012	0.014	0.019
	电焊机（综合）	台班	74.17	0.026	0.042	0.052	0.063	0.076	0.098	0.132	0.154	0.209
	砂轮切割机 *D*500	台班	39.52	0.001	0.002	0.003	0.003	0.004	0.004	—	—	—
	吊装机械（综合）	台班	664.97	—	—	—	—	—	—	—	—	0.077

工作内容：管子切口、坡口加工、坡口磨平、管口组对、焊接、垂直运输、管道安装。 **单位：**10m

编号				6-391	6-392	6-393	6-394	6-395	6-396	6-397	6-398	6-399
项目				公称直径(mm以内)								
				125	150	200	250	300	350	400	450	500
预算基价	总价(元)			**312.42**	**338.75**	**476.27**	**622.86**	**677.04**	**797.80**	**956.95**	**1175.29**	**1357.03**
	人工费(元)			203.85	218.70	302.40	371.25	395.55	468.45	557.55	704.70	826.20
	材料费(元)			13.90	18.12	30.40	44.79	50.22	66.90	87.15	106.16	123.69
	机械费(元)			94.67	101.93	143.47	206.82	231.27	262.45	312.25	364.43	407.14
组成内容		**单位**	**单价**	**数量**								
人工	综合工	工日	135.00	1.51	1.62	2.24	2.75	2.93	3.47	4.13	5.22	6.12
材料	中压碳钢管	m	—	(9.41)	(9.41)	(9.41)	(9.36)	(9.36)	(9.36)	(9.36)	(9.25)	(9.25)
	碳钢电焊条 E4303 *D*3.2	kg	7.59	0.749	1.074	2.040	3.318	3.829	5.710	7.802	9.692	11.582
	氧气	m^3	2.88	0.662	0.832	1.256	1.700	1.862	2.024	2.425	2.837	3.061
	乙炔气	kg	14.66	0.221	0.277	0.419	0.567	0.621	0.675	0.808	0.946	1.020
	尼龙砂轮片 *D*100×16×3	片	3.92	0.169	0.238	0.426	0.647	0.682	0.925	1.194	1.436	1.665
	零星材料费	元	—	2.41	2.58	3.49	3.86	4.02	4.21	4.42	4.93	5.49
机械	电焊条烘干箱 600×500×750	台班	27.16	0.023	0.029	0.043	0.055	0.064	0.073	0.094	0.112	0.130
	电焊机（综合）	台班	74.17	0.252	0.313	0.461	0.603	0.686	0.768	0.984	1.172	1.359
	吊装机械（综合）	台班	664.97	0.092	0.092	0.118	0.164	0.164	0.182	0.199	0.217	0.217
	载货汽车 8t	台班	521.59	0.011	0.013	0.023	0.040	0.054	0.064	0.081	0.101	0.123
	汽车式起重机 8t	台班	767.15	0.011	0.013	0.023	0.040	0.054	0.064	0.081	0.101	0.123

2.碳钢管(氩电联焊)

工作内容：管子切口、坡口加工、坡口磨平、管口组对、焊接、管口封闭、垂直运输、管道安装。 **单位：**10m

编号				6-400	6-401	6-402	6-403	6-404	6-405	6-406	6-407	6-408
项目				公称直径(mm以内)								
				15	20	25	32	40	50	65	80	100
预算基价	总价(元)			**78.82**	**87.76**	**98.54**	**111.57**	**126.11**	**148.99**	**184.82**	**220.88**	**313.39**
	人工费(元)			74.25	82.35	91.80	103.95	117.45	133.65	162.00	194.40	225.45
	材料费(元)			2.12	2.54	3.32	3.74	3.96	5.59	9.92	11.37	15.88
	机械费(元)			2.45	2.87	3.42	3.88	4.70	9.75	12.90	15.11	72.06
组成内容		**单位**	**单价**	**数量**								
人工	综合工	工日	135.00	0.55	0.61	0.68	0.77	0.87	0.99	1.20	1.44	1.67
材料	中压碳钢管	m	—	(9.72)	(9.72)	(9.72)	(9.72)	(9.72)	(9.57)	(9.57)	(9.57)	(9.57)
	碳钢电焊条 E4303 *D*3.2	kg	7.59	0.001	0.001	0.003	0.004	0.004	0.137	0.237	0.279	0.506
	碳钢焊丝	kg	10.58	0.015	0.018	0.021	0.023	0.025	0.028	0.035	0.042	0.054
	尼龙砂轮片 *D*100×16×3	片	3.92	0.013	0.026	0.032	0.041	0.047	0.055	0.079	0.093	0.144
	尼龙砂轮片 *D*500×25×4	片	18.69	0.004	0.006	0.008	0.010	0.012	0.018	0.028	0.033	0.046
	氧气	m^3	2.88	0.001	0.001	0.001	0.009	0.010	0.013	0.338	0.379	0.519
	乙炔气	kg	14.66	0.001	0.001	0.001	0.003	0.003	0.004	0.112	0.126	0.173
	氩气	m^3	18.60	0.043	0.052	0.058	0.063	0.068	0.078	0.098	0.118	0.151
	钍钨棒	kg	640.87	0.00009	0.00009	0.00011	0.00013	0.00014	0.00015	0.00020	0.00023	0.00030
	零星材料费	元	—	0.95	1.09	1.63	1.79	1.83	2.06	2.35	2.55	3.01
机械	电焊条烘干箱 600×500×750	台班	27.16	—	—	—	—	—	0.006	0.009	0.010	0.015
	电焊机（综合）	台班	74.17	0.004	0.004	0.007	0.008	0.012	0.074	0.100	0.116	0.168
	氩弧焊机 500A	台班	96.11	0.022	0.026	0.029	0.033	0.038	0.041	0.052	0.062	0.079
	砂轮切割机 *D*500	台班	39.52	0.001	0.002	0.003	0.003	0.004	0.004	0.006	0.007	0.010
	吊装机械（综合）	台班	664.97	—	—	—	—	—	—	—	—	0.077

工作内容：管子切口、坡口加工、坡口磨平、管口组对、焊接、管口封闭、垂直运输、管道安装。 **单位：**10m

编号				6-409	6-410	6-411	6-412	6-413	6-414	6-415	6-416	6-417
项目				公称直径(mm以内)								
				125	150	200	250	300	350	400	450	500
预算基价	总价(元)			**354.11**	**385.93**	**541.32**	**705.41**	**770.43**	**898.11**	**1073.06**	**1211.45**	**1514.67**
	人工费(元)			233.55	244.35	337.50	413.10	442.80	522.45	619.65	666.90	911.25
	材料费(元)			17.65	21.92	34.88	49.92	55.65	71.35	91.45	116.36	128.28
	机械费(元)			102.91	119.66	168.94	242.39	271.98	304.31	361.96	428.19	475.14
组成内容		**单位**	**单价**	**数量**								
人工	综合工	工日	135.00	1.73	1.81	2.50	3.06	3.28	3.87	4.59	4.94	6.75
材料	中压碳钢管	m	—	(9.41)	(9.41)	(9.41)	(9.36)	(9.36)	(9.36)	(9.36)	(9.25)	(9.25)
	碳钢电焊条 E4303 *D*3.2	kg	7.59	0.592	0.879	1.747	2.918	3.427	5.185	7.147	9.649	10.679
	碳钢焊丝	kg	10.58	0.064	0.077	0.106	0.132	0.136	0.140	0.158	0.178	0.198
	尼龙砂轮片 *D*100×16×3	片	3.92	0.169	0.210	0.248	0.373	0.391	0.533	0.691	0.865	0.960
	尼龙砂轮片 *D*500×25×4	片	18.69	0.054	—	—	—	—	—	—	—	—
	氧气	m^3	2.88	0.585	0.827	1.256	1.700	1.862	2.024	2.425	2.837	3.061
	乙炔气	kg	14.66	0.195	0.276	0.419	0.567	0.621	0.675	0.808	0.946	1.020
	氩气	m^3	18.60	0.179	0.215	0.296	0.370	0.381	0.391	0.441	0.498	0.554
	钍钨棒	kg	640.87	0.00036	0.00043	0.00059	0.00074	0.00076	0.00078	0.00088	0.00100	0.00111
	零星材料费	元	—	2.70	2.91	3.88	4.35	4.63	4.93	5.23	5.91	6.58
机械	电焊条烘干箱 600×500×750	台班	27.16	0.018	0.023	0.036	0.049	0.058	0.066	0.086	0.108	0.120
	电焊机（综合）	台班	74.17	0.203	0.259	0.397	0.534	0.617	0.700	0.904	1.136	1.256
	氩弧焊机 500A	台班	96.11	0.094	0.113	0.156	0.194	0.200	0.205	0.232	0.261	0.291
	半自动切割机 100mm	台班	88.45	—	0.081	0.116	0.149	0.157	0.164	0.190	0.221	0.236
	砂轮切割机 *D*500	台班	39.52	0.010	—	—	—	—	—	—	—	—
	吊装机械（综合）	台班	664.97	0.092	0.092	0.118	0.164	0.164	0.182	0.199	0.217	0.217
	载货汽车 8t	台班	521.59	0.013	0.016	0.027	0.047	0.064	0.074	0.094	0.118	0.144
	汽车式起重机 8t	台班	767.15	0.013	0.016	0.027	0.047	0.064	0.074	0.094	0.118	0.144

3.螺旋卷管(电弧焊)

工作内容：管子切口、坡口加工、坡口磨平、管口组对、焊接、垂直运输、管道安装。 **单位：**10m

编号				6-418	6-419	6-420	6-421	6-422	6-423
项目				公称直径(mm以内)					
				200	250	300	350	400	450
预算基价	总价(元)			**293.66**	**347.49**	**398.83**	**463.36**	**531.00**	**643.89**
	人工费(元)			189.00	221.40	259.20	303.75	356.40	444.15
	材料费(元)			9.90	13.61	15.70	20.17	22.48	24.89
	机械费(元)			94.76	112.48	123.93	139.44	152.12	174.85
组成内容		单位	单价	数量					
人工	综合工	工日	135.00	1.40	1.64	1.92	2.25	2.64	3.29
材料	螺旋卷管	m	—	(9.88)	(9.88)	(9.88)	(9.88)	(9.88)	(9.78)
	碳钢电焊条 E4303 $D3.2$	kg	7.59	0.578	0.867	1.034	1.408	1.593	1.790
	氧气	m^3	2.88	0.574	0.724	0.802	0.961	1.046	1.130
	乙炔气	kg	14.66	0.191	0.242	0.267	0.320	0.349	0.377
	尼龙砂轮片 $D100\times16\times3$	片	3.92	0.144	0.211	0.253	0.339	0.384	0.431
	零星材料费	元	—	0.50	0.57	0.64	0.70	0.76	0.83
机械	电焊条烘干箱 600×500×750	台班	27.16	0.011	0.014	0.017	0.021	0.023	0.026
	电焊机（综合）	台班	74.17	0.117	0.153	0.183	0.223	0.252	0.285
	载货汽车 8t	台班	521.59	0.016	0.024	0.028	0.033	0.037	0.047
	汽车式起重机 8t	台班	767.15	0.016	0.024	0.028	0.033	0.037	0.047
	吊装机械（综合）	台班	664.97	0.098	0.105	0.111	0.120	0.128	0.139

工作内容：管子切口、坡口加工、坡口磨平、管口组对、焊接、垂直运输、管道安装。　　**单位：**10m

编号				6-424	6-425	6-426	6-427	6-428	6-429
项目				公称直径(mm以内)					
				500	600	700	800	900	1000
预算基价	总价(元)			**750.81**	**914.62**	**1060.02**	**1210.99**	**1370.29**	**1553.43**
	人工费(元)			526.50	633.15	739.80	841.05	947.70	1050.30
	材料费(元)			27.34	39.95	45.58	52.00	58.18	64.62
	机械费(元)			196.97	241.52	274.64	317.94	364.41	438.51
组成内容		**单位**	**单价**	**数量**					
人工	综合工	工日	135.00	3.90	4.69	5.48	6.23	7.02	7.78
材料	螺旋卷管	m	—	(9.78)	(9.78)	(9.67)	(9.67)	(9.67)	(9.57)
	碳钢电焊条 E4303 *D*3.2	kg	7.59	1.999	3.159	3.616	4.153	4.665	5.177
	氧气	m^3	2.88	1.211	1.584	1.769	1.996	2.224	2.446
	乙炔气	kg	14.66	0.404	0.528	0.589	0.666	0.741	0.821
	尼龙砂轮片 *D*100×16×3	片	3.92	0.478	0.667	0.764	0.872	0.979	1.087
	零星材料费	元	—	0.88	1.06	1.41	1.55	1.67	1.99
机械	电焊条烘干箱 600×500×750	台班	27.16	0.029	0.049	0.056	0.064	0.072	0.080
	电焊机（综合）	台班	74.17	0.316	0.443	0.507	0.579	0.650	0.721
	载货汽车 8t	台班	521.59	0.052	0.068	0.078	0.098	0.120	0.133
	汽车式起重机 8t	台班	767.15	0.052	0.068	0.078	0.098	0.120	0.133
	吊装机械（综合）	台班	664.97	0.159	0.180	0.203	0.221	0.240	0.318

4.不锈钢管(电弧焊)

工作内容：管子切口、坡口加工、坡口磨平、管口组对、焊接、管口封闭、垂直运输、管道安装、焊缝钝化。 **单位：**10m

编号				6-430	6-431	6-432	6-433	6-434	6-435	6-436	6-437
项目				公称直径(mm以内)							
				15	20	25	32	40	50	65	80
预算基价	总价(元)			**98.03**	**101.91**	**109.13**	**120.54**	**139.88**	**194.93**	**264.70**	**302.66**
	人工费(元)			91.80	94.50	98.55	108.00	122.85	170.10	226.80	240.30
	材料费(元)			3.52	4.16	6.22	7.33	10.32	16.00	25.42	29.66
	机械费(元)			2.71	3.25	4.36	5.21	6.71	8.83	12.48	32.70
组成内容		**单位**	**单价**	**数量**							
人工	综合工	工日	135.00	0.68	0.70	0.73	0.80	0.91	1.26	1.68	1.78
材料	中压不锈钢管	m	—	(9.84)	(9.84)	(9.84)	(9.84)	(9.74)	(9.74)	(9.74)	(9.53)
	不锈钢电焊条	kg	66.08	0.032	0.040	0.058	0.072	0.111	0.191	0.318	0.374
	尼龙砂轮片 *D*100×16×3	片	3.92	0.027	0.033	0.053	0.066	0.093	0.137	0.181	0.219
	尼龙砂轮片 *D*500×25×4	片	18.69	0.005	0.006	0.012	0.014	0.017	0.019	0.034	0.041
	零星材料费	元	—	1.21	1.28	1.96	2.05	2.30	2.49	3.06	3.32
机械	电焊条烘干箱 600×500×750	台班	27.16	0.003	0.004	0.005	0.006	0.008	0.011	0.015	0.018
	电焊机（综合）	台班	74.17	0.029	0.036	0.049	0.060	0.079	0.106	0.151	0.178
	电动空气压缩机 1m^3	台班	52.31	—	—	—	—	—	—	—	0.064
	电动空气压缩机 6m^3	台班	217.48	0.002	0.002	0.002	0.002	0.002	0.002	0.002	0.002
	等离子切割机 400A	台班	229.27	—	—	—	—	—	—	—	0.064
	砂轮切割机 *D*500	台班	39.52	0.001	0.001	0.004	0.004	0.005	0.006	0.011	0.014

工作内容：管子切口、坡口加工、坡口磨平、管口组对、焊接、管口封闭、垂直运输、管道安装、焊缝钝化。 **单位：**10m

编号				6-438	6-439	6-440	6-441	6-442	6-443	6-444	6-445
项目				公称直径（mm以内）							
				100	125	150	200	250	300	350	400
预算基价	总价（元）			**373.53**	**473.56**	**549.10**	**835.17**	**1102.53**	**1383.92**	**1766.80**	**2156.50**
	人工费（元）			280.80	286.20	322.65	480.60	577.80	685.80	815.40	930.15
	材料费（元）			47.98	54.66	76.71	142.33	230.44	346.69	515.70	701.90
	机械费（元）			44.75	132.70	149.74	212.24	294.29	351.43	435.70	524.45
组成内容		**单位**	**单价**	**数量**							
人工	综合工	工日	135.00	2.08	2.12	2.39	3.56	4.28	5.08	6.04	6.89
材料	中压不锈钢管	m	—	(9.53)	(9.53)	(9.38)	(9.38)	(9.38)	(9.38)	(9.38)	(9.38)
	不锈钢电焊条	kg	66.08	0.637	0.746	1.064	2.013	3.308	5.024	7.534	10.328
	尼龙砂轮片 $D100\times16\times3$	片	3.92	0.258	0.303	0.426	0.764	1.160	1.631	2.187	2.302
	尼龙砂轮片 $D500\times25\times4$	片	18.69	0.062	—	—	—	—	—	—	—
	零星材料费	元	—	3.72	4.18	4.73	6.32	7.30	8.31	9.28	10.40
机械	电焊条烘干箱 600×500×750	台班	27.16	0.026	0.030	0.038	0.056	0.078	0.103	0.140	0.180
	电焊机（综合）	台班	74.17	0.260	0.304	0.380	0.564	0.775	1.025	1.398	1.799
	电动空气压缩机 $1m^3$	台班	52.31	0.084	0.110	0.136	0.196	0.257	0.323	0.391	0.465
	电动空气压缩机 $6m^3$	台班	217.48	0.002	0.002	0.002	0.002	0.002	0.002	0.002	0.002
	等离子切割机 400A	台班	229.27	0.084	0.110	0.136	0.196	0.257	0.323	0.391	0.465
	砂轮切割机 $D500$	台班	39.52	0.017	—	—	—	—	—	—	—
	载货汽车 8t	台班	521.59	—	0.013	0.016	0.027	0.041	0.056	0.075	0.095
	汽车式起重机 8t	台班	767.15	—	0.013	0.016	0.027	0.041	0.056	0.075	0.095
	吊装机械（综合）	台班	664.97	—	0.092	0.092	0.118	0.164	0.164	0.182	0.199

5.不锈钢管(氩电联焊)

工作内容:管子切口、坡口加工、管口组对、焊接、管口封闭、垂直运输、管道安装、焊缝钝化。 **单位:**10m

编号				6-446	6-447	6-448	6-449	6-450	6-451
项目				公称直径(mm以内)					
				50	65	80	100	125	150
预算基价	总价(元)			**213.63**	**299.93**	**338.62**	**398.60**	**511.77**	**570.92**
	人工费(元)			176.85	240.30	271.35	305.10	325.35	349.65
	材料费(元)			14.18	24.09	28.65	46.27	53.44	74.69
	机械费(元)			22.60	35.54	38.62	47.23	132.98	146.58
组成内容		单位	单价	数量					
人工	综合工	工日	135.00	1.31	1.78	2.01	2.26	2.41	2.59
材料	中压不锈钢管	m	—	(9.74)	(9.74)	(9.53)	(9.53)	(9.53)	(9.38)
	不锈钢电焊条	kg	66.08	0.115	0.232	0.273	0.499	0.584	0.864
	不锈钢焊丝 1Cr18Ni9Ti	kg	55.02	0.033	0.045	0.056	0.072	0.092	0.110
	尼龙砂轮片 $D100\times16\times3$	片	3.92	0.059	0.088	0.104	0.150	0.176	0.239
	尼龙砂轮片 $D500\times25\times4$	片	18.69	0.019	0.034	0.041	0.062	—	—
	氩气	m^3	18.60	0.093	0.124	0.157	0.202	0.257	0.308
	钍钨棒	kg	640.87	0.00016	0.00019	0.00023	0.00030	0.00035	0.00042
	零星材料费	元	—	2.35	2.87	3.29	3.64	4.09	4.61
机械	电焊条烘干箱 600×500×750	台班	27.16	0.007	0.012	0.014	0.020	0.024	0.031
	电焊机(综合)	台班	74.17	0.071	0.116	0.137	0.203	0.237	0.312
	氩弧焊机 500A	台班	96.11	0.065	0.081	0.095	0.125	0.148	0.172
	电动葫芦 单速 3t	台班	33.90	0.037	0.065	0.065	0.067	0.068	0.071
	电动空气压缩机 $1m^3$	台班	52.31	—	—	—	—	0.012	0.015
	电动空气压缩机 $6m^3$	台班	217.48	0.002	0.002	0.002	0.002	0.002	0.002
	等离子切割机 400A	台班	229.27	—	—	—	—	0.012	0.015
	砂轮切割机 $D500$	台班	39.52	0.006	0.011	0.014	0.017	—	—
	普通车床 630×2000	台班	242.35	0.037	0.065	0.065	0.067	0.068	0.071
	载货汽车 8t	台班	521.59	—	—	—	—	0.013	0.016
	汽车式起重机 8t	台班	767.15	—	—	—	—	0.013	0.016
	吊装机械(综合)	台班	664.97	—	—	—	—	0.092	0.092

工作内容：管子切口、坡口加工、管口组对、焊接、管口封闭、垂直运输、管道安装、焊缝钝化。 **单位：**10m

编号				6-452	6-453	6-454	6-455	6-456
项目				公称直径(mm以内)				
				200	250	300	350	400
预算基价	总价(元)			**848.61**	**1095.47**	**1354.51**	**1715.62**	**2109.71**
	人工费(元)			508.95	598.05	699.30	824.85	954.45
	材料费(元)			137.98	222.04	333.32	494.22	677.35
	机械费(元)			201.68	275.38	321.89	396.55	477.91
组成内容		**单位**	**单价**	**数量**				
人工	综合工	工日	135.00	3.77	4.43	5.18	6.11	7.07
材料	中压不锈钢管	m	—	(9.38)	(9.38)	(9.38)	(9.38)	(9.38)
	不锈钢电焊条	kg	66.08	1.712	2.896	4.484	6.828	9.447
	不锈钢焊丝 1Cr18Ni9Ti	kg	55.02	0.156	0.195	0.238	0.276	0.346
	氩气	m^3	18.60	0.437	0.546	0.666	0.774	0.970
	钍钨棒	kg	640.87	0.00059	0.00073	0.00087	0.00101	0.00114
	尼龙砂轮片 $D100\times16\times3$	片	3.92	0.410	0.573	0.758	0.991	1.321
	零星材料费	元	—	6.15	7.07	8.01	8.91	10.10
机械	电焊条烘干箱 600×500×750	台班	27.16	0.048	0.065	0.083	0.115	0.150
	电焊机（综合）	台班	74.17	0.484	0.649	0.833	1.153	1.498
	氩弧焊机 500A	台班	96.11	0.234	0.299	0.351	0.380	0.429
	电动葫芦 单速 3t	台班	33.90	0.080	0.095	0.117	0.148	0.187
	电动空气压缩机 $1m^3$	台班	52.31	0.022	0.029	0.036	0.044	0.052
	电动空气压缩机 $6m^3$	台班	217.48	0.002	0.002	0.002	0.002	0.002
	等离子切割机 400A	台班	229.27	0.022	0.029	0.036	0.044	0.052
	普通车床 630×2000	台班	242.35	0.080	0.095	0.117	0.148	0.187
	载货汽车 8t	台班	521.59	0.027	0.041	0.056	0.075	0.095
	汽车式起重机 8t	台班	767.15	0.027	0.041	0.056	0.075	0.095
	吊装机械（综合）	台班	664.97	0.118	0.164	0.164	0.182	0.199

6.不锈钢管(氩弧焊)

工作内容：管子切口、坡口加工、管口组对、焊接、管口封闭、垂直运输、管道安装、焊缝钝化。 **单位：**10m

编号				6-457	6-458	6-459	6-460	6-461	6-462
项目				公称直径(mm以内)					
				15	20	25	32	40	50
预算基价	总价(元)			**110.77**	**115.12**	**119.98**	**135.95**	**156.17**	**219.22**
	人工费(元)			98.55	101.25	102.60	116.10	130.95	183.60
	材料费(元)			3.10	3.64	5.49	6.47	8.96	13.00
	机械费(元)			9.12	10.23	11.89	13.38	16.26	22.62
组成内容		单位	单价	数量					
人工	综合工	工日	135.00	0.73	0.75	0.76	0.86	0.97	1.36
材料	中压不锈钢管	m	—	(9.84)	(9.84)	(9.84)	(9.84)	(9.74)	(9.74)
	不锈钢焊丝 1Cr18Ni9Ti	kg	55.02	0.016	0.020	0.029	0.037	0.056	0.090
	尼龙砂轮片 *D*100×16×3	片	3.92	0.027	0.033	0.042	0.053	0.062	0.078
	尼龙砂轮片 *D*500×25×4	片	18.69	0.005	0.006	0.012	0.014	0.017	0.019
	氩气	m^3	18.60	0.044	0.055	0.083	0.102	0.158	0.254
	钍钨棒	kg	640.87	0.00009	0.00010	0.00015	0.00019	0.00029	0.00048
	零星材料费	元	—	1.14	1.21	1.87	1.95	2.19	2.36
机械	氩弧焊机 500A	台班	96.11	0.032	0.041	0.052	0.065	0.087	0.122
	电动葫芦 单速 3t	台班	33.90	—	—	—	—	—	0.037
	电动空气压缩机 $6m^3$	台班	217.48	0.002	0.002	0.002	0.002	0.002	0.002
	砂轮切割机 *D*500	台班	39.52	0.001	0.001	0.004	0.004	0.005	0.006
	普通车床 630×2000	台班	242.35	0.023	0.024	0.026	0.027	0.030	0.037

工作内容：管子切口、坡口加工、管口组对、焊接、管口封闭、垂直运输、管道安装、焊缝钝化。 **单位：**10m

编号				6-463	6-464	6-465	6-466	6-467	6-468
项目				公称直径(mm以内)					
				65	80	100	125	150	200
预算基价	总价(元)			**310.87**	**348.14**	**421.97**	**527.47**	**606.31**	**909.84**
	人工费(元)			251.10	280.80	325.35	337.50	378.00	546.75
	材料费(元)			22.68	26.96	42.89	49.46	68.52	125.47
	机械费(元)			37.09	40.38	53.73	140.51	159.79	237.62
组成内容		**单位**	**单价**	**数量**					
人工	综合工	工日	135.00	1.86	2.08	2.41	2.50	2.80	4.05
材料	中压不锈钢管	m	—	(9.74)	(9.53)	(9.53)	(9.53)	(9.38)	(9.38)
	不锈钢焊丝 1Cr18Ni9Ti	kg	55.02	0.169	0.202	0.337	0.402	0.566	1.058
	尼龙砂轮片 *D*100×16×3	片	3.92	0.124	0.147	0.211	0.248	0.336	0.578
	尼龙砂轮片 *D*500×25×4	片	18.69	0.034	0.041	0.062	—	—	—
	氩气	m^3	18.60	0.473	0.566	0.944	1.124	1.586	2.964
	钍钨棒	kg	640.87	0.00089	0.00105	0.00178	0.00209	0.00298	0.00564
	零星材料费	元	—	2.89	3.30	3.66	4.12	4.65	6.25
机械	氩弧焊机 500A	台班	96.11	0.190	0.223	0.355	0.416	0.559	0.995
	电动葫芦 单速 3t	台班	33.90	0.065	0.065	0.067	0.068	0.071	0.080
	电动空气压缩机 $1m^3$	台班	52.31	—	—	—	0.012	0.015	0.022
	电动空气压缩机 $6m^3$	台班	217.48	0.002	0.002	0.002	0.002	0.002	0.002
	等离子切割机 400A	台班	229.27	—	—	—	0.012	0.015	0.022
	砂轮切割机 *D*500	台班	39.52	0.011	0.014	0.017	—	—	—
	普通车床 630×2000	台班	242.35	0.065	0.065	0.067	0.068	0.071	0.080
	载货汽车 8t	台班	521.59	—	—	—	0.013	0.016	0.027
	汽车式起重机 8t	台班	767.15	—	—	—	0.013	0.016	0.027
	吊装机械（综合）	台班	664.97	—	—	—	0.092	0.092	0.118

7.合金钢管(电弧焊)

工作内容：管子切口、坡口加工、管口组对、焊接、管口封闭、垂直运输、管道安装。 **单位：**10m

编号				6-469	6-470	6-471	6-472	6-473	6-474	6-475	6-476	6-477
项目				公称直径(mm以内)								
				15	20	25	32	40	50	65	80	100
预算基价	总价(元)			**106.89**	**123.44**	**133.68**	**149.49**	**164.79**	**198.71**	**265.92**	**287.53**	**344.32**
	人工费(元)			97.20	110.70	118.80	132.30	145.80	171.45	225.45	243.00	286.20
	材料费(元)			2.28	3.22	4.27	5.02	5.70	8.25	12.25	14.22	22.06
	机械费(元)			7.41	9.52	10.61	12.17	13.29	19.01	28.22	30.31	36.06
组成内容		单位	单价	数量								
人工	综合工	工日	135.00	0.72	0.82	0.88	0.98	1.08	1.27	1.67	1.80	2.12
材料	中压合金钢管	m	—	(9.84)	(9.84)	(9.84)	(9.84)	(9.84)	(9.84)	(9.84)	(9.53)	(9.53)
	合金钢电焊条	kg	26.56	0.031	0.062	0.076	0.094	0.108	0.186	0.309	0.364	0.619
	尼龙砂轮片 $D100\times16\times3$	片	3.92	0.030	0.036	0.041	0.049	0.055	0.071	0.100	0.116	0.162
	尼龙砂轮片 $D500\times25\times4$	片	18.69	0.004	0.005	0.008	0.010	0.012	0.018	0.028	0.033	0.046
	氧气	m^3	2.88	0.005	0.006	0.007	0.008	0.011	0.012	0.021	0.023	0.031
	乙炔气	kg	14.66	0.002	0.002	0.002	0.003	0.004	0.004	0.007	0.008	0.010
	零星材料费	元	—	1.22	1.29	1.89	2.08	2.30	2.60	2.96	3.30	3.89
机械	电焊条烘干箱 600×500×750	台班	27.16	0.002	0.004	0.005	0.006	0.007	0.010	0.013	0.015	0.021
	电焊机（综合）	台班	74.17	0.030	0.048	0.058	0.072	0.083	0.109	0.149	0.176	0.246
	电动葫芦 单速 3t	台班	33.90	—	—	—	—	—	0.038	0.060	0.060	0.061
	砂轮切割机 $D500$	台班	39.52	0.001	0.001	0.003	0.003	0.004	0.004	0.006	0.007	0.010
	普通车床 630×2000	台班	242.35	0.021	0.024	0.025	0.027	0.028	0.038	0.060	0.060	0.061

工作内容：管子切口、坡口加工、管口组对、焊接、管口封闭、垂直运输、管道安装。 **单位：**10m

编号				6-478	6-479	6-480	6-481	6-482	6-483	6-484	6-485	6-486
项目				公称直径(mm以内)								
				125	150	200	250	300	350	400	450	500
预算基价	总价(元)			**445.94**	**474.36**	**685.64**	**882.26**	**1055.55**	**1284.84**	**1598.63**	**1927.10**	**2243.66**
	人工费(元)			303.75	313.20	450.90	540.00	626.40	734.40	903.15	1019.25	1239.30
	材料费(元)			24.99	33.63	60.40	95.76	142.09	209.01	283.90	378.52	418.95
	机械费(元)			117.20	127.53	174.34	246.50	287.06	341.43	411.58	529.33	585.41
组成内容		单位	单价	数量								
人工	综合工	工日	135.00	2.25	2.32	3.34	4.00	4.64	5.44	6.69	7.55	9.18
材料	中压合金钢管	m	—	(9.53)	(9.53)	(9.38)	(9.38)	(9.38)	(9.38)	(9.38)	(9.38)	(9.38)
	合金钢电焊条	kg	26.56	0.725	1.035	1.958	3.216	4.886	7.326	10.043	13.506	14.947
	尼龙砂轮片 $D100\times16\times3$	片	3.92	0.190	0.253	0.428	0.534	0.703	0.916	1.219	1.477	1.641
	尼龙砂轮片 $D500\times25\times4$	片	18.69	0.054	—	—	—	—	—	—	—	—
	氧气	m^3	2.88	0.035	0.133	0.203	0.288	0.371	0.437	0.543	0.611	0.672
	乙炔气	kg	14.66	0.012	0.045	0.068	0.096	0.124	0.145	0.181	0.204	0.224
	零星材料费	元	—	3.70	4.11	5.14	6.01	6.68	7.46	8.16	9.26	10.31
机械	电焊条烘干箱 600×500×750	台班	27.16	0.025	0.032	0.047	0.061	0.077	0.105	0.135	0.169	0.187
	电焊机（综合）	台班	74.17	0.284	0.352	0.514	0.671	0.836	1.117	1.418	1.771	1.960
	电动葫芦 单速 3t	台班	33.90	0.062	0.065	0.074	0.087	0.108	0.136	0.171	—	—
	电动双梁起重机 5t	台班	190.91	—	—	—	—	—	—	—	0.218	0.236
	半自动切割机 100mm	台班	88.45	—	0.009	0.014	0.016	0.018	0.020	0.023	0.029	0.032
	砂轮切割机 $D500$	台班	39.52	0.010	—	—	—	—	—	—	—	—
	普通车床 630×2000	台班	242.35	0.062	0.065	0.074	0.087	0.108	0.136	0.171	0.218	0.236
	载货汽车 8t	台班	521.59	0.013	0.016	0.027	0.047	0.064	0.074	0.094	0.118	0.144
	汽车式起重机 8t	台班	767.15	0.013	0.016	0.027	0.047	0.064	0.074	0.094	0.118	0.144
	吊装机械（综合）	台班	664.97	0.092	0.092	0.118	0.164	0.164	0.182	0.199	0.217	0.217

8.合金钢管(氩电联焊)

工作内容：管子切口、坡口加工、管口组对、焊接、管口封闭、垂直运输、管道安装。 **单位：**10m

	编号			6-487	6-488	6-489	6-490	6-491	6-492
	项目			公称直径(mm以内)					
				50	65	80	100	125	150
预算基价	总价(元)			**202.21**	**271.43**	**295.03**	**354.52**	**458.86**	**489.47**
	人工费(元)			172.80	228.15	247.05	291.60	310.50	321.30
	材料费(元)			8.35	12.55	14.64	22.40	25.81	33.84
	机械费(元)			21.06	30.73	33.34	40.52	122.55	134.33
	组成内容	**单位**	**单价**	**数量**					
人工	综合工	工日	135.00	1.28	1.69	1.83	2.16	2.30	2.38
材料	中压合金钢管	m	—	(9.84)	(9.84)	(9.53)	(9.53)	(9.53)	(9.53)
	合金钢电焊条	kg	26.56	0.132	0.226	0.266	0.486	0.568	0.840
	合金钢焊丝	kg	16.53	0.028	0.035	0.042	0.054	0.064	0.077
	尼龙砂轮片 *D*100×16×3	片	3.92	0.073	0.098	0.114	0.159	0.288	0.248
	尼龙砂轮片 *D*500×25×4	片	18.69	0.018	0.028	0.033	0.046	0.054	—
	氧气	m^3	2.88	0.012	0.021	0.023	0.031	0.035	0.117
	乙炔气	kg	14.66	0.004	0.007	0.008	0.010	0.012	0.039
	氩气	m^3	18.60	0.078	0.098	0.118	0.151	0.179	0.215
	钍钨棒	kg	640.87	0.00015	0.00020	0.00023	0.00030	0.00036	0.00043
	零星材料费	元	—	2.12	2.95	3.29	3.88	3.69	4.10
机械	电焊条烘干箱 600×500×750	台班	27.16	0.007	0.010	0.011	0.017	0.020	0.026
	电焊机（综合）	台班	74.17	0.082	0.114	0.134	0.200	0.231	0.293
	氩弧焊机 500A	台班	96.11	0.043	0.054	0.065	0.083	0.098	0.118
	电动葫芦 单速 3t	台班	33.90	0.038	0.060	0.060	0.061	0.062	0.065
	半自动切割机 100mm	台班	88.45	—	—	—	—	—	0.009
	砂轮切割机 *D*500	台班	39.52	0.004	0.006	0.007	0.010	0.010	—
	普通车床 630×2000	台班	242.35	0.038	0.060	0.060	0.061	0.062	0.065
	载货汽车 8t	台班	521.59	—	—	—	—	0.013	0.016
	汽车式起重机 8t	台班	767.15	—	—	—	—	0.013	0.016
	吊装机械（综合）	台班	664.97	—	—	—	—	0.092	0.092

工作内容：管子切口、坡口加工、管口组对、焊接、管口封闭、垂直运输、管道安装。　　**单位：**10m

编号				6-493	6-494	6-495	6-496	6-497	6-498	6-499
项目				公称直径(mm以内)						
				200	250	300	350	400	450	500
预算基价	总价(元)			**707.89**	**911.19**	**991.61**	**1172.37**	**1451.07**	**1722.70**	**2018.78**
	人工费(元)			463.05	556.20	589.95	688.50	847.80	947.70	1161.00
	材料费(元)			60.21	94.83	109.71	157.26	212.51	282.27	312.54
	机械费(元)			184.63	260.16	291.95	326.61	390.76	492.73	545.24
组成内容		**单位**	**单价**	**数量**						
人工	综合工	工日	135.00	3.43	4.12	4.37	5.10	6.28	7.02	8.60
材料	中压合金钢管	m	—	(9.38)	(9.38)	(9.38)	(9.38)	(9.38)	(9.38)	(9.38)
	合金钢电焊条	kg	26.56	1.665	2.816	3.334	5.077	7.025	9.512	10.527
	合金钢焊丝	kg	16.53	0.106	0.132	0.136	0.140	0.158	0.178	0.198
	氧气	m^3	2.88	0.203	0.288	0.293	0.344	0.429	0.482	0.530
	乙炔气	kg	14.66	0.068	0.096	0.098	0.114	0.143	0.161	0.177
	氩气	m^3	18.60	0.296	0.370	0.381	0.391	0.441	0.498	0.554
	钍钨棒	kg	640.87	0.00059	0.00074	0.00076	0.00078	0.00088	0.00100	0.00111
	尼龙砂轮片 *D*100×16×3	片	3.92	0.419	0.580	0.703	0.764	1.016	1.230	1.367
	零星材料费	元	—	5.13	5.99	6.30	6.67	7.23	8.22	9.17
机械	电焊条烘干箱 600×500×750	台班	27.16	0.040	0.053	0.063	0.073	0.094	0.119	0.132
	电焊机（综合）	台班	74.17	0.444	0.595	0.687	0.778	0.996	1.253	1.386
	氩弧焊机 500A	台班	96.11	0.163	0.203	0.209	0.215	0.243	0.273	0.304
	电动葫芦 单速 3t	台班	33.90	0.074	0.087	0.095	0.103	0.130	—	—
	半自动切割机 100mm	台班	88.45	0.014	0.016	0.016	0.016	0.018	0.023	0.025
	普通车床 630×2000	台班	242.35	0.074	0.087	0.095	0.103	0.130	0.166	0.179
	载货汽车 8t	台班	521.59	0.027	0.047	0.064	0.074	0.094	0.118	0.144
	汽车式起重机 8t	台班	767.15	0.027	0.047	0.064	0.074	0.094	0.118	0.144
	电动双梁起重机 5t	台班	190.91	—	—	—	—	—	0.166	0.179
	吊装机械（综合）	台班	664.97	0.118	0.164	0.164	0.182	0.199	0.217	0.217

9.合金钢管(氩弧焊)

工作内容： 管子切口、坡口加工、管口组对、焊接、管口封闭、垂直运输、管道安装。 **单位：** 10m

编号				6-500	6-501	6-502	6-503	6-504	6-505
项目				公称直径(mm以内)					
				15	20	25	32	40	50
预算基价	总价(元)			**107.16**	**122.51**	**134.33**	**148.84**	**164.29**	**201.92**
	人工费(元)			97.20	109.35	118.80	130.95	144.45	171.45
	材料费(元)			2.56	3.75	4.93	5.85	6.65	10.30
	机械费(元)			7.40	9.41	10.60	12.04	13.19	20.17
	组成内容	**单位**	**单价**	**数量**					
人工	综合工	工日	135.00	0.72	0.81	0.88	0.97	1.07	1.27
材料	中压合金钢管	m	—	(9.84)	(9.84)	(9.84)	(9.84)	(9.84)	(9.84)
	合金钢焊丝	kg	16.53	0.015	0.030	0.037	0.046	0.053	0.097
	尼龙砂轮片 *D*100×16×3	片	3.92	0.029	0.034	0.040	0.048	0.054	0.069
	尼龙砂轮片 *D*500×25×4	片	18.69	0.004	0.005	0.008	0.010	0.012	0.018
	氧气	m^3	2.88	0.005	0.006	0.007	0.008	0.011	0.012
	乙炔气	kg	14.66	0.002	0.002	0.002	0.003	0.004	0.004
	氩气	m^3	18.60	0.043	0.085	0.104	0.129	0.148	0.271
	钍钨棒	kg	640.87	0.00009	0.00017	0.00021	0.00026	0.00030	0.00054
	零星材料费	元	—	1.22	1.29	1.89	2.08	2.30	2.61
机械	氩弧焊机 500A	台班	96.11	0.024	0.037	0.046	0.056	0.065	0.099
	电动葫芦 单速 3t	台班	33.90	—	—	—	—	—	0.038
	砂轮切割机 *D*500	台班	39.52	—	0.001	0.003	0.003	0.004	0.004
	普通车床 630×2000	台班	242.35	0.021	0.024	0.025	0.027	0.028	0.038

工作内容：管子切口、坡口加工、管口组对、焊接、管口封闭、垂直运输、管道安装。 **单位：**10m

编号				6-506	6-507	6-508	6-509	6-510
项目				公称直径(mm以内)				
				65	80	100	125	150
预算基价	总价(元)			**276.76**	**299.54**	**367.70**	**481.40**	**520.13**
	人工费(元)			229.50	247.05	295.65	321.30	332.10
	材料费(元)			15.65	18.24	27.89	32.64	43.85
	机械费(元)			31.61	34.25	44.16	127.46	144.18
组成内容		**单位**	**单价**	**数量**				
人工	综合工	工日	135.00	1.70	1.83	2.19	2.38	2.46
材料	中压合金钢管	m	—	(9.84)	(9.53)	(9.53)	(9.53)	(9.53)
	合金钢焊丝	kg	16.53	0.161	0.190	0.309	0.368	0.523
	尼龙砂轮片 $D100\times16\times3$	片	3.92	0.096	0.112	0.149	0.274	0.229
	尼龙砂轮片 $D500\times25\times4$	片	18.69	0.028	0.033	0.046	0.054	—
	氧气	m^3	2.88	0.021	0.023	0.031	0.035	0.133
	乙炔气	kg	14.66	0.007	0.008	0.010	0.012	0.045
	氩气	m^3	18.60	0.451	0.531	0.865	1.030	1.465
	钍钨棒	kg	640.87	0.00090	0.00106	0.00173	0.00206	0.00293
	零星材料费	元	—	2.96	3.30	3.90	3.72	4.14
机械	氩弧焊机 500A	台班	96.11	0.154	0.181	0.280	0.333	0.454
	电动葫芦 单速 3t	台班	33.90	0.060	0.060	0.061	0.062	0.065
	半自动切割机 100mm	台班	88.45	—	—	—	—	0.009
	砂轮切割机 $D500$	台班	39.52	0.006	0.007	0.010	0.010	—
	普通车床 630×2000	台班	242.35	0.060	0.060	0.061	0.062	0.065
	载货汽车 8t	台班	521.59	—	—	—	0.013	0.016
	汽车式起重机 8t	台班	767.15	—	—	—	0.013	0.016
	吊装机械（综合）	台班	664.97	—	—	—	0.092	0.092

10.铜管(氧乙炔焊)

工作内容：管子切口、坡口加工、坡口磨平、管口组对、焊前预热、焊接、垂直运输、管道安装。

单位：10m

编号				6-511	6-512	6-513	6-514	6-515	6-516	6-517
项目				管道外径(mm以内)						
				20	30	40	50	65	75	85
预算基价	总价(元)			**75.51**	**101.52**	**124.23**	**155.63**	**186.69**	**202.19**	**290.45**
	人工费(元)			71.55	95.85	116.10	145.80	174.15	187.65	226.80
	材料费(元)			3.92	5.59	7.97	9.63	12.26	14.22	22.54
	机械费(元)			0.04	0.08	0.16	0.20	0.28	0.32	41.11
组成内容		**单位**	**单价**	**数量**						
人工	综合工	工日	135.00	0.53	0.71	0.86	1.08	1.29	1.39	1.68
材料	中压铜管	m	—	(10.00)	(10.00)	(10.00)	(10.00)	(10.00)	(9.88)	(9.88)
	铜气焊丝	kg	46.03	0.033	0.051	0.068	0.086	0.113	0.132	0.223
	尼龙砂轮片 $D100\times16\times3$	片	3.92	0.042	0.079	0.107	0.135	0.190	0.224	0.533
	尼龙砂轮片 $D500\times25\times4$	片	18.69	0.005	0.007	0.012	0.016	0.018	0.021	—
	氧气	m^3	2.88	0.126	0.195	0.267	0.335	0.435	0.510	0.871
	乙炔气	kg	14.66	0.052	0.080	0.110	0.139	0.181	0.212	0.360
	硼砂	kg	4.46	0.007	0.010	0.014	0.017	0.022	0.026	0.044
	零星材料费	元	—	0.99	1.02	1.75	1.76	1.97	2.18	2.20
机械	电动空气压缩机 $1m^3$	台班	52.31	—	—	—	—	—	—	0.146
	等离子切割机 400A	台班	229.27	—	—	—	—	—	—	0.146
	砂轮切割机 $D500$	台班	39.52	0.001	0.002	0.004	0.005	0.007	0.008	—

工作内容：管子切口、坡口加工、坡口磨平、管口组对、焊前预热、焊接、垂直运输、管道安装。 **单位：**10m

编号				6-518	6-519	6-520	6-521	6-522	6-523	6-524
项目				管道外径(mm以内)						
				100	120	150	185	200	250	300
预算基价	总价(元)			**307.27**	**420.97**	**485.90**	**612.41**	**726.60**	**899.30**	**1064.32**
	人工费(元)			233.55	263.25	305.10	386.10	460.35	556.20	666.90
	材料费(元)			25.85	31.09	38.52	47.27	73.81	92.43	113.68
	机械费(元)			47.87	126.63	142.28	179.04	192.44	250.67	283.74
组成内容		**单位**	**单价**	**数量**						
人工	综合工	工日	135.00	1.73	1.95	2.26	2.86	3.41	4.12	4.94
材料	中压铜管	m	—	(9.88)	(9.88)	(9.88)	(9.88)	(9.88)	(9.88)	(9.88)
	铜气焊丝	kg	46.03	0.256	0.312	0.390	0.483	0.802	1.007	1.210
	氧气	m^3	2.88	0.988	1.191	1.495	1.858	2.949	3.702	4.439
	乙炔气	kg	14.66	0.408	0.493	0.619	0.768	1.214	1.521	1.827
	尼龙砂轮片 $D100\times16\times3$	片	3.92	0.606	0.791	0.998	1.240	1.705	2.147	2.588
	硼砂	kg	4.46	0.049	0.060	0.075	0.092	0.156	0.196	0.235
	零星材料费	元	—	2.65	2.70	2.94	3.16	3.22	3.83	7.22
机械	电动空气压缩机 $1m^3$	台班	52.31	0.170	0.205	0.256	0.316	0.359	0.448	0.538
	等离子切割机 400A	台班	229.27	0.170	0.205	0.256	0.316	0.359	0.448	0.538
	载货汽车 8t	台班	521.59	—	0.006	0.007	0.009	0.010	0.012	0.018
	汽车式起重机 8t	台班	767.15	—	0.006	0.007	0.009	0.010	0.012	0.018
	吊装机械（综合）	台班	664.97	—	0.092	0.092	0.118	0.118	0.164	0.164

三、高 压 管 道

1.碳钢管(电弧焊)

工作内容：管子切口、坡口加工、管口组对、焊接、管口封闭、垂直运输、管道安装。 **单位：**10m

	编　　号			6-525	6-526	6-527	6-528	6-529	6-530	6-531	6-532	6-533
	项　　目			公称直径(mm以内)								
				15	20	25	32	40	50	65	80	100
预算基价	总　　价(元)			**231.82**	**256.05**	**288.02**	**362.52**	**388.90**	**421.94**	**467.35**	**568.65**	**751.21**
	人　工　费(元)			220.05	240.30	263.25	334.80	359.10	387.45	423.90	453.60	596.70
	材　料　费(元)			2.32	3.02	4.64	5.83	6.47	8.81	13.25	17.56	24.67
	机　械　费(元)			9.45	12.73	20.13	21.89	23.33	25.68	30.20	97.49	129.84
	组 成 内 容	**单位**	**单价**	**数　　量**								
人工	综合工	工日	135.00	1.63	1.78	1.95	2.48	2.66	2.87	3.14	3.36	4.42
材料	高压碳钢管	m	—	(9.69)	(9.69)	(9.69)	(9.69)	(9.69)	(9.53)	(9.53)	(9.53)	(9.53)
	碳钢电焊条 E4303 *D*3.2	kg	7.59	0.088	0.144	0.239	0.347	0.403	0.626	1.081	1.541	2.410
	尼龙砂轮片 *D*100×16×3	片	3.92	0.015	0.021	0.031	0.042	0.051	0.066	0.102	0.126	0.132
	尼龙砂轮片 *D*500×25×4	片	18.69	0.006	0.010	0.015	0.021	0.026	0.038	0.057	0.077	—
	氧气	m^3	2.88	—	—	—	—	—	—	—	—	0.151
	乙炔气	kg	14.66	—	—	—	—	—	—	—	—	0.050
	零星材料费	元	—	1.48	1.66	2.42	2.64	2.73	3.09	3.58	3.93	4.69
机械	电焊条烘干箱 600×500×750	台班	27.16	0.003	0.004	0.006	0.007	0.009	0.011	0.015	0.020	0.029
	电焊机（综合）	台班	74.17	0.037	0.051	0.066	0.085	0.100	0.123	0.167	0.213	0.326
	电动葫芦 单速 3t	台班	33.90	—	—	0.054	0.055	0.056	0.058	0.062	0.068	0.079
	砂轮切割机 *D*500	台班	39.52	0.002	0.003	0.004	0.005	0.005	0.006	0.007	0.009	—
	载货汽车 8t	台班	521.59	—	—	—	—	—	—	—	0.012	0.018
	普通车床 630×2000	台班	242.35	0.027	0.036	0.054	0.055	0.056	0.058	0.062	0.068	0.079
	汽车式起重机 8t	台班	767.15	—	—	—	—	—	—	—	0.012	0.018
	吊装机械（综合）	台班	664.97	—	—	—	—	—	—	—	0.07	0.09

工作内容：管子切口、坡口加工、管口组对、焊接、管口封闭、垂直运输、管道安装。 **单位：**10m

编号				6-534	6-535	6-536	6-537	6-538	6-539	6-540	6-541	6-542
项目				公称直径(mm以内)								
				125	150	200	250	300	350	400	450	500
预算基价	总价(元)			**919.66**	**1185.39**	**1540.65**	**1923.75**	**2117.20**	**2557.06**	**2980.91**	**3599.13**	**4073.06**
	人工费(元)			708.75	901.80	1135.35	1316.25	1431.00	1672.65	1915.65	2209.95	2486.70
	材料费(元)			38.23	57.56	89.56	128.95	145.09	193.27	254.83	331.60	402.18
	机械费(元)			172.68	226.03	315.74	478.55	541.11	691.14	810.43	1057.58	1184.18
组成内容		**单位**	**单价**	**数量**								
人工	综合工	工日	135.00	5.25	6.68	8.41	9.75	10.60	12.39	14.19	16.37	18.42
材料	高压碳钢管	m	—	(9.38)	(9.38)	(9.38)	(9.32)	(9.32)	(9.32)	(9.32)	(9.22)	(9.22)
	碳钢电焊条 E4303 *D*3.2	kg	7.59	4.159	6.540	10.178	14.922	16.944	23.001	30.747	40.291	49.030
	尼龙砂轮片 *D*100×16×3	片	3.92	0.165	0.196	0.680	1.004	1.017	1.329	1.666	1.965	2.449
	氧气	m^3	2.88	0.183	0.267	0.375	0.513	0.564	0.614	0.706	0.946	1.081
	乙炔气	kg	14.66	0.061	0.089	0.125	0.171	0.188	0.205	0.235	0.315	0.360
	零星材料费	元	—	4.60	5.08	6.73	7.77	8.12	8.71	9.45	10.75	12.05
机械	电焊条烘干箱 600×500×750	台班	27.16	0.043	0.064	0.098	0.143	0.157	0.204	0.267	0.349	0.425
	电焊机（综合）	台班	74.17	0.474	0.690	1.058	1.537	1.676	2.197	2.857	3.715	4.522
	电动葫芦 单速 3t	台班	33.90	0.165	0.180	0.269	—	—	—	—	—	—
	半自动切割机 100mm	台班	88.45	—	0.012	0.019	0.042	0.044	0.054	0.061	0.074	0.099
	普通车床 630×2000	台班	242.35	0.165	0.180	0.269	0.325	0.364	0.403	0.441	0.548	0.597
	载货汽车 8t	台班	521.59	0.024	0.033	0.056	0.080	0.107	0.158	0.198	0.276	0.308
	汽车式起重机 8t	台班	767.15	0.024	0.033	0.056	0.080	0.107	0.158	0.198	0.276	0.308
	电动双梁起重机 5t	台班	190.91	—	—	—	0.325	0.364	0.403	0.441	0.548	0.597
	吊装机械（综合）	台班	664.97	0.09	0.12	0.13	0.17	0.17	0.21	0.21	0.26	0.26

2.碳钢管(氩电联焊)

工作内容：管子切口、坡口加工、管口组对、焊接、管口封闭、垂直运输、管道安装。 **单位：**10m

编号				6-543	6-544	6-545	6-546	6-547	6-548	6-549	6-550	6-551
项目				公称直径(mm以内)								
				15	20	25	32	40	50	65	80	100
预算基价	总价(元)			**237.98**	**264.85**	**298.83**	**376.71**	**404.29**	**440.06**	**485.62**	**589.01**	**780.51**
	人工费(元)			226.80	249.75	275.40	351.00	376.65	402.30	438.75	471.15	621.00
	材料费(元)			3.03	4.20	5.96	7.29	8.24	9.82	14.16	17.45	25.13
	机械费(元)			8.15	10.90	17.47	18.42	19.40	27.94	32.71	100.41	134.38
组成内容		单位	单价	数量								
人工	综合工	工日	135.00	1.68	1.85	2.04	2.60	2.79	2.98	3.25	3.49	4.60
材料	高压碳钢管	m	—	(9.69)	(9.69)	(9.69)	(9.69)	(9.69)	(9.53)	(9.53)	(9.53)	(9.53)
	碳钢电焊条 E4303 *D*3.2	kg	7.59	0.121	0.223	0.318	0.432	0.498	0.581	0.968	1.217	2.057
	碳钢焊丝	kg	10.58	0.011	0.013	0.015	0.017	0.019	0.020	0.027	0.035	0.047
	尼龙砂轮片 *D*100×16×3	片	3.92	0.015	0.020	0.028	0.037	0.044	0.069	0.099	0.131	0.138
	尼龙砂轮片 *D*500×25×4	片	18.69	0.006	0.010	0.015	0.021	0.026	0.038	0.057	0.077	—
	氩气	m^3	18.60	0.018	0.022	0.029	0.032	0.043	0.057	0.075	0.099	0.132
	钍钨棒	kg	640.87	0.00002	0.00004	0.00006	0.00008	0.00010	0.00011	0.00015	0.00020	0.00026
	氧气	m^3	2.88	—	—	—	—	—	—	—	—	0.151
	乙炔气	kg	14.66	—	—	—	—	—	—	—	—	0.050
	零星材料费	元	—	1.48	1.67	2.42	2.65	2.74	3.09	3.58	3.92	4.69
机械	电焊条烘干箱 600×500×750	台班	27.16	—	—	—	—	—	0.010	0.013	0.017	0.026
	电焊机（综合）	台班	74.17	0.005	0.007	0.009	0.011	0.014	0.115	0.151	0.186	0.299
	氩弧焊机 500A	台班	96.11	0.012	0.016	0.018	0.023	0.028	0.030	0.039	0.052	0.069
	电动葫芦 单速 3t	台班	33.90	—	—	0.054	0.055	0.056	0.058	0.062	0.068	0.079
	砂轮切割机 *D*500	台班	39.52	0.002	0.003	0.004	0.005	0.005	0.006	0.007	0.009	—
	普通车床 630×2000	台班	242.35	0.027	0.036	0.054	0.055	0.056	0.058	0.062	0.068	0.079
	载货汽车 8t	台班	521.59	—	—	—	—	—	—	—	0.012	0.018
	汽车式起重机 8t	台班	767.15	—	—	—	—	—	—	—	0.012	0.018
	吊装机械（综合）	台班	664.97	—	—	—	—	—	—	—	0.07	0.09

工作内容：管子切口、坡口加工、管口组对、焊接、管口封闭、垂直运输、管道安装。 **单位：**10m

	编号			6-552	6-553	6-554	6-555	6-556	6-557	6-558	6-559	6-560
	项目			公称直径(mm以内)								
				125	150	200	250	300	350	400	450	500
预算基价	总价(元)			**953.12**	**1225.53**	**1595.08**	**1969.62**	**2154.37**	**2625.78**	**3054.75**	**3669.58**	**4154.99**
	人工费(元)			735.75	935.55	1179.90	1368.90	1483.65	1733.40	1983.15	2280.15	2567.70
	材料费(元)			39.45	58.39	90.78	127.50	143.79	191.75	251.46	324.93	394.25
	机械费(元)			177.92	231.59	324.40	473.22	526.93	700.63	820.14	1064.50	1193.04
	组成内容	**单位**	**单价**	**数量**								
人工	综合工	工日	135.00	5.45	6.93	8.74	10.14	10.99	12.84	14.69	16.89	19.02
材料	高压碳钢管	m	—	(9.38)	(9.38)	(9.38)	(9.32)	(9.32)	(9.32)	(9.32)	(9.22)	(9.22)
	碳钢电焊条 E4303 *D*3.2	kg	7.59	3.847	6.097	9.506	13.958	15.927	21.666	29.017	38.112	46.377
	碳钢焊丝	kg	10.58	0.054	0.064	0.096	0.105	0.113	0.132	0.150	0.152	0.188
	氩气	m^3	18.60	0.153	0.177	0.270	0.294	0.317	0.370	0.420	0.426	0.527
	钍钨棒	kg	640.87	0.00031	0.00035	0.00054	0.00059	0.00063	0.00074	0.00084	0.00085	0.00105
	尼龙砂轮片 *D*100×16×3	片	3.92	0.158	0.197	0.666	0.983	0.996	1.300	1.630	1.922	2.396
	氧气	m^3	2.88	0.183	0.267	0.375	0.422	0.468	0.614	0.706	0.946	1.081
	乙炔气	kg	14.66	0.061	0.089	0.125	0.141	0.156	0.205	0.235	0.315	0.360
	零星材料费	元	—	4.59	5.07	6.72	7.47	7.87	8.68	9.42	10.71	12.00
机械	电焊条烘干箱 600×500×750	台班	27.16	0.040	0.060	0.092	0.133	0.146	0.192	0.252	0.330	0.402
	电焊机（综合）	台班	74.17	0.442	0.646	0.993	1.444	1.582	2.078	2.707	3.525	4.291
	氩弧焊机 500A	台班	96.11	0.080	0.093	0.142	0.155	0.167	0.194	0.221	0.224	0.277
	电动葫芦 单速 3t	台班	33.90	0.165	0.180	0.269	—	—	—	—	—	—
	半自动切割机 100mm	台班	88.45	—	0.012	0.019	0.042	0.044	0.054	0.061	0.074	0.099
	普通车床 630×2000	台班	242.35	0.165	0.180	0.269	0.290	0.311	0.403	0.441	0.548	0.597
	载货汽车 8t	台班	521.59	0.024	0.033	0.056	0.080	0.107	0.158	0.198	0.276	0.308
	汽车式起重机 8t	台班	767.15	0.024	0.033	0.056	0.080	0.107	0.158	0.198	0.276	0.308
	电动双梁起重机 5t	台班	190.91	—	—	—	0.301	0.311	0.403	0.441	0.548	0.597
	吊装机械（综合）	台班	664.97	0.09	0.12	0.13	0.17	0.17	0.21	0.21	0.26	0.26

3.合金钢管(电弧焊)

工作内容：管子切口、坡口加工、管口组对、焊接、管口封闭、垂直运输、管道安装。 **单位：**10m

编号				6-561	6-562	6-563	6-564	6-565	6-566	6-567	6-568	6-569
项目				公称直径(mm以内)								
				15	20	25	32	40	50	65	80	100
预算基价	总价(元)			**143.04**	**267.19**	**292.69**	**373.05**	**403.59**	**437.03**	**494.26**	**597.57**	**793.25**
	人工费(元)			129.60	249.75	268.65	342.90	367.20	394.20	433.35	459.00	614.25
	材料费(元)			3.63	4.87	7.55	9.11	11.51	15.62	28.24	40.22	51.32
	机械费(元)			9.81	12.57	16.49	21.04	24.88	27.21	32.67	98.35	127.68
组成内容		**单位**	**单价**	**数量**								
人工	综合工	工日	135.00	0.96	1.85	1.99	2.54	2.72	2.92	3.21	3.40	4.55
材料	高压合金钢管	m	—	(9.84)	(9.84)	(9.84)	(9.84)	(9.84)	(9.84)	(9.84)	(9.53)	(9.53)
	合金钢电焊条	kg	26.56	0.070	0.110	0.179	0.225	0.304	0.436	0.870	1.286	1.681
	尼龙砂轮片 *D*100×16×3	片	3.92	0.031	0.038	0.047	0.059	0.072	0.095	0.143	0.181	0.244
	尼龙砂轮片 *D*500×25×4	片	18.69	0.006	0.009	0.013	0.016	0.022	0.030	0.051	0.070	—
	氧气	m^3	2.88	—	—	—	—	—	—	—	—	0.123
	乙炔气	kg	14.66	—	—	—	—	—	—	—	—	0.041
	零星材料费	元	—	1.54	1.63	2.37	2.60	2.74	3.11	3.62	4.05	4.76
机械	电焊条烘干箱 600×500×750	台班	27.16	0.004	0.005	0.006	0.007	0.009	0.011	0.016	0.020	0.026
	电焊机 (综合)	台班	74.17	0.042	0.055	0.071	0.089	0.106	0.133	0.185	0.225	0.313
	电动葫芦 单速 3t	台班	33.90	—	—	—	0.051	0.060	0.061	0.066	0.068	0.075
	砂轮切割机 *D*500	台班	39.52	0.001	0.003	0.004	0.004	0.005	0.005	0.007	0.008	—
	普通车床 630×2000	台班	242.35	0.027	0.034	0.045	0.051	0.060	0.061	0.066	0.068	0.075
	载货汽车 8t	台班	521.59	—	—	—	—	—	—	—	0.012	0.018
	汽车式起重机 8t	台班	767.15	—	—	—	—	—	—	—	0.012	0.018
	吊装机械 (综合)	台班	664.97	—	—	—	—	—	—	—	0.07	0.09

工作内容：管子切口、坡口加工、管口组对、焊接、管口封闭、垂直运输、管道安装。 **单位：**10m

编号				6-570	6-571	6-572	6-573	6-574	6-575	6-576	6-577	6-578
项目				公称直径（mm以内）								
				125	150	200	250	300	350	400	450	500
预算基价	总价（元）			**923.77**	**1215.62**	**1737.72**	**2209.33**	**2428.95**	**2872.32**	**3600.15**	**4128.51**	**5026.30**
	人工费（元）			691.20	892.35	1161.00	1368.90	1468.80	1641.60	1998.00	2232.90	2589.30
	材料费（元）			83.06	123.09	261.56	384.25	425.49	549.34	770.91	879.18	1224.96
	机械费（元）			149.51	200.18	315.16	456.18	534.66	681.38	831.24	1016.43	1212.04
组成内容		**单位**	**单价**	**数量**								
人工	综合工	工日	135.00	5.12	6.61	8.60	10.14	10.88	12.16	14.80	16.54	19.18
材料	高压合金钢管	m	—	(9.53)	(9.53)	(9.38)	(9.38)	(9.38)	(9.38)	(9.38)	(9.38)	(9.38)
	合金钢电焊条	kg	26.56	2.848	4.320	9.439	14.005	15.519	19.980	28.179	32.136	44.978
	尼龙砂轮片 $D100\times16\times3$	片	3.92	0.339	0.400	0.462	0.470	0.476	1.672	2.065	2.400	3.032
	氧气	m^3	2.88	0.177	0.200	0.312	0.390	0.468	0.506	0.706	0.807	0.901
	乙炔气	kg	14.66	0.059	0.067	0.104	0.130	0.156	0.169	0.235	0.269	0.300
	零星材料费	元	—	4.71	5.22	6.63	7.41	7.80	8.18	8.90	9.97	11.47
机械	电焊条烘干箱 600×500×750	台班	27.16	0.038	0.053	0.101	0.147	0.158	0.203	0.268	0.306	0.428
	电焊机（综合）	台班	74.17	0.439	0.610	1.131	1.627	1.723	2.184	2.886	3.293	4.571
	电动葫芦 单速 3t	台班	33.90	0.091	0.109	0.247	0.256	—	—	—	—	—
	半自动切割机 100mm	台班	88.45	—	0.012	0.019	0.038	0.044	0.048	0.061	0.069	0.083
	载货汽车 8t	台班	521.59	0.024	0.033	0.056	0.080	0.107	0.158	0.198	0.276	0.308
	普通车床 630×2000	台班	242.35	0.091	0.109	0.247	0.335	0.341	0.384	0.484	0.529	0.656
	汽车式起重机 8t	台班	767.15	0.024	0.033	0.056	0.080	0.107	0.158	0.198	0.276	0.308
	电动双梁起重机 5t	台班	190.91	—	—	—	0.116	0.341	0.384	0.484	0.529	0.656
	吊装机械（综合）	台班	664.97	0.09	0.12	0.13	0.17	0.17	0.21	0.21	0.26	0.26

4.合金钢管(氩电联焊)

工作内容：管子切口、坡口加工、管口组对、焊接、管口封闭、垂直运输、管道安装。 **单位：**10m

编号				6-579	6-580	6-581	6-582	6-583	6-584	6-585	6-586	6-587
项目				公称直径(mm以内)								
				15	20	25	32	40	50	65	80	100
预算基价	总价(元)			**150.94**	**274.86**	**299.21**	**379.11**	**409.48**	**443.97**	**500.27**	**600.61**	**802.10**
	人工费(元)			129.60	251.10	271.35	346.95	373.95	398.25	437.40	459.00	619.65
	材料费(元)			11.96	12.34	13.47	14.24	14.75	16.04	27.51	39.05	50.00
	机械费(元)			9.38	11.42	14.39	17.92	20.78	29.68	35.36	102.56	132.45
组成内容		**单位**	**单价**	**数量**								
人工	综合工	工日	135.00	0.96	1.86	2.01	2.57	2.77	2.95	3.24	3.40	4.59
材料	高压合金钢管	m	—	(9.84)	(9.84)	(9.84)	(9.84)	(9.84)	(9.84)	(9.84)	(9.53)	(9.53)
	合金钢电焊条	kg	26.56	0.337	0.342	0.348	0.361	0.365	0.387	0.765	1.152	1.505
	合金钢焊丝	kg	16.53	0.014	0.016	0.018	0.020	0.022	0.024	0.029	0.033	0.047
	尼龙砂轮片 $D100\times16\times3$	片	3.92	0.030	0.037	0.046	0.057	0.070	0.099	0.140	0.177	0.239
	尼龙砂轮片 $D500\times25\times4$	片	18.69	0.006	0.009	0.013	0.016	0.022	0.030	0.051	0.070	—
	氩气	m^3	18.60	0.050	0.052	0.057	0.060	0.063	0.066	0.080	0.094	0.131
	钍钨棒	kg	640.87	0.00012	0.00012	0.00012	0.00013	0.00013	0.00013	0.00016	0.00019	0.00026
	氧气	m^3	2.88	—	—	—	—	—	—	—	—	0.123
	乙炔气	kg	14.66	—	—	—	—	—	—	—	—	0.041
	零星材料费	元	—	1.54	1.63	2.37	2.60	2.75	3.10	3.62	4.04	4.75
机械	电焊条烘干箱 600×500×750	台班	27.16	—	—	—	—	—	0.010	0.014	0.018	0.023
	电焊机（综合）	台班	74.17	0.004	0.005	0.006	0.008	0.010	0.120	0.165	0.204	0.285
	氩弧焊机 500A	台班	96.11	0.026	0.028	0.030	0.032	0.034	0.036	0.044	0.052	0.072
	电动葫芦 单速 3t	台班	33.90	—	—	—	0.051	0.060	0.061	0.066	0.071	0.075
	砂轮切割机 $D500$	台班	39.52	0.001	0.003	0.004	0.004	0.005	0.005	0.007	0.008	—
	普通车床 630×2000	台班	242.35	0.027	0.034	0.045	0.051	0.060	0.061	0.066	0.071	0.075
	载货汽车 8t	台班	521.59	—	—	—	—	—	—	—	0.012	0.018
	汽车式起重机 8t	台班	767.15	—	—	—	—	—	—	—	0.012	0.018
	吊装机械（综合）	台班	664.97	—	—	—	—	—	—	—	0.07	0.09

工作内容：管子切口、坡口加工、管口组对、焊接、管口封闭、垂直运输、管道安装。 **单位：**10m

编号				6-588	6-589	6-590	6-591	6-592	6-593	6-594	6-595	6-596
项目				公称直径(mm以内)								
				125	150	200	250	300	350	400	450	500
预算基价	总价(元)			**931.19**	**1211.15**	**1783.45**	**2284.04**	**2501.97**	**2956.92**	**3684.47**	**4357.86**	**5115.29**
	人工费(元)			696.60	895.05	1223.10	1451.25	1551.15	1737.45	2106.00	2394.90	2722.95
	材料费(元)			80.26	112.44	240.11	367.30	408.22	527.21	738.53	916.39	1172.52
	机械费(元)			154.33	203.66	320.24	465.49	542.60	692.26	839.94	1046.57	1219.82
组成内容		**单位**	**单价**	**数量**								
人工	综合工	工日	135.00	5.16	6.63	9.06	10.75	11.49	12.87	15.60	17.74	20.17
材料	高压合金钢管	m	—	(9.53)	(9.53)	(9.38)	(9.38)	(9.38)	(9.38)	(9.38)	(9.38)	(9.38)
	合金钢电焊条	kg	26.56	2.610	3.752	8.383	13.100	14.588	18.781	26.593	33.088	42.545
	合金钢焊丝	kg	16.53	0.049	0.060	0.094	0.099	0.104	0.137	0.138	0.156	0.173
	氩气	m^3	18.60	0.138	0.168	0.261	0.276	0.291	0.383	0.386	0.435	0.484
	钍钨棒	kg	640.87	0.00028	0.00034	0.00052	0.00055	0.00058	0.00077	0.00077	0.00087	0.00097
	尼龙砂轮片 $D100\times16\times3$	片	3.92	0.332	0.431	0.432	0.464	0.470	1.636	2.021	2.574	2.966
	氧气	m^3	2.88	0.177	0.200	0.312	0.390	0.468	0.506	0.706	0.807	0.901
	乙炔气	kg	14.66	0.059	0.067	0.104	0.130	0.156	0.169	0.235	0.269	0.300
	零星材料费	元	—	4.71	5.20	6.60	7.39	7.78	8.16	8.87	9.99	11.42
机械	电焊条烘干箱 600×500×750	台班	27.16	0.034	0.046	0.090	0.138	0.147	0.190	0.253	0.315	0.406
	电焊机（综合）	台班	74.17	0.407	0.539	1.017	1.530	1.628	2.062	2.734	3.385	4.338
	氩弧焊机 500A	台班	96.11	0.076	0.093	0.144	0.152	0.159	0.211	0.212	0.240	0.267
	电动葫芦 单速 3t	台班	33.90	0.091	0.109	0.247	0.319	—	—	—	—	—
	半自动切割机 100mm	台班	88.45	—	0.012	0.019	0.038	0.044	0.048	0.061	0.069	0.083
	普通车床 630×2000	台班	242.35	0.091	0.109	0.247	0.335	0.341	0.384	0.484	0.529	0.656
	载货汽车 8t	台班	521.59	0.024	0.033	0.056	0.080	0.107	0.158	0.198	0.276	0.308
	汽车式起重机 8t	台班	767.15	0.024	0.033	0.056	0.080	0.107	0.158	0.198	0.276	0.308
	电动双梁起重机 5t	台班	190.91	—	—	—	0.116	0.341	0.384	0.484	0.529	0.656
	吊装机械（综合）	台班	664.97	0.09	0.12	0.13	0.17	0.17	0.21	0.21	0.26	0.26

5.不锈钢管(电弧焊)

工作内容：管子切口、坡口加工、管口组对、焊接、管口封闭、垂直运输、管道安装、焊缝钝化。 **单位**：10m

编号				6-597	6-598	6-599	6-600	6-601	6-602	6-603	6-604
项目				公称直径(mm以内)							
				15	20	25	32	40	50	65	80
预算基价	总价(元)			**250.38**	**274.45**	**308.30**	**394.86**	**434.34**	**474.86**	**612.63**	**899.48**
	人工费(元)			233.55	252.45	275.40	353.70	383.40	413.10	530.55	733.05
	材料费(元)			6.29	8.84	14.79	18.04	23.81	32.24	46.48	77.83
	机械费(元)			10.54	13.16	18.11	23.12	27.13	29.52	35.60	88.60
组成内容		**单位**	**单价**	**数量**							
人工	综合工	工日	135.00	1.73	1.87	2.04	2.62	2.84	3.06	3.93	5.43
材料	高压不锈钢管	m	—	(9.84)	(9.84)	(9.84)	(9.84)	(9.74)	(9.74)	(9.74)	(9.53)
	不锈钢电焊条	kg	66.08	0.070	0.106	0.179	0.225	0.305	0.427	0.614	1.087
	尼龙砂轮片 *D*100×16×3	片	3.92	0.030	0.039	0.054	0.070	0.089	0.122	0.184	0.246
	尼龙砂轮片 *D*500×25×4	片	18.69	0.008	0.011	0.021	0.025	0.031	0.035	0.058	0.077
	零星材料费	元	—	1.40	1.48	2.36	2.43	2.73	2.89	4.10	3.60
机械	电焊条烘干箱 600×500×750	台班	27.16	0.004	0.005	0.007	0.009	0.011	0.013	0.019	0.025
	电焊机（综合）	台班	74.17	0.039	0.050	0.073	0.092	0.109	0.132	0.191	0.255
	电动葫芦 单速 3t	台班	33.90	—	—	—	0.045	0.065	0.067	0.072	0.077
	电动空气压缩机 6m^3	台班	217.48	0.002	0.002	0.002	0.002	0.002	0.002	0.002	0.002
	砂轮切割机 *D*500	台班	39.52	0.002	0.004	0.005	0.007	0.009	0.011	0.015	0.019
	普通车床 630×2000	台班	242.35	0.029	0.036	0.049	0.057	0.065	0.067	0.072	0.077
	吊装机械（综合）	台班	664.97	—	—	—	—	—	—	—	0.07

工作内容：管子切口、坡口加工、管口组对、焊接、管口封闭、垂直运输、管道安装、焊缝钝化。 **单位：**10m

编号				6-605	6-606	6-607	6-608	6-609	6-610	6-611	6-612
项目				公称直径(mm以内)							
				100	125	150	200	250	300	350	400
预算基价	总价(元)			**1007.90**	**1172.54**	**1425.71**	**2369.33**	**3123.94**	**4112.26**	**5079.24**	**5980.13**
	人工费(元)			754.65	814.05	912.60	1418.85	1711.80	2060.10	2323.35	2770.20
	材料费(元)			117.02	196.91	297.46	611.56	921.63	1357.86	1850.66	2129.79
	机械费(元)			136.23	161.58	215.65	338.92	490.51	694.30	905.23	1080.14
组成内容		**单位**	**单价**	**数量**							
人工	综合工	工日	135.00	5.59	6.03	6.76	10.51	12.68	15.26	17.21	20.52
材料	高压不锈钢管	m	—	(9.53)	(9.53)	(9.38)	(9.38)	(9.38)	(9.38)	(9.38)	(9.38)
	不锈钢电焊条	kg	66.08	1.685	2.878	4.380	9.051	13.692	20.218	27.619	31.767
	尼龙砂轮片 $D100\times16\times3$	片	3.92	0.336	0.472	0.656	1.290	1.867	2.819	3.475	4.234
	零星材料费	元	—	4.36	4.88	5.46	8.41	9.54	10.80	11.97	14.03
机械	电焊条烘干箱 600×500×750	台班	27.16	0.034	0.050	0.071	0.133	0.192	0.285	0.372	0.436
	电焊机（综合）	台班	74.17	0.344	0.501	0.711	1.331	1.926	2.843	3.723	4.359
	电动葫芦 单速 3t	台班	33.90	0.082	0.099	0.118	0.244	0.401	—	—	—
	电动空气压缩机 $1m^3$	台班	52.31	0.013	0.016	0.020	0.036	0.049	0.058	0.079	0.089
	电动空气压缩机 $6m^3$	台班	217.48	0.002	0.002	0.002	0.002	0.002	0.002	0.002	0.002
	等离子切割机 400A	台班	229.27	0.013	0.016	0.020	0.036	0.049	0.058	0.079	0.089
	吊装机械（综合）	台班	664.97	0.09	0.09	0.12	0.13	0.17	0.17	0.21	0.21
	普通车床 630×2000	台班	242.35	0.082	0.099	0.118	0.244	0.401	0.486	0.590	0.678
	载货汽车 8t	台班	521.59	0.018	0.024	0.033	0.056	0.081	0.105	0.156	0.222
	汽车式起重机 8t	台班	767.15	0.018	0.024	0.033	0.056	0.081	0.105	0.156	0.222
	电动双梁起重机 5t	台班	190.91	—	—	—	—	—	0.486	0.590	0.678

6.不锈钢管(氩电联焊)

工作内容：管子切口、坡口加工、管口组对、焊接、管口封闭、垂直运输、管道安装、焊缝钝化。

单位：10m

编号				6-613	6-614	6-615	6-616	6-617	6-618	6-619	6-620
项目				公称直径(mm以内)							
				15	20	25	32	40	50	65	80
预算基价	总价(元)			**249.76**	**271.26**	**301.93**	**382.12**	**420.88**	**462.18**	**622.32**	**844.49**
	人工费(元)			233.55	252.45	278.10	356.40	388.80	413.10	534.60	735.75
	材料费(元)			4.63	4.98	6.32	6.70	7.37	16.87	45.51	60.36
	机械费(元)			11.58	13.83	17.51	19.02	24.71	32.21	42.21	48.38
	组成内容	**单位**	**单价**	**数量**							
人工	综合工	工日	135.00	1.73	1.87	2.06	2.64	2.88	3.06	3.96	5.45
材料	高压不锈钢管	m	—	(9.84)	(9.84)	(9.84)	(9.84)	(9.74)	(9.74)	(9.74)	(9.53)
	不锈钢焊丝 1Cr18Ni9Ti	kg	55.02	0.026	0.028	0.030	0.032	0.034	0.036	0.053	0.064
	不锈钢电焊条	kg	66.08	—	—	—	—	—	0.136	0.512	0.713
	尼龙砂轮片 D100×16×3	片	3.92	0.029	0.037	0.052	0.067	0.086	0.090	0.180	0.227
	尼龙砂轮片 D500×25×4	片	18.69	0.008	0.011	0.021	0.025	0.031	0.035	0.058	0.077
	氩气	m^3	18.60	0.078	0.082	0.088	0.091	0.095	0.103	0.148	0.180
	钍钨棒	kg	640.87	0.00013	0.00013	0.00014	0.00014	0.00015	0.00015	0.00019	0.00022
	零星材料费	元	—	1.40	1.48	2.35	2.43	2.72	2.88	4.10	3.91
机械	电焊条烘干箱 600×500×750	台班	27.16	—	—	—	—	—	0.008	0.016	0.020
	电焊机（综合）	台班	74.17	—	—	—	—	—	0.082	0.162	0.201
	氩弧焊机 500A	台班	96.11	0.042	0.047	0.052	0.058	0.062	0.068	0.092	0.109
	电动葫芦 单速 3t	台班	33.90	—	—	—	0.054	0.065	0.067	0.072	0.077
	电动空气压缩机 $6m^3$	台班	217.48	0.002	0.002	0.002	0.002	0.002	0.002	0.002	0.002
	砂轮切割机 D500	台班	39.52	0.002	0.004	0.005	0.007	0.009	0.011	0.015	0.019
	普通车床 630×2000	台班	242.35	0.029	0.036	0.049	0.045	0.065	0.067	0.072	0.077

工作内容： 管子切口、坡口加工、管口组对、焊接、管口封闭、垂直运输、管道安装、焊缝钝化。

单位： 10m

	编号			6-621	6-622	6-623	6-624	6-625	6-626	6-627	6-628
	项目			公称直径(mm以内)							
				100	125	150	200	250	300	350	400
预算基价	总价(元)			**1048.04**	**1245.88**	**1471.93**	**2397.83**	**3048.60**	**3979.90**	**4999.04**	**6172.48**
	人工费(元)			788.40	884.25	958.50	1479.60	1694.25	2030.40	2299.05	2797.20
	材料费(元)			114.75	191.50	288.06	566.65	851.28	1243.62	1778.30	2225.52
	机械费(元)			144.89	170.13	225.37	351.58	503.07	705.88	921.69	1149.76
	组成内容	**单位**	**单价**	**数量**							
人工	综合工	工日	135.00	5.84	6.55	7.10	10.96	12.55	15.04	17.03	20.72
材料	高压不锈钢管	m	—	(9.53)	(9.53)	(9.38)	(9.38)	(9.38)	(9.38)	(9.38)	(9.38)
	不锈钢电焊条	kg	66.08	1.503	2.632	4.034	8.034	12.205	17.917	25.896	32.444
	不锈钢焊丝 1Cr18Ni9Ti	kg	55.02	0.090	0.100	0.124	0.208	0.261	0.355	0.384	0.465
	氩气	m^3	18.60	0.252	0.281	0.349	0.582	0.731	0.991	1.076	1.301
	钍钨棒	kg	640.87	0.00026	0.00027	0.00035	0.00061	0.00077	0.00116	0.00119	0.00152
	尼龙砂轮片 $D100\times16\times3$	片	3.92	0.329	0.462	0.642	1.211	1.752	2.619	3.400	4.314
	零星材料费	元	—	4.34	4.86	5.44	8.36	9.46	10.69	11.86	13.95
机械	电焊条烘干箱 600×500×750	台班	27.16	0.028	0.042	0.060	0.107	0.156	0.230	0.317	0.398
	电焊机（综合）	台班	74.17	0.279	0.417	0.596	1.077	1.563	2.295	3.176	3.979
	氩弧焊机 500A	台班	96.11	0.142	0.156	0.193	0.335	0.421	0.604	0.609	0.785
	电动葫芦 单速 3t	台班	33.90	0.082	0.099	0.118	0.244	0.401	—	—	—
	电动空气压缩机 $1m^3$	台班	52.31	0.013	0.016	0.020	0.036	0.049	0.058	0.079	0.089
	电动空气压缩机 $6m^3$	台班	217.48	0.002	0.002	0.002	0.002	0.002	0.002	0.002	0.002
	等离子切割机 400A	台班	229.27	0.013	0.016	0.020	0.036	0.049	0.058	0.079	0.089
	普通车床 630×2000	台班	242.35	0.082	0.099	0.118	0.244	0.401	0.476	0.590	0.732
	载货汽车 8t	台班	521.59	0.018	0.024	0.033	0.056	0.081	0.105	0.156	0.222
	汽车式起重机 8t	台班	767.15	0.018	0.024	0.033	0.056	0.081	0.105	0.156	0.222
	电动双梁起重机 5t	台班	190.91	—	—	—	—	—	0.476	0.590	0.732
	吊装机械（综合）	台班	664.97	0.09	0.09	0.12	0.13	0.17	0.17	0.21	0.21

第二章　管 件 连 接

说　明

一、本章适用范围：低、中、高压管道上的管件安装。

二、管件连接不分种类计算，其中包括弯头、三通、异径管、管接头、管帽。

三、现场在主管上挖眼接管的三通及摔制异径管，均按实际数量执行本章子目，但不得再执行管件制作子目。

四、在管道上安装的仪表一次部件，执行本章管件连接相应子目，基价乘以系数0.70。

五、仪表的温度计扩大管制作、安装，执行本章管件连接相应子目，基价乘以系数1.50。

工程量计算规则

一、管件连接依据管道压力、材质、连接方式、型号、规格,按设计图示数量计算。

二、管件包括弯头、三通、四通、异径管、管接头、管上焊接管接头、管帽、方形补偿器弯头、管道上仪表一次部件、仪表温度计扩大管制作、安装等。

三、管件压力试验、吹扫、清洗、脱脂、除锈、刷油、防腐、保温及其补口均包括在管道安装中。

四、在主管上挖眼接管的三通和摔制异径管,均以主管管径按管件安装工程量计算,不另计制作费和主材费;挖眼接管的三通支线管径小于主管径 $\frac{1}{2}$ 时,不计算管件安装工程量;在主管上挖眼接管的焊接接头、凸台等配件,按配件管径计算管件工程量。

五、三通、四通、异径管均按大管径计算。

六、管件用法兰连接时按法兰安装,管件本身安装不再计算安装。

七、半加热外套管摔口后焊接在内套管上,每处焊口按一个管件计算;外套碳钢管如焊接在不锈钢内套管上时,焊口间需加不锈钢短管衬垫,每处焊口按两个管件计算。

一、低压管件

1.碳钢管件(螺纹连接)

工作内容：管子切口、套丝、上零件。　　　　**单位**：10个

编号				6-629	6-630	6-631	6-632	6-633	6-634
项目				公称直径(mm以内)					
				15	20	25	32	40	50
预算基价	总价(元)			**139.97**	**176.23**	**226.70**	**265.76**	**324.03**	**409.71**
	人工费(元)			136.35	171.45	218.70	255.15	311.85	394.20
	材料费(元)			3.34	4.19	6.70	8.59	10.01	12.86
	机械费(元)			0.28	0.59	1.30	2.02	2.17	2.65
组成内容		**单位**	**单价**	**数量**					
人工	综合工	工日	135.00	1.01	1.27	1.62	1.89	2.31	2.92
材料	低压碳钢螺纹连接管件	个	—	(10.1)	(10.1)	(10.1)	(10.1)	(10.1)	(10.1)
	尼龙砂轮片 $D500\times25\times4$	片	18.69	0.076	0.100	0.124	0.156	0.182	0.260
	氧气	m^3	2.88	0.001	0.001	0.180	0.260	0.300	0.360
	乙炔气	kg	14.66	0.001	0.001	0.070	0.100	0.116	0.138
	零星材料费	元	—	1.90	2.30	2.84	3.46	4.04	4.94
机械	砂轮切割机 $D500$	台班	39.52	0.007	0.015	0.033	0.051	0.055	0.067

2.碳钢管件(氧乙炔焊)

工作内容:管子切口、坡口加工、坡口磨平、管口组对、焊接。

单位:10个

编号				6-635	6-636	6-637	6-638	6-639	6-640
项目				公称直径(mm以内)					
				15	20	25	32	40	50
预算基价	总价(元)			**96.13**	**126.46**	**194.97**	**235.18**	**279.92**	**340.33**
	人工费(元)			90.45	117.45	182.25	218.70	260.55	315.90
	材料费(元)			2.44	4.56	6.52	8.68	9.93	13.48
	机械费(元)			3.24	4.45	6.20	7.80	9.44	10.95
组成内容		**单位**	**单价**	**数量**					
人工	综合工	工日	135.00	0.67	0.87	1.35	1.62	1.93	2.34
材料	低压碳钢对焊管件	个	—	(10)	(10)	(10)	(10)	(10)	(10)
	气焊条 $D<2$	kg	7.96	0.028	0.036	0.050	0.062	0.074	0.106
	尼龙砂轮片 $D100\times16\times3$	片	3.92	0.017	0.020	0.148	0.185	0.212	0.343
	尼龙砂轮片 $D500\times25\times4$	片	18.69	0.076	0.100	0.124	0.156	0.182	0.260
	氧气	m^3	2.88	0.050	0.062	0.092	0.188	0.210	0.290
	乙炔气	kg	14.66	0.020	0.024	0.036	0.068	0.076	0.106
	零星材料费	元	—	0.29	1.80	2.43	3.01	3.39	4.04
机械	电焊机(综合)	台班	74.17	0.040	0.052	0.066	0.078	0.098	0.112
	砂轮切割机 $D500$	台班	39.52	0.007	0.015	0.033	0.051	0.055	0.067

3.碳钢管件(电弧焊)

工作内容: 管子切口、坡口加工、坡口磨平、管口组对、焊接。

单位: 10个

	编号			6-641	6-642	6-643	6-644	6-645	6-646	6-647	6-648	6-649
	项目			公称直径(mm以内)								
				15	20	25	32	40	50	65	80	100
预算基价	总价(元)			**118.61**	**157.49**	**236.23**	**285.95**	**336.73**	**405.88**	**544.46**	**624.51**	**830.09**
	人工费(元)			93.15	122.85	189.00	226.80	268.65	319.95	403.65	460.35	583.20
	材料费(元)			4.06	6.98	10.42	13.50	15.43	20.71	39.94	46.43	75.69
	机械费(元)			21.40	27.66	36.81	45.65	52.65	65.22	100.87	117.73	171.20
	组成内容	**单位**	**单价**	**数量**								
人工	综合工	工日	135.00	0.69	0.91	1.40	1.68	1.99	2.37	2.99	3.41	4.32
材料	低压碳钢对焊管件	个	—	(10)	(10)	(10)	(10)	(10)	(10)	(10)	(10)	(10)
	碳钢电焊条 E4303 $D3.2$	kg	7.59	0.292	0.374	0.590	0.730	0.838	1.160	2.076	2.456	4.572
	尼龙砂轮片 $D100\times16\times3$	片	3.92	0.018	0.099	0.279	0.347	0.397	0.569	0.882	1.037	1.743
	尼龙砂轮片 $D500\times25\times4$	片	18.69	0.076	0.100	0.124	0.156	0.182	0.260	—	—	—
	氧气	m^3	2.88	0.001	0.001	0.001	0.074	0.080	0.092	1.984	2.248	3.370
	乙炔气	kg	14.66	0.001	0.001	0.001	0.024	0.026	0.030	0.661	0.751	1.124
	零星材料费	元	—	0.34	1.87	2.51	3.12	3.50	4.11	5.32	6.24	7.97
机械	电焊条烘干箱 600×500×750	台班	27.16	0.024	0.030	0.040	0.050	0.056	0.070	0.120	0.140	0.208
	电焊机(综合)	台班	74.17	0.276	0.354	0.464	0.570	0.660	0.818	1.316	1.536	2.232
	砂轮切割机 $D500$	台班	39.52	0.007	0.015	0.033	0.051	0.055	0.067	—	—	—

工作内容：管子切口、坡口加工、坡口磨平、管口组对、焊接。 **单位：**10个

编号				6-650	6-651	6-652	6-653	6-654	6-655	6-656	6-657	6-658
项目				公称直径(mm以内)								
				125	150	200	250	300	350	400	450	500
预算基价	总价(元)			**921.57**	**1253.72**	**1684.36**	**2412.84**	**2788.59**	**3423.09**	**3870.89**	**4680.87**	**5256.02**
	人工费(元)			653.40	909.90	1174.50	1640.25	1863.00	2201.85	2485.35	2918.70	3249.45
	材料费(元)			74.31	98.60	154.24	264.28	311.21	462.76	519.75	721.52	804.62
	机械费(元)			193.86	245.22	355.62	508.31	614.38	758.48	865.79	1040.65	1201.95
组成内容		单位	单价	数量								
人工	综合工	工日	135.00	4.84	6.74	8.70	12.15	13.80	16.31	18.41	21.62	24.07
材料	低压碳钢对焊管件	个	—	(10)	(10)	(10)	(10)	(10)	(10)	(10)	(10)	(10)
	碳钢电焊条 E4303 *D*3.2	kg	7.59	5.068	6.690	11.018	21.668	25.850	40.970	46.362	68.596	75.834
	氧气	m^3	2.88	3.468	4.606	6.389	9.513	10.745	14.075	15.520	18.062	20.941
	乙炔气	kg	14.66	1.155	1.535	2.131	3.172	3.583	4.692	5.174	6.021	6.981
	尼龙砂轮片 *D*100×16×3	片	3.92	1.793	2.453	3.330	4.326	5.173	7.726	8.758	11.878	13.148
	零星材料费	元	—	1.90	2.44	7.92	8.96	11.26	12.19	12.98	14.03	14.85
机械	电焊条烘干箱 600×500×750	台班	27.16	0.234	0.290	0.412	0.586	0.698	0.870	0.984	1.158	1.280
	电焊机（综合）	台班	74.17	2.528	3.200	4.470	6.326	7.576	9.230	10.444	12.286	13.582
	载货汽车 8t	台班	521.59	—	—	0.010	0.018	0.026	0.039	0.050	0.076	0.124
	汽车式起重机 8t	台班	767.15	—	—	0.010	0.018	0.026	0.039	0.050	0.076	0.124

4.碳钢管件(氩电联焊)

工作内容：管子切口、坡口加工、坡口磨平、管口组对、焊接。　　　　**单位：**10个

编号				6-659	6-660	6-661	6-662	6-663	6-664	6-665	6-666	6-667
项目				公称直径(mm以内)								
				15	20	25	32	40	50	65	80	100
预算基价	总价(元)			**138.27**	**182.38**	**270.73**	**329.03**	**386.84**	**444.57**	**622.28**	**717.46**	**978.37**
	人工费(元)			99.90	130.95	199.80	240.30	284.85	334.80	438.75	502.20	648.00
	材料费(元)			11.10	16.23	24.94	31.53	36.04	40.96	64.63	75.85	111.65
	机械费(元)			27.27	35.20	45.99	57.20	65.95	68.81	118.90	139.41	218.72
组成内容		单位	单价	数量								
人工	综合工	工日	135.00	0.74	0.97	1.48	1.78	2.11	2.48	3.25	3.72	4.80
材料	低压碳钢对焊管件	个	—	(10)	(10)	(10)	(10)	(10)	(10)	(10)	(10)	(10)
	碳钢电焊条 E4303 *D*3.2	kg	7.59	0.008	0.012	0.014	0.018	0.024	0.030	1.032	1.230	2.912
	碳钢焊丝	kg	10.58	0.138	0.176	0.282	0.350	0.400	0.424	0.438	0.518	0.660
	尼龙砂轮片 *D*100×16×3	片	3.92	0.032	0.190	0.330	0.409	0.469	0.673	1.050	1.235	1.731
	尼龙砂轮片 *D*500×25×4	片	18.69	0.076	0.100	0.124	0.156	0.182	0.260	0.380	0.450	0.665
	氧气	m^3	2.88	0.001	0.001	0.001	0.074	0.080	0.092	1.434	1.628	2.416
	乙炔气	kg	14.66	0.001	0.001	0.001	0.024	0.026	0.030	0.478	0.544	0.806
	氩气	m^3	18.60	0.386	0.492	0.790	0.980	1.120	1.200	1.226	1.450	1.848
	钍钨棒	kg	640.87	0.00077	0.00098	0.00158	0.00196	0.00224	0.00240	0.00245	0.00290	0.00370
	零星材料费	元	—	0.34	1.87	2.51	3.12	3.51	4.19	5.43	6.29	7.83
机械	电焊条烘干箱 600×500×750	台班	27.16	—	—	—	—	—	—	0.058	0.068	0.140
	电焊机（综合）	台班	74.17	0.040	0.052	0.066	0.078	0.098	0.112	0.702	0.814	1.556
	氩弧焊机 500A	台班	96.11	0.250	0.320	0.414	0.514	0.588	0.602	0.644	0.762	0.970
	砂轮切割机 *D*500	台班	39.52	0.007	0.015	0.033	0.051	0.055	0.067	0.085	0.100	0.159

工作内容：管子切口、坡口加工、坡口磨平、管口组对、焊接。 **单位：**10个

编号				6-668	6-669	6-670	6-671	6-672	6-673	6-674	6-675	6-676
项目				公称直径(mm以内)								
				125	150	200	250	300	350	400	450	500
预算基价	总价(元)			**1063.03**	**1440.88**	**1988.30**	**2847.40**	**3307.67**	**4069.64**	**4602.50**	**5549.86**	**6216.80**
	人工费(元)			707.40	954.45	1260.90	1780.65	2035.80	2427.30	2743.20	3238.65	3600.45
	材料费(元)			116.39	143.09	220.99	340.11	402.45	564.09	634.93	848.49	942.00
	机械费(元)			239.24	343.34	506.41	726.64	869.42	1078.25	1224.37	1462.72	1674.35
组成内容		**单位**	**单价**	**数量**								
人工	综合工	工日	135.00	5.24	7.07	9.34	13.19	15.08	17.98	20.32	23.99	26.67
材料	低压碳钢对焊管件	个	—	(10)	(10)	(10)	(10)	(10)	(10)	(10)	(10)	(10)
	碳钢电焊条 E4303 *D*3.2	kg	7.59	3.098	4.656	8.116	17.700	21.114	34.984	39.590	60.228	66.586
	碳钢焊丝	kg	10.58	0.784	0.938	1.296	1.604	1.926	2.222	2.522	2.834	3.142
	尼龙砂轮片 *D*100×16×3	片	3.92	1.781	2.437	4.137	4.302	5.144	7.684	8.710	11.819	13.082
	尼龙砂轮片 *D*500×25×4	片	18.69	0.705	—	—	—	—	—	—	—	—
	氧气	m^3	2.88	2.456	4.358	6.389	9.513	10.745	14.075	15.520	18.482	20.941
	乙炔气	kg	14.66	0.818	1.451	2.131	3.172	3.583	4.692	5.174	6.161	6.981
	氩气	m^3	18.60	2.196	2.626	3.628	4.492	5.392	6.222	7.062	7.936	8.798
	钍钨棒	kg	640.87	0.00439	0.00525	0.00726	0.00898	0.01078	0.01244	0.01412	0.01587	0.01760
	零星材料费	元	—	1.70	2.24	7.69	8.73	10.98	11.91	12.67	13.72	14.51
机械	电焊条烘干箱 600×500×750	台班	27.16	0.140	0.196	0.300	0.476	0.568	0.740	0.838	1.014	1.122
	电焊机（综合）	台班	74.17	1.590	2.254	3.354	5.224	6.262	7.928	8.972	10.842	11.988
	氩弧焊机 500A	台班	96.11	1.154	1.380	1.906	2.358	2.832	3.268	3.708	4.168	4.620
	半自动切割机 100mm	台班	88.45	—	0.432	0.604	0.864	0.948	1.196	1.304	1.498	1.706
	砂轮切割机 *D*500	台班	39.52	0.167	—	—	—	—	—	—	—	—
	载货汽车 8t	台班	521.59	—	—	0.010	0.018	0.026	0.039	0.050	0.076	0.124
	汽车式起重机 8t	台班	767.15	—	—	0.010	0.018	0.026	0.039	0.050	0.076	0.124

5.碳钢板卷管件(电弧焊)

工作内容:管子切口、坡口加工、坡口磨平、管口组对、焊接。 **单位:**10个

编号				6-677	6-678	6-679	6-680	6-681	6-682	6-683	6-684
项目				公称直径(mm以内)							
				200	250	300	350	400	450	500	600
预算基价	总价(元)			**1249.19**	**1543.42**	**1888.50**	**2505.00**	**2836.75**	**3224.89**	**3577.13**	**4212.99**
	人工费(元)			870.75	1078.65	1339.20	1706.40	1926.45	2201.85	2438.10	2581.20
	材料费(元)			169.43	202.94	232.83	370.74	413.76	458.57	505.74	707.55
	机械费(元)			209.01	261.83	316.47	427.86	496.54	564.47	633.29	924.24
组成内容		**单位**	**单价**	**数量**							
人工	综合工	工日	135.00	6.45	7.99	9.92	12.64	14.27	16.31	18.06	19.12
材料	碳钢板卷管件	个	—	(10)	(10)	(10)	(10)	(10)	(10)	(10)	(10)
	碳钢电焊条 E4303 *D*3.2	kg	7.59	11.018	13.978	16.666	30.034	33.970	38.152	42.670	63.617
	氧气	m^3	2.88	8.640	9.665	10.481	13.907	15.110	16.275	17.415	21.567
	乙炔气	kg	14.66	2.881	3.222	3.494	4.635	5.037	5.425	5.806	7.190
	尼龙砂轮片 *D*100×16×3	片	3.92	2.498	3.127	3.734	6.020	6.818	7.665	8.495	9.111
	零星材料费	元	—	8.89	9.52	10.29	11.18	11.84	12.55	13.30	21.46
机械	电焊条烘干箱 600×500×750	台班	27.16	0.238	0.298	0.356	0.488	0.552	0.618	0.686	1.212
	电焊机(综合)	台班	74.17	2.644	3.282	3.928	5.312	6.006	6.776	7.540	10.940
	载货汽车 8t	台班	521.59	0.005	0.008	0.012	0.016	0.028	0.035	0.043	0.062
	汽车式起重机 8t	台班	767.15	0.005	0.008	0.012	0.016	0.028	0.035	0.043	0.062

工作内容：管子切口、坡口加工、坡口磨平、管口组对、焊接。

单位：10个

编号				6-685	6-686	6-687	6-688	6-689	6-690	6-691	6-692
项目				公称直径(mm以内)							
				700	800	900	1000	1200	1400	1600	1800
预算基价	总价(元)			**4822.87**	**5634.16**	**6378.09**	**7296.53**	**8918.09**	**11077.35**	**12812.07**	**14494.27**
	人工费(元)			2949.75	3391.20	3801.60	4272.75	5224.50	6204.60	7090.20	7992.00
	材料费(元)			799.80	999.28	1117.12	1363.25	1633.25	2268.78	2612.44	2927.71
	机械费(元)			1073.32	1243.68	1459.37	1660.53	2060.34	2603.97	3109.43	3574.56
组成内容		单位	单价	数量							
人工	综合工	工日	135.00	21.85	25.12	28.16	31.65	38.70	45.96	52.52	59.20
材料	碳钢板卷管件	个	—	(10)	(10)	(10)	(10)	(10)	(10)	(10)	(10)
	碳钢电焊条 E4303 $D3.2$	kg	7.59	72.813	93.364	104.866	129.423	155.013	221.537	252.955	284.378
	氧气	m^3	2.88	23.558	28.665	31.750	37.438	45.265	58.002	68.338	75.997
	乙炔气	kg	14.66	7.853	9.555	10.585	12.640	15.089	19.334	22.779	25.333
	尼龙砂轮片 $D100\times16\times3$	片	3.92	10.428	10.978	12.331	15.241	18.260	25.504	29.129	32.753
	零星材料费	元	—	23.30	24.98	26.23	28.06	33.55	36.86	47.57	50.64
机械	电焊条烘干箱 600×500×750	台班	27.16	1.388	1.586	1.782	1.998	2.392	2.826	3.228	3.628
	电焊机（综合）	台班	74.17	12.538	14.328	16.087	18.025	21.690	25.594	29.221	32.861
	汽车式起重机 8t	台班	767.15	0.082	0.107	0.169	0.209	0.300	0.488	0.663	0.806
	载货汽车 8t	台班	521.59	0.082	0.107	0.169	0.209	0.300	0.488	0.663	0.806

工作内容：管子切口、坡口加工、坡口磨平、管口组对、焊接。 **单位：**10个

编号				6-693	6-694	6-695	6-696	6-697	6-698
项目				公称直径(mm以内)					
				2000	2200	2400	2600	2800	3000
预算基价	总价(元)			**16247.29**	**18020.47**	**19818.51**	**24110.05**	**26300.12**	**28363.05**
	人工费(元)			8905.95	9811.80	10717.65	12773.70	13913.10	14909.40
	材料费(元)			3242.98	3560.64	3878.62	4986.09	5362.29	5738.15
	机械费(元)			4098.36	4648.03	5222.24	6350.26	7024.73	7715.50
组成内容		**单位**	**单价**	**数量**					
人工	综合工	工日	135.00	65.97	72.68	79.39	94.62	103.06	110.44
材料	碳钢板卷管件	个	—	(10)	(10)	(10)	(10)	(10)	(10)
	碳钢电焊条 E4303 *D*3.2	kg	7.59	315.795	347.213	378.631	496.925	535.022	573.114
	氧气	m^3	2.88	83.651	91.307	99.325	119.805	128.439	137.048
	乙炔气	kg	14.66	27.884	30.436	33.107	39.935	42.813	45.681
	尼龙砂轮片 *D*100×16×3	片	3.92	36.377	40.002	43.626	55.173	59.408	63.644
	零星材料费	元	—	53.80	59.33	62.39	67.67	71.05	74.35
机械	电焊条烘干箱 600×500×750	台班	27.16	4.030	4.430	4.832	6.032	6.496	6.958
	电焊机（综合）	台班	74.17	36.492	40.125	43.758	54.218	58.485	62.625
	载货汽车 8t	台班	521.59	0.995	1.204	1.432	1.680	1.948	2.236
	汽车式起重机 8t	台班	767.15	0.995	1.204	1.432	1.680	1.948	2.236

6.碳钢板卷管件(埋弧自动焊)

工作内容：管子切口、坡口加工、坡口磨平、管口组对、焊接。 **单位：**10个

编号				6-699	6-700	6-701	6-702	6-703	6-704	6-705	6-706
项目				公称直径(mm以内)							
				600	700	800	900	1000	1200	1400	1600
预算基价	总价(元)			**3066.80**	**3519.89**	**4079.93**	**4628.67**	**5334.32**	**6622.81**	**8566.96**	**9946.62**
	人工费(元)			1965.60	2251.80	2593.35	2902.50	3269.70	4066.20	4995.00	5710.50
	材料费(元)			695.39	786.02	919.57	1027.46	1255.28	1503.97	2098.47	2417.99
	机械费(元)			405.81	482.07	567.01	698.71	809.34	1052.64	1473.49	1818.13
	组成内容	**单位**	**单价**	**数量**							
人工	综合工	工日	135.00	14.56	16.68	19.21	21.50	24.22	30.12	37.00	42.30
材料	碳钢板卷管件	个	—	(10)	(10)	(10)	(10)	(10)	(10)	(10)	(10)
	碳钢埋弧焊丝	kg	9.58	28.975	33.170	38.546	43.301	53.377	63.930	91.618	104.610
	埋弧焊剂	kg	4.93	40.764	46.670	53.229	59.792	74.343	89.051	129.464	147.829
	氧气	m^3	2.88	21.567	23.558	28.665	31.750	37.438	45.265	58.002	68.338
	乙炔气	kg	14.66	7.190	7.853	9.555	10.585	12.640	15.089	19.334	22.779
	尼龙砂轮片 $D100\times16\times3$	片	3.92	7.552	8.645	10.854	12.192	15.076	18.062	25.245	28.833
	零星材料费	元	—	19.72	21.31	22.70	23.45	25.20	30.13	33.07	43.25
机械	自动埋弧焊机 1200A	台班	186.98	1.743	2.013	2.295	2.572	2.888	3.562	4.517	5.154
	载货汽车 8t	台班	521.59	0.062	0.082	0.107	0.169	0.209	0.300	0.488	0.663
	汽车式起重机 8t	台班	767.15	0.062	0.082	0.107	0.169	0.209	0.300	0.488	0.663

工作内容：管子切口、坡口加工、坡口磨平、管口组对、焊接。

单位：10个

编号				6-707	6-708	6-709	6-710	6-711	6-712	6-713
项目				公称直径(mm以内)						
				1800	2000	2200	2400	2600	2800	3000
预算基价	总价(元)			**11278.27**	**12679.19**	**14101.10**	**15545.70**	**18083.73**	**19877.98**	**21475.45**
	人工费(元)			6444.90	7191.45	7929.90	8667.00	9875.25	10845.90	11616.75
	材料费(元)			2709.04	3000.17	3293.68	3587.49	4369.74	4698.93	5029.49
	机械费(元)			2124.33	2487.57	2877.52	3291.21	3838.74	4333.15	4829.21
组成内容		**单位**	**单价**	**数量**						
人工	综合工	工日	135.00	47.74	53.27	58.74	64.20	73.15	80.34	86.05
材料	碳钢板卷管件	个	—	(10)	(10)	(10)	(10)	(10)	(10)	(10)
	碳钢埋弧焊丝	kg	9.58	117.600	130.591	143.582	156.572	190.820	205.448	220.072
	埋弧焊剂	kg	4.93	166.189	184.554	202.919	221.284	271.539	292.352	313.166
	氧气	m^3	2.88	75.997	83.651	91.307	99.325	119.670	128.331	137.184
	乙炔气	kg	14.66	25.333	27.884	30.436	33.107	39.890	42.777	45.726
	尼龙砂轮片 $D100\times16\times3$	片	3.92	32.420	36.008	39.595	43.182	54.638	58.832	63.028
	零星材料费	元	—	45.78	48.41	53.41	55.92	59.38	62.12	64.79
机械	自动埋弧焊机 1200A	台班	186.98	5.806	6.446	7.091	7.732	8.951	9.748	10.416
	载货汽车 8t	台班	521.59	0.806	0.995	1.204	1.432	1.680	1.948	2.236
	汽车式起重机 8t	台班	767.15	0.806	0.995	1.204	1.432	1.680	1.948	2.236

7.不锈钢管件(电弧焊)

工作内容：管子切口、坡口加工、坡口磨平、管口组对、焊接、焊缝钝化。 **单位：**10个

编号				6-714	6-715	6-716	6-717	6-718	6-719	6-720	6-721
项目				公称直径(mm以内)							
				15	20	25	32	40	50	65	80
预算基价	总价(元)			**157.07**	**208.44**	**277.13**	**335.03**	**536.08**	**620.04**	**825.48**	**1033.84**
	人工费(元)			117.45	159.30	207.90	251.10	398.25	457.65	584.55	648.00
	材料费(元)			22.13	27.59	40.55	49.60	72.21	85.40	131.14	153.62
	机械费(元)			17.49	21.55	28.68	34.33	65.62	76.99	109.79	232.22
组成内容		单位	单价	数量							
人工	综合工	工日	135.00	0.87	1.18	1.54	1.86	2.95	3.39	4.33	4.80
材料	低压不锈钢对焊管件	个	—	(10)	(10)	(10)	(10)	(10)	(10)	(10)	(10)
	不锈钢电焊条	kg	66.08	0.238	0.300	0.450	0.558	0.838	0.998	1.560	1.832
	尼龙砂轮片 $D100\times16\times3$	片	3.92	0.288	0.358	0.462	0.566	1.098	1.308	2.117	2.468
	尼龙砂轮片 $D500\times25\times4$	片	18.69	0.104	0.124	0.208	0.240	0.277	0.282	0.405	0.496
	零星材料费	元	—	3.33	4.05	5.12	6.02	7.35	9.05	12.19	13.62
机械	电焊条烘干箱 600×500×750	台班	27.16	0.016	0.022	0.028	0.036	0.076	0.090	0.130	0.152
	电焊机(综合)	台班	74.17	0.166	0.210	0.288	0.358	0.762	0.908	1.300	1.526
	电动空气压缩机 $1m^3$	台班	52.31	—	—	—	—	—	—	—	0.372
	电动空气压缩机 $6m^3$	台班	217.48	0.02	0.02	0.02	0.02	0.02	0.02	0.02	0.02
	等离子切割机 400A	台班	229.27	—	—	—	—	—	—	—	0.372
	砂轮切割机 $D500$	台班	39.52	0.010	0.026	0.056	0.062	0.068	0.072	0.139	0.147

工作内容：管子切口、坡口加工、坡口磨平、管口组对、焊接、焊缝钝化。 **单位：**10个

编号				6-722	6-723	6-724	6-725	6-726	6-727	6-728	6-729
项目				公称直径(mm以内)							
				100	125	150	200	250	300	350	400
预算基价	总价(元)			**1284.27**	**1499.94**	**1999.50**	**2750.92**	**4177.67**	**5347.05**	**6198.23**	**7003.88**
	人工费(元)			714.15	796.50	985.50	1333.80	1817.10	2201.85	2535.30	2853.90
	材料费(元)			248.12	274.10	465.47	645.83	1273.82	1800.66	2091.30	2365.83
	机械费(元)			322.00	429.34	548.53	771.29	1086.75	1344.54	1571.63	1784.15
组成内容		**单位**	**单价**	**数量**							
人工	综合工	工日	135.00	5.29	5.90	7.30	9.88	13.46	16.31	18.78	21.14
材料	低压不锈钢对焊管件	个	—	(10)	(10)	(10)	(10)	(10)	(10)	(10)	(10)
	不锈钢电焊条	kg	66.08	3.130	3.658	6.412	8.858	18.194	25.876	30.058	34.002
	尼龙砂轮片 *D*100×16×3	片	3.92	2.646	3.096	4.390	6.738	7.373	10.267	11.948	13.532
	尼龙砂轮片 *D*500×25×4	片	18.69	0.730	—	—	—	—	—	—	—
	零星材料费	元	—	17.27	20.24	24.56	34.08	42.66	50.53	58.23	65.93
机械	电焊条烘干箱 600×500×750	台班	27.16	0.224	0.262	0.356	0.492	0.742	0.924	1.074	1.214
	电焊机（综合）	台班	74.17	2.236	2.612	3.562	4.922	7.426	9.242	10.736	12.144
	电动空气压缩机 1m^3	台班	52.31	0.482	0.796	0.960	1.334	1.734	2.117	2.456	2.776
	电动空气压缩机 6m^3	台班	217.48	0.02	0.02	0.02	0.02	0.02	0.02	0.02	0.02
	等离子切割机 400A	台班	229.27	0.482	0.796	0.960	1.334	1.734	2.117	2.456	2.776
	砂轮切割机 *D*500	台班	39.52	0.253	—	—	—	—	—	—	—
	载货汽车 8t	台班	521.59	—	—	—	0.010	0.018	0.026	0.039	0.050
	汽车式起重机 8t	台班	767.15	—	—	—	0.010	0.018	0.026	0.039	0.050

8.不锈钢管件（氩弧焊）

工作内容：管子切口、坡口加工、坡口磨平、管口组对、焊接、焊缝钝化。 **单位：**10个

编号				6-730	6-731	6-732	6-733	6-734	6-735
项目				公称直径（mm以内）					
				15	20	25	32	40	50
预算基价	总价（元）			**201.68**	**246.91**	**343.02**	**414.93**	**564.89**	**649.56**
	人工费（元）			143.10	172.80	245.70	297.00	382.05	440.10
	材料费（元）			19.24	27.60	35.97	43.85	60.73	71.81
	机械费（元）			39.34	46.51	61.35	74.08	122.11	137.65
组成内容		**单位**	**单价**	**数量**					
人工	综合工	工日	135.00	1.06	1.28	1.82	2.20	2.83	3.26
材料	低压不锈钢对焊管件	个	—	(10)	(10)	(10)	(10)	(10)	(10)
	不锈钢焊丝 1Cr18Ni9Ti	kg	55.02	0.116	0.184	0.228	0.282	0.416	0.496
	尼龙砂轮片 $D100\times16\times3$	片	3.92	0.276	0.364	0.446	0.548	0.694	0.824
	尼龙砂轮片 $D500\times25\times4$	片	18.69	0.104	0.124	0.208	0.240	0.277	0.282
	氩气	m^3	18.60	0.326	0.492	0.638	0.790	1.166	1.388
	钍钨棒	kg	640.87	0.00063	0.00082	0.00119	0.00147	0.00221	0.00263
	零星材料费	元	—	3.36	4.06	5.16	6.06	6.84	8.52
机械	氩弧焊机 500A	台班	96.11	0.360	0.428	0.570	0.700	0.814	0.964
	电动空气压缩机 $6m^3$	台班	217.48	0.02	0.02	0.02	0.02	0.02	0.02
	砂轮切割机 $D500$	台班	39.52	0.010	0.026	0.056	0.062	0.068	0.072
	普通车床 630×2000	台班	242.35	—	—	—	—	0.152	0.156

工作内容：管子切口、坡口加工、坡口磨平、管口组对、焊接、焊缝钝化。

单位：10个

编号				6-736	6-737	6-738	6-739	6-740	6-741
项目				公称直径(mm以内)					
				65	80	100	125	150	200
预算基价	总价(元)			**874.52**	**993.69**	**1457.25**	**1698.16**	**2249.05**	**3074.53**
	人工费(元)			579.15	653.40	936.90	1055.70	1310.85	1733.40
	材料费(元)			108.82	129.90	212.52	234.03	371.16	571.93
	机械费(元)			186.55	210.39	307.83	408.43	567.04	769.20
组成内容		单位	单价	数量					
人工	综合工	工日	135.00	4.29	4.84	6.94	7.82	9.71	12.84
材料	低压不锈钢对焊管件	个	—	(10)	(10)	(10)	(10)	(10)	(10)
	不锈钢焊丝 1Cr18Ni9Ti	kg	55.02	0.772	0.924	1.584	1.866	3.048	4.732
	尼龙砂轮片 *D*100×16×3	片	3.92	1.132	1.328	1.786	2.088	2.652	4.022
	尼龙砂轮片 *D*500×25×4	片	18.69	0.405	0.496	0.730	—	—	—
	氩气	m^3	18.60	2.162	2.588	4.436	5.224	8.534	13.250
	钍钨棒	kg	640.87	0.00410	0.00482	0.00824	0.00963	0.01597	0.02481
	零星材料费	元	—	11.50	13.36	16.93	19.84	24.10	33.46
机械	氩弧焊机 500A	台班	96.11	1.304	1.520	2.312	2.714	3.896	5.520
	电动葫芦 单速 3t	台班	33.90	0.186	0.196	0.258	0.280	0.394	0.402
	电动空气压缩机 $1m^3$	台班	52.31	—	—	—	0.234	0.282	0.392
	电动空气压缩机 $6m^3$	台班	217.48	0.02	0.02	0.02	0.02	0.02	0.02
	等离子切割机 400A	台班	229.27	—	—	—	0.234	0.282	0.392
	砂轮切割机 *D*500	台班	39.52	0.139	0.147	0.253	—	—	—
	普通车床 630×2000	台班	242.35	0.186	0.196	0.258	0.280	0.394	0.402
	载货汽车 8t	台班	521.59	—	—	—	—	—	0.01
	汽车式起重机 8t	台班	767.15	—	—	—	—	—	0.01

9.不锈钢管件(氩电联焊)

工作内容: 管子切口、坡口加工、坡口磨平、管口组对、焊接、焊缝钝化。 **单位:** 10个

编号				6-742	6-743	6-744	6-745	6-746	6-747
项目				公称直径(mm以内)					
				50	65	80	100	125	150
预算基价	总价(元)			**744.04**	**963.77**	**1101.61**	**1471.95**	**1717.56**	**2255.52**
	人工费(元)			472.50	610.20	692.55	935.55	1055.70	1300.05
	材料费(元)			109.57	142.63	169.73	223.19	246.72	399.06
	机械费(元)			161.97	210.94	239.33	313.21	415.14	556.41
组成内容		**单位**	**单价**	**数量**					
人工	综合工	工日	135.00	3.50	4.52	5.13	6.93	7.82	9.63
材料	低压不锈钢对焊管件	个	—	(10)	(10)	(10)	(10)	(10)	(10)
	不锈钢电焊条	kg	66.08	0.790	1.008	1.182	1.516	1.768	3.640
	不锈钢焊丝 1Cr18Ni9Ti	kg	55.02	0.362	0.474	0.576	0.776	0.926	1.128
	尼龙砂轮片 *D*100×16×3	片	3.92	0.938	1.196	1.408	1.812	2.118	2.692
	尼龙砂轮片 *D*500×25×4	片	18.69	0.282	0.405	0.496	0.730	—	—
	氩气	m^3	18.60	1.012	1.328	1.614	2.174	2.592	3.158
	钍钨棒	kg	640.87	0.00188	0.00243	0.00287	0.00372	0.00437	0.00522
	零星材料费	元	—	8.47	11.43	13.28	16.75	19.63	23.83
机械	电焊条烘干箱 600×500×750	台班	27.16	0.060	0.076	0.090	0.116	0.136	0.226
	电焊机(综合)	台班	74.17	0.604	0.770	0.904	1.160	1.352	2.254
	氩弧焊机 500A	台班	96.11	0.734	0.942	1.098	1.440	1.702	1.982
	电动葫芦 单速 3t	台班	33.90	—	0.186	0.196	0.258	0.280	0.394
	电动空气压缩机 $1m^3$	台班	52.31	—	—	—	—	0.234	0.282
	电动空气压缩机 $6m^3$	台班	217.48	0.02	0.02	0.02	0.02	0.02	0.02
	等离子切割机 400A	台班	229.27	—	—	—	—	0.234	0.282
	砂轮切割机 *D*500	台班	39.52	0.072	0.139	0.147	0.253	—	—
	普通车床 630×2000	台班	242.35	0.156	0.186	0.196	0.258	0.280	0.394

工作内容：管子切口、坡口加工、坡口磨平、管口组对、焊接、焊缝钝化。　　**单位：**10个

编号				6-748	6-749	6-750	6-751	6-752
项目				公称直径(mm以内)				
				200	250	300	350	400
预算基价	总价(元)			**3395.86**	**4566.53**	**5772.11**	**6627.10**	**7468.46**
	人工费(元)			1827.90	2265.30	2713.50	3087.45	3451.95
	材料费(元)			756.24	1230.56	1744.40	2041.70	2327.93
	机械费(元)			811.72	1070.67	1314.21	1497.95	1688.58
组成内容		**单位**	**单价**	**数量**				
人工	综合工	工日	135.00	13.54	16.78	20.10	22.87	25.57
材料	低压不锈钢对焊管件	个	—	(10)	(10)	(10)	(10)	(10)
	不锈钢电焊条	kg	66.08	8.044	14.270	21.006	24.404	27.604
	不锈钢焊丝 1Cr18Ni9Ti	kg	55.02	1.580	2.016	2.496	3.044	3.614
	氩气	m^3	18.60	4.424	5.644	6.988	8.522	10.118
	钍钨棒	kg	640.87	0.00716	0.00894	0.01064	0.01242	0.01409
	尼龙砂轮片 $D100\times16\times3$	片	3.92	4.502	6.286	8.490	9.892	11.214
	零星材料费	元	—	33.24	41.33	48.92	56.36	63.83
机械	电焊条烘干箱 600×500×750	台班	27.16	0.402	0.580	0.758	0.882	0.996
	电焊机（综合）	台班	74.17	4.022	5.798	7.586	8.812	9.968
	氩弧焊机 500A	台班	96.11	2.690	3.462	4.024	4.450	5.046
	电动葫芦 单速 3t	台班	33.90	0.414	0.438	0.474	0.488	0.502
	电动空气压缩机 $1m^3$	台班	52.31	0.399	0.510	0.623	0.722	0.816
	电动空气压缩机 $6m^3$	台班	217.48	0.02	0.02	0.02	0.02	0.02
	等离子切割机 400A	台班	229.27	0.399	0.510	0.623	0.722	0.816
	普通车床 630×2000	台班	242.35	0.414	0.438	0.474	0.488	0.502
	载货汽车 8t	台班	521.59	0.010	0.018	0.026	0.039	0.050
	汽车式起重机 8t	台班	767.15	0.010	0.018	0.026	0.039	0.050

10.不锈钢板卷管件(电弧焊)

工作内容：管子切口、坡口加工、坡口磨平、管口组对、焊接、焊缝钝化。 **单位**：10个

编号				6-753	6-754	6-755	6-756	6-757	6-758	6-759
项目				公称直径(mm以内)						
				200	250	300	350	400	450	500
预算基价	总价(元)			**2136.15**	**2663.70**	**3251.35**	**3772.53**	**4287.67**	**5638.89**	**6268.00**
	人工费(元)			1147.50	1429.65	1779.30	2064.15	2336.85	2871.45	3191.40
	材料费(元)			420.13	523.99	623.74	722.45	824.59	1396.46	1554.42
	机械费(元)			568.52	710.06	848.31	985.93	1126.23	1370.98	1522.18
组成内容		**单位**	**单价**	**数量**						
人工	综合工	工日	135.00	8.50	10.59	13.18	15.29	17.31	21.27	23.64
材料	不锈钢板卷管件	个	—	(10)	(10)	(10)	(10)	(10)	(10)	(10)
	不锈钢电焊条	kg	66.08	5.674	7.082	8.434	9.786	11.062	19.424	21.504
	尼龙砂轮片 *D*100×16×3	片	3.92	3.056	3.818	4.552	5.285	5.977	8.846	9.797
	零星材料费	元	—	33.21	41.04	48.58	55.07	70.18	78.25	95.03
机械	电焊条烘干箱 600×500×750	台班	27.16	0.246	0.306	0.366	0.424	0.480	0.648	0.716
	电焊机 (综合)	台班	74.17	2.460	3.068	3.656	4.240	4.794	6.474	7.168
	电动空气压缩机 1m^3	台班	52.31	1.309	1.632	1.944	2.255	2.547	2.910	3.221
	电动空气压缩机 6m^3	台班	217.48	0.02	0.02	0.02	0.02	0.02	0.04	0.04
	等离子切割机 400A	台班	229.27	1.309	1.632	1.944	2.255	2.547	2.910	3.221
	载货汽车 8t	台班	521.59	0.005	0.008	0.012	0.016	0.028	0.035	0.043
	汽车式起重机 8t	台班	767.15	0.005	0.008	0.012	0.016	0.028	0.035	0.043

工作内容：管子切口、坡口加工、坡口磨平、管口组对、焊接、焊缝钝化。　　　　**单位：**10个

编号				6-760	6-761	6-762	6-763	6-764	6-765	6-766
项目				公称直径(mm以内)						
				600	700	800	900	1000	1200	1400
预算基价	总价(元)			**9835.67**	**11287.07**	**14633.07**	**16470.84**	**18299.72**	**22149.31**	**28732.81**
	人工费(元)			4414.50	5073.30	5867.10	6567.75	7287.30	8910.00	10557.00
	材料费(元)			3166.50	3622.81	5719.57	6421.93	7125.06	8523.78	12352.39
	机械费(元)			2254.67	2590.96	3046.40	3481.16	3887.36	4715.53	5823.42
组成内容		**单位**	**单价**	**数量**						
人工	综合工	工日	135.00	32.70	37.58	43.46	48.65	53.98	66.00	78.20
材料	不锈钢板卷管件	个	—	(10)	(10)	(10)	(10)	(10)	(10)	(10)
	不锈钢电焊条	kg	66.08	45.504	52.073	82.980	93.192	103.408	123.835	180.270
	尼龙砂轮片 $D100\times16\times3$	片	3.92	14.375	16.445	26.129	29.338	32.552	38.983	58.601
	零星材料费	元	—	103.25	117.36	133.83	148.80	164.26	187.95	210.43
机械	电焊条烘干箱 600×500×750	台班	27.16	1.622	1.856	2.116	2.376	2.636	3.156	3.718
	电焊机（综合）	台班	74.17	13.789	15.779	17.979	20.193	22.404	26.831	31.605
	电动空气压缩机 $1m^3$	台班	52.31	3.904	4.460	5.343	5.995	6.647	7.950	9.707
	电动空气压缩机 $6m^3$	台班	217.48	0.040	0.040	0.060	0.060	0.060	0.067	0.074
	等离子切割机 400A	台班	229.27	3.904	4.460	5.343	5.995	6.647	7.950	9.707
	载货汽车 8t	台班	521.59	0.062	0.082	0.107	0.169	0.209	0.300	0.488
	汽车式起重机 8t	台班	767.15	0.062	0.082	0.107	0.169	0.209	0.300	0.488

11.不锈钢板卷管件(氩电联焊)

工作内容：管子切口、坡口加工、坡口磨平、管口组对、焊接、焊缝钝化。

单位：10个

编号				6-767	6-768	6-769	6-770	6-771	6-772	6-773
项目				公称直径(mm以内)						
				200	250	300	350	400	450	500
预算基价	总价(元)			**2322.16**	**2900.36**	**3531.64**	**4101.81**	**4659.90**	**6120.55**	**6801.88**
	人工费(元)			1170.45	1460.70	1809.00	2100.60	2377.35	2960.55	3289.95
	材料费(元)			442.04	552.34	657.97	763.17	870.79	1427.82	1589.15
	机械费(元)			709.67	887.32	1064.67	1238.04	1411.76	1732.18	1922.78
组成内容		**单位**	**单价**	**数量**						
人工	综合工	工日	135.00	8.67	10.82	13.40	15.56	17.61	21.93	24.37
材料	不锈钢板卷管件	个	—	(10)	(10)	(10)	(10)	(10)	(10)	(10)
	不锈钢电焊条	kg	66.08	2.924	3.644	4.340	5.038	5.694	13.088	14.490
	不锈钢焊丝 1Cr18Ni9Ti	kg	55.02	1.860	2.334	2.784	3.238	3.662	4.110	4.550
	氩气	m^3	18.60	5.208	6.536	7.794	9.066	10.254	11.508	12.740
	钍钨棒	kg	640.87	0.00730	0.00915	0.01091	0.01269	0.01436	0.01607	0.01781
	尼龙砂轮片 $D100\times16\times3$	片	3.92	3.056	3.818	4.552	5.285	5.977	8.846	9.797
	零星材料费	元	—	32.96	40.73	48.20	54.63	69.69	77.81	94.53
机械	电焊条烘干箱 600×500×750	台班	27.16	0.126	0.158	0.188	0.218	0.246	0.436	0.484
	电焊机(综合)	台班	74.17	1.266	1.578	1.880	2.184	2.468	4.362	4.830
	氩弧焊机 500A	台班	96.11	2.424	3.036	3.672	4.268	4.832	5.448	6.038
	电动空气压缩机 $1m^3$	台班	52.31	1.309	1.632	1.944	2.255	2.547	2.910	3.221
	电动空气压缩机 $6m^3$	台班	217.48	0.02	0.02	0.02	0.02	0.02	0.04	0.04
	等离子切割机 400A	台班	229.27	1.309	1.632	1.944	2.255	2.547	2.910	3.221
	载货汽车 8t	台班	521.59	0.005	0.008	0.012	0.016	0.028	0.035	0.043
	汽车式起重机 8t	台班	767.15	0.005	0.008	0.012	0.016	0.028	0.035	0.043

工作内容：管子切口、坡口加工、坡口磨平、管口组对、焊接、焊缝钝化。 **单位：**10个

编号				6-774	6-775	6-776	6-777	6-778	6-779	6-780
项目				公称直径(mm以内)						
				600	700	800	900	1000	1200	1400
预算基价	总价(元)			**8854.74**	**10164.04**	**13797.56**	**15527.66**	**17250.33**	**20905.15**	**28125.28**
	人工费(元)			4016.25	4617.00	5660.55	6334.20	7028.10	8600.85	10543.50
	材料费(元)			2424.42	2771.90	4702.46	5277.31	5852.85	6997.14	10870.26
	机械费(元)			2414.07	2775.14	3434.55	3916.15	4369.38	5307.16	6711.52
组成内容		**单位**	**单价**	**数量**						
人工	综合工	工日	135.00	29.75	34.20	41.93	46.92	52.06	63.71	78.10
材料	不锈钢板卷管件	个	—	(10)	(10)	(10)	(10)	(10)	(10)	(10)
	不锈钢电焊条	kg	66.08	23.326	26.670	53.346	59.874	66.408	79.474	133.114
	不锈钢焊丝 1Cr18Ni9Ti	kg	55.02	6.646	7.604	8.642	9.706	10.768	12.898	14.998
	氩气	m^3	18.60	18.610	21.292	24.196	27.176	30.152	36.116	41.994
	钍钨棒	kg	640.87	0.02119	0.02426	0.02753	0.03094	0.03435	0.04118	0.04786
	尼龙砂轮片 *D*100×16×3	片	3.92	14.375	16.445	26.123	29.338	32.552	38.983	58.601
	零星材料费	元	—	101.30	115.13	131.78	146.50	161.71	184.89	207.42
机械	电焊条烘干箱 600×500×750	台班	27.16	0.708	0.808	1.156	1.298	1.438	1.722	2.308
	电焊机（综合）	台班	74.17	7.070	8.080	11.562	12.976	14.388	17.220	23.072
	氩弧焊机 500A	台班	96.11	7.102	8.154	9.262	10.400	11.540	13.978	16.224
	电动空气压缩机 $1m^3$	台班	52.31	3.904	4.460	5.343	5.995	6.647	7.950	9.707
	电动空气压缩机 $6m^3$	台班	217.48	0.040	0.040	0.060	0.060	0.060	0.067	0.074
	等离子切割机 400A	台班	229.27	3.904	4.460	5.343	5.995	6.647	7.950	9.707
	载货汽车 8t	台班	521.59	0.062	0.082	0.107	0.169	0.209	0.300	0.488
	汽车式起重机 8t	台班	767.15	0.062	0.082	0.107	0.169	0.209	0.300	0.488

12.合金钢管件(电弧焊)

工作内容：管子切口、坡口加工、管口组对、焊接。　　　　**单位：**10个

编号				6-781	6-782	6-783	6-784	6-785	6-786	6-787	6-788	6-789
项目				公称直径(mm以内)								
				15	20	25	32	40	50	65	80	100
预算基价	总价(元)			**143.98**	**263.79**	**323.09**	**378.40**	**427.22**	**513.38**	**739.74**	**857.44**	**1150.13**
	人工费(元)			113.40	193.05	230.85	271.35	309.15	365.85	503.55	585.90	741.15
	材料费(元)			13.69	17.07	24.78	30.41	34.93	46.92	77.39	90.92	155.72
	机械费(元)			16.89	53.67	67.46	76.64	83.14	100.61	158.80	180.62	253.26
组成内容		**单位**	**单价**	**数量**								
人工	综合工	工日	135.00	0.84	1.43	1.71	2.01	2.29	2.71	3.73	4.34	5.49
材料	低压合金钢对焊管件	个	—	(10)	(10)	(10)	(10)	(10)	(10)	(10)	(10)	(10)
	合金钢电焊条	kg	26.56	0.284	0.362	0.576	0.712	0.814	1.130	2.024	2.372	4.450
	尼龙砂轮片 *D*100×16×3	片	3.92	0.222	0.278	0.366	0.448	0.512	0.620	0.862	1.012	1.498
	尼龙砂轮片 *D*500×25×4	片	18.69	0.076	0.100	0.124	0.156	0.182	0.260	0.380	0.450	0.665
	氧气	m^3	2.88	0.042	0.046	0.056	0.066	0.072	0.100	0.144	0.160	0.242
	乙炔气	kg	14.66	0.014	0.016	0.018	0.022	0.024	0.034	0.048	0.054	0.080
	零星材料费	元	—	3.53	4.13	5.30	6.31	7.34	8.83	12.03	14.29	17.36
机械	电焊条烘干箱 600×500×750	台班	27.16	0.022	0.028	0.044	0.054	0.062	0.078	0.132	0.154	0.228
	电焊机（综合）	台班	74.17	0.216	0.274	0.438	0.542	0.618	0.776	1.310	1.536	2.278
	电动葫芦 单速 3t	台班	33.90	—	—	—	—	—	—	0.198	0.212	0.260
	砂轮切割机 *D*500	台班	39.52	0.007	0.015	0.033	0.051	0.055	0.067	0.085	0.100	0.159
	普通车床 630×2000	台班	242.35	—	0.132	0.134	0.136	0.138	0.158	0.198	0.212	0.260

工作内容：管子切口、坡口加工、管口组对、焊接。　　　　**单位：**10个

编号				6-790	6-791	6-792	6-793	6-794	6-795	6-796	6-797	6-798
项目				公称直径(mm以内)								
				125	150	200	250	300	350	400	450	500
预算基价	总价(元)			**1248.95**	**1423.28**	**2189.96**	**3150.90**	**3655.63**	**4586.31**	**5076.15**	**6383.45**	**7103.58**
	人工费(元)			791.10	865.35	1371.60	1860.30	2134.35	2458.35	2673.00	3152.25	3488.40
	材料费(元)			165.59	200.76	336.16	632.74	752.89	1170.17	1325.39	1930.84	2134.43
	机械费(元)			292.26	357.17	482.20	657.86	768.39	957.79	1077.76	1300.36	1480.75
组成内容		**单位**	**单价**	**数量**								
人工	综合工	工日	135.00	5.86	6.41	10.16	13.78	15.81	18.21	19.80	23.35	25.84
材料	低压合金钢对焊管件	个	—	(10)	(10)	(10)	(10)	(10)	(10)	(10)	(10)	(10)
	合金钢电焊条	kg	26.56	4.926	6.234	10.724	21.090	25.160	40.026	45.294	67.194	74.284
	尼龙砂轮片 *D*100×16×3	片	3.92	1.608	2.106	3.216	5.060	6.058	8.404	9.884	12.430	13.774
	尼龙砂轮片 *D*500×25×4	片	18.69	0.705	—	—	—	—	—	—	—	—
	氧气	m^3	2.88	0.270	1.436	2.201	3.299	3.707	4.745	5.336	6.410	7.053
	乙炔气	kg	14.66	0.090	0.477	0.733	1.100	1.235	1.582	1.778	2.137	2.351
	零星材料费	元	—	13.18	15.80	21.64	27.13	32.11	37.28	42.20	47.65	52.67
机械	电焊条烘干箱 600×500×750	台班	27.16	0.258	0.320	0.454	0.644	0.768	0.958	1.084	1.274	1.408
	电焊机（综合）	台班	74.17	2.580	3.190	4.536	6.444	7.686	9.572	10.830	12.744	14.088
	电动葫芦 单速 3t	台班	33.90	0.316	0.364	0.380	0.422	0.434	0.516	0.536	0.670	0.702
	半自动切割机 100mm	台班	88.45	—	0.128	0.176	0.256	0.272	0.328	0.368	0.424	0.496
	砂轮切割机 *D*500	台班	39.52	0.167	—	—	—	—	—	—	—	—
	普通车床 630×2000	台班	242.35	0.316	0.364	0.380	0.422	0.434	0.516	0.536	0.670	0.702
	载货汽车 8t	台班	521.59	—	—	0.010	0.018	0.026	0.039	0.050	0.076	0.124
	汽车式起重机 8t	台班	767.15	—	—	0.010	0.018	0.026	0.039	0.050	0.076	0.124

13.合金钢管件(氩弧焊)

工作内容：管子切口、坡口加工、管口组对、焊接。 **单位：**10个

编号				6-799	6-800	6-801	6-802	6-803	6-804
项目				公称直径(mm以内)					
				15	20	25	32	40	50
预算基价	总价(元)			**147.79**	**199.72**	**319.55**	**377.29**	**425.21**	**502.93**
	人工费(元)			110.70	152.55	218.70	259.20	294.30	342.90
	材料费(元)			13.94	17.36	25.36	31.22	35.90	48.16
	机械费(元)			23.15	29.81	75.49	86.87	95.01	111.87
组成内容		**单位**	**单价**	**数量**					
人工	综合工	工日	135.00	0.82	1.13	1.62	1.92	2.18	2.54
材料	低压合金钢对焊管件	个	—	(10)	(10)	(10)	(10)	(10)	(10)
	合金钢焊丝	kg	16.53	0.008	0.010	0.014	0.018	0.024	0.030
	尼龙砂轮片 $D100\times16\times3$	片	3.92	0.216	0.268	0.352	0.434	0.494	0.598
	尼龙砂轮片 $D500\times25\times4$	片	18.69	0.076	0.100	0.124	0.156	0.182	0.260
	氧气	m^3	2.88	0.042	0.046	0.056	0.066	0.072	0.100
	乙炔气	kg	14.66	0.014	0.016	0.018	0.022	0.024	0.034
	氩气	m^3	18.60	0.386	0.492	0.790	0.980	1.120	1.552
	钍钨棒	kg	640.87	0.00077	0.00098	0.00158	0.00196	0.00224	0.00310
	零星材料费	元	—	3.54	4.13	5.30	6.31	7.34	8.82
机械	氩弧焊机 500A	台班	96.11	0.238	0.304	0.434	0.540	0.618	0.738
	砂轮切割机 $D500$	台班	39.52	0.007	0.015	0.033	0.051	0.055	0.067
	普通车床 630×2000	台班	242.35	—	—	0.134	0.136	0.138	0.158

工作内容：管子切口、坡口加工、管口组对、焊接。 **单位**：10个

编号				6-805	6-806	6-807	6-808	6-809
项目				公称直径(mm以内)				
				65	80	100	125	150
预算基价	总价(元)			**719.55**	**853.34**	**1343.81**	**1485.96**	**1702.97**
	人工费(元)			465.75	542.70	862.65	930.15	1008.45
	材料费(元)			79.45	111.65	185.07	207.51	267.11
	机械费(元)			174.35	198.99	296.09	348.30	427.41
组成内容		**单位**	**单价**	**数量**				
人工	综合工	工日	135.00	3.45	4.02	6.39	6.89	7.47
材料	低压合金钢对焊管件	个	—	(10)	(10)	(10)	(10)	(10)
	合金钢焊丝	kg	16.53	0.052	1.162	2.053	2.396	3.218
	尼龙砂轮片 *D*100×16×3	片	3.92	0.832	0.976	1.316	1.534	1.989
	尼龙砂轮片 *D*500×25×4	片	18.69	0.380	0.450	0.665	0.705	—
	氧气	m^3	2.88	0.144	0.160	0.242	0.270	1.436
	乙炔气	kg	14.66	0.048	0.054	0.080	0.090	0.477
	氩气	m^3	18.60	2.772	3.254	5.750	6.711	9.012
	钍钨棒	kg	640.87	0.00554	0.00651	0.01150	0.01342	0.01802
	零星材料费	元	—	12.00	14.26	17.36	13.19	15.82
机械	氩弧焊机 500A	台班	96.11	1.210	1.420	2.268	2.647	3.283
	电动葫芦 单速 3t	台班	33.90	0.198	0.212	0.260	0.316	0.364
	半自动切割机 100mm	台班	88.45	—	—	—	—	0.128
	砂轮切割机 *D*500	台班	39.52	0.085	0.100	0.159	0.167	—
	普通车床 630×2000	台班	242.35	0.198	0.212	0.260	0.316	0.364

14.合金钢管件(氩电联焊)

工作内容：管子切口、坡口加工、管口组对、焊接。 **单位：**10个

编号				6-810	6-811	6-812	6-813	6-814	6-815
项目				公称直径(mm以内)					
				50	65	80	100	125	150
预算基价	总价(元)			**609.78**	**779.15**	**906.00**	**1445.40**	**1536.48**	**1785.79**
	人工费(元)			418.50	526.50	614.25	989.55	1038.15	1155.60
	材料费(元)			61.92	81.05	95.49	162.13	169.53	214.05
	机械费(元)			129.36	171.60	196.26	293.72	328.80	416.14
组成内容		**单位**	**单价**	**数量**					
人工	综合工	工日	135.00	3.10	3.90	4.55	7.33	7.69	8.56
材料	低压合金钢对焊管件	个	—	(10)	(10)	(10)	(10)	(10)	(10)
	合金钢电焊条	kg	26.56	0.772	0.980	1.146	2.908	2.956	4.200
	合金钢焊丝	kg	16.53	0.338	0.438	0.518	0.660	0.784	0.938
	尼龙砂轮片 $D100×16×3$	片	3.92	0.664	0.844	0.990	1.464	1.574	2.060
	尼龙砂轮片 $D500×25×4$	片	18.69	0.260	0.380	0.450	0.665	0.705	—
	氧气	m^3	2.88	0.100	0.144	0.160	0.242	0.270	1.436
	乙炔气	kg	14.66	0.034	0.048	0.054	0.080	0.090	0.477
	氩气	m^3	18.60	0.946	1.226	1.450	1.848	2.196	2.626
	钍钨棒	kg	640.87	0.00189	0.00245	0.00290	0.00370	0.00439	0.00525
	零星材料费	元	—	8.77	11.88	14.12	17.20	12.96	15.58
机械	电焊条烘干箱 600×500×750	台班	27.16	0.050	0.064	0.074	0.154	0.154	0.216
	电焊机(综合)	台班	74.17	0.500	0.634	0.742	1.534	1.548	2.152
	氩弧焊机 500A	台班	96.11	0.520	0.674	0.798	1.016	1.206	1.444
	电动葫芦 单速 3t	台班	33.90	—	0.198	0.212	0.260	0.316	0.364
	半自动切割机 100mm	台班	88.45	—	—	—	—	—	0.128
	砂轮切割机 $D500$	台班	39.52	0.067	0.085	0.100	0.159	0.167	—
	普通车床 630×2000	台班	242.35	0.158	0.198	0.212	0.260	0.316	0.364

工作内容：管子切口、坡口加工、管口组对、焊接。 **单位：**10个

编号				6-816	6-817	6-818	6-819	6-820	6-821	6-822
项目				公称直径(mm以内)						
				200	250	300	350	400	450	500
预算基价	总价(元)			**2482.65**	**3580.09**	**4168.76**	**5216.83**	**5788.74**	**7223.01**	**8036.89**
	人工费(元)			1551.15	2135.70	2461.05	2870.10	3136.05	3713.85	4112.10
	材料费(元)			352.11	642.48	765.32	1170.56	1326.43	1911.83	2114.12
	机械费(元)			579.39	801.91	942.39	1176.17	1326.26	1597.33	1810.67
组成内容		单位	单价	数量						
人工	综合工	工日	135.00	11.49	15.82	18.23	21.26	23.23	27.51	30.46
材料	低压合金钢对焊管件	个	—	(10)	(10)	(10)	(10)	(10)	(10)	(10)
	合金钢电焊条	kg	26.56	7.822	17.122	20.424	34.040	38.522	58.826	65.036
	合金钢焊丝	kg	16.53	1.296	1.604	1.926	2.222	2.522	2.834	3.142
	氧气	m^3	2.88	2.201	3.299	3.707	4.745	5.336	6.410	7.053
	乙炔气	kg	14.66	0.733	1.100	1.235	1.582	1.778	2.137	2.351
	氩气	m^3	18.60	3.628	4.492	5.392	6.222	7.062	7.936	8.798
	钍钨棒	kg	640.87	0.00726	0.00898	0.01078	0.01244	0.01412	0.01587	0.01760
	尼龙砂轮片 $D100\times16\times3$	片	3.92	3.148	4.950	5.928	8.214	9.670	12.162	13.476
	零星材料费	元	—	21.38	26.87	31.80	36.97	41.86	47.32	52.30
机械	电焊条烘干箱 600×500×750	台班	27.16	0.330	0.524	0.624	0.814	0.922	1.116	1.234
	电焊机（综合）	台班	74.17	3.308	5.232	6.244	8.140	9.212	11.156	12.336
	氩弧焊机 500A	台班	96.11	1.994	2.468	2.964	3.418	3.880	4.360	4.834
	电动葫芦 单速 3t	台班	33.90	0.380	0.422	0.434	0.516	0.536	0.670	0.702
	半自动切割机 100mm	台班	88.45	0.176	0.256	0.272	0.328	0.368	0.424	0.496
	普通车床 630×2000	台班	242.35	0.380	0.422	0.434	0.516	0.536	0.670	0.702
	载货汽车 8t	台班	521.59	0.010	0.018	0.026	0.039	0.050	0.076	0.124
	汽车式起重机 8t	台班	767.15	0.010	0.018	0.026	0.039	0.050	0.076	0.124

15.加热外套碳钢管件(两半、电弧焊)

工作内容：管子切口、坡口加工、坡口磨平、管口组对、焊接。 **单位：**10个

编号				6-823	6-824	6-825	6-826	6-827	6-828	6-829	6-830
项目				公称直径(mm以内)							
				32	40	50	65	80	100	125	150
预算基价	总价(元)			**326.99**	**366.36**	**445.61**	**602.69**	**691.18**	**1007.69**	**1125.47**	**1511.92**
	人工费(元)			255.15	290.25	348.30	444.15	506.25	707.40	795.15	1093.50
	材料费(元)			16.59	18.63	25.17	46.83	54.50	94.97	96.63	125.53
	机械费(元)			55.25	57.48	72.14	111.71	130.43	205.32	233.69	292.89
组成内容		**单位**	**单价**	**数量**							
人工	综合工	工日	135.00	1.89	2.15	2.58	3.29	3.75	5.24	5.89	8.10
材料	碳钢两半管件	片	—	(20)	(20)	(20)	(20)	(20)	(20)	(20)	(20)
	碳钢电焊条 E4303 *D*3.2	kg	7.59	1.047	1.146	1.595	2.762	3.260	6.729	7.586	9.702
	尼龙砂轮片 *D*100×16×3	片	3.92	0.514	0.611	0.866	1.304	1.532	2.459	2.581	3.457
	尼龙砂轮片 *D*500×25×4	片	18.69	0.156	0.182	0.260	—	—	—	—	—
	氧气	m^3	2.88	0.074	0.080	0.092	1.984	2.248	3.370	3.468	4.606
	乙炔气	kg	14.66	0.024	0.026	0.030	0.661	0.751	1.124	1.155	1.535
	零星材料费	元	—	3.15	3.52	4.11	5.35	6.27	8.07	2.01	2.57
机械	电焊条烘干箱 600×500×750	台班	27.16	0.062	0.062	0.079	0.134	0.157	0.252	0.286	0.352
	电焊机(综合)	台班	74.17	0.695	0.723	0.908	1.457	1.701	2.676	3.046	3.820
	砂轮切割机 *D*500	台班	39.52	0.051	0.055	0.067	—	—	—	—	—

工作内容：管子切口、坡口加工、坡口磨平、管口组对、焊接。

单位：10个

编号				6-831	6-832	6-833	6-834	6-835	6-836	6-837
项目				公称直径(mm以内)						
				200	250	300	350	400	450	500
预算基价	总价(元)			**2092.18**	**2998.54**	**3476.55**	**4497.43**	**5084.76**	**6253.70**	**7000.70**
	人工费(元)			1451.25	2029.05	2316.60	2878.20	3249.45	3878.55	4314.60
	材料费(元)			203.42	345.08	407.40	624.71	702.80	989.14	1101.26
	机械费(元)			437.51	624.41	752.55	994.52	1132.51	1386.01	1584.84
组成内容		**单位**	**单价**	**数量**						
人工	综合工	工日	135.00	10.75	15.03	17.16	21.32	24.07	28.73	31.96
材料	碳钢两半管件	片	—	(20)	(20)	(20)	(20)	(20)	(20)	(20)
	碳钢电焊条 E4303 *D*3.2	kg	7.59	16.195	31.184	37.174	60.308	68.216	100.946	111.695
	氧气	m^3	2.88	6.389	9.513	10.745	14.075	15.520	18.062	20.941
	乙炔气	kg	14.66	2.131	3.172	3.583	4.692	5.174	6.021	6.981
	尼龙砂轮片 *D*100×16×3	片	3.92	5.794	6.432	7.687	11.429	12.951	17.268	19.116
	零星材料费	元	—	8.15	9.28	11.64	12.85	13.72	14.98	15.91
机械	电焊条烘干箱 600×500×750	台班	27.16	0.519	0.737	0.878	1.177	1.331	1.607	1.778
	电焊机（综合）	台班	74.17	5.535	7.836	9.373	12.300	13.913	16.778	18.562
	载货汽车 8t	台班	521.59	0.010	0.018	0.026	0.039	0.050	0.076	0.124
	汽车式起重机 8t	台班	767.15	0.010	0.018	0.026	0.039	0.050	0.076	0.124

16.加热外套不锈钢管件(两半、电弧焊)

工作内容：管子切口、坡口加工、坡口磨平、管口组对、焊接、焊缝钝化。 **单位：**10个

编号				6-838	6-839	6-840	6-841	6-842	6-843
项目				公称直径(mm以内)					
				32	40	50	65	80	100
预算基价	总价(元)			**359.21**	**558.03**	**645.89**	**900.99**	**1123.10**	**1615.85**
	人工费(元)			249.75	391.50	449.55	606.15	673.65	951.75
	材料费(元)			69.45	94.39	111.67	172.74	202.85	320.43
	机械费(元)			40.01	72.14	84.67	122.10	246.60	343.67
组成内容		**单位**	**单价**	**数量**					
人工	综合工	工日	135.00	1.85	2.90	3.33	4.49	4.99	7.05
材料	不锈钢两半管件	片	—	(20)	(20)	(20)	(20)	(20)	(20)
	不锈钢电焊条	kg	66.08	0.835	1.155	1.373	2.158	2.532	4.187
	尼龙砂轮片 $D100\times16\times3$	片	3.92	0.959	1.412	1.681	2.689	3.139	3.259
	尼龙砂轮片 $D500\times25\times4$	片	18.69	0.240	0.277	0.282	0.405	0.496	0.730
	零星材料费	元	—	6.03	7.36	9.08	12.03	13.96	17.33
机械	电焊条烘干箱 600×500×750	台班	27.16	0.043	0.084	0.100	0.146	0.171	0.252
	电焊机（综合）	台班	74.17	0.432	0.847	1.008	1.460	1.713	2.518
	电动空气压缩机 $1m^3$	台班	52.31	—	—	—	—	0.372	0.482
	电动空气压缩机 $6m^3$	台班	217.48	0.02	0.02	0.02	0.02	0.02	0.02
	等离子切割机 400A	台班	229.27	—	—	—	—	0.372	0.482
	砂轮切割机 $D500$	台班	39.52	0.062	0.068	0.072	0.139	0.147	0.253

工作内容：管子切口、坡口加工、坡口磨平、管口组对、焊接、焊缝钝化。 **单位：**10个

编号				6-844	6-845	6-846	6-847	6-848	6-849	6-850
项目				公称直径(mm以内)						
				125	150	200	250	300	350	400
预算基价	总价(元)			**1894.58**	**2637.27**	**3596.76**	**5604.17**	**7011.07**	**8804.70**	**9936.90**
	人工费(元)			1081.35	1351.35	1815.75	2448.90	2921.40	3523.50	3958.20
	材料费(元)			358.52	673.72	922.14	1913.36	2560.53	3394.34	3838.35
	机械费(元)			454.71	612.20	858.87	1241.91	1529.14	1886.86	2140.35
组成内容		**单位**	**单价**	**数量**						
人工	综合工	工日	135.00	8.01	10.01	13.45	18.14	21.64	26.10	29.32
材料	不锈钢两半管件	片	—	(20)	(20)	(20)	(20)	(20)	(20)	(20)
	不锈钢电焊条	kg	66.08	4.892	9.510	13.120	27.980	37.522	49.944	56.475
	尼龙砂轮片 *D*100×16×3	片	3.92	3.812	5.246	5.316	5.446	7.663	8.914	10.093
	零星材料费	元	—	20.31	24.73	34.33	43.09	51.04	59.10	66.92
机械	电焊条烘干箱 600×500×750	台班	27.16	0.295	0.439	0.606	0.944	1.164	1.484	1.677
	电焊机（综合）	台班	74.17	2.942	4.390	6.061	9.444	11.643	14.836	16.777
	等离子切割机 400A	台班	229.27	0.796	0.960	1.334	1.734	2.117	2.456	2.776
	电动空气压缩机 1m^3	台班	52.31	0.796	0.960	1.334	1.734	2.117	2.456	2.776
	电动空气压缩机 6m^3	台班	217.48	0.02	0.02	0.02	0.02	0.02	0.02	0.02
	载货汽车 8t	台班	521.59	—	—	0.010	0.018	0.026	0.039	0.050
	汽车式起重机 8t	台班	767.15	—	—	0.010	0.018	0.026	0.039	0.050

17.铝管件(氩弧焊)

工作内容：管子切口、坡口加工、坡口磨平、管口组对、焊前预热、焊接、焊缝酸洗。 **单位：**10个

编号				6-851	6-852	6-853	6-854	6-855	6-856	6-857	6-858	6-859
项目				管道外径(mm以内)								
				18	25	30	40	50	60	70	80	100
预算基价	总价(元)			**105.73**	**138.93**	**161.28**	**230.52**	**283.90**	**423.96**	**472.58**	**1002.90**	**1215.68**
	人工费(元)			85.05	112.05	128.25	178.20	220.05	341.55	378.00	606.15	715.50
	材料费(元)			8.05	11.57	14.03	23.58	29.03	40.28	46.60	68.94	80.28
	机械费(元)			12.63	15.31	19.00	28.74	34.82	42.13	47.98	327.81	419.90
组成内容		**单位**	**单价**	**数量**								
人工	综合工	工日	135.00	0.63	0.83	0.95	1.32	1.63	2.53	2.80	4.49	5.30
材料	铝管件	个	—	(10)	(10)	(10)	(10)	(10)	(10)	(10)	(10)	(10)
	铝焊丝 *D*3	kg	47.38	0.040	0.054	0.069	0.136	0.169	0.216	0.252	0.431	0.466
	尼龙砂轮片 *D*100×16×3	片	3.92	—	—	—	—	—	—	—	0.982	1.257
	尼龙砂轮片 *D*500×25×4	片	18.69	0.029	0.034	0.048	0.085	0.090	0.109	0.125	—	—
	氧气	m^3	2.88	0.011	0.013	0.016	0.020	0.025	0.473	0.573	0.641	0.928
	乙炔气	kg	14.66	0.004	0.004	0.007	0.009	0.009	0.218	0.266	0.297	0.428
	氩气	m^3	18.60	0.112	0.149	0.194	0.381	0.475	0.607	0.705	1.207	1.305
	钍钨棒	kg	640.87	0.00022	0.00030	0.00039	0.00076	0.00095	0.00121	0.00141	0.00241	0.00261
	零星材料费	元	—	3.30	5.32	5.86	7.78	9.69	11.38	12.76	14.47	18.38
机械	氩弧焊机 500A	台班	96.11	0.080	0.107	0.138	0.234	0.292	0.361	0.419	0.440	0.531
	电动空气压缩机 $1m^3$	台班	52.31	—	—	—	—	—	—	—	0.997	1.293
	电动空气压缩机 $6m^3$	台班	217.48	0.022	0.022	0.022	0.022	0.022	0.022	0.022	0.022	0.022
	等离子切割机 400A	台班	229.27	—	—	—	—	—	—	—	0.997	1.293
	砂轮切割机 *D*500	台班	39.52	0.004	0.006	0.024	0.037	0.050	0.067	0.074	—	—

工作内容：管子切口、坡口加工、坡口磨平、管口组对、焊前预热、焊接、焊缝酸洗。 **单位：**10个

编号				6-860	6-861	6-862	6-863	6-864	6-865	6-866	6-867
项目				管道外径(mm以内)							
				125	150	180	200	250	300	350	410
预算基价	总价(元)			**1598.26**	**2074.21**	**2512.59**	**2936.23**	**3802.20**	**4924.25**	**7546.06**	**10187.59**
	人工费(元)			974.70	1243.35	1510.65	1790.10	2297.70	3028.05	4780.35	6351.75
	材料费(元)			99.55	163.66	193.04	234.15	340.99	453.86	804.74	1246.19
	机械费(元)			524.01	667.20	808.90	911.98	1163.51	1442.34	1960.97	2589.65
组成内容		**单位**	**单价**	**数量**							
人工	综合工	工日	135.00	7.22	9.21	11.19	13.26	17.02	22.43	35.41	47.05
材料	铝管件	个	—	(10)	(10)	(10)	(10)	(10)	(10)	(10)	(10)
	铝焊丝 *D*3	kg	47.38	0.584	1.084	1.260	1.557	2.106	2.977	6.028	9.825
	尼龙砂轮片 *D*100×16×3	片	3.92	1.585	2.136	2.577	3.191	4.312	5.774	8.954	13.090
	氧气	m^3	2.88	1.158	1.585	1.932	2.352	6.458	7.242	9.100	11.606
	乙炔气	kg	14.66	0.535	0.731	0.892	1.086	3.014	3.380	4.247	5.416
	氩气	m^3	18.60	1.637	3.035	3.528	4.357	5.898	8.336	16.877	27.512
	钍钨棒	kg	640.87	0.00327	0.00607	0.00706	0.00872	0.01180	0.01667	0.03375	0.05502
	零星材料费	元	—	21.94	28.30	34.45	38.55	44.26	54.03	60.02	69.56
机械	氩弧焊机 500A	台班	96.11	0.665	1.106	1.286	1.588	2.006	2.834	5.381	8.470
	电动空气压缩机 $1m^3$	台班	52.31	1.617	1.975	2.371	2.634	3.348	4.019	4.932	6.060
	电动空气压缩机 $6m^3$	台班	217.48	0.022	0.022	0.022	0.022	0.022	0.022	0.022	0.022
	等离子切割机 400A	台班	229.27	1.617	1.975	2.371	2.634	3.348	4.019	4.932	6.060
	载货汽车 8t	台班	521.59	—	—	0.010	0.010	0.018	0.026	0.039	0.050
	汽车式起重机 8t	台班	767.15	—	—	0.010	0.010	0.018	0.026	0.039	0.050

18.铝板卷管件(氩弧焊)

工作内容:管子切口、坡口加工、坡口磨平、管口组对、焊接、焊缝酸洗。　　　　**单位:**10个

编号				6-868	6-869	6-870	6-871	6-872	6-873
项目				管道外径(mm以内)					
				159	219	273	325	377	426
预算基价	总价(元)			**2085.67**	**2830.18**	**3192.43**	**4093.87**	**5175.31**	**5874.23**
	人工费(元)			1209.60	1626.75	1852.20	2301.75	2938.95	3334.50
	材料费(元)			170.64	235.57	291.52	351.38	495.33	560.43
	机械费(元)			705.43	967.86	1048.71	1440.74	1741.03	1979.30
组成内容		单位	单价	数量					
人工	综合工	工日	135.00	8.96	12.05	13.72	17.05	21.77	24.70
材料	铝板卷管件	个	—	(10)	(10)	(10)	(10)	(10)	(10)
	铝焊丝 *D*3	kg	47.38	1.263	1.744	2.177	2.595	3.830	4.332
	氧气	m^3	2.88	0.150	0.210	0.260	0.397	0.461	0.520
	乙炔气	kg	14.66	0.057	0.080	0.100	0.153	0.178	0.201
	氩气	m^3	18.60	3.536	4.884	6.097	7.264	10.725	12.130
	钍钨棒	kg	640.87	0.00707	0.00977	0.01219	0.01453	0.02145	0.02426
	尼龙砂轮片 *D*100×16×3	片	3.92	2.577	3.581	4.484	5.354	7.449	8.432
	零星材料费	元	—	29.13	40.02	47.37	59.63	67.50	76.52
机械	氩弧焊机 500A	台班	96.11	0.992	1.370	1.708	2.036	2.807	3.174
	电动空气压缩机 $1m^3$	台班	52.31	2.126	2.929	3.087	4.349	5.134	5.800
	电动空气压缩机 $6m^3$	台班	217.48	0.023	0.023	0.023	0.023	0.023	0.023
	等离子切割机 400A	台班	229.27	2.126	2.929	3.087	4.349	5.134	5.800
	载货汽车 8t	台班	521.59	0.005	0.005	0.008	0.012	0.016	0.028
	汽车式起重机 8t	台班	767.15	0.005	0.005	0.008	0.012	0.016	0.028

工作内容：管子切口、坡口加工、坡口磨平、管口组对、焊接、焊缝酸洗。　　　　**单位：**10个

编号				6-874	6-875	6-876	6-877	6-878	6-879	6-880
项目				管道外径(mm以内)						
				478	529	630	720	820	920	1020
预算基价	总价(元)			**6615.21**	**7921.73**	**9298.74**	**10797.12**	**13622.73**	**15651.88**	**17391.06**
	人工费(元)			3754.35	4384.80	5134.05	5950.80	7468.20	8684.55	9637.65
	材料费(元)			631.26	894.40	1054.16	1221.98	1737.31	1949.73	2163.87
	机械费(元)			2229.60	2642.53	3110.53	3624.34	4417.22	5017.60	5589.54
组成内容		单位	单价	数量						
人工	综合工	工日	135.00	27.81	32.48	38.03	44.08	55.32	64.33	71.39
材料	铝板卷管件	个	—	(10)	(10)	(10)	(10)	(10)	(10)	(10)
	铝焊丝 *D*3	kg	47.38	4.863	7.257	8.511	9.891	14.519	16.297	18.076
	氧气	m^3	2.88	0.584	0.591	0.766	0.869	0.871	0.964	1.297
	乙炔气	kg	14.66	0.212	0.230	0.294	0.322	0.335	0.372	0.499
	氩气	m^3	18.60	13.616	20.319	23.831	27.693	40.652	45.632	50.611
	钍钨棒	kg	640.87	0.02723	0.04064	0.04766	0.05539	0.08131	0.09126	0.10122
	尼龙砂轮片 *D*100×16×3	片	3.92	9.476	12.227	14.357	16.700	21.735	24.412	27.089
	零星材料费	元	—	88.21	93.58	114.31	130.07	148.54	166.41	183.96
机械	氩弧焊机 500A	台班	96.11	3.561	5.169	6.060	7.045	9.973	11.193	12.415
	电动空气压缩机 1m^3	台班	52.31	6.507	7.388	8.659	10.056	11.741	13.173	14.604
	电动空气压缩机 6m^3	台班	217.48	0.046	0.046	0.046	0.046	0.068	0.068	0.068
	等离子切割机 400A	台班	229.27	6.507	7.388	8.659	10.056	11.741	13.173	14.604
	载货汽车 8t	台班	521.59	0.035	0.043	0.062	0.082	0.107	0.169	0.209
	汽车式起重机 8t	台班	767.15	0.035	0.043	0.062	0.082	0.107	0.169	0.209

19.铜管件(氧乙炔焊)

工作内容: 管子切口、坡口加工、坡口磨平、管口组对、焊前预热、焊接。　　**单位:** 10个

编号				6-881	6-882	6-883	6-884	6-885	6-886	6-887
项目				管道外径(mm以内)						
				20	30	40	50	65	75	85
预算基价	总价(元)			**112.33**	**173.67**	**254.72**	**309.02**	**493.64**	**505.11**	**682.58**
	人工费(元)			108.00	166.05	240.30	291.60	461.70	467.10	552.15
	材料费(元)			3.97	5.88	11.77	14.22	27.67	33.31	37.79
	机械费(元)			0.36	1.74	2.65	3.20	4.27	4.70	92.64
组成内容		**单位**	**单价**	**数量**						
人工	综合工	工日	135.00	0.80	1.23	1.78	2.16	3.42	3.46	4.09
材料	低压铜管件	个	—	(10)	(10)	(10)	(10)	(10)	(10)	(10)
	铜气焊丝	kg	46.03	0.018	0.027	0.065	0.081	0.105	0.123	0.143
	尼龙砂轮片 $D500\times25\times4$	片	18.69	0.093	0.135	0.216	0.250	0.280	0.315	0.355
	氧气	m^3	2.88	0.121	0.179	0.443	0.555	1.708	2.118	2.410
	乙炔气	kg	14.66	0.047	0.069	0.173	0.215	0.764	0.948	1.079
	硼砂	kg	4.46	0.004	0.009	0.020	0.025	0.031	0.038	0.043
	零星材料费	元	—	0.35	0.55	0.84	0.96	1.35	1.59	1.62
机械	电动空气压缩机 $1m^3$	台班	52.31	—	—	—	—	—	—	0.329
	等离子切割机 400A	台班	229.27	—	—	—	—	—	—	0.329
	砂轮切割机 $D500$	台班	39.52	0.009	0.044	0.067	0.081	0.108	0.119	—

工作内容：管子切口、坡口加工、坡口磨平、管口组对、焊前预热、焊接。　　　　**单位：**10个

编号				6-888	6-889	6-890	6-891	6-892	6-893	6-894
项目				管道外径(mm以内)						
				100	120	150	185	200	250	300
预算基价	总价(元)			**1362.03**	**1601.03**	**1982.84**	**2415.25**	**2611.33**	**3295.94**	**4105.78**
	人工费(元)			828.90	957.15	1182.60	1418.85	1530.90	1937.25	2482.65
	材料费(元)			149.62	183.50	224.69	273.65	299.96	376.43	438.81
	机械费(元)			383.51	460.38	575.55	722.75	780.47	982.26	1184.32
组成内容		**单位**	**单价**	**数量**						
人工	综合工	工日	135.00	6.14	7.09	8.76	10.51	11.34	14.35	18.39
材料	低压铜管件	个	—	(10)	(10)	(10)	(10)	(10)	(10)	(10)
	铜气焊丝	kg	46.03	2.240	2.688	3.360	4.144	4.480	5.622	6.742
	尼龙砂轮片 $D100\times16\times3$	片	3.92	1.262	1.526	1.920	2.380	2.577	3.235	3.892
	氧气	m^3	2.88	3.966	5.171	5.967	6.962	7.956	9.957	11.948
	乙炔气	kg	14.66	1.775	2.314	2.671	3.116	3.561	4.456	4.456
	硼砂	kg	4.46	0.448	0.538	0.672	0.829	0.896	1.120	1.344
	零星材料费	元	—	2.12	2.57	3.16	4.14	4.53	5.97	7.49
机械	电动空气压缩机 $1m^3$	台班	52.31	1.362	1.635	2.044	2.521	2.726	3.406	4.087
	等离子切割机 400A	台班	229.27	1.362	1.635	2.044	2.521	2.726	3.406	4.087
	载货汽车 8t	台班	521.59	—	—	—	0.010	0.010	0.018	0.026
	汽车式起重机 8t	台班	767.15	—	—	—	0.010	0.010	0.018	0.026

20.铜板卷管件(氧乙炔焊)

工作内容：管子切口、坡口加工、坡口磨平、管口组对、焊接。 **单位：**10个

编号				6-895	6-896	6-897	6-898	6-899	6-900	6-901
项目				管道外径(mm以内)						
				155	205	255	305	355	405	505
预算基价	总价(元)			**1758.34**	**2300.78**	**3071.26**	**3642.41**	**4892.73**	**5599.47**	**6997.90**
	人工费(元)			1004.40	1305.45	1730.70	2030.40	2949.75	3369.60	4206.60
	材料费(元)			159.56	211.16	345.28	418.70	502.63	573.57	716.11
	机械费(元)			594.38	784.17	995.28	1193.31	1440.35	1656.30	2075.19
组成内容		单位	单价	数量						
人工	综合工	工日	135.00	7.44	9.67	12.82	15.04	21.85	24.96	31.16
材料	铜板卷管件	个	—	(10)	(10)	(10)	(10)	(10)	(10)	(10)
	铜气焊丝	kg	46.03	2.667	3.526	5.786	6.916	8.055	9.190	11.459
	氧气	m^3	2.88	2.820	3.732	6.119	8.015	9.337	10.659	13.291
	乙炔气	kg	14.66	1.084	1.435	2.353	3.082	3.590	4.098	5.110
	尼龙砂轮片 $D100\times16\times3$	片	3.92	1.814	2.413	3.996	4.792	8.334	9.529	11.917
	硼砂	kg	4.46	0.542	0.701	1.153	1.379	2.373	2.712	3.367
	零星材料费	元	—	3.26	4.49	6.03	7.16	9.09	10.33	13.73
机械	电动空气压缩机 $1m^3$	台班	52.31	2.088	2.762	3.498	4.183	5.042	5.754	7.173
	等离子切割机 400A	台班	229.27	2.088	2.762	3.498	4.183	5.042	5.754	7.173
	载货汽车 8t	台班	521.59	0.005	0.005	0.008	0.012	0.016	0.028	0.043
	汽车式起重机 8t	台班	767.15	0.005	0.005	0.008	0.012	0.016	0.028	0.043

21.塑料管件(热风焊)

工作内容: 管子切口、坡口加工、坡口磨平、管口组对、焊接。 **单位:** 10个

编号				6-902	6-903	6-904	6-905	6-906	6-907	6-908
项目				管道外径(mm以内)						
				20	25	32	40	50	75	90
预算基价	总价(元)			**116.92**	**140.60**	**176.73**	**238.24**	**316.94**	**448.21**	**584.95**
	人工费(元)			101.25	121.50	152.55	205.20	274.05	382.05	500.85
	材料费(元)			1.81	2.16	2.61	3.54	8.69	13.29	15.67
	机械费(元)			13.86	16.94	21.57	29.50	34.20	52.87	68.43
组成内容		**单位**	**单价**	**数量**						
人工	综合工	工日	135.00	0.75	0.90	1.13	1.52	2.03	2.83	3.71
材料	塑料管件	个	—	(10)	(10)	(10)	(10)	(10)	(10)	(10)
	塑料焊条	kg	13.07	0.018	0.022	0.028	0.046	0.080	0.164	0.230
	电	kW·h	0.73	1.404	1.716	2.184	2.988	3.464	5.328	6.904
	电阻丝	根	11.04	0.022	0.026	0.026	0.032	0.042	0.042	0.056
	零星材料费	元	—	0.31	0.33	0.36	0.40	4.65	6.79	7.01
机械	电动空气压缩机 0.6m^3	台班	38.51	0.360	0.440	0.560	0.766	0.888	1.366	1.770
	木工圆锯机 D500	台班	26.53	—	—	—	—	—	0.010	0.010

工作内容：管子切口、坡口加工、坡口磨平、管口组对、焊接。

单位：10个

编号				6-909	6-910	6-911	6-912	6-913	6-914
项目				管道外径(mm以内)					
				110	125	150	180	200	250
预算基价	总价(元)			**751.10**	**772.36**	**1104.21**	**1201.36**	**1544.14**	**2998.18**
	人工费(元)			638.55	657.45	938.25	1008.45	1286.55	2454.30
	材料费(元)			20.63	22.99	34.07	36.25	52.28	91.38
	机械费(元)			91.92	91.92	131.89	156.66	205.31	452.50
组成内容		**单位**	**单价**	**数量**					
人工	综合工	工日	135.00	4.73	4.87	6.95	7.47	9.53	18.18
材料	塑料管件	个	—	(10)	(10)	(10)	(10)	(10)	(10)
	塑料焊条	kg	13.07	0.476	0.476	1.025	1.117	1.997	3.340
	电	kW•h	0.73	9.282	9.282	13.330	14.520	19.434	43.421
	电阻丝	根	11.04	0.056	0.058	0.066	0.066	0.068	0.076
	零星材料费	元	—	7.01	9.35	10.21	10.32	11.24	15.19
机械	电动空气压缩机 0.6m^3	台班	38.51	2.380	2.380	3.418	3.723	4.983	11.134
	木工圆锯机 *D*500	台班	26.53	0.010	0.010	0.010	0.015	0.020	0.020
	载货汽车 8t	台班	521.59	—	—	—	0.010	0.010	0.018
	汽车式起重机 8t	台班	767.15	—	—	—	0.010	0.010	0.018

22.塑料管件(承插粘接)

工作内容：管子切口、坡口加工、坡口磨平、管口组对、粘接。 **单位：**10个

编号				6-915	6-916	6-917	6-918	6-919	6-920	6-921
项目				管道外径(mm以内)						
				20	25	32	40	50	75	90
预算基价	总价(元)			**38.34**	**45.55**	**55.54**	**71.20**	**123.55**	**180.62**	**212.91**
	人工费(元)			36.45	43.20	52.65	67.50	114.75	167.40	198.45
	材料费(元)			1.89	2.35	2.89	3.70	8.80	12.95	14.19
	机械费(元)			—	—	—	—	—	0.27	0.27
组成内容		**单位**	**单价**	**数量**						
人工	综合工	工日	135.00	0.27	0.32	0.39	0.50	0.85	1.24	1.47
材料	承插塑料管件	个	—	(10)	(10)	(10)	(10)	(10)	(10)	(10)
	胶粘剂 1#	kg	28.27	0.034	0.042	0.052	0.066	0.082	0.124	0.148
	零星材料费	元	—	0.93	1.16	1.42	1.83	6.48	9.44	10.01
机械	木工圆锯机 *D*500	台班	26.53	—	—	—	—	—	0.010	0.010

工作内容：管子切口、坡口加工、坡口磨平、管口组对、粘接。 **单位：**10个

编号				6-922	6-923	6-924	6-925	6-926	6-927
项目				管道外径(mm以内)					
				110	125	150	180	200	250
预算基价	总价(元)			**261.24**	**299.44**	**378.66**	**443.89**	**504.16**	**683.60**
	人工费(元)			241.65	278.10	353.70	400.95	457.65	616.95
	材料费(元)			19.32	21.07	24.69	29.65	33.09	42.92
	机械费(元)			0.27	0.27	0.27	13.29	13.42	23.73
组成内容		**单位**	**单价**	**数量**					
人工	综合工	工日	135.00	1.79	2.06	2.62	2.97	3.39	4.57
材料	承插塑料管件	个	—	(10)	(10)	(10)	(10)	(10)	(10)
	胶粘剂 1#	kg	28.27	0.252	0.286	0.344	0.412	0.458	0.572
	零星材料费	元	—	12.20	12.98	14.97	18.00	20.14	26.75
机械	木工圆锯机 *D*500	台班	26.53	0.010	0.010	0.010	0.015	0.020	0.020
	汽车式起重机 8t	台班	767.15	—	—	—	0.010	0.010	0.018
	载货汽车 8t	台班	521.59	—	—	—	0.010	0.010	0.018

23.玻璃钢管件(胶泥)

工作内容：管子切口、坡口加工、坡口磨平、管口组对、连接。

单位：10个

编号				6-928	6-929	6-930	6-931	6-932	6-933	6-934
项目				公称直径(mm以内)						
				25	40	50	80	100	125	150
预算基价	总价(元)			**274.97**	**444.08**	**557.17**	**835.17**	**1038.65**	**1361.42**	**1681.85**
	人工费(元)			225.45	364.50	457.65	676.35	847.80	1146.15	1378.35
	材料费(元)			48.61	78.12	97.86	156.17	187.53	210.92	298.36
	机械费(元)			0.91	1.46	1.66	2.65	3.32	4.35	5.14
组成内容		**单位**	**单价**	**数量**						
人工	综合工	工日	135.00	1.67	2.70	3.39	5.01	6.28	8.49	10.21
材料	玻璃钢管件	个	—	(10)	(10)	(10)	(10)	(10)	(10)	(10)
	胶泥	kg	16.01	2.76	4.40	5.50	8.80	10.46	11.66	16.84
	尼龙砂轮片 *D*500×25×4	片	18.69	0.061	0.125	0.177	0.279	0.406	0.482	0.580
	零星材料费	元	—	3.28	5.34	6.50	10.07	12.48	15.23	17.91
机械	砂轮切割机 *D*500	台班	39.52	0.023	0.037	0.042	0.067	0.084	0.110	0.130

24.玻璃管件(法兰连接)

工作内容：管子切口、坡口加工、管口组对、管口连接。

单位：10个

编号				6-935	6-936	6-937	6-938	6-939	6-940	6-941
项目				公称直径(mm以内)						
				25	40	50	65	80	100	125
预算基价	总价(元)			**117.26**	**161.37**	**183.74**	**248.13**	**294.43**	**381.77**	**472.62**
	人工费(元)			113.40	152.55	172.80	233.55	278.10	361.80	448.20
	材料费(元)			3.86	8.82	10.94	14.58	16.33	19.97	24.42
组成内容		**单位**	**单价**	**数量**						
人工	综合工	工日	135.00	0.84	1.13	1.28	1.73	2.06	2.68	3.32
材料	玻璃管件	个	—	(10)	(10)	(10)	(10)	(10)	(10)	(10)
	石棉橡胶板 低中压 δ0.8～6.0	kg	20.02	0.06	0.12	0.14	0.20	0.26	0.34	0.40
	零星材料费	元	—	2.66	6.42	8.14	10.58	11.12	13.16	16.41

25.承插铸铁管件(石棉水泥接口)

工作内容: 切管、管口处理、管件安装、调制接口材料、接口、养护。 **单位:** 10个

编号				6-942	6-943	6-944	6-945	6-946	6-947	6-948	6-949
项目				公称直径(mm以内)							
				75	100	150	200	300	400	500	600
预算基价	总价(元)			**798.09**	**984.30**	**1159.78**	**1460.83**	**2062.21**	**2642.68**	**3593.96**	**4674.64**
	人工费(元)			715.50	738.45	1007.10	1259.55	1615.95	2061.45	2748.60	3434.40
	材料费(元)			82.59	245.85	152.68	201.28	334.06	469.03	656.45	812.31
	机械费(元)			—	—	—	—	112.20	112.20	188.91	427.93
组成内容		**单位**	**单价**	**数量**							
人工	综合工	工日	135.00	5.30	5.47	7.46	9.33	11.97	15.27	20.36	25.44
材料	铸铁管件	个	—	(10)	(10)	(10)	(10)	(10)	(10)	(10)	(10)
	水泥 32.5级	kg	0.36	9.13	11.35	16.70	21.47	35.97	49.28	69.52	86.35
	石棉绒 (综合)	kg	12.32	3.65	4.53	6.66	8.57	14.35	19.68	27.78	34.44
	氧气	m^3	2.88	0.44	0.75	1.01	1.83	2.64	4.95	6.27	7.59
	乙炔气	kg	14.66	0.18	0.31	0.42	0.75	1.10	2.07	2.64	3.19
	油麻	kg	16.48	1.83	10.84	3.34	4.31	7.25	9.87	13.97	17.33
	零星材料费	元	—	0.27	0.61	0.51	0.67	1.11	1.57	2.19	2.70
机械	载货汽车 5t	台班	443.55	—	—	—	—	0.08	0.08	0.08	0.10
	汽车式起重机 8t	台班	767.15	—	—	—	—	0.1	0.1	0.2	0.5

工作内容：切管、管口处理、管件安装、调制接口材料、接口、养护。 **单位：**10个

编号				6-950	6-951	6-952	6-953	6-954	6-955	6-956
项目				公称直径(mm以内)						
				700	800	900	1000	1200	1400	1600
预算基价	总价(元)			**6439.21**	**6812.14**	**9295.20**	**10089.76**	**13965.49**	**19393.00**	**26245.99**
	人工费(元)			5032.80	5223.15	7291.35	7581.60	10821.60	15477.75	21541.95
	材料费(元)			978.48	1152.19	1336.90	1651.42	2092.93	2756.70	3315.87
	机械费(元)			427.93	436.80	666.95	856.74	1050.96	1158.55	1388.17
组成内容		**单位**	**单价**	**数量**						
人工	综合工	工日	135.00	37.28	38.69	54.01	56.16	80.16	114.65	159.57
材料	铸铁管件	个	—	(10)	(10)	(10)	(10)	(10)	(10)	(10)
	水泥 32.5级	kg	0.36	104.28	123.42	143.77	178.86	229.02	305.03	368.50
	石棉绒（综合）	kg	12.32	41.62	49.30	57.40	71.44	91.43	121.77	147.19
	氧气	m^3	2.88	8.91	9.90	11.00	12.32	13.42	14.52	15.84
	乙炔气	kg	14.66	3.74	4.07	4.62	5.17	5.61	6.05	6.60
	油麻	kg	16.48	20.90	24.78	28.77	35.81	45.89	61.11	73.82
	零星材料费	元	—	3.26	3.83	4.44	5.47	6.91	9.08	10.90
机械	载货汽车 5t	台班	443.55	0.10	0.12	0.12	0.18	0.18	—	—
	载货汽车 8t	台班	521.59	—	—	—	—	—	0.22	0.26
	汽车式起重机 8t	台班	767.15	0.5	0.5	0.8	—	—	—	—
	汽车式起重机 16t	台班	971.12	—	—	—	0.8	1.0	—	—
	汽车式起重机 20t	台班	1043.80	—	—	—	—	—	1.0	1.2

26.承插铸铁管件(青铅接口)

工作内容:切管、管口处理、管件安装、化铅、接口。

单位:10个

编号				6-957	6-958	6-959	6-960	6-961	6-962	6-963	6-964
项目				公称直径(mm以内)							
				75	100	150	200	300	400	500	600
预算基价	总价(元)			**2010.78**	**2330.84**	**3317.55**	**4277.26**	**6517.73**	**9082.03**	**12906.32**	**16246.69**
	人工费(元)			812.70	839.70	1124.55	1452.60	1683.45	2485.35	3595.05	4495.50
	材料费(元)			1198.08	1491.14	2193.00	2824.66	4722.08	6484.48	9122.36	11323.26
	机械费(元)			—	—	—	—	112.20	112.20	188.91	427.93
组成内容		单位	单价	数量							
人工	综合工	工日	135.00	6.02	6.22	8.33	10.76	12.47	18.41	26.63	33.30
材料	铸铁管件	个	—	(10)	(10)	(10)	(10)	(10)	(10)	(10)	(10)
	青铅	kg	22.81	49.72	61.88	91.04	117.12	196.17	268.92	379.23	471.10
	氧气	m^3	2.88	0.44	0.75	1.01	1.83	2.64	4.95	6.27	7.59
	乙炔气	kg	14.66	0.18	0.31	0.42	0.75	1.10	2.07	2.64	3.19
	油麻	kg	16.48	1.83	2.27	3.34	4.31	7.20	9.87	13.92	17.30
	焦炭	kg	1.25	21.00	24.78	35.49	45.57	70.98	97.44	126.63	154.14
	木柴	kg	1.03	1.76	2.20	4.40	4.40	8.80	11.00	13.20	13.20
	零星材料费	元	—	1.84	2.30	3.37	4.36	7.27	10.02	14.08	17.47
机械	汽车式起重机 8t	台班	767.15	—	—	—	—	0.1	0.1	0.2	0.5
	载货汽车 5t	台班	443.55	—	—	—	—	0.08	0.08	0.08	0.10

工作内容： 切管、管口处理、管件安装、化铅、接口。 **单位：** 10个

编号				6-965	6-966	6-967	6-968	6-969	6-970	6-971
项目				公称直径(mm以内)						
				700	800	900	1000	1200	1400	1600
预算基价	总价(元)			**21303.30**	**24137.94**	**30012.74**	**35052.73**	**45500.93**	**61160.48**	**77792.76**
	人工费(元)			7203.60	7527.60	10531.35	10821.60	14602.95	20360.70	28559.25
	材料费(元)			13671.77	16173.54	18814.44	23374.39	29847.02	39641.23	47845.34
	机械费(元)			427.93	436.80	666.95	856.74	1050.96	1158.55	1388.17
组成内容		**单位**	**单价**	**数量**						
人工	综合工	工日	135.00	53.36	55.76	78.01	80.16	108.17	150.82	211.55
材料	铸铁管件	个	—	(10)	(10)	(10)	(10)	(10)	(10)	(10)
	青铅	kg	22.81	568.77	673.27	784.08	976.21	1249.50	1664.39	2010.74
	氧气	m^3	2.88	8.91	9.90	11.00	12.32	13.42	14.52	15.84
	乙炔气	kg	14.66	3.74	4.07	4.62	5.17	5.61	6.05	6.60
	油麻	kg	16.48	20.90	24.74	28.79	35.85	45.89	61.13	73.86
	焦炭	kg	1.25	189.00	223.65	245.07	278.88	317.31	361.20	410.97
	木柴	kg	1.03	15.40	15.40	19.80	19.80	25.52	25.52	32.78
	零星材料费	元	—	21.09	24.93	28.98	35.96	45.84	60.78	73.30
机械	载货汽车 5t	台班	443.55	0.10	0.12	0.12	0.18	0.18	—	—
	载货汽车 8t	台班	521.59	—	—	—	—	—	0.22	0.26
	汽车式起重机 8t	台班	767.15	0.5	0.5	0.8	—	—	—	—
	汽车式起重机 16t	台班	971.12	—	—	—	0.8	1.0	—	—
	汽车式起重机 20t	台班	1043.80	—	—	—	—	—	1.0	1.2

27.承插铸铁管件(膨胀水泥接口)

工作内容:切管、管口处理、管件安装、调制接口材料、接口、养护。 **单位:**10个

编号				6-972	6-973	6-974	6-975	6-976	6-977	6-978	6-979
项目				公称直径(mm以内)							
				75	100	150	200	300	400	500	600
预算基价	总价(元)			**659.72**	**689.42**	**967.44**	**1258.53**	**1573.18**	**2162.84**	**3009.39**	**4112.48**
	人工费(元)			611.55	627.75	877.50	1138.05	1262.25	1767.15	2425.95	3196.80
	材料费(元)			48.17	61.67	89.94	120.48	198.73	283.49	394.53	487.75
	机械费(元)			—	—	—	—	112.20	112.20	188.91	427.93
组成内容		单位	单价	数量							
人工	综合工	工日	135.00	4.53	4.65	6.50	8.43	9.35	13.09	17.97	23.68
材料	铸铁管件	个	—	(10)	(10)	(10)	(10)	(10)	(10)	(10)	(10)
	膨胀水泥	kg	1.00	13.99	17.40	25.59	32.87	55.00	75.46	106.48	132.22
	氧气	m^3	2.88	0.44	0.75	1.01	1.83	2.64	4.95	6.27	7.59
	乙炔气	kg	14.66	0.18	0.31	0.42	0.75	1.10	2.07	2.64	3.19
	油麻	kg	16.48	1.83	2.27	3.34	4.31	7.25	9.87	13.97	17.33
	零星材料费	元	—	0.12	0.16	0.24	0.32	0.52	0.77	1.06	1.31
机械	载货汽车 5t	台班	443.55	—	—	—	—	0.08	0.08	0.08	0.10
	汽车式起重机 8t	台班	767.15	—	—	—	—	0.1	0.1	0.2	0.5

工作内容：切管、管口处理、管件安装、调制接口材料、接口、养护。 **单位：**10个

编号				6-980	6-981	6-982	6-983	6-984	6-985	6-986
项目				公称直径(mm以内)						
				700	800	900	1000	1200	1400	1600
预算基价	总价(元)			**5643.18**	**5966.61**	**7859.01**	**8926.30**	**11934.51**	**16175.55**	**23458.45**
	人工费(元)			4629.15	4842.45	6396.30	7091.55	9652.50	13408.20	20142.00
	材料费(元)			586.10	687.36	795.76	978.01	1231.05	1608.80	1928.28
	机械费(元)			427.93	436.80	666.95	856.74	1050.96	1158.55	1388.17
组成内容		**单位**	**单价**	**数量**						
人工	综合工	工日	135.00	34.29	35.87	47.38	52.53	71.50	99.32	149.20
材料	铸铁管件	个	—	(10)	(10)	(10)	(10)	(10)	(10)	(10)
	膨胀水泥	kg	1.00	159.61	188.98	220.11	274.01	350.68	467.06	564.41
	氧气	m^3	2.88	8.91	9.90	11.00	12.32	13.42	14.52	15.84
	乙炔气	kg	14.66	3.74	4.07	4.62	5.17	5.61	6.05	6.60
	油麻	kg	16.48	20.90	24.78	28.77	35.81	45.89	61.11	73.82
	零星材料费	元	—	1.57	1.83	2.11	2.58	3.21	4.14	4.94
机械	载货汽车 5t	台班	443.55	0.10	0.12	0.12	0.18	0.18	—	—
	载货汽车 8t	台班	521.59	—	—	—	—	—	0.22	0.26
	汽车式起重机 8t	台班	767.15	0.5	0.5	0.8	—	—	—	—
	汽车式起重机 16t	台班	971.12	—	—	—	0.8	1.0	—	—
	汽车式起重机 20t	台班	1043.80	—	—	—	—	—	1.0	1.2

28.法兰铸铁管件(法兰连接)

工作内容：管口组对、管件连接。

单位：10个

编号				6-987	6-988	6-989	6-990	6-991	6-992
项目				公称直径(mm以内)					
				75	100	125	150	200	250
预算基价	总价(元)			**53.27**	**63.61**	**79.86**	**92.01**	**112.83**	**151.38**
	人工费(元)			45.90	54.00	67.50	76.95	82.35	108.00
	材料费(元)			7.37	9.61	12.36	15.06	17.59	20.18
	机械费(元)			—	—	—	—	12.89	23.20
组成内容		**单位**	**单价**	**数量**					
人工	综合工	工日	135.00	0.34	0.40	0.50	0.57	0.61	0.80
材料	法兰铸铁管件	个	—	(10)	(10)	(10)	(10)	(10)	(10)
	石棉橡胶板 低中压 δ0.8~6.0	kg	20.02	0.26	0.34	0.46	0.56	0.66	0.74
	零星材料费	元	—	2.16	2.80	3.15	3.85	4.38	5.37
机械	载货汽车 8t	台班	521.59	—	—	—	—	0.010	0.018
	汽车式起重机 8t	台班	767.15	—	—	—	—	0.010	0.018

工作内容：管口组对、管件连接。　　　　**单位：**10个

编号				6-993	6-994	6-995	6-996	6-997	6-998
项目				公称直径(mm以内)					
				300	350	400	450	500	600
预算基价	总价(元)			**187.19**	**231.14**	**329.75**	**386.96**	**517.44**	**617.85**
	人工费(元)			130.95	152.55	190.35	209.25	265.95	307.80
	材料费(元)			22.73	28.33	35.68	40.48	41.93	42.35
	机械费(元)			33.51	50.26	103.72	137.23	209.56	267.70
组成内容		**单位**	**单价**	**数量**					
人工	综合工	工日	135.00	0.97	1.13	1.41	1.55	1.97	2.28
材料	法兰铸铁管件	个	—	(10)	(10)	(10)	(10)	(10)	(10)
	石棉橡胶板 低中压 δ0.8～6.0	kg	20.02	0.80	1.08	1.38	1.62	1.66	1.68
	零星材料费	元	—	6.71	6.71	8.05	8.05	8.70	8.72
机械	直流弧焊机 30kW	台班	92.43	—	—	0.30	0.30	0.38	0.45
	电动空气压缩机 0.6m^3	台班	38.51	—	—	0.30	0.30	0.38	0.45
	载货汽车 8t	台班	521.59	0.026	0.039	0.050	0.076	0.124	0.162
	汽车式起重机 8t	台班	767.15	0.026	0.039	0.050	0.076	0.124	0.162

29.承插式预应力混凝土转换件(石棉水泥接口)

工作内容：管件安装、接口、养护。 **单位：**10个

编号				6-999	6-1000	6-1001	6-1002	6-1003	6-1004
项目				公称直径(mm以内)					
				300	400	500	600	700	800
预算基价	总价(元)			**3090.57**	**5086.63**	**7037.23**	**9426.38**	**10653.71**	**11870.68**
	人工费(元)			2809.35	4769.55	6596.10	8437.50	9463.50	10473.30
	材料费(元)			281.22	317.08	441.13	560.95	762.28	960.58
	机械费(元)			—	—	—	427.93	427.93	436.80
组成内容		单位	单价	数量					
人工	综合工	工日	135.00	20.81	35.33	48.86	62.50	70.10	77.58
材料	混凝土转换件	个	—	(10)	(10)	(10)	(10)	(10)	(10)
	水泥 32.5级	kg	0.36	34.32	38.61	53.46	68.42	92.62	116.93
	石棉绒(综合)	kg	12.32	13.63	15.27	21.32	27.16	36.90	46.54
	油麻	kg	16.48	5.99	6.83	9.45	11.97	16.28	20.48
	零星材料费	元	—	2.23	2.50	3.49	4.44	6.03	7.60
机械	汽车式起重机 8t	台班	767.15	—	—	—	0.5	0.5	0.5
	载货汽车 5t	台班	443.55	—	—	—	0.10	0.10	0.12

工作内容：管件安装、接口、养护。 **单位：**10个

编号				6-1005	6-1006	6-1007	6-1008	6-1009	6-1010
项目				公称直径(mm以内)					
				900	1000	1200	1400	1600	1800
预算基价	总价(元)			**13910.52**	**15921.53**	**21109.12**	**26208.89**	**31433.24**	**36657.76**
	人工费(元)			12017.70	13578.30	17649.90	21720.15	25793.10	29866.05
	材料费(元)			1225.87	1486.49	2408.26	3330.19	4251.97	5173.91
	机械费(元)			666.95	856.74	1050.96	1158.55	1388.17	1617.80
组成内容		**单位**	**单价**	**数量**					
人工	综合工	工日	135.00	89.02	100.58	130.74	160.89	191.06	221.23
材料	混凝土转换件	个	—	(10)	(10)	(10)	(10)	(10)	(10)
	水泥 32.5级	kg	0.36	148.94	180.95	293.15	405.35	517.55	629.75
	石棉绒（综合）	kg	12.32	59.25	71.85	116.54	161.23	205.92	250.61
	油麻	kg	16.48	26.25	31.82	51.45	71.09	90.72	110.36
	零星材料费	元	—	9.69	11.76	19.06	26.35	33.65	40.95
机械	载货汽车 5t	台班	443.55	0.12	0.18	0.18	—	—	—
	载货汽车 8t	台班	521.59	—	—	—	0.22	0.26	0.30
	汽车式起重机 8t	台班	767.15	0.8	—	—	—	—	—
	汽车式起重机 16t	台班	971.12	—	0.8	1.0	—	—	—
	汽车式起重机 20t	台班	1043.80	—	—	—	1.0	1.2	1.4

二、中 压 管 件

1.碳钢管件(电弧焊)

工作内容: 管子切口、坡口加工、坡口磨平、管口组对、焊接。 **单位:** 10个

编号				6-1011	6-1012	6-1013	6-1014	6-1015	6-1016	6-1017	6-1018	6-1019
项目				公称直径(mm以内)								
				15	20	25	32	40	50	65	80	100
预算基价	总价(元)			**161.51**	**231.94**	**299.17**	**358.18**	**449.33**	**534.58**	**664.72**	**759.59**	**997.76**
	人工费(元)			136.35	186.30	243.00	287.55	368.55	421.20	495.45	561.60	716.85
	材料费(元)			5.34	11.13	13.65	17.83	20.41	31.85	61.63	71.30	105.91
	机械费(元)			19.82	34.51	42.52	52.80	60.37	81.53	107.64	126.69	175.00
	组成内容	**单位**	**单价**	**数量**								
人工	综合工	工日	135.00	1.01	1.38	1.80	2.13	2.73	3.12	3.67	4.16	5.31
材料	中压碳钢对焊管件	个	—	(10)	(10)	(10)	(10)	(10)	(10)	(10)	(10)	(10)
	碳钢电焊条 E4303 *D*3.2	kg	7.59	0.368	0.730	0.894	1.108	1.270	2.186	3.638	4.284	7.284
	尼龙砂轮片 *D*100×16×3	片	3.92	0.142	0.255	0.314	0.394	0.454	0.762	1.417	1.678	1.702
	尼龙砂轮片 *D*500×25×4	片	18.69	0.076	0.128	0.160	0.203	0.237	0.361	—	—	—
	氧气	m^3	2.88	0.001	0.001	0.001	0.106	0.116	0.156	2.954	3.328	4.619
	乙炔气	kg	14.66	0.001	0.001	0.001	0.036	0.038	0.052	0.985	1.109	1.539
	零星材料费	元	—	0.55	2.18	2.63	3.25	3.67	4.31	5.52	6.36	8.09
机械	电焊条烘干箱 600×500×750	台班	27.16	0.026	0.044	0.052	0.066	0.074	0.102	0.140	0.164	0.228
	电焊机(综合)	台班	74.17	0.254	0.430	0.526	0.652	0.748	1.016	1.400	1.648	2.276
	砂轮切割机 *D*500	台班	39.52	0.007	0.036	0.053	0.067	0.073	0.086	—	—	—

工作内容：管子切口、坡口加工、坡口磨平、管口组对、焊接。

单位：10个

编号				6-1020	6-1021	6-1022	6-1023	6-1024	6-1025	6-1026	6-1027	6-1028
项目				公称直径(mm以内)								
				125	150	200	250	300	350	400	450	500
预算基价	总价(元)			**1251.93**	**1498.36**	**2205.65**	**2971.83**	**3810.64**	**4705.68**	**5905.34**	**7359.07**	**8187.99**
	人工费(元)			926.10	1077.30	1536.30	2029.05	2540.70	2933.55	3584.25	4371.30	4835.70
	材料费(元)			120.87	161.04	271.59	417.99	605.02	861.34	1148.70	1501.56	1656.16
	机械费(元)			204.96	260.02	397.76	524.79	664.92	910.79	1172.39	1486.21	1696.13
组成内容		**单位**	**单价**	**数量**								
人工	综合工	工日	135.00	6.86	7.98	11.38	15.03	18.82	21.73	26.55	32.38	35.82
材料	中压碳钢对焊管件	个	—	(10)	(10)	(10)	(10)	(10)	(10)	(10)	(10)	(10)
	碳钢电焊条 E4303 *D*3.2	kg	7.59	8.530	12.172	23.032	37.840	57.478	86.186	118.158	158.896	175.842
	氧气	m^3	2.88	5.286	6.534	9.911	13.409	17.096	20.839	25.196	29.269	31.747
	乙炔气	kg	14.66	1.761	2.179	3.304	4.471	5.698	6.948	8.399	9.756	10.582
	尼龙砂轮片 *D*100×16×3	片	3.92	1.766	2.469	2.934	4.414	6.162	8.239	10.675	13.370	14.830
	零星材料费	元	—	8.16	8.21	8.30	9.32	11.84	13.02	14.34	15.81	16.82
机械	电焊条烘干箱 600×500×750	台班	27.16	0.266	0.338	0.500	0.652	0.822	1.120	1.442	1.806	1.998
	电焊机（综合）	台班	74.17	2.666	3.382	5.006	6.524	8.212	11.192	14.410	18.056	19.982
	载货汽车 8t	台班	521.59	—	—	0.010	0.018	0.026	0.039	0.050	0.076	0.124
	汽车式起重机 8t	台班	767.15	—	—	0.010	0.018	0.026	0.039	0.050	0.076	0.124

2.碳钢管件(氩电联焊)

工作内容：管子切口、坡口加工、坡口磨平、管口组对、焊接。 **单位：**10个

编号				6-1029	6-1030	6-1031	6-1032	6-1033	6-1034	6-1035	6-1036	6-1037
项目				公称直径(mm以内)								
				15	20	25	32	40	50	65	80	100
预算基价	总价(元)			**183.22**	**261.02**	**336.71**	**404.17**	**503.78**	**558.58**	**784.39**	**910.26**	**1141.99**
	人工费(元)			143.10	190.35	249.75	295.65	379.35	403.65	558.90	643.95	765.45
	材料费(元)			14.47	29.27	35.85	45.32	51.96	49.74	84.25	98.91	141.96
	机械费(元)			25.65	41.40	51.11	63.20	72.47	105.19	141.24	167.40	234.58
组成内容		**单位**	**单价**	**数量**								
人工	综合工	工日	135.00	1.06	1.41	1.85	2.19	2.81	2.99	4.14	4.77	5.67
材料	中压碳钢对焊管件	个	—	(10)	(10)	(10)	(10)	(10)	(10)	(10)	(10)	(10)
	碳钢焊丝	kg	10.58	0.180	0.358	0.438	0.542	0.622	0.326	0.412	0.494	0.634
	碳钢电焊条 E4303 *D*3.2	kg	7.59	—	—	—	—	—	1.556	2.656	3.124	5.712
	尼龙砂轮片 *D*100×16×3	片	3.92	0.139	0.252	0.310	0.390	0.449	0.616	1.099	1.300	1.493
	尼龙砂轮片 *D*500×25×4	片	18.69	0.076	0.128	0.160	0.203	0.237	0.361	0.554	0.659	0.913
	氧气	m^3	2.88	0.001	0.001	0.001	0.106	0.116	0.156	2.152	2.420	3.308
	乙炔气	kg	14.66	0.001	0.001	0.001	0.036	0.038	0.052	0.718	0.806	1.102
	氩气	m^3	18.60	0.504	1.002	1.226	1.518	1.742	0.912	1.154	1.384	1.776
	钍钨棒	kg	640.87	0.00101	0.00200	0.00245	0.00304	0.00348	0.00182	0.00231	0.00277	0.00355
	零星材料费	元	—	0.56	2.17	2.62	3.25	3.67	5.98	5.40	6.26	7.99
机械	电焊条烘干箱 600×500×750	台班	27.16	—	—	—	—	—	0.072	0.102	0.120	0.178
	电焊机(综合)	台班	74.17	—	—	—	—	—	0.724	1.022	1.202	1.786
	氩弧焊机 500A	台班	96.11	0.264	0.416	0.510	0.630	0.724	0.480	0.606	0.726	0.932
	砂轮切割机 *D*500	台班	39.52	0.007	0.036	0.053	0.067	0.073	0.086	0.112	0.132	0.195

工作内容：管子切口、坡口加工、坡口磨平、管口组对、焊接。 **单位：**10个

编号				6-1038	6-1039	6-1040	6-1041	6-1042	6-1043	6-1044	6-1045	6-1046
项目				公称直径(mm以内)								
				125	150	200	250	300	350	400	450	500
预算基价	总价(元)			**1415.99**	**1684.34**	**2492.26**	**3341.39**	**4258.07**	**5215.46**	**6450.72**	**7943.02**	**8836.10**
	人工费(元)			976.05	1088.10	1567.35	2074.95	2598.75	2999.70	3635.55	4402.35	4874.85
	材料费(元)			164.66	202.85	328.78	484.92	680.50	941.96	1232.41	1586.90	1751.69
	机械费(元)			275.28	393.39	596.13	781.52	978.82	1273.80	1582.76	1953.77	2209.56
组成内容		单位	单价	数量								
人工	综合工	工日	135.00	7.23	8.06	11.61	15.37	19.25	22.22	26.93	32.61	36.11
材料	中压碳钢对焊管件	个	—	(10)	(10)	(10)	(10)	(10)	(10)	(10)	(10)	(10)
	碳钢电焊条 E4303 *D*3.2	kg	7.59	6.688	9.882	19.590	33.126	51.296	78.108	108.074	146.346	161.954
	碳钢焊丝	kg	10.58	0.752	0.902	1.246	1.554	1.852	2.148	2.426	2.734	3.042
	尼龙砂轮片 *D*100×16×3	片	3.92	1.756	2.455	2.918	4.392	6.133	8.201	10.625	13.309	14.762
	尼龙砂轮片 *D*500×25×4	片	18.69	1.076	—	—	—	—	—	—	—	—
	氧气	m^3	2.88	3.742	6.434	9.911	13.409	17.096	20.839	25.196	29.269	31.747
	乙炔气	kg	14.66	1.246	2.145	3.304	4.471	5.698	6.948	8.399	9.756	10.582
	氩气	m^3	18.60	2.106	2.526	3.488	4.352	5.186	6.014	6.792	7.656	8.518
	钍钨棒	kg	640.87	0.00421	0.00505	0.00698	0.00870	0.01037	0.01203	0.01358	0.01531	0.01704
	零星材料费	元	—	8.03	8.48	9.14	9.15	11.65	12.80	14.08	15.51	16.49
机械	电焊条烘干箱 600×500×750	台班	27.16	0.210	0.274	0.426	0.572	0.732	1.014	1.318	1.662	1.840
	电焊机（综合）	台班	74.17	2.090	2.746	4.258	5.712	7.328	10.144	13.180	16.630	18.404
	氩弧焊机 500A	台班	96.11	1.106	1.326	1.832	2.286	2.724	3.158	3.568	4.020	4.474
	半自动切割机 100mm	台班	88.45	—	0.620	0.902	1.124	1.358	1.584	1.832	2.158	2.315
	砂轮切割机 *D*500	台班	39.52	0.209	—	—	—	—	—	—	—	—
	载货汽车 8t	台班	521.59	—	—	0.010	0.018	0.026	0.039	0.050	0.076	0.124
	汽车式起重机 8t	台班	767.15	—	—	0.010	0.018	0.026	0.039	0.050	0.076	0.124

3.螺旋卷管件(电弧焊)

工作内容：管子切口、坡口加工、坡口磨平、管口组对、焊接。 **单位：**10个

编号				6-1047	6-1048	6-1049	6-1050	6-1051	6-1052
项目				公称直径(mm以内)					
				200	250	300	350	400	450
预算基价	总价(元)			**1349.78**	**1761.65**	**2141.50**	**2602.30**	**2944.02**	**3343.76**
	人工费(元)			935.55	1202.85	1482.30	1769.85	1995.30	2280.15
	材料费(元)			202.47	278.15	321.26	416.93	465.90	516.76
	机械费(元)			211.76	280.65	337.94	415.52	482.82	546.85
组成内容		单位	单价	数量					
人工	综合工	工日	135.00	6.93	8.91	10.98	13.11	14.78	16.89
材料	螺旋卷管件	个	—	(10)	(10)	(10)	(10)	(10)	(10)
	碳钢电焊条 E4303 *D*3.2	kg	7.59	14.156	21.090	25.160	34.408	38.928	43.724
	氧气	m^3	2.88	9.580	11.769	12.811	15.108	16.440	17.716
	乙炔气	kg	14.66	3.194	3.923	4.271	5.035	5.481	5.906
	尼龙砂轮片 *D*100×16×3	片	3.92	2.964	4.326	5.173	6.932	7.854	8.833
	零星材料费	元	—	8.99	9.71	10.51	11.28	11.95	12.67
机械	电焊条烘干箱 600×500×750	台班	27.16	0.268	0.352	0.420	0.514	0.582	0.652
	电焊机（综合）	台班	74.17	2.670	3.516	4.194	5.136	5.810	6.526
	载货汽车 8t	台班	521.59	0.005	0.008	0.012	0.016	0.028	0.035
	汽车式起重机 8t	台班	767.15	0.005	0.008	0.012	0.016	0.028	0.035

工作内容： 管子切口、坡口加工、坡口磨平、管口组对、焊接。 **单位：** 10个

编号				6-1053	6-1054	6-1055	6-1056	6-1057	6-1058
项目				公称直径(mm以内)					
				500	600	700	800	900	1000
预算基价	总价(元)			**3701.02**	**4852.13**	**5568.19**	**6349.65**	**7174.54**	**7976.92**
	人工费(元)			2523.15	3113.10	3568.05	4056.75	4541.40	5030.10
	材料费(元)			566.74	852.39	970.96	1101.52	1232.02	1364.17
	机械费(元)			611.13	886.64	1029.18	1191.38	1401.12	1582.65
组成内容		**单位**	**单价**	**数量**					
人工	综合工	工日	135.00	18.69	23.06	26.43	30.05	33.64	37.26
材料	螺旋卷管件	个	—	(10)	(10)	(10)	(10)	(10)	(10)
	碳钢电焊条 E4303 *D*3.2	kg	7.59	48.434	77.163	88.342	100.764	113.184	125.608
	氧气	m^3	2.88	18.963	25.186	27.548	30.872	34.227	37.438
	乙炔气	kg	14.66	6.322	8.395	9.183	10.290	11.410	12.640
	尼龙砂轮片 *D*100×16×3	片	3.92	9.793	14.033	16.071	18.334	20.598	22.862
	零星材料费	元	—	13.44	16.11	23.48	25.09	26.36	28.06
机械	电焊条烘干箱 600×500×750	台班	27.16	0.722	1.226	1.404	1.602	1.800	1.998
	电焊机（综合）	台班	74.17	7.228	10.428	11.937	13.617	15.295	16.975
	载货汽车 8t	台班	521.59	0.043	0.062	0.082	0.107	0.169	0.209
	汽车式起重机 8t	台班	767.15	0.043	0.062	0.082	0.107	0.169	0.209

4.不锈钢管件(电弧焊)

工作内容：管子切口、坡口加工、坡口磨平、管口组对、焊接、焊缝钝化。

单位：10个

编号				6-1059	6-1060	6-1061	6-1062	6-1063	6-1064	6-1065	6-1066
项目				公称直径(mm以内)							
				15	20	25	32	40	50	65	80
预算基价	总价(元)			**273.59**	**311.86**	**455.94**	**541.75**	**668.11**	**865.66**	**1044.40**	**1333.83**
	人工费(元)			210.60	234.90	346.95	409.05	484.65	589.95	611.55	716.85
	材料费(元)			31.81	38.99	57.73	70.73	103.60	170.29	283.16	330.44
	机械费(元)			31.18	37.97	51.26	61.97	79.86	105.42	149.69	286.54
组成内容		**单位**	**单价**	**数量**							
人工	综合工	工日	135.00	1.56	1.74	2.57	3.03	3.59	4.37	4.53	5.31
材料	中压不锈钢对焊管件	个	—	(10)	(10)	(10)	(10)	(10)	(10)	(10)	(10)
	不锈钢电焊条	kg	66.08	0.378	0.466	0.688	0.852	1.304	2.250	3.744	4.404
	尼龙砂轮片 *D*100×16×3	片	3.92	0.280	0.346	0.525	0.655	0.898	1.308	2.698	2.582
	尼龙砂轮片 *D*500×25×4	片	18.69	0.104	0.124	0.239	0.277	0.338	0.377	0.671	0.826
	零星材料费	元	—	3.79	4.52	5.74	6.69	7.59	9.44	12.64	13.86
机械	电焊条烘干箱 600×500×750	台班	27.16	0.034	0.042	0.058	0.072	0.094	0.126	0.178	0.210
	电焊机（综合）	台班	74.17	0.344	0.424	0.574	0.710	0.932	1.250	1.782	2.098
	电动空气压缩机 1m^3	台班	52.31	—	—	—	—	—	—	—	0.390
	电动空气压缩机 6m^3	台班	217.48	0.02	0.02	0.02	0.02	0.02	0.02	0.02	0.02
	等离子切割机 400A	台班	229.27	—	—	—	—	—	—	—	0.390
	砂轮切割机 *D*500	台班	39.52	0.010	0.026	0.070	0.076	0.097	0.125	0.211	0.280

工作内容： 管子切口、坡口加工、坡口磨平、管口组对、焊接、焊缝钝化。

单位： 10个

编号				6-1067	6-1068	6-1069	6-1070	6-1071	6-1072	6-1073	6-1074
项目				公称直径(mm以内)							
				100	125	150	200	250	300	350	400
预算基价	总价(元)			**1875.15**	**2227.85**	**2728.17**	**4292.73**	**6146.32**	**8456.75**	**11707.35**	**15279.56**
	人工费(元)			930.15	1096.20	1216.35	1721.25	2218.05	2791.80	3568.05	4402.35
	材料费(元)			547.65	614.11	871.62	1622.92	2649.48	4005.60	5981.28	8181.31
	机械费(元)			397.35	517.54	640.20	948.56	1278.79	1659.35	2158.02	2695.90
组成内容		**单位**	**单价**	**数量**							
人工	综合工	工日	135.00	6.89	8.12	9.01	12.75	16.43	20.68	26.43	32.61
材料	中压不锈钢对焊管件	个	—	(10)	(10)	(10)	(10)	(10)	(10)	(10)	(10)
	不锈钢电焊条	kg	66.08	7.492	8.772	12.520	23.686	38.916	59.108	88.634	121.510
	尼龙砂轮片 *D*100×16×3	片	3.92	2.980	3.505	4.901	5.825	8.769	12.244	16.375	21.213
	尼龙砂轮片 *D*500×25×4	片	18.69	1.242	—	—	—	—	—	—	—
	零星材料费	元	—	17.68	20.72	25.09	34.92	43.54	51.75	60.16	68.77
机械	电焊条烘干箱 600×500×750	台班	27.16	0.306	0.358	0.448	0.664	0.912	1.206	1.644	2.116
	电焊机（综合）	台班	74.17	3.058	3.580	4.472	6.634	9.114	12.062	16.444	21.168
	电动空气压缩机 $1m^3$	台班	52.31	0.512	0.845	1.037	1.496	1.955	2.465	2.980	3.550
	电动空气压缩机 $6m^3$	台班	217.48	0.02	0.02	0.02	0.02	0.02	0.02	0.02	0.02
	等离子切割机 400A	台班	229.27	0.512	0.845	1.037	1.496	1.955	2.465	2.980	3.550
	砂轮切割机 *D*500	台班	39.52	0.347	—	—	—	—	—	—	—
	载货汽车 8t	台班	521.59	—	—	—	0.010	0.018	0.026	0.039	0.050
	汽车式起重机 8t	台班	767.15	—	—	—	0.010	0.018	0.026	0.039	0.050

5.不锈钢管件(氩电联焊)

工作内容: 管子切口、坡口加工、坡口磨平、管口组对、焊接、焊缝钝化。

单位: 10个

编号				6-1075	6-1076	6-1077	6-1078	6-1079	6-1080
项目				公称直径(mm以内)					
				50	65	80	100	125	150
预算基价	总价(元)			**933.77**	**1396.30**	**1602.40**	**2095.98**	**2574.57**	**3123.72**
	人工费(元)			573.75	810.00	926.10	1109.70	1399.95	1584.90
	材料费(元)			151.64	267.88	320.58	531.73	604.40	853.48
	机械费(元)			208.38	318.42	355.72	454.55	570.22	685.34
组成内容		单位	单价	数量					
人工	综合工	工日	135.00	4.25	6.00	6.86	8.22	10.37	11.74
材料	中压不锈钢对焊管件	个	—	(10)	(10)	(10)	(10)	(10)	(10)
	不锈钢电焊条	kg	66.08	1.350	2.732	3.214	5.872	6.876	10.164
	不锈钢焊丝 1Cr18Ni9Ti	kg	55.02	0.390	0.522	0.660	0.852	1.080	1.294
	尼龙砂轮片 $D100\times16\times3$	片	3.92	0.984	1.480	1.754	2.514	2.966	4.016
	尼龙砂轮片 $D500\times25\times4$	片	18.69	0.377	0.671	0.826	1.242	—	—
	氩气	m^3	18.60	1.092	1.462	1.848	2.386	3.024	3.624
	钍钨棒	kg	640.87	0.00184	0.00228	0.00272	0.00352	0.00417	0.00498
	零星材料费	元	—	8.58	11.63	13.46	17.13	20.07	24.31
机械	电焊条烘干箱 600×500×750	台班	27.16	0.084	0.136	0.160	0.238	0.280	0.368
	电焊机 (综合)	台班	74.17	0.834	1.366	1.606	2.386	2.792	3.672
	氩弧焊机 500A	台班	96.11	0.766	0.956	1.118	1.466	1.746	2.024
	电动葫芦 单速 3t	台班	33.90	0.222	0.394	0.396	0.406	0.410	0.428
	电动空气压缩机 $1m^3$	台班	52.31	—	—	—	—	0.249	0.305
	电动空气压缩机 $6m^3$	台班	217.48	0.02	0.02	0.02	0.02	0.02	0.02
	等离子切割机 400A	台班	229.27	—	—	—	—	0.249	0.305
	砂轮切割机 $D500$	台班	39.52	0.125	0.211	0.280	0.347	—	—
	普通车床 630×2000	台班	242.35	0.222	0.394	0.396	0.406	0.410	0.428

工作内容：管子切口、坡口加工、坡口磨平、管口组对、焊接、焊缝钝化。 **单位：**10个

编号				6-1081	6-1082	6-1083	6-1084	6-1085
项目				公称直径(mm以内)				
				200	250	300	350	400
预算基价	总价(元)			**4748.15**	**6502.97**	**8651.99**	**11744.83**	**15220.60**
	人工费(元)			2177.55	2654.10	3181.95	3950.10	4780.35
	材料费(元)			1592.91	2574.32	3881.80	5773.60	7924.69
	机械费(元)			977.69	1274.55	1588.24	2021.13	2515.56
组成内容		**单位**	**单价**	**数量**				
人工	综合工	工日	135.00	16.13	19.66	23.57	29.26	35.41
材料	中压不锈钢对焊管件	个	—	(10)	(10)	(10)	(10)	(10)
	不锈钢电焊条	kg	66.08	20.146	34.068	52.750	80.328	111.144
	不锈钢焊丝 1Cr18Ni9Ti	kg	55.02	1.834	2.292	2.800	3.250	4.074
	氩气	m^3	18.60	5.136	6.416	7.840	9.100	11.408
	钍钨棒	kg	640.87	0.00689	0.00860	0.01024	0.01187	0.01341
	尼龙砂轮片 $D100\times16\times3$	片	3.92	6.896	7.698	10.194	13.322	17.762
	零星材料费	元	—	33.78	41.98	49.68	57.62	65.73
机械	电焊条烘干箱 600×500×750	台班	27.16	0.570	0.764	0.980	1.356	1.762
	电焊机（综合）	台班	74.17	5.694	7.636	9.796	13.562	17.620
	氩弧焊机 500A	台班	96.11	2.752	3.520	4.124	4.470	5.050
	电动葫芦 单速 3t	台班	33.90	0.486	0.578	0.712	0.896	1.132
	电动空气压缩机 $1m^3$	台班	52.31	0.440	0.575	0.725	0.876	1.044
	电动空气压缩机 $6m^3$	台班	217.48	0.02	0.02	0.02	0.02	0.02
	等离子切割机 400A	台班	229.27	0.440	0.575	0.725	0.876	1.044
	普通车床 630×2000	台班	242.35	0.486	0.578	0.712	0.896	1.132
	载货汽车 8t	台班	521.59	0.010	0.018	0.026	0.039	0.050
	汽车式起重机 8t	台班	767.15	0.010	0.018	0.026	0.039	0.050

6.不锈钢管件(氩弧焊)

工作内容：管子切口、坡口加工、坡口磨平、管口组对、焊接、焊缝钝化。　　**单位：**10个

编号				6-1086	6-1087	6-1088	6-1089	6-1090	6-1091
项目				公称直径(mm以内)					
				15	20	25	32	40	50
预算基价	总价(元)			**303.88**	**342.16**	**480.69**	**566.97**	**701.60**	**925.28**
	人工费(元)			201.15	224.10	326.70	386.10	461.70	579.15
	材料费(元)			27.34	33.57	49.86	61.21	89.67	137.11
	机械费(元)			75.39	84.49	104.13	119.66	150.23	209.02
组成内容		单位	单价	数量					
人工	综合工	工日	135.00	1.49	1.66	2.42	2.86	3.42	4.29
材料	中压不锈钢对焊管件	个	—	(10)	(10)	(10)	(10)	(10)	(10)
	不锈钢焊丝 1Cr18Ni9Ti	kg	55.02	0.188	0.232	0.346	0.430	0.666	1.066
	尼龙砂轮片 $D100\times16\times3$	片	3.92	0.318	0.390	0.498	0.618	0.734	0.918
	尼龙砂轮片 $D500\times25\times4$	片	18.69	0.104	0.124	0.239	0.277	0.338	0.377
	氩气	m^3	18.60	0.526	0.650	0.970	1.204	1.866	2.986
	钍钨棒	kg	640.87	0.00100	0.00123	0.00180	0.00224	0.00344	0.00562
	零星材料费	元	—	3.38	4.08	5.21	6.12	6.92	8.67
机械	氩弧焊机 500A	台班	96.11	0.382	0.460	0.616	0.760	1.014	1.440
	电动葫芦 单速 3t	台班	33.90	—	—	—	—	—	0.222
	电动空气压缩机 $6m^3$	台班	217.48	0.02	0.02	0.02	0.02	0.02	0.02
	砂轮切割机 $D500$	台班	39.52	0.010	0.026	0.070	0.076	0.097	0.125
	普通车床 630×2000	台班	242.35	0.140	0.144	0.156	0.162	0.184	0.222

工作内容： 管子切口、坡口加工、坡口磨平、管口组对、焊接、焊缝钝化。　　　　**单位：** 10个

编号				6-1092	6-1093	6-1094	6-1095	6-1096	6-1097
项目				公称直径(mm以内)					
				65	80	100	125	150	200
预算基价	总价(元)			**1426.37**	**1632.59**	**2358.99**	**2703.15**	**3403.65**	**5585.22**
	人工费(元)			839.70	957.15	1339.20	1491.75	1787.40	2747.25
	材料费(元)			249.47	298.44	488.98	553.31	776.53	1437.71
	机械费(元)			337.20	377.00	530.81	658.09	839.72	1400.26
组成内容		**单位**	**单价**	**数量**					
人工	综合工	工日	135.00	6.22	7.09	9.92	11.05	13.24	20.35
材料	中压不锈钢对焊管件	个	—	(10)	(10)	(10)	(10)	(10)	(10)
	不锈钢焊丝 1Cr18Ni9Ti	kg	55.02	1.986	2.378	3.970	4.722	6.664	12.452
	尼龙砂轮片 D100×16×3	片	3.92	1.458	1.728	2.478	2.922	3.958	6.796
	尼龙砂轮片 D500×25×4	片	18.69	0.671	0.826	1.242	—	—	—
	氩气	m^3	18.60	5.562	6.660	11.116	13.220	18.660	34.866
	钍钨棒	kg	640.87	0.01048	0.01234	0.02098	0.02456	0.03506	0.06635
	零星材料费	元	—	11.77	13.61	17.42	20.42	24.82	34.93
机械	氩弧焊机 500A	台班	96.11	2.244	2.624	4.168	4.894	6.568	11.704
	电动葫芦 单速 3t	台班	33.90	0.394	0.396	0.406	0.410	0.428	0.486
	电动空气压缩机 $1m^3$	台班	52.31	—	—	—	0.249	0.305	0.440
	电动空气压缩机 $6m^3$	台班	217.48	0.02	0.02	0.02	0.02	0.02	0.02
	等离子切割机 400A	台班	229.27	—	—	—	0.249	0.305	0.440
	砂轮切割机 D500	台班	39.52	0.211	0.280	0.347	—	—	—
	普通车床 630×2000	台班	242.35	0.394	0.396	0.406	0.410	0.428	0.486
	载货汽车 8t	台班	521.59	—	—	—	—	—	0.01
	汽车式起重机 8t	台班	767.15	—	—	—	—	—	0.01

7.合金钢管件(电弧焊)

工作内容：管子切口、坡口加工、管口组对、焊接。 **单位：**10个

编号				6-1098	6-1099	6-1100	6-1101	6-1102	6-1103	6-1104	6-1105	6-1106
项目				公称直径(mm以内)								
				15	20	25	32	40	50	65	80	100
预算基价	总价(元)			**242.24**	**352.56**	**400.20**	**473.24**	**543.41**	**703.15**	**975.74**	**1124.65**	**1570.24**
	人工费(元)			172.80	251.10	282.15	333.45	386.10	471.15	627.75	731.70	1028.70
	材料费(元)			16.13	27.71	34.19	42.19	50.03	78.55	125.16	147.84	238.56
	机械费(元)			53.31	73.75	83.86	97.60	107.28	153.45	222.83	245.11	302.98
组成内容		**单位**	**单价**	**数量**								
人工	综合工	工日	135.00	1.28	1.86	2.09	2.47	2.86	3.49	4.65	5.42	7.62
材料	中压合金钢对焊管件	个	—	(10)	(10)	(10)	(10)	(10)	(10)	(10)	(10)	(10)
	合金钢电焊条	kg	26.56	0.368	0.730	0.894	1.108	1.270	2.186	3.638	4.284	7.284
	尼龙砂轮片 *D*100×16×3	片	3.92	0.240	0.310	0.378	0.470	0.540	0.726	1.064	1.260	1.802
	尼龙砂轮片 *D*500×25×4	片	18.69	0.076	0.128	0.160	0.203	0.237	0.361	0.554	0.659	0.913
	氧气	m^3	2.88	0.056	0.068	0.080	0.094	0.128	0.146	0.242	0.272	0.366
	乙炔气	kg	14.66	0.018	0.022	0.026	0.032	0.042	0.048	0.080	0.090	0.122
	零星材料费	元	—	3.57	4.20	5.36	6.39	8.77	9.77	12.14	14.70	18.13
机械	电焊条烘干箱 600×500×750	台班	27.16	0.028	0.048	0.058	0.072	0.082	0.112	0.154	0.182	0.250
	电焊机（综合）	台班	74.17	0.280	0.474	0.578	0.718	0.822	1.118	1.540	1.812	2.504
	电动葫芦 单速 3t	台班	33.90	—	—	—	—	—	0.232	0.362	0.364	0.372
	砂轮切割机 *D*500	台班	39.52	0.007	0.036	0.053	0.067	0.073	0.086	0.112	0.132	0.195
	普通车床 630×2000	台班	242.35	0.130	0.148	0.154	0.164	0.170	0.232	0.362	0.364	0.372

工作内容：管子切口、坡口加工、管口组对、焊接。　　**单位：**10个

编号				6-1107	6-1108	6-1109	6-1110	6-1111	6-1112	6-1113	6-1114	6-1115
项目				公称直径(mm以内)								
				125	150	200	250	300	350	400	450	500
预算基价	总价(元)			**1736.12**	**1991.68**	**2903.12**	**3981.56**	**5121.71**	**6750.92**	**8562.05**	**11145.12**	**12366.02**
	人工费(元)			1125.90	1212.30	1637.55	2133.00	2535.30	3057.75	3632.85	4465.80	4939.65
	材料费(元)			272.64	368.80	681.21	1098.90	1645.63	2433.81	3318.86	4429.86	4902.10
	机械费(元)			337.58	410.58	584.36	749.66	940.78	1259.36	1610.34	2249.46	2524.27
组成内容		**单位**	**单价**	**数量**								
人工	综合工	工日	135.00	8.34	8.98	12.13	15.80	18.78	22.65	26.91	33.08	36.59
材料	中压合金钢对焊管件	个	—	(10)	(10)	(10)	(10)	(10)	(10)	(10)	(10)	(10)
	合金钢电焊条	kg	26.56	8.530	12.172	23.032	37.840	57.478	86.186	118.158	158.896	175.842
	尼龙砂轮片 $D100\times16\times3$	片	3.92	2.337	2.872	4.922	6.866	9.086	11.872	15.826	19.194	21.344
	尼龙砂轮片 $D500\times25\times4$	片	18.69	1.076	—	—	—	—	—	—	—	—
	氧气	m^3	2.88	0.410	2.278	3.557	4.967	6.436	7.595	9.506	10.741	11.837
	乙炔气	kg	14.66	0.136	0.759	1.186	1.661	2.144	2.532	3.169	3.580	3.946
	零星材料费	元	—	13.64	16.57	22.55	28.30	33.43	39.18	44.71	50.92	56.13
机械	电焊条烘干箱 600×500×750	台班	27.16	0.294	0.372	0.550	0.718	0.904	1.232	1.586	1.986	2.198
	电焊机（综合）	台班	74.17	2.932	3.720	5.506	7.176	9.034	12.312	15.852	19.862	21.980
	电动葫芦 单速 3t	台班	33.90	0.376	0.392	0.446	0.530	0.652	0.822	1.038	—	—
	半自动切割机 100mm	台班	88.45	—	0.184	0.282	0.320	0.368	0.400	0.456	0.574	0.631
	砂轮切割机 $D500$	台班	39.52	0.209	—	—	—	—	—	—	—	—
	普通车床 630×2000	台班	242.35	0.376	0.392	0.446	0.530	0.652	0.822	1.038	1.324	1.428
	载货汽车 8t	台班	521.59	—	—	0.010	0.018	0.026	0.039	0.050	0.076	0.124
	汽车式起重机 8t	台班	767.15	—	—	0.010	0.018	0.026	0.039	0.050	0.076	0.124
	电动双梁起重机 5t	台班	190.91	—	—	—	—	—	—	—	1.324	1.428

8.合金钢管件(氩电联焊)

工作内容:管子切口、坡口加工、管口组对、焊接。 **单位:**10个

编号				6-1116	6-1117	6-1118	6-1119	6-1120	6-1121	6-1122
项目				公称直径(mm以内)						
				50	65	80	100	125	150	200
预算基价	总价(元)			**752.63**	**1037.88**	**1201.10**	**1684.35**	**1874.05**	**2168.33**	**3170.69**
	人工费(元)			495.45	657.45	768.15	1086.75	1196.10	1305.45	1786.05
	材料费(元)			80.23	128.66	152.50	242.33	277.69	372.72	679.14
	机械费(元)			176.95	251.77	280.45	355.27	400.26	490.16	705.50
组成内容		单位	单价	数量						
人工	综合工	工日	135.00	3.67	4.87	5.69	8.05	8.86	9.67	13.23
材料	中压合金钢对焊管件	个	—	(10)	(10)	(10)	(10)	(10)	(10)	(10)
	合金钢电焊条	kg	26.56	1.556	2.656	3.124	5.712	6.688	9.882	19.590
	合金钢焊丝	kg	16.53	0.326	0.412	0.494	0.634	0.752	0.902	1.246
	尼龙砂轮片 $D100\times16\times3$	片	3.92	0.750	1.042	1.232	1.762	2.286	2.810	4.816
	尼龙砂轮片 $D500\times25\times4$	片	18.69	0.361	0.554	0.659	0.913	1.076	—	—
	氧气	m^3	2.88	0.146	0.242	0.272	0.366	0.410	2.278	3.557
	乙炔气	kg	14.66	0.048	0.080	0.090	0.122	0.136	0.759	1.186
	氩气	m^3	18.60	0.912	1.154	1.384	1.776	2.106	2.526	3.488
	钍钨棒	kg	640.87	0.00182	0.00231	0.00277	0.00355	0.00421	0.00505	0.00698
	零星材料费	元	—	4.57	12.05	14.59	18.02	13.51	16.42	22.37
机械	电焊条烘干箱 600×500×750	台班	27.16	0.080	0.112	0.132	0.196	0.230	0.302	0.468
	电焊机(综合)	台班	74.17	0.796	1.124	1.322	1.964	2.300	3.020	4.684
	氩弧焊机 500A	台班	96.11	0.502	0.634	0.760	0.976	1.158	1.388	1.918
	电动葫芦 单速 3t	台班	33.90	0.232	0.362	0.364	0.372	0.376	0.392	0.446
	半自动切割机 100mm	台班	88.45	—	—	—	—	—	0.184	0.282
	砂轮切割机 $D500$	台班	39.52	0.086	0.112	0.132	0.195	0.209	—	—
	普通车床 630×2000	台班	242.35	0.232	0.362	0.364	0.372	0.376	0.392	0.446
	载货汽车 8t	台班	521.59	—	—	—	—	—	—	0.010
	汽车式起重机 8t	台班	767.15	—	—	—	—	—	—	0.010

工作内容：管子切口、坡口加工、管口组对、焊接。

单位：10个

编号				6-1123	6-1124	6-1125	6-1126	6-1127	6-1128
项目				公称直径(mm以内)					
				250	300	350	400	450	500
预算基价	总价(元)			**4330.04**	**5541.72**	**7209.25**	**9042.23**	**11647.32**	**12929.17**
	人工费(元)			2334.15	2787.75	3348.00	3952.80	4822.20	5337.90
	材料费(元)			1085.13	1614.18	2373.08	3224.53	4291.96	4750.69
	机械费(元)			910.76	1139.79	1488.17	1864.90	2533.16	2840.58
组成内容		**单位**	**单价**	**数量**					
人工	综合工	工日	135.00	17.29	20.65	24.80	29.28	35.72	39.54
材料	中压合金钢对焊管件	个	—	(10)	(10)	(10)	(10)	(10)	(10)
	合金钢电焊条	kg	26.56	33.126	51.296	78.108	108.074	146.346	161.954
	合金钢焊丝	kg	16.53	1.554	1.852	2.148	2.426	2.734	3.042
	氧气	m^3	2.88	4.967	6.436	7.595	9.506	10.741	11.837
	乙炔气	kg	14.66	1.661	2.144	2.532	3.169	3.580	3.946
	氩气	m^3	18.60	4.352	5.186	6.014	6.792	7.656	8.518
	钍钨棒	kg	640.87	0.00870	0.01037	0.01203	0.01358	0.01531	0.01704
	尼龙砂轮片 *D*100×16×3	片	3.92	6.716	8.890	11.616	15.484	18.778	20.882
	零星材料费	元	—	28.11	33.22	38.93	44.42	50.58	55.76
机械	电焊条烘干箱 600×500×750	台班	27.16	0.628	0.806	1.116	1.450	1.830	2.024
	电焊机（综合）	台班	74.17	6.284	8.060	11.158	14.498	18.294	20.244
	氩弧焊机 500A	台班	96.11	2.390	2.850	3.304	3.732	4.206	4.680
	电动葫芦 单速 3t	台班	33.90	0.530	0.652	0.822	1.038	—	—
	半自动切割机 100mm	台班	88.45	0.320	0.368	0.400	0.456	0.574	0.631
	普通车床 630×2000	台班	242.35	0.530	0.652	0.822	1.038	1.324	1.428
	载货汽车 8t	台班	521.59	0.018	0.026	0.039	0.050	0.076	0.124
	汽车式起重机 8t	台班	767.15	0.018	0.026	0.039	0.050	0.076	0.124
	电动双梁起重机 5t	台班	190.91	—	—	—	—	1.324	1.428

9.合金钢管件(氩弧焊)

工作内容：管子切口、坡口加工、管口组对、焊接。 **单位**：10个

编号				6-1129	6-1130	6-1131	6-1132	6-1133	6-1134
项目				公称直径(mm以内)					
				15	20	25	32	40	50
预算基价	总价(元)			**250.62**	**322.58**	**409.68**	**483.21**	**556.26**	**760.55**
	人工费(元)			172.80	210.60	276.75	325.35	378.00	477.90
	材料费(元)			19.32	33.62	42.00	51.84	61.13	103.48
	机械费(元)			58.50	78.36	90.93	106.02	117.13	179.17
组成内容		单位	单价	数量					
人工	综合工	工日	135.00	1.28	1.56	2.05	2.41	2.80	3.54
材料	中压合金钢对焊管件	个	—	(10)	(10)	(10)	(10)	(10)	(10)
	合金钢焊丝	kg	16.53	0.180	0.358	0.438	0.542	0.622	1.140
	尼龙砂轮片 $D100\times16\times3$	片	3.92	0.232	0.328	0.366	0.454	0.522	0.700
	尼龙砂轮片 $D500\times25\times4$	片	18.69	0.076	0.100	0.160	0.203	0.237	0.361
	氧气	m^3	2.88	0.056	0.066	0.080	0.094	0.128	0.146
	乙炔气	kg	14.66	0.018	0.019	0.026	0.032	0.042	0.048
	氩气	m^3	18.60	0.504	1.002	1.226	1.518	1.742	3.192
	钍钨棒	kg	640.87	0.00101	0.00200	0.00245	0.00304	0.00348	0.00638
	零星材料费	元	—	3.57	4.16	5.35	6.38	8.76	10.56
机械	氩弧焊机 500A	台班	96.11	0.278	0.436	0.536	0.662	0.760	1.162
	电动葫芦 单速 3t	台班	33.90	—	—	—	—	—	0.232
	砂轮切割机 $D500$	台班	39.52	0.007	0.015	0.053	0.067	0.073	0.086
	普通车床 630×2000	台班	242.35	0.130	0.148	0.154	0.164	0.170	0.232

工作内容：管子切口、坡口加工、管口组对、焊接。 **单位：**10个

编　　号				6-1135	6-1136	6-1137	6-1138	6-1139
项　　目				公称直径(mm以内)				
				65	80	100	125	150
预算基价	总　　价(元)			**1107.90**	**1280.67**	**1904.92**	**2123.62**	**2577.69**
	人　工　费(元)			664.20	774.90	1150.20	1266.30	1439.10
	材　料　费(元)			165.31	195.09	316.80	362.96	494.65
	机　械　费(元)			278.39	310.68	437.92	494.36	643.94
组 成 内 容		**单位**	**单价**	**数　　量**				
人工	综合工	工日	135.00	4.92	5.74	8.52	9.38	10.66
材料	中压合金钢对焊管件	个	—	(10)	(10)	(10)	(10)	(10)
	合金钢焊丝	kg	16.53	1.896	2.232	3.766	4.395	6.230
	尼龙砂轮片 *D*100×16×3	片	3.92	1.026	1.214	1.700	2.160	2.621
	尼龙砂轮片 *D*500×25×4	片	18.69	0.554	0.659	0.913	1.076	—
	氧气	m^3	2.88	0.242	0.272	0.366	0.410	2.278
	乙炔气	kg	14.66	0.080	0.090	0.122	0.136	0.759
	氩气	m^3	18.60	5.308	6.250	10.545	12.308	17.442
	钍钨棒	kg	640.87	0.01062	0.01250	0.02109	0.02461	0.03488
	零星材料费	元	—	12.19	14.76	18.32	13.86	16.93
机械	氩弧焊机 500A	台班	96.11	1.810	2.132	3.407	3.977	5.404
	电动葫芦 单速 3t	台班	33.90	0.362	0.364	0.372	0.376	0.392
	半自动切割机 100mm	台班	88.45	—	—	—	—	0.184
	砂轮切割机 *D*500	台班	39.52	0.112	0.132	0.195	0.209	—
	普通车床 630×2000	台班	242.35	0.362	0.364	0.372	0.376	0.392

10.铜管件(氧乙炔焊)

工作内容：管子切口、坡口加工、坡口磨平、管口组对、焊前预热、焊接。

单位：10个

	编号			6-1140	6-1141	6-1142	6-1143	6-1144	6-1145	6-1146
	项目			管道外径(mm以内)						
				20	30	40	50	65	75	85
预算基价	总价(元)			**164.61**	**321.20**	**427.60**	**520.80**	**652.69**	**740.80**	**1457.66**
	人工费(元)			152.55	276.75	361.80	436.05	544.05	614.25	938.25
	材料费(元)			11.70	42.71	62.68	80.52	103.03	120.38	177.57
	机械费(元)			0.36	1.74	3.12	4.23	5.61	6.17	341.84
	组成内容	**单位**	**单价**	**数量**						
人工	综合工	工日	135.00	1.13	2.05	2.68	3.23	4.03	4.55	6.95
材料	中压铜管件	个	—	(10)	(10)	(10)	(10)	(10)	(10)	(10)
	铜气焊丝	kg	46.03	0.031	0.650	0.874	1.098	1.434	1.680	2.867
	氧气	m^3	2.88	0.764	0.816	1.562	2.141	2.679	3.136	3.650
	乙炔气	kg	14.66	0.343	0.365	0.699	0.958	1.199	1.404	1.634
	硼砂	kg	4.46	0.009	0.134	0.179	0.224	0.291	0.336	0.582
	尼龙砂轮片 $D100\times16\times3$	片	3.92	0.200	0.300	0.309	0.391	0.515	0.606	1.638
	尼龙砂轮片 $D500\times25\times4$	片	18.69	0.093	0.135	0.249	0.325	0.368	0.414	—
	零星材料费	元	—	0.48	0.79	1.04	1.16	1.54	1.82	2.12
机械	电动空气压缩机 $1m^3$	台班	52.31	—	—	—	—	—	—	1.214
	等离子切割机 400A	台班	229.27	—	—	—	—	—	—	1.214
	砂轮切割机 $D500$	台班	39.52	0.009	0.044	0.079	0.107	0.142	0.156	—

工作内容：管子切口、坡口加工、坡口磨平、管口组对、焊前预热、焊接。 **单位：**10个

编号				6-1147	6-1148	6-1149	6-1150	6-1151	6-1152	6-1153
项目				管道外径(mm以内)						
				100	120	150	185	200	250	300
预算基价	总价(元)			**1674.63**	**1980.14**	**2454.45**	**2988.27**	**3951.13**	**5020.31**	**6300.46**
	人工费(元)			1070.55	1235.25	1529.55	1838.70	2484.00	3176.55	4078.35
	材料费(元)			206.77	268.18	328.80	401.20	618.23	775.90	934.73
	机械费(元)			397.31	476.71	596.10	748.37	848.90	1067.86	1287.38
组成内容		单位	单价	数量						
人工	综合工	工日	135.00	7.93	9.15	11.33	13.62	18.40	23.53	30.21
材料	中压铜管件	个	—	(10)	(10)	(10)	(10)	(10)	(10)	(10)
	铜气焊丝	kg	46.03	3.248	3.920	4.906	6.070	10.259	12.880	15.478
	氧气	m^3	2.88	4.727	7.653	8.831	10.304	11.775	14.736	17.923
	乙炔气	kg	14.66	2.116	3.425	3.953	4.612	5.270	6.596	8.022
	硼砂	kg	4.46	0.650	0.784	0.986	1.210	2.061	2.576	3.091
	尼龙砂轮片 $D100\times16\times3$	片	3.92	1.854	2.249	2.841	3.530	5.049	6.364	7.679
	零星材料费	元	—	2.46	3.18	4.06	5.28	5.85	7.46	9.17
机械	等离子切割机 400A	台班	229.27	1.411	1.693	2.117	2.612	2.969	3.710	4.453
	电动空气压缩机 $1m^3$	台班	52.31	1.411	1.693	2.117	2.612	2.969	3.710	4.453
	汽车式起重机 8t	台班	767.15	—	—	—	0.010	0.010	0.018	0.026
	载货汽车 8t	台班	521.59	—	—	—	0.010	0.010	0.018	0.026

三、高 压 管 件

1.碳钢管件(电弧焊)

工作内容：管子切口、坡口加工、坡口磨平、管口组对、焊接。

单位：10个

编号				6-1154	6-1155	6-1156	6-1157	6-1158	6-1159	6-1160	6-1161	6-1162
项目				公称直径(mm以内)								
				15	20	25	32	40	50	65	80	100
预算基价	总价(元)			**269.56**	**382.38**	**528.09**	**622.60**	**718.40**	**843.65**	**1008.52**	**1227.24**	**1883.80**
	人工费(元)			187.65	264.60	348.30	413.10	488.70	565.65	630.45	739.80	1212.30
	材料费(元)			12.32	22.21	33.62	46.76	54.54	80.58	131.92	181.51	259.91
	机械费(元)			69.59	95.57	146.17	162.74	175.16	197.42	246.15	305.93	411.59
组成内容		单位	单价	数量								
人工	综合工	工日	135.00	1.39	1.96	2.58	3.06	3.62	4.19	4.67	5.48	8.98
材料	高压碳钢对焊管件	个	—	(10)	(10)	(10)	(10)	(10)	(10)	(10)	(10)	(10)
	碳钢电焊条 E4303 $D3.2$	kg	7.59	0.800	1.652	2.758	3.996	4.644	7.210	12.390	17.525	27.811
	尼龙砂轮片 $D100\times16\times3$	片	3.92	0.180	0.250	0.362	0.496	0.602	0.774	1.196	1.464	1.865
	尼龙砂轮片 $D500\times25\times4$	片	18.69	0.121	0.196	0.301	0.427	0.512	0.750	1.145	1.546	—
	氧气	m^3	2.88	—	—	—	—	—	—	—	—	3.024
	乙炔气	kg	14.66	—	—	—	—	—	—	—	—	1.008
	零星材料费	元	—	3.28	5.03	5.64	6.51	7.36	8.80	11.79	13.86	18.03
机械	电焊条烘干箱 600×500×750	台班	27.16	0.038	0.052	0.068	0.086	0.102	0.124	0.178	0.227	0.338
	电焊机（综合）	台班	74.17	0.372	0.516	0.672	0.868	1.010	1.244	1.770	2.277	3.392
	电动葫芦 单速 3t	台班	33.90	—	—	0.330	0.334	0.338	0.350	0.378	0.412	0.476
	砂轮切割机 $D500$	台班	39.52	0.031	0.065	0.084	0.095	0.104	0.129	0.142	0.171	—
	普通车床 630×2000	台班	242.35	0.164	0.220	0.330	0.334	0.338	0.350	0.378	0.412	0.476
	载货汽车 8t	台班	521.59	—	—	—	—	—	—	—	0.008	0.015
	汽车式起重机 8t	台班	767.15	—	—	—	—	—	—	—	0.008	0.015

工作内容：管子切口、坡口加工、坡口磨平、管口组对、焊接。

单位：10个

编号				6-1163	6-1164	6-1165	6-1166	6-1167	6-1168	6-1169	6-1170	6-1171
项目				公称直径(mm以内)								
				125	150	200	250	300	350	400	450	500
预算基价	总价(元)			**2794.14**	**3773.95**	**5777.46**	**8543.57**	**12138.39**	**16334.99**	**20706.40**	**25637.33**	**31396.35**
	人工费(元)			1665.90	2164.05	3308.85	4714.20	6640.65	8860.05	11209.05	13684.95	16773.75
	材料费(元)			421.76	654.93	1016.70	1480.76	2226.95	3120.55	4136.73	5226.13	6509.27
	机械费(元)			706.48	954.97	1451.91	2348.61	3270.79	4354.39	5360.62	6726.25	8113.33
组成内容		**单位**	**单价**	**数量**								
人工	综合工	工日	135.00	12.34	16.03	24.51	34.92	49.19	65.63	83.03	101.37	124.25
材料	高压碳钢对焊管件	个	—	(10)	(10)	(10)	(10)	(10)	(10)	(10)	(10)	(10)
	碳钢电焊条 E4303 *D*3.2	kg	7.59	48.551	76.533	119.214	175.111	269.048	379.674	507.933	642.628	803.579
	尼龙砂轮片 *D*100×16×3	片	3.92	2.795	3.984	6.427	9.483	12.966	17.595	22.056	25.232	32.120
	氧气	m^3	2.88	3.653	5.339	7.508	10.252	11.699	15.342	17.641	23.647	27.025
	乙炔气	kg	14.66	1.218	1.780	2.503	3.417	3.891	5.114	5.880	7.882	9.008
	零星材料费	元	—	13.92	16.96	28.35	34.88	43.31	50.70	58.05	66.02	74.31
机械	电焊条烘干箱 600×500×750	台班	27.16	0.510	0.754	1.158	1.684	2.491	3.390	4.416	5.589	6.987
	电焊机（综合）	台班	74.17	5.110	7.540	11.574	16.837	24.912	33.900	44.169	55.880	69.876
	电动葫芦 单速 3t	台班	33.90	1.000	1.093	1.630	—	—	—	—	—	—
	半自动切割机 100mm	台班	88.45	—	0.246	0.389	0.830	1.102	1.357	1.531	1.859	2.484
	普通车床 630×2000	台班	242.35	1.000	1.093	1.630	1.966	2.487	3.219	3.529	4.381	4.772
	载货汽车 8t	台班	521.59	0.029	0.040	0.060	0.100	0.140	0.181	0.233	0.285	0.352
	电动双梁起重机 5t	台班	190.91	—	—	—	1.966	2.487	3.219	3.529	4.381	4.772
	汽车式起重机 8t	台班	767.15	0.029	0.040	0.060	0.100	0.140	0.181	0.233	0.285	0.352

2.碳钢管件(氩电联焊)

工作内容：管子切口、坡口加工、坡口磨平、管口组对、焊接。 **单位**：10个

编号				6-1172	6-1173	6-1174	6-1175	6-1176	6-1177	6-1178	6-1179	6-1180
项目				公称直径(mm以内)								
				15	20	25	32	40	50	65	80	100
预算基价	总价(元)			**305.26**	**489.84**	**685.54**	**812.56**	**935.86**	**917.76**	**1085.59**	**1311.47**	**2000.32**
	人工费(元)			191.70	295.65	396.90	471.15	554.85	600.75	666.90	785.70	1274.40
	材料费(元)			33.76	66.80	95.16	120.45	139.36	92.61	142.58	182.41	263.11
	机械费(元)			79.80	127.39	193.48	220.96	241.65	224.40	276.11	343.36	462.81
组成内容		单位	单价	数量								
人工	综合工	工日	135.00	1.42	2.19	2.94	3.49	4.11	4.45	4.94	5.82	9.44
材料	高压碳钢对焊管件	个	—	(10)	(10)	(10)	(10)	(10)	(10)	(10)	(10)	(10)
	碳钢焊丝	kg	10.58	0.416	0.862	1.246	1.572	1.816	0.240	0.316	0.418	0.550
	尼龙砂轮片 $D100\times16\times3$	片	3.92	0.170	0.240	0.330	0.440	0.520	0.820	1.170	1.540	1.808
	尼龙砂轮片 $D500\times25\times4$	片	18.69	0.121	0.196	0.301	0.427	0.512	0.750	1.145	1.546	—
	氩气	m^3	18.60	1.164	2.414	3.488	4.402	5.084	0.672	0.884	1.171	1.540
	钍钨棒	kg	640.87	0.00233	0.00483	0.00698	0.00880	0.01017	0.00134	0.00177	0.00234	0.00308
	碳钢电焊条 E4303 $D3.2$	kg	7.59	—	—	—	—	—	6.680	11.058	13.963	23.472
	氧气	m^3	2.88	—	—	—	—	—	—	—	—	3.024
	乙炔气	kg	14.66	—	—	—	—	—	—	—	—	1.008
	零星材料费	元	—	3.29	5.08	5.71	6.60	7.46	8.78	11.74	13.80	17.95
机械	电焊条烘干箱 600×500×750	台班	27.16	—	—	—	—	—	0.116	0.158	0.199	0.304
	电焊机（综合）	台班	74.17	—	—	—	—	—	1.152	1.580	1.995	3.048
	氩弧焊机 500A	台班	96.11	0.404	0.744	1.030	1.300	1.500	0.354	0.464	0.615	0.808
	电动葫芦 单速 3t	台班	33.90	—	—	0.330	0.334	0.338	0.350	0.378	0.412	0.476
	砂轮切割机 $D500$	台班	39.52	0.031	0.065	0.084	0.095	0.104	0.129	0.142	0.171	—
	普通车床 630×2000	台班	242.35	0.164	0.220	0.330	0.334	0.338	0.350	0.378	0.412	0.476
	载货汽车 8t	台班	521.59	—	—	—	—	—	—	—	0.008	0.015
	汽车式起重机 8t	台班	767.15	—	—	—	—	—	—	—	0.008	0.015

工作内容：管子切口、坡口加工、坡口磨平、管口组对、焊接。 **单位：**10个

编号				6-1181	6-1182	6-1183	6-1184	6-1185	6-1186	6-1187	6-1188	6-1189
项目				公称直径(mm以内)								
				125	150	200	250	300	350	400	450	500
预算基价	总价(元)			**2945.35**	**3926.67**	**6014.06**	**8537.09**	**12590.84**	**16551.56**	**20692.30**	**25769.03**	**31352.72**
	人工费(元)			1741.50	2242.35	3430.35	4727.70	6870.15	8989.65	11241.45	13782.15	16803.45
	材料费(元)			436.16	663.98	1030.84	1411.13	2266.47	3071.93	4002.38	5135.91	6333.39
	机械费(元)			767.69	1020.34	1552.87	2398.26	3454.22	4489.98	5448.47	6850.97	8215.88
组成内容		**单位**	**单价**	**数量**								
人工	综合工	工日	135.00	12.90	16.61	25.41	35.02	50.89	66.59	83.27	102.09	124.47
材料	高压碳钢对焊管件	个	—	(10)	(10)	(10)	(10)	(10)	(10)	(10)	(10)	(10)
	碳钢电焊条 E4303 $D3.2$	kg	7.59	44.861	71.297	111.272	153.454	258.171	354.590	469.502	609.684	755.731
	碳钢焊丝	kg	10.58	0.645	0.743	1.134	1.484	1.847	2.178	2.440	2.488	3.082
	氩气	m^3	18.60	1.804	2.080	3.175	4.154	5.170	6.098	6.831	6.839	8.629
	钍钨棒	kg	640.87	0.00361	0.00416	0.00635	0.00831	0.01034	0.01220	0.01366	0.01367	0.01726
	尼龙砂轮片 $D100\times16\times3$	片	3.92	2.744	3.904	6.291	8.691	12.958	17.075	21.144	24.760	31.248
	氧气	m^3	2.88	3.653	5.339	7.508	10.252	11.699	15.342	17.641	23.647	25.404
	乙炔气	kg	14.66	1.218	1.780	2.503	3.417	3.891	5.114	5.880	7.882	8.468
	零星材料费	元	—	13.84	16.85	28.19	34.44	43.09	50.22	57.34	65.41	73.43
机械	电焊条烘干箱 600×500×750	台班	27.16	0.472	0.703	1.079	1.476	2.390	3.166	4.083	5.302	6.571
	电焊机（综合）	台班	74.17	4.722	7.025	10.804	14.755	23.904	31.661	40.826	53.016	65.716
	氩弧焊机 500A	台班	96.11	0.947	1.092	1.667	2.182	2.715	3.202	3.588	3.589	4.532
	电动葫芦 单速 3t	台班	33.90	1.000	1.093	1.630	—	—	—	—	—	—
	半自动切割机 100mm	台班	88.45	—	0.246	0.389	0.830	1.102	1.357	1.531	1.859	2.335
	普通车床 630×2000	台班	242.35	1.000	1.093	1.630	1.966	2.487	3.219	3.529	4.381	4.772
	载货汽车 8t	台班	521.59	0.029	0.040	0.060	0.100	0.140	0.181	0.233	0.285	0.352
	电动双梁起重机 5t	台班	190.91	—	—	—	1.966	2.487	3.219	3.529	4.381	4.772
	汽车式起重机 8t	台班	767.15	0.029	0.040	0.060	0.100	0.140	0.181	0.233	0.285	0.352

3.不锈钢管件(电弧焊)

工作内容：管子切口、坡口加工、坡口磨平、管口组对、焊接、焊缝钝化。　　　　**单位：**10个

编号				6-1190	6-1191	6-1192	6-1193	6-1194	6-1195	6-1196	6-1197
项目				公称直径(mm以内)							
				15	20	25	32	40	50	65	80
预算基价	总价(元)			**410.72**	**539.20**	**752.28**	**957.96**	**1150.66**	**1383.11**	**1948.08**	**2668.19**
	人工费(元)			264.60	340.20	450.90	577.80	672.30	780.30	1131.30	1393.20
	材料费(元)			62.04	92.33	154.53	193.23	259.25	358.60	513.08	891.75
	机械费(元)			84.08	106.67	146.85	186.93	219.11	244.21	303.70	383.24
	组成内容	**单位**	**单价**	**数量**							
人工	综合工	工日	135.00	1.96	2.52	3.34	4.28	4.98	5.78	8.38	10.32
材料	高压不锈钢对焊管件	个	—	(10)	(10)	(10)	(10)	(10)	(10)	(10)	(10)
	不锈钢电焊条	kg	66.08	0.824	1.248	2.104	2.642	3.584	5.018	7.129	12.646
	尼龙砂轮片 *D*100×16×3	片	3.92	0.350	0.454	0.630	0.824	1.046	1.438	2.138	2.867
	尼龙砂轮片 *D*500×25×4	片	18.69	0.155	0.217	0.423	0.503	0.617	0.690	1.094	1.561
	零星材料费	元	—	3.32	4.03	5.12	6.02	6.79	8.48	13.17	15.69
机械	电焊条烘干箱 600×500×750	台班	27.16	0.046	0.060	0.086	0.108	0.128	0.156	0.222	0.295
	电焊机（综合）	台班	74.17	0.458	0.594	0.858	1.078	1.280	1.558	2.213	2.961
	电动葫芦 单速 3t	台班	33.90	—	—	—	0.342	0.396	0.404	0.428	0.456
	电动空气压缩机 6m³	台班	217.48	0.02	0.02	0.02	0.02	0.02	0.02	0.02	0.02
	砂轮切割机 *D*500	台班	39.52	0.047	0.084	0.109	0.132	0.176	0.214	0.277	0.379
	普通车床 630×2000	台班	242.35	0.176	0.220	0.298	0.342	0.396	0.404	0.428	0.456
	载货汽车 8t	台班	521.59	—	—	—	—	—	—	—	0.008
	汽车式起重机 8t	台班	767.15	—	—	—	—	—	—	—	0.008

工作内容：管子切口、坡口加工、坡口磨平、管口组对、焊接、焊缝钝化。

单位：10个

编号				6-1198	6-1199	6-1200	6-1201	6-1202	6-1203	6-1204	6-1205
项目				公称直径(mm以内)							
				100	125	150	200	250	300	350	400
预算基价	总价(元)			**3731.70**	**5332.79**	**7386.44**	**13926.01**	**20096.02**	**28699.95**	**37489.25**	**44089.68**
	人工费(元)			1846.80	2307.15	2914.65	4943.70	6450.30	8841.15	10451.70	12758.85
	材料费(元)			1342.31	2276.45	3460.29	7089.59	10857.19	15623.44	21534.79	24766.73
	机械费(元)			542.59	749.19	1011.50	1892.72	2788.53	4235.36	5502.76	6564.10
组成内容		**单位**	**单价**	**数量**							
人工	综合工	工日	135.00	13.68	17.09	21.59	36.62	47.78	65.49	77.42	94.51
材料	高压不锈钢对焊管件	个	—	(10)	(10)	(10)	(10)	(10)	(10)	(10)	(10)
	不锈钢电焊条	kg	66.08	19.820	33.816	51.534	106.039	162.583	234.078	323.009	371.374
	尼龙砂轮片 $D100\times16\times3$	片	3.92	3.954	5.548	7.714	12.106	17.755	26.070	32.498	39.461
	零星材料费	元	—	17.10	20.14	24.68	35.08	44.11	53.37	62.96	71.65
机械	电焊条烘干箱 600×500×750	台班	27.16	0.404	0.588	0.836	1.560	2.288	3.293	4.353	5.094
	电焊机（综合）	台班	74.17	4.044	5.892	8.366	15.594	22.867	32.923	43.531	50.936
	电动葫芦 单速 3t	台班	33.90	0.494	0.593	0.718	1.601	2.323	—	—	—
	电动空气压缩机 $1m^3$	台班	52.31	0.254	0.322	0.405	0.603	0.907	1.121	1.467	1.833
	电动空气压缩机 $6m^3$	台班	217.48	0.02	0.02	0.02	0.02	0.02	0.02	0.02	0.02
	等离子切割机 400A	台班	229.27	0.254	0.322	0.405	0.603	0.907	1.121	1.467	1.833
	普通车床 630×2000	台班	242.35	0.494	0.593	0.718	1.601	2.323	2.778	3.474	4.217
	载货汽车 8t	台班	521.59	0.015	0.029	0.040	0.060	0.100	0.140	0.181	0.233
	电动双梁起重机 5t	台班	190.91	—	—	—	—	—	2.778	3.474	4.217
	汽车式起重机 8t	台班	767.15	0.015	0.029	0.040	0.060	0.100	0.140	0.181	0.233

4.不锈钢管件(氩电联焊)

工作内容:管子切口、坡口加工、坡口磨平、管口组对、焊接、焊缝钝化。 **单位:**10个

编号				6-1206	6-1207	6-1208	6-1209	6-1210	6-1211	6-1212	6-1213
项目				公称直径(mm以内)							
				15	20	25	32	40	50	65	80
预算基价	总价(元)			**423.54**	**568.91**	**811.83**	**1036.05**	**1253.39**	**1551.91**	**2101.92**	**2609.83**
	人工费(元)			265.95	351.00	479.25	614.25	718.20	868.05	1193.40	1433.70
	材料费(元)			55.29	82.34	136.18	170.90	227.85	312.99	518.73	707.70
	机械费(元)			102.30	135.57	196.40	250.90	307.34	370.87	389.79	468.43
组成内容		单位	单价	数量							
人工	综合工	工日	135.00	1.97	2.60	3.55	4.55	5.32	6.43	8.84	10.62
材料	高压不锈钢对焊管件	个	—	(10)	(10)	(10)	(10)	(10)	(10)	(10)	(10)
	不锈钢焊丝 1Cr18Ni9Ti	kg	55.02	0.432	0.656	1.092	1.378	1.878	2.620	0.634	0.780
	不锈钢电焊条	kg	66.08	—	—	—	—	—	—	6.164	8.583
	尼龙砂轮片 *D*100×16×3	片	3.92	0.336	0.438	0.608	0.794	1.010	1.386	2.170	2.734
	尼龙砂轮片 *D*500×25×4	片	18.69	0.155	0.217	0.423	0.503	0.503	0.503	1.094	1.561
	氩气	m^3	18.60	1.210	1.838	3.058	3.858	5.260	7.336	1.775	2.181
	钍钨棒	kg	640.87	0.00231	0.00350	0.00589	0.00740	0.01005	0.01406	0.00225	0.00266
	零星材料费	元	—	3.32	4.04	5.16	6.07	6.89	8.54	13.12	15.46
机械	电焊条烘干箱 600×500×750	台班	27.16	—	—	—	—	—	—	0.195	0.243
	电焊机(综合)	台班	74.17	—	—	—	—	—	—	1.953	2.426
	氩弧焊机 500A	台班	96.11	0.556	0.776	1.202	1.528	1.960	2.598	1.104	1.314
	电动葫芦 单速 3t	台班	33.90	—	—	—	0.342	0.396	0.404	0.428	0.456
	电动空气压缩机 6m^3	台班	217.48	0.02	0.02	0.02	0.02	0.02	0.02	0.02	0.02
	砂轮切割机 *D*500	台班	39.52	0.047	0.084	0.109	0.132	0.132	0.132	0.277	0.379
	普通车床 630×2000	台班	242.35	0.176	0.220	0.298	0.342	0.396	0.404	0.428	0.456
	载货汽车 8t	台班	521.59	—	—	—	—	—	—	—	0.008
	汽车式起重机 8t	台班	767.15	—	—	—	—	—	—	—	0.008

工作内容：管子切口、坡口加工、坡口磨平、管口组对、焊接、焊缝钝化。 **单位：**10个

编号				6-1214	6-1215	6-1216	6-1217	6-1218	6-1219	6-1220	6-1221
项目				公称直径(mm以内)							
				100	125	150	200	250	300	350	400
预算基价	总价(元)			**3832.80**	**5407.23**	**7380.90**	**13679.73**	**19878.74**	**27981.87**	**36611.80**	**47113.32**
	人工费(元)			1871.10	2316.60	2905.20	4895.10	6648.75	9043.65	10585.35	13680.90
	材料费(元)			1316.28	2235.92	3350.10	6732.65	10275.25	14513.84	20324.41	26302.21
	机械费(元)			645.42	854.71	1125.60	2051.98	2954.74	4424.38	5702.04	7130.21
组成内容		**单位**	**单价**	**数量**							
人工	综合工	工日	135.00	13.86	17.16	21.52	36.26	49.25	66.99	78.41	101.34
材料	高压不锈钢对焊管件	个	—	(10)	(10)	(10)	(10)	(10)	(10)	(10)	(10)
	不锈钢电焊条	kg	66.08	17.688	31.259	47.464	96.949	149.133	211.104	298.132	386.290
	不锈钢焊丝 1Cr18Ni9Ti	kg	55.02	1.060	1.184	1.466	2.306	2.918	3.908	4.166	5.161
	氩气	m^3	18.60	2.968	3.315	4.106	6.456	8.172	10.942	11.666	14.450
	钍钨棒	kg	640.87	0.00304	0.00325	0.00417	0.00734	0.00940	0.01362	0.01373	0.01806
	尼龙砂轮片 $D100\times16\times3$	片	3.92	3.868	5.485	7.548	10.222	14.967	21.609	27.390	35.963
	零星材料费	元	—	16.82	19.94	24.39	34.53	43.30	52.11	61.48	70.89
机械	电焊条烘干箱 600×500×750	台班	27.16	0.328	0.496	0.702	1.300	1.911	2.704	3.656	4.737
	电焊机（综合）	台班	74.17	3.284	4.955	7.012	12.994	19.100	27.039	36.564	47.374
	氩弧焊机 500A	台班	96.11	1.678	1.847	2.270	3.737	4.743	6.674	7.647	8.740
	电动葫芦 单速 3t	台班	33.90	0.494	0.593	0.718	1.601	2.323	—	—	—
	电动空气压缩机 $1m^3$	台班	52.31	0.254	0.322	0.405	0.603	0.907	1.121	1.467	1.833
	电动空气压缩机 $6m^3$	台班	217.48	0.02	0.02	0.02	0.02	0.02	0.02	0.02	0.02
	等离子切割机 400A	台班	229.27	0.254	0.322	0.405	0.603	0.907	1.121	1.467	1.833
	普通车床 630×2000	台班	242.35	0.494	0.593	0.718	1.601	2.323	2.778	3.474	4.217
	载货汽车 8t	台班	521.59	0.015	0.029	0.040	0.060	0.100	0.140	0.181	0.233
	电动双梁起重机 5t	台班	190.91	—	—	—	—	—	2.778	3.474	4.217
	汽车式起重机 8t	台班	767.15	0.015	0.029	0.040	0.060	0.100	0.140	0.181	0.233

5.合金钢管件(电弧焊)

工作内容：管子切口、坡口加工、管口组对、焊接。 **单位：**10个

编号				6-1222	6-1223	6-1224	6-1225	6-1226	6-1227	6-1228	6-1229	6-1230
项目				公称直径(mm以内)								
				15	20	25	32	40	50	65	80	100
预算基价	总价(元)			**330.79**	**466.06**	**580.58**	**722.38**	**857.56**	**1014.58**	**1409.91**	**1710.37**	**2444.07**
	人工费(元)			230.85	330.75	390.15	480.60	558.90	652.05	847.80	965.25	1503.90
	材料费(元)			28.14	42.61	67.31	84.20	112.40	155.46	302.27	434.85	562.98
	机械费(元)			71.80	92.70	123.12	157.58	186.26	207.07	259.84	310.27	377.19
组成内容		**单位**	**单价**	**数量**								
人工	综合工	工日	135.00	1.71	2.45	2.89	3.56	4.14	4.83	6.28	7.15	11.14
材料	高压合金钢对焊管件	个	—	(10)	(10)	(10)	(10)	(10)	(10)	(10)	(10)	(10)
	合金钢电焊条	kg	26.56	0.800	1.260	2.046	2.570	3.484	4.880	9.902	14.451	19.272
	尼龙砂轮片 *D*100×16×3	片	3.92	0.254	0.342	0.450	0.584	0.744	1.012	1.570	1.978	2.766
	尼龙砂轮片 *D*500×25×4	片	18.69	0.114	0.176	0.253	0.327	0.432	0.600	1.013	1.390	—
	氧气	m^3	2.88	—	—	—	—	—	—	—	—	2.450
	乙炔气	kg	14.66	—	—	—	—	—	—	—	—	0.817
	零星材料费	元	—	3.77	4.51	6.48	7.54	8.87	10.67	14.19	17.30	21.24
机械	电焊条烘干箱 600×500×750	台班	27.16	0.042	0.054	0.070	0.088	0.106	0.132	0.188	0.227	0.304
	电焊机（综合）	台班	74.17	0.410	0.532	0.704	0.884	1.064	1.310	1.878	2.270	3.030
	电动葫芦 单速 3t	台班	33.90	—	—	—	0.312	0.364	0.370	0.398	0.430	0.452
	砂轮切割机 *D*500	台班	39.52	0.025	0.059	0.078	0.087	0.099	0.104	0.139	0.168	—
	普通车床 630×2000	台班	242.35	0.162	0.204	0.272	0.312	0.364	0.370	0.398	0.430	0.452
	载货汽车 8t	台班	521.59	—	—	—	—	—	—	—	0.008	0.015
	汽车式起重机 8t	台班	767.15	—	—	—	—	—	—	—	0.008	0.015

工作内容： 管子切口、坡口加工、管口组对、焊接。　　　　**单位：** 10个

编号				6-1231	6-1232	6-1233	6-1234	6-1235	6-1236	6-1237	6-1238	6-1239
项目				公称直径（mm以内）								
				125	150	200	250	300	350	400	450	500
预算基价	总价（元）			**3357.44**	**4570.62**	**8466.61**	**12235.35**	**17505.74**	**21759.55**	**28472.57**	**35569.86**	**45184.57**
	人工费（元）			1894.05	2430.00	4091.85	5506.65	7442.55	8802.00	11264.40	13633.65	17096.40
	材料费（元）			933.88	1404.64	2957.45	4518.73	6715.74	8740.00	11852.65	15369.45	19841.16
	机械费（元）			529.51	735.98	1417.31	2209.97	3347.45	4217.55	5355.52	6566.76	8247.01
组成内容		单位	单价	数量								
人工	综合工	工日	135.00	14.03	18.00	30.31	40.79	55.13	65.20	83.44	100.99	126.64
材料	高压合金钢对焊管件	个	—	(10)	(10)	(10)	(10)	(10)	(10)	(10)	(10)	(10)
	合金钢电焊条	kg	26.56	32.881	50.112	107.184	164.125	245.305	319.751	434.805	565.365	730.645
	尼龙砂轮片 $D100\times16\times3$	片	3.92	3.877	5.386	8.123	12.027	16.006	21.355	27.792	33.872	44.384
	氧气	m^3	2.88	3.540	3.997	6.235	9.491	11.699	14.019	17.641	20.478	24.300
	乙炔气	kg	14.66	1.180	1.332	2.078	3.164	3.891	4.673	5.880	6.826	8.100
	零星材料费	元	—	17.87	21.51	30.38	38.71	46.96	54.82	58.28	61.53	72.51
机械	电焊条烘干箱 600×500×750	台班	27.16	0.442	0.626	1.161	1.736	2.498	3.257	4.270	5.408	6.989
	电焊机（综合）	台班	74.17	4.410	6.264	11.615	17.359	24.985	32.568	42.705	54.080	69.889
	电动葫芦 单速 3t	台班	33.90	0.554	0.658	1.496	1.514	—	—	—	—	—
	半自动切割机 100mm	台班	88.45	—	0.238	0.381	0.761	1.102	1.291	1.531	1.758	2.240
	普通车床 630×2000	台班	242.35	0.554	0.658	1.496	2.028	2.651	3.153	3.777	4.353	5.128
	载货汽车 8t	台班	521.59	0.029	0.040	0.060	0.100	0.140	0.181	0.233	0.285	0.352
	电动双梁起重机 5t	台班	190.91	—	—	—	0.714	2.651	3.153	3.777	4.353	5.128
	汽车式起重机 8t	台班	767.15	0.029	0.040	0.060	0.100	0.140	0.181	0.233	0.285	0.352

6.合金钢管件(氩电联焊)

工作内容： 管子切口、坡口加工、管口组对、焊接。　　　　**单位：** 10个

编号				6-1240	6-1241	6-1242	6-1243	6-1244	6-1245	6-1246	6-1247	6-1248
项目				公称直径(mm以内)								
				15	20	25	32	40	50	65	80	100
预算基价	总价(元)			**351.42**	**514.33**	**679.52**	**845.50**	**1038.71**	**1023.87**	**1473.87**	**1805.22**	**2558.95**
	人工费(元)			232.20	344.25	427.95	526.50	631.80	734.40	888.30	1023.30	1578.15
	材料费(元)			38.22	57.95	89.92	112.69	150.97	183.15	293.76	428.96	547.41
	机械费(元)			81.00	112.13	161.65	206.31	255.94	106.32	291.81	352.96	433.39
组成内容		单位	单价	数量								
人工	综合工	工日	135.00	1.72	2.55	3.17	3.90	4.68	5.44	6.58	7.58	11.69
材料	高压合金钢对焊管件	个	—	(10)	(10)	(10)	(10)	(10)	(10)	(10)	(10)	(10)
	合金钢焊丝	kg	16.53	0.416	0.658	1.066	1.340	1.816	2.184	0.338	0.394	0.550
	合金钢电焊条	kg	26.56	—	—	—	—	—	—	8.670	13.160	17.202
	尼龙砂轮片 $D100\times16\times3$	片	3.92	0.244	0.330	0.434	0.564	0.718	0.880	1.536	1.974	2.706
	尼龙砂轮片 $D500\times25\times4$	片	18.69	0.114	0.176	0.253	0.327	0.432	0.600	1.013	1.390	—
	氩气	m^3	18.60	1.164	1.842	2.984	3.752	5.084	6.116	0.946	1.104	1.540
	钍钨棒	kg	640.87	0.00233	0.00368	0.00597	0.00750	0.01017	0.01223	0.00189	0.00221	0.00308
	氧气	m^3	2.88	—	—	—	—	—	—	—	—	2.450
	乙炔气	kg	14.66	—	—	—	—	—	—	—	—	0.817
	零星材料费	元	—	5.11	5.87	6.54	7.62	8.98	10.79	14.14	17.25	21.17
机械	电焊条烘干箱 600×500×750	台班	27.16	—	—	—	—	—	—	0.164	0.206	0.270
	电焊机（综合）	台班	74.17	—	—	—	—	—	—	1.644	2.068	2.704
	氩弧焊机 500A	台班	96.11	0.424	0.628	0.964	1.214	1.576	—	0.520	0.606	0.846
	电动葫芦 单速 3t	台班	33.90	—	—	—	0.312	0.364	0.370	0.398	0.430	0.452
	砂轮切割机 $D500$	台班	39.52	0.025	0.059	0.078	0.087	0.099	0.104	0.139	0.168	—
	普通车床 630×2000	台班	242.35	0.162	0.204	0.272	0.312	0.364	0.370	0.398	0.430	0.452
	载货汽车 8t	台班	521.59	—	—	—	—	—	—	—	0.008	0.015
	汽车式起重机 8t	台班	767.15	—	—	—	—	—	—	—	0.008	0.015

工作内容：管子切口、坡口加工、管口组对、焊接。 **单位：**10个

编号				6-1249	6-1250	6-1251	6-1252	6-1253	6-1254	6-1255	6-1256	6-1257
项目				公称直径(mm以内)								
				125	150	200	250	300	350	400	450	500
预算基价	总价(元)			**3483.43**	**4685.53**	**8618.57**	**12628.14**	**19391.69**	**22063.05**	**29205.31**	**35749.54**	**44525.34**
	人工费(元)			1977.75	2523.15	4234.95	5945.40	8424.00	9394.65	11992.05	14428.80	17895.60
	材料费(元)			913.52	1353.25	2862.18	4346.96	7234.38	8303.64	11703.59	14608.95	18742.01
	机械费(元)			592.16	809.13	1521.44	2335.78	3733.31	4364.76	5509.67	6711.79	7887.73
组成内容		**单位**	**单价**	**数量**								
人工	综合工	工日	135.00	14.65	18.69	31.37	44.04	62.40	69.59	88.83	106.88	132.56
材料	高压合金钢对焊管件	个	—	(10)	(10)	(10)	(10)	(10)	(10)	(10)	(10)	(10)
	合金钢焊丝	kg	16.53	0.588	0.752	1.132	1.484	1.880	2.183	2.199	2.807	2.880
	合金钢电焊条	kg	26.56	30.524	46.154	100.396	153.454	259.080	297.327	423.185	528.676	681.818
	氩气	m^3	18.60	1.645	2.106	3.171	4.154	5.266	6.112	6.157	7.859	7.884
	钍钨棒	kg	640.87	0.00329	0.00421	0.00634	0.00831	0.01053	0.01222	0.01231	0.01572	0.01577
	尼龙砂轮片 *D*100×16×3	片	3.92	3.849	5.270	8.995	13.243	20.266	23.269	29.007	36.945	42.939
	氧气	m^3	2.88	3.540	3.997	6.235	9.491	11.699	14.019	17.641	20.478	24.300
	乙炔气	kg	14.66	1.180	1.332	2.078	3.164	3.891	4.673	5.880	6.826	8.100
	零星材料费	元	—	17.80	21.40	30.23	38.47	47.26	48.94	54.32	60.79	71.52
机械	电焊条烘干箱 600×500×750	台班	27.16	0.410	0.576	1.088	1.622	2.639	3.028	4.047	5.056	6.522
	电焊机（综合）	台班	74.17	4.095	5.768	10.881	16.230	26.387	30.284	40.480	50.569	65.216
	氩弧焊机 500A	台班	96.11	0.904	1.158	1.741	2.283	2.893	3.359	3.384	4.318	—
	电动葫芦 单速 3t	台班	33.90	0.554	0.658	1.296	1.314	—	—	—	—	—
	半自动切割机 100mm	台班	88.45	—	0.238	0.381	0.761	1.102	1.291	1.531	1.758	2.240
	普通车床 630×2000	台班	242.35	0.554	0.658	1.496	2.028	2.651	3.153	3.777	4.353	5.128
	载货汽车 8t	台班	521.59	0.029	0.040	0.060	0.100	0.140	0.181	0.233	0.285	0.352
	电动双梁起重机 5t	台班	190.91	—	—	—	0.714	2.651	3.153	3.777	4.353	5.128
	汽车式起重机 8t	台班	767.15	0.029	0.040	0.060	0.100	0.140	0.181	0.233	0.285	0.352

第三章　阀 门 安 装

说　明

一、本章适用范围：低、中、高压管道上的各种阀门安装。

二、阀门安装子目综合考虑了壳体压力试验、解体研磨工作内容。

三、调节阀门安装基价仅包括安装工序内容，配合安装工作内容由仪表专业考虑。

四、安全阀门包括壳体压力试验及调试内容。

五、电动阀门安装包括电动机的安装。

六、各种法兰阀门安装不包括法兰安装，基价中只包括一个垫片和一副法兰用的螺栓。

七、法兰阀门本身用的透镜垫和螺栓安装费用已计入基价，但其本身价格应另计，其中螺栓按实际用量加损耗量计算。

八、基价内垫片材质与实际不符时，可按实际调整。

九、阀门壳体压力试验介质是按水考虑的，如设计要求其他介质，可按实际计算。

十、仪表的流量计安装，执行阀门安装相应子目，基价乘以系数 0.70。

十一、各种形式补偿器（除方形补偿器外）、仪表流量计均执行阀门安装相应子目。

十二、减压阀直径按高压侧计算。

工程量计算规则

阀门安装依据阀门压力、种类、材质、连接方式、型号、规格，按设计图示数量计算。

一、低压阀门

1.螺纹阀门

工作内容：阀门壳体压力试验、阀门解体检查及研磨、管子切口、套丝、上阀门。

单位：个

编号				6-1258	6-1259	6-1260	6-1261	6-1262	6-1263
项目				公称直径(mm以内)					
				15	20	25	32	40	50
预算基价	总价(元)			**36.23**	**37.83**	**43.59**	**54.97**	**59.79**	**69.74**
	人工费(元)			29.70	31.05	36.45	47.25	51.30	60.75
	材料费(元)			3.89	4.10	4.42	4.92	5.30	5.76
	机械费(元)			2.64	2.68	2.72	2.80	3.19	3.23
组成内容		单位	单价	数量					
人工	综合工	工日	135.00	0.22	0.23	0.27	0.35	0.38	0.45
材料	低压螺纹阀门	个	—	(1.01)	(1.01)	(1.01)	(1.01)	(1.01)	(1.01)
	碳钢电焊条 E4303 *D*3.2	kg	7.59	0.165	0.165	0.165	0.165	0.165	0.165
	尼龙砂轮片 *D*500×25×4	片	18.69	0.008	0.010	0.012	0.016	0.018	0.026
	零星材料费	元	—	2.49	2.66	2.94	3.37	3.71	4.02
机械	试压泵 60MPa	台班	24.94	0.014	0.014	0.014	0.014	0.028	0.028
	直流弧焊机 20kW	台班	75.06	0.03	0.03	0.03	0.03	0.03	0.03
	砂轮切割机 *D*500	台班	39.52	0.001	0.002	0.003	0.005	0.006	0.007

2.焊接阀门

工作内容：阀门壳体压力试验、阀门解体检查及研磨、管子切口、管口组对、焊接。 **单位：**个

编号				6-1264	6-1265	6-1266	6-1267	6-1268	6-1269
项目				公称直径(mm以内)					
				15	20	25	32	40	50
预算基价	总价(元)			**36.11**	**38.04**	**43.32**	**51.68**	**57.29**	**68.46**
	人工费(元)			27.00	28.35	32.40	39.15	43.20	52.65
	材料费(元)			4.44	4.73	5.18	5.94	6.49	7.18
	机械费(元)			4.67	4.96	5.74	6.59	7.60	8.63
组成内容		**单位**	**单价**	**数量**					
人工	综合工	工日	135.00	0.20	0.21	0.24	0.29	0.32	0.39
材料	低压焊接阀门	个	—	(1)	(1)	(1)	(1)	(1)	(1)
	碳钢电焊条 E4303 *D*3.2	kg	7.59	0.209	0.214	0.228	0.247	0.259	0.282
	尼龙砂轮片 *D*100×16×3	片	3.92	0.003	0.004	0.005	0.007	0.019	0.023
	尼龙砂轮片 *D*500×25×4	片	18.69	0.008	0.010	0.012	0.016	0.018	0.026
	氧气	m^3	2.88	0.141	0.141	0.141	0.148	0.149	0.150
	乙炔气	kg	14.66	0.047	0.047	0.047	0.049	0.050	0.050
	零星材料费	元	—	1.60	1.81	2.11	2.59	2.95	3.30
机械	试压泵 60MPa	台班	24.94	0.014	0.014	0.014	0.014	0.028	0.028
	电焊条烘干箱 600×500×750	台班	27.16	0.002	0.003	0.003	0.004	0.005	0.006
	电焊机（综合）	台班	74.17	0.057	0.060	0.070	0.080	0.088	0.101
	砂轮切割机 *D*500	台班	39.52	0.001	0.002	0.003	0.005	0.006	0.007

3.法兰阀门

工作内容：阀门壳体压力试验、阀门解体检查及研磨、阀门安装、垂直运输。 **单位：**个

编号				6-1270	6-1271	6-1272	6-1273	6-1274	6-1275	6-1276	6-1277	6-1278	6-1279
项目				公称直径(mm以内)									
				15	20	25	32	40	50	65	80	100	125
预算基价	总价(元)			**41.39**	**41.66**	**42.11**	**46.47**	**47.30**	**53.01**	**80.71**	**96.73**	**127.01**	**159.66**
	人工费(元)			35.10	35.10	35.10	39.15	39.15	44.55	71.55	86.40	114.75	144.45
	材料费(元)			3.69	3.96	4.41	4.72	5.20	5.51	6.11	7.18	8.96	11.04
	机械费(元)			2.60	2.60	2.60	2.60	2.95	2.95	3.05	3.15	3.30	4.17
组成内容		**单位**	**单价**	**数量**									
人工	综合工	工日	135.00	0.26	0.26	0.26	0.29	0.29	0.33	0.53	0.64	0.85	1.07
材料	低压法兰阀门	个	—	(1)	(1)	(1)	(1)	(1)	(1)	(1)	(1)	(1)	(1)
	石棉橡胶板 低中压 $\delta 0.8 \sim 6.0$	kg	20.02	0.01	0.02	0.04	0.04	0.06	0.07	0.09	0.13	0.17	0.23
	碳钢电焊条 E4303 $D3.2$	kg	7.59	0.165	0.165	0.165	0.165	0.165	0.165	0.165	0.165	0.165	0.165
	零星材料费	元	—	2.24	2.31	2.36	2.67	2.75	2.86	3.06	3.33	4.30	5.18
机械	试压泵 60MPa	台班	24.94	0.014	0.014	0.014	0.014	0.028	0.028	0.032	0.036	0.042	0.077
	直流弧焊机 20kW	台班	75.06	0.03	0.03	0.03	0.03	0.03	0.03	0.03	0.03	0.03	0.03

工作内容： 阀门壳体压力试验、阀门解体检查及研磨、阀门安装、垂直运输。　　　　**单位：** 个

编　号				6-1280	6-1281	6-1282	6-1283	6-1284	6-1285	6-1286	6-1287	6-1288	6-1289
项　目				公称直径(mm以内)									
				150	200	250	300	350	400	450	500	600	700
预算基价	总　价(元)			**184.52**	**328.38**	**471.11**	**554.97**	**646.48**	**764.75**	**896.71**	**991.83**	**1334.40**	**1721.30**
	人 工 费(元)			166.05	260.55	386.10	467.10	508.95	612.90	711.45	800.55	1040.85	1368.90
	材 料 费(元)			13.42	16.24	20.53	23.39	29.35	35.59	47.41	51.79	61.58	72.66
	机 械 费(元)			5.05	51.59	64.48	64.48	108.18	116.26	137.85	139.49	231.97	279.74
组 成 内 容		**单位**	**单价**	**数　量**									
人工	综合工	工日	135.00	1.23	1.93	2.86	3.46	3.77	4.54	5.27	5.93	7.71	10.14
材料	低压法兰阀门	个	—	(1)	(1)	(1)	(1)	(1)	(1)	(1)	(1)	(1)	(1)
	石棉橡胶板 低中压 δ0.8～6.0	kg	20.02	0.28	0.33	0.37	0.40	0.54	0.69	0.81	0.83	0.84	1.03
	碳钢电焊条 E4303 D3.2	kg	7.59	0.165	0.165	0.165	0.165	0.165	0.165	0.165	0.165	0.165	0.165
	零星材料费	元	—	6.56	8.38	11.87	14.13	17.29	20.52	29.94	33.92	43.51	50.79
机械	试压泵 60MPa	台班	24.94	0.112	0.112	0.112	0.112	0.126	0.140	0.154	0.168	0.168	0.182
	直流弧焊机 20kW	台班	75.06	0.03	0.03	0.03	0.03	0.03	0.03	0.03	0.03	0.03	0.03
	载货汽车 8t	台班	521.59	—	—	0.010	0.010	0.023	0.029	0.030	0.031	0.046	0.057
	汽车式起重机 8t	台班	767.15	—	—	0.010	0.010	0.023	0.029	0.030	0.031	0.046	0.057
	吊装机械（综合）	台班	664.97	—	0.07	0.07	0.07	0.11	0.11	0.14	0.14	0.25	0.30

工作内容：阀门壳体压力试验、阀门解体检查及研磨、阀门安装、垂直运输。

单位：个

编号				6-1290	6-1291	6-1292	6-1293	6-1294	6-1295	6-1296	6-1297
项目				公称直径(mm以内)							
				800	900	1000	1200	1400	1600	1800	2000
预算基价	总价(元)			**2071.17**	**2404.90**	**2794.27**	**3689.04**	**4233.65**	**4888.47**	**5786.48**	**6612.41**
	人工费(元)			1624.05	1894.05	2193.75	2851.20	3260.25	3782.70	4487.40	5151.60
	材料费(元)			89.97	103.69	120.16	139.34	181.54	219.68	261.90	311.15
	机械费(元)			357.15	407.16	480.36	698.50	791.86	886.09	1037.18	1149.66
组成内容		**单位**	**单价**	**数量**							
人工	综合工	工日	135.00	12.03	14.03	16.25	21.12	24.15	28.02	33.24	38.16
材料	低压法兰阀门	个	—	(1)	(1)	(1)	(1)	(1)	(1)	(1)	(1)
	石棉橡胶板 低中压 δ0.8～6.0	kg	20.02	1.16	1.30	1.31	1.46	2.16	2.45	2.60	2.90
	碳钢电焊条 E4303 *D*3.2	kg	7.59	0.165	0.165	0.165	0.292	0.292	0.292	0.567	0.567
	零星材料费	元	—	65.49	76.41	92.68	107.89	136.08	168.41	205.54	248.79
机械	试压泵 60MPa	台班	24.94	0.196	0.196	0.196	0.210	0.210	0.210	0.210	0.210
	直流弧焊机 20kW	台班	75.06	0.03	0.03	0.03	0.53	0.53	0.53	1.03	1.03
	载货汽车 8t	台班	521.59	0.091	0.104	0.135	0.182	0.208	0.245	0.297	0.343
	汽车式起重机 8t	台班	767.15	0.091	0.104	0.135	0.182	0.208	0.245	0.297	0.343
	吊装机械（综合）	台班	664.97	0.35	0.40	0.45	0.63	0.72	0.79	0.86	0.94

4.低压齿轮、液压传动、电动阀门

工作内容：阀门壳体压力试验、阀门解体检查及研磨、阀门调试、阀门安装、垂直运输。　　**单位：**个

编　　号				6-1298	6-1299	6-1300	6-1301	6-1302	6-1303	6-1304	6-1305	6-1306	6-1307
项　　目				公称直径(mm以内)									
				100	125	150	200	250	300	350	400	450	500
预算基价	总　　价(元)			**171.56**	**216.36**	**241.22**	**425.44**	**591.06**	**701.92**	**879.81**	**1048.03**	**1220.43**	**1338.50**
	人　工　费(元)			159.30	201.15	222.75	348.30	495.45	603.45	727.65	881.55	1016.55	1128.60
	材　料　费(元)			8.96	11.04	13.42	16.24	20.53	23.39	29.35	35.59	47.41	51.79
	机　械　费(元)			3.30	4.17	5.05	60.90	75.08	75.08	122.81	130.89	156.47	158.11
组成内容		**单位**	**单价**	**数　　量**									
人工	综合工	工日	135.00	1.18	1.49	1.65	2.58	3.67	4.47	5.39	6.53	7.53	8.36
材料	法兰阀门	个	—	(1)	(1)	(1)	(1)	(1)	(1)	(1)	(1)	(1)	(1)
	石棉橡胶板 低中压 δ0.8～6.0	kg	20.02	0.17	0.23	0.28	0.33	0.37	0.40	0.54	0.69	0.81	0.83
	碳钢电焊条 E4303 D3.2	kg	7.59	0.165	0.165	0.165	0.165	0.165	0.165	0.165	0.165	0.165	0.165
	零星材料费	元	—	4.30	5.18	6.56	8.38	11.87	14.13	17.29	20.52	29.94	33.92
机械	试压泵 60MPa	台班	24.94	0.042	0.077	0.112	0.112	0.112	0.112	0.126	0.140	0.154	0.168
	直流弧焊机 20kW	台班	75.06	0.03	0.03	0.03	0.03	0.03	0.03	0.03	0.03	0.03	0.03
	吊装机械（综合）	台班	664.97	—	—	—	0.084	0.084	0.084	0.132	0.132	0.168	0.168
	载货汽车 8t	台班	521.59	—	—	—	—	0.011	0.011	0.023	0.029	0.030	0.031
	汽车式起重机 8t	台班	767.15	—	—	—	—	0.011	0.011	0.023	0.029	0.030	0.031

工作内容：阀门壳体压力试验、阀门解体检查及研磨、阀门调试、阀门安装、垂直运输。 **单位：**个

编号				6-1308	6-1309	6-1310	6-1311	6-1312	6-1313	6-1314	6-1315	6-1316	6-1317
项目				公称直径(mm以内)									
				600	700	800	900	1000	1200	1400	1600	1800	2000
预算基价	总价(元)			**1741.59**	**2218.85**	**2721.17**	**3204.64**	**3738.36**	**4854.18**	**5502.55**	**6384.03**	**7500.60**	**8688.17**
	人工费(元)			1414.80	1826.55	2227.50	2640.60	3078.00	3932.55	4433.40	5173.20	6087.15	7102.35
	材料费(元)			61.58	72.66	89.97	103.69	120.16	139.34	181.54	219.68	261.90	311.15
	机械费(元)			265.21	319.64	403.70	460.35	540.20	782.29	887.61	991.15	1151.55	1274.67
组成内容		**单位**	**单价**	**数量**									
人工	综合工	工日	135.00	10.48	13.53	16.50	19.56	22.80	29.13	32.84	38.32	45.09	52.61
材料	法兰阀门	个	—	(1)	(1)	(1)	(1)	(1)	(1)	(1)	(1)	(1)	(1)
	石棉橡胶板 低中压 δ0.8～6.0	kg	20.02	0.84	1.03	1.16	1.30	1.31	1.46	2.16	2.45	2.60	2.90
	碳钢电焊条 E4303 D3.2	kg	7.59	0.165	0.165	0.165	0.165	0.165	0.292	0.292	0.292	0.567	0.567
	零星材料费	元	—	43.51	50.79	65.49	76.41	92.68	107.89	136.08	168.41	205.54	248.79
机械	试压泵 60MPa	台班	24.94	0.168	0.182	0.196	0.196	0.196	0.210	0.210	0.210	0.210	0.210
	直流弧焊机 20kW	台班	75.06	0.03	0.03	0.03	0.03	0.03	0.53	0.53	0.53	1.03	1.03
	载货汽车 8t	台班	521.59	0.046	0.057	0.091	0.104	0.135	0.182	0.208	0.245	0.297	0.343
	汽车式起重机 8t	台班	767.15	0.046	0.057	0.091	0.104	0.135	0.182	0.208	0.245	0.297	0.343
	吊装机械（综合）	台班	664.97	0.300	0.360	0.420	0.480	0.540	0.756	0.864	0.948	1.032	1.128

5.塑 料 阀 门

工作内容：阀门壳体压力试验、管子切口、管口组对、法兰焊接、阀门安装、垂直运输。 **单位：**个

	编　号			6-1318	6-1319	6-1320	6-1321	6-1322	6-1323
	项　目			公称直径(mm以内)					
				20	25	32	40	50	65
预算基价	总　价(元)			**59.85**	**68.27**	**74.80**	**86.95**	**99.03**	**128.79**
	人 工 费(元)			47.25	54.00	59.40	68.85	76.95	102.60
	材 料 费(元)			7.94	9.11	10.05	12.46	14.90	18.09
	机 械 费(元)			4.66	5.16	5.35	5.64	7.18	8.10
	组 成 内 容	**单位**	**单价**	**数　量**					
人工	综合工	工日	135.00	0.35	0.40	0.44	0.51	0.57	0.76
材料	塑料阀门	个	—	(1)	(1)	(1)	(1)	(1)	(1)
	塑料法兰 带螺栓	片	—	(2)	(2)	(2)	(2)	(2)	(2)
	塑料焊条	kg	13.07	0.003	0.004	0.004	0.007	0.014	0.016
	碳钢电焊条 E4303 $D3.2$	kg	7.59	0.165	0.165	0.165	0.165	0.165	0.165
	电	kW·h	0.73	0.220	0.270	0.287	0.294	0.449	0.533
	电阻丝	根	11.04	0.003	0.003	0.003	0.004	0.004	0.004
	石棉橡胶板 低中压 $\delta0.8\sim6.0$	kg	20.02	0.02	0.04	0.04	0.06	0.07	0.09
	零星材料费	元	—	6.05	6.77	7.70	9.66	11.69	14.39
机械	直流弧焊机 20kW	台班	75.06	0.03	0.03	0.03	0.03	0.03	0.03
	电动空气压缩机 0.6m^3	台班	38.51	0.056	0.069	0.074	0.075	0.115	0.137
	试压泵 60MPa	台班	24.94	0.010	0.010	0.010	0.020	0.020	0.023

工作内容：阀门壳体压力试验、管子切口、管口组对、法兰焊接、阀门安装、垂直运输。 **单位：**个

编号				6-1324	6-1325	6-1326	6-1327	6-1328	6-1329
项目				公称直径(mm以内)					
				80	100	125	150	200	250
预算基价	总价(元)			**146.74**	**178.74**	**229.44**	**272.45**	**399.31**	**702.12**
	人工费(元)			113.40	136.35	172.80	205.20	315.90	580.50
	材料费(元)			24.32	32.07	41.69	50.03	60.83	93.30
	机械费(元)			9.02	10.32	14.95	17.22	22.58	28.32
组成内容		单位	单价	数量					
人工	综合工	工日	135.00	0.84	1.01	1.28	1.52	2.34	4.30
材料	塑料阀门	个	—	(1)	(1)	(1)	(1)	(1)	(1)
	塑料法兰 带螺栓	片	—	(2)	(2)	(2)	(2)	(2)	(2)
	塑料焊条	kg	13.07	0.021	0.038	0.054	0.067	0.119	0.428
	碳钢电焊条 E4303 *D*3.2	kg	7.59	0.165	0.165	0.165	0.165	0.165	0.165
	电	kW·h	0.73	0.621	0.743	1.148	1.315	1.856	2.558
	电阻丝	根	11.04	0.005	0.006	0.006	0.007	0.007	0.008
	石棉橡胶板 低中压 δ0.8～6.0	kg	20.02	0.13	0.17	0.23	0.28	0.33	0.37
	零星材料费	元	—	19.68	26.31	34.22	41.26	49.98	77.09
机械	直流弧焊机 20kW	台班	75.06	0.03	0.03	0.03	0.03	0.03	0.03
	电动空气压缩机 0.6m^3	台班	38.51	0.159	0.190	0.294	0.337	0.476	0.625
	试压泵 60MPa	台班	24.94	0.026	0.030	0.055	0.080	0.080	0.080

6.玻璃阀门

工作内容：阀门壳体压力试验、阀门安装。 **单位：**个

编号				6-1330	6-1331	6-1332	6-1333	6-1334	6-1335
项目				公称直径(mm以内)					
				40	50	65	80	100	125
预算基价	总价(元)			**83.87**	**98.93**	**130.46**	**135.65**	**165.77**	**216.24**
	人工费(元)			71.55	85.05	113.40	117.45	144.45	190.35
	材料费(元)			9.57	11.13	14.23	15.30	18.32	22.27
	机械费(元)			2.75	2.75	2.83	2.90	3.00	3.62
组成内容		单位	单价	数量					
人工	综合工	工日	135.00	0.53	0.63	0.84	0.87	1.07	1.41
材料	玻璃阀门	个	—	(1)	(1)	(1)	(1)	(1)	(1)
	石棉橡胶板 低中压 δ0.8~6.0	kg	20.02	0.06	0.07	0.09	0.13	0.17	0.23
	碳钢电焊条 E4303 D3.2	kg	7.59	0.165	0.165	0.165	0.165	0.165	0.165
	零星材料费	元	—	7.12	8.48	11.18	11.45	13.66	16.41
机械	直流弧焊机 20kW	台班	75.06	0.03	0.03	0.03	0.03	0.03	0.03
	试压泵 60MPa	台班	24.94	0.020	0.020	0.023	0.026	0.030	0.055

7.安 全 阀 门

工作内容：阀门壳体压力试验、阀门调试、阀门安装、垂直运输。 **单位：**个

编号				6-1336	6-1337	6-1338	6-1339	6-1340
项目				公称直径(mm以内)				
				20	25	32	40	50
预算基价	总价(元)			**87.28**	**87.73**	**92.17**	**92.97**	**97.44**
	人工费(元)			76.95	76.95	81.00	81.00	85.05
	材料费(元)			7.58	8.03	8.34	8.82	9.14
	机械费(元)			2.75	2.75	2.83	3.15	3.25
组成内容		**单位**	**单价**	**数量**				
人工	综合工	工日	135.00	0.57	0.57	0.60	0.60	0.63
材料	低压安全阀门	个	—	(1)	(1)	(1)	(1)	(1)
	石棉橡胶板 低中压 δ0.8～6.0	kg	20.02	0.02	0.04	0.04	0.06	0.07
	碳钢电焊条 E4303 D3.2	kg	7.59	0.165	0.165	0.165	0.165	0.165
	零星材料费	元	—	5.93	5.98	6.29	6.37	6.49
机械	试压泵 60MPa	台班	24.94	0.020	0.020	0.023	0.036	0.040
	直流弧焊机 20kW	台班	75.06	0.03	0.03	0.03	0.03	0.03

工作内容：阀门壳体压力试验、阀门调试、阀门安装、垂直运输。 **单位：**个

编号				6-1341	6-1342	6-1343	6-1344	6-1345	6-1346
项目				公称直径(mm以内)					
				65	80	100	125	150	200
预算基价	总价(元)			**146.79**	**153.41**	**212.68**	**262.58**	**273.67**	**374.36**
	人工费(元)			133.65	139.05	193.05	238.95	247.05	341.55
	材料费(元)			9.74	10.81	15.88	18.01	20.38	26.57
	机械费(元)			3.40	3.55	3.75	5.62	6.24	6.24
组成内容		**单位**	**单价**	**数量**					
人工	综合工	工日	135.00	0.99	1.03	1.43	1.77	1.83	2.53
材料	低压安全阀门	个	—	(1)	(1)	(1)	(1)	(1)	(1)
	石棉橡胶板 低中压 δ0.8～6.0	kg	20.02	0.09	0.13	0.17	0.23	0.28	0.33
	碳钢电焊条 E4303 D3.2	kg	7.59	0.165	0.165	0.165	0.165	0.165	0.165
	零星材料费	元	—	6.69	6.96	11.22	12.15	13.52	18.71
机械	试压泵 60MPa	台班	24.94	0.046	0.052	0.060	0.135	0.160	0.160
	直流弧焊机 20kW	台班	75.06	0.03	0.03	0.03	0.03	0.03	0.03

8.调 节 阀 门

工作内容：阀门安装、垂直运输。　　　　**单位：**个

编号				6-1347	6-1348	6-1349	6-1350	6-1351	6-1352	6-1353	6-1354	6-1355
项目				公称直径(mm以内)								
				20	25	32	40	50	65	80	100	125
预算基价	总价(元)			**42.25**	**42.65**	**42.65**	**43.05**	**43.25**	**74.70**	**78.20**	**114.10**	**140.95**
	人工费(元)			41.85	41.85	41.85	41.85	41.85	72.90	75.60	110.70	136.35
	材料费(元)			0.40	0.80	0.80	1.20	1.40	1.80	2.60	3.40	4.60
组成内容		**单位**	**单价**	**数量**								
人工	综合工	工日	135.00	0.31	0.31	0.31	0.31	0.31	0.54	0.56	0.82	1.01
材料	低压调节阀门	个	—	(1)	(1)	(1)	(1)	(1)	(1)	(1)	(1)	(1)
	石棉橡胶板 低中压 δ0.8～6.0	kg	20.02	0.02	0.04	0.04	0.06	0.07	0.09	0.13	0.17	0.23

工作内容：阀门安装、垂直运输。　　**单位：**个

编号				6-1356	6-1357	6-1358	6-1359	6-1360	6-1361	6-1362	6-1363
项目				公称直径(mm以内)							
				150	200	250	300	350	400	450	500
预算基价	总价(元)			**146.01**	**242.16**	**347.65**	**382.00**	**433.55**	**490.18**	**565.13**	**603.27**
	人工费(元)			140.40	189.00	280.80	314.55	319.95	365.85	417.15	453.60
	材料费(元)			5.61	6.61	7.41	8.01	10.81	13.81	16.22	16.62
	机械费(元)			—	46.55	59.44	59.44	102.79	110.52	131.76	133.05
组成内容		**单位**	**单价**	**数量**							
人工	综合工	工日	135.00	1.04	1.40	2.08	2.33	2.37	2.71	3.09	3.36
材料	低压调节阀门	个	—	(1)	(1)	(1)	(1)	(1)	(1)	(1)	(1)
	石棉橡胶板 低中压 δ0.8～6.0	kg	20.02	0.28	0.33	0.37	0.40	0.54	0.69	0.81	0.83
机械	吊装机械（综合）	台班	664.97	—	0.07	0.07	0.07	0.11	0.11	0.14	0.14
	载货汽车 8t	台班	521.59	—	—	0.010	0.010	0.023	0.029	0.030	0.031
	汽车式起重机 8t	台班	767.15	—	—	0.010	0.010	0.023	0.029	0.030	0.031

二、中 压 阀 门

1.螺 纹 阀 门

工作内容：阀门壳体压力试验、阀门解体检查及研磨、管子切口、套丝、上阀门。 **单位：**个

编号				6-1364	6-1365	6-1366	6-1367	6-1368	6-1369
项目				公称直径(mm以内)					
				15	20	25	32	40	50
预算基价	总价(元)			**39.01**	**42.10**	**46.51**	**59.38**	**65.32**	**75.57**
	人工费(元)			32.40	35.10	39.15	51.30	56.70	66.15
	材料费(元)			3.89	4.17	4.49	5.00	5.42	5.96
	机械费(元)			2.72	2.83	2.87	3.08	3.20	3.46
组成内容		**单位**	**单价**	**数量**					
人工	综合工	工日	135.00	0.24	0.26	0.29	0.38	0.42	0.49
材料	中压螺纹阀门	个	—	(1.01)	(1.01)	(1.01)	(1.01)	(1.01)	(1.01)
	碳钢电焊条 E4303 *D*3.2	kg	7.59	0.165	0.165	0.165	0.165	0.165	0.165
	尼龙砂轮片 *D*500×25×4	片	18.69	0.008	0.013	0.016	0.020	0.024	0.036
	零星材料费	元	—	2.49	2.67	2.94	3.37	3.72	4.03
机械	试压泵 60MPa	台班	24.94	0.017	0.017	0.017	0.022	0.027	0.034
	直流弧焊机 20kW	台班	75.06	0.03	0.03	0.03	0.03	0.03	0.03
	砂轮切割机 *D*500	台班	39.52	0.001	0.004	0.005	0.007	0.007	0.009

2.法 兰 阀 门

工作内容： 阀门壳体压力试验、阀门解体检查及研磨、阀门安装、垂直运输。 **单位：** 个

编号				6-1370	6-1371	6-1372	6-1373	6-1374	6-1375	6-1376	6-1377	6-1378
项目				公称直径（mm以内）								
				15	20	25	32	40	50	65	80	100
预算基价	总价（元）			**47.07**	**47.14**	**47.59**	**53.42**	**54.03**	**61.26**	**93.03**	**110.40**	**146.11**
	人工费（元）			40.50	40.50	40.50	45.90	45.90	52.65	83.70	99.90	133.65
	材料费（元）			3.89	3.96	4.41	4.72	5.20	5.51	6.11	7.18	8.96
	机械费（元）			2.68	2.68	2.68	2.80	2.93	3.10	3.22	3.32	3.50
组成内容		**单位**	**单价**	**数量**								
人工	综合工	工日	135.00	0.30	0.30	0.30	0.34	0.34	0.39	0.62	0.74	0.99
材料	中压法兰阀门	个	—	(1)	(1)	(1)	(1)	(1)	(1)	(1)	(1)	(1)
	石棉橡胶板 低中压 δ0.8～6.0	kg	20.02	0.02	0.02	0.04	0.04	0.06	0.07	0.09	0.13	0.17
	碳钢电焊条 E4303 D3.2	kg	7.59	0.165	0.165	0.165	0.165	0.165	0.165	0.165	0.165	0.165
	零星材料费	元	—	2.24	2.31	2.36	2.67	2.75	2.86	3.06	3.33	4.30
机械	试压泵 60MPa	台班	24.94	0.017	0.017	0.017	0.022	0.027	0.034	0.039	0.043	0.050
	直流弧焊机 20kW	台班	75.06	0.03	0.03	0.03	0.03	0.03	0.03	0.03	0.03	0.03

工作内容：阀门壳体压力试验、阀门解体检查及研磨、阀门安装、垂直运输。

单位：个

编号				6-1379	6-1380	6-1381	6-1382	6-1383	6-1384	6-1385	6-1386	6-1387
项目				公称直径(mm以内)								
				125	150	200	250	300	350	400	450	500
预算基价	总价(元)			**184.34**	**212.06**	**372.13**	**528.36**	**618.97**	**728.11**	**869.40**	**1020.33**	**1131.73**
	人工费(元)			168.75	193.05	303.75	442.80	530.55	589.95	716.85	834.30	939.60
	材料费(元)			11.04	13.42	16.24	20.53	23.39	29.35	35.59	47.41	51.79
	机械费(元)			4.55	5.59	52.14	65.03	65.03	108.81	116.96	138.62	140.34
组成内容		**单位**	**单价**	**数量**								
人工	综合工	工日	135.00	1.25	1.43	2.25	3.28	3.93	4.37	5.31	6.18	6.96
材料	中压法兰阀门	个	—	(1)	(1)	(1)	(1)	(1)	(1)	(1)	(1)	(1)
	石棉橡胶板 低中压 δ0.8～6.0	kg	20.02	0.23	0.28	0.33	0.37	0.40	0.54	0.69	0.81	0.83
	碳钢电焊条 E4303 D3.2	kg	7.59	0.165	0.165	0.165	0.165	0.165	0.165	0.165	0.165	0.165
	零星材料费	元	—	5.18	6.56	8.38	11.87	14.13	17.29	20.52	29.94	33.92
机械	试压泵 60MPa	台班	24.94	0.092	0.134	0.134	0.134	0.134	0.151	0.168	0.185	0.202
	直流弧焊机 20kW	台班	75.06	0.03	0.03	0.03	0.03	0.03	0.03	0.03	0.03	0.03
	吊装机械（综合）	台班	664.97	—	—	0.07	0.07	0.07	0.11	0.11	0.14	0.14
	载货汽车 8t	台班	521.59	—	—	—	0.010	0.010	0.023	0.029	0.030	0.031
	汽车式起重机 8t	台班	767.15	—	—	—	0.010	0.010	0.023	0.029	0.030	0.031

3. 齿轮、液压传动、电动阀门

工作内容： 阀门壳体压力试验、阀门解体检查及研磨、阀门调试、阀门安装、垂直运输。 **单位：** 个

编号				6-1388	6-1389	6-1390	6-1391	6-1392	6-1393	6-1394	6-1395	6-1396	6-1397
项目				公称直径(mm以内)									
				100	125	150	200	250	300	350	400	450	500
预算基价	总价(元)			**209.56**	**263.99**	**294.41**	**509.69**	**702.31**	**830.72**	**1043.78**	**1249.88**	**1456.10**	**1603.95**
	人工费(元)			197.10	248.40	275.40	432.00	606.15	731.70	891.00	1082.70	1251.45	1393.20
	材料费(元)			8.96	11.04	13.42	16.24	20.53	23.39	29.35	35.59	47.41	51.79
	机械费(元)			3.50	4.55	5.59	61.45	75.63	75.63	123.43	131.59	157.24	158.96
组成内容		**单位**	**单价**	**数量**									
人工	综合工	工日	135.00	1.46	1.84	2.04	3.20	4.49	5.42	6.60	8.02	9.27	10.32
材料	中压法兰阀门	个	—	(1)	(1)	(1)	(1)	(1)	(1)	(1)	(1)	(1)	(1)
	石棉橡胶板 低中压 δ0.8~6.0	kg	20.02	0.17	0.23	0.28	0.33	0.37	0.40	0.54	0.69	0.81	0.83
	碳钢电焊条 E4303 D3.2	kg	7.59	0.165	0.165	0.165	0.165	0.165	0.165	0.165	0.165	0.165	0.165
	零星材料费	元	—	4.30	5.18	6.56	8.38	11.87	14.13	17.29	20.52	29.94	33.92
机械	试压泵 60MPa	台班	24.94	0.050	0.092	0.134	0.134	0.134	0.134	0.151	0.168	0.185	0.202
	直流弧焊机 20kW	台班	75.06	0.03	0.03	0.03	0.03	0.03	0.03	0.03	0.03	0.03	0.03
	吊装机械（综合）	台班	664.97	—	—	—	0.084	0.084	0.084	0.132	0.132	0.168	0.168
	载货汽车 8t	台班	521.59	—	—	—	—	0.011	0.011	0.023	0.029	0.030	0.031
	汽车式起重机 8t	台班	767.15	—	—	—	—	0.011	0.011	0.023	0.029	0.030	0.031

工作内容： 阀门壳体压力试验、阀门解体检查及研磨、阀门调试、阀门安装、垂直运输。　　　　**单位：** 个

编号				6-1398	6-1399	6-1400	6-1401	6-1402	6-1403	6-1404	6-1405	6-1406	6-1407
项目				公称直径(mm以内)									
				600	700	800	900	1000	1200	1400	1600	1800	2000
预算基价	总价(元)			**2089.39**	**2488.88**	**3064.38**	**3637.93**	**4310.65**	**5380.17**	**6202.86**	**7283.01**	**8619.71**	**10163.53**
	人工费(元)			1761.75	2095.20	2569.05	3071.25	3646.35	4456.35	5134.05	6076.35	7215.75	8594.10
	材料费(元)			61.58	72.65	89.51	102.96	119.26	135.27	172.87	204.73	238.76	277.70
	机械费(元)			266.06	321.03	405.82	463.72	545.04	788.55	895.94	1001.93	1165.20	1291.73
组成内容		**单位**	**单价**	**数量**									
人工	综合工	工日	135.00	13.05	15.52	19.03	22.75	27.01	33.01	38.03	45.01	53.45	63.66
材料	中压法兰阀门	个	—	(1)	(1)	(1)	(1)	(1)	(1)	(1)	(1)	(1)	(1)
	石棉橡胶板 低中压 δ0.8～6.0	kg	20.02	0.84	1.03	1.16	1.30	1.31	1.46	2.16	2.45	2.60	2.90
	碳钢电焊条 E4303 D3.2	kg	7.59	0.165	0.165	0.165	0.165	0.165	0.292	0.292	0.292	0.567	0.567
	零星材料费	元	—	43.51	50.78	65.03	75.68	91.78	103.82	127.41	153.46	182.40	215.34
机械	试压泵 60MPa	台班	24.94	0.202	0.238	0.281	0.331	0.390	0.461	0.544	0.642	0.757	0.894
	直流弧焊机 20kW	台班	75.06	0.03	0.03	0.03	0.03	0.03	0.53	0.53	0.53	1.03	1.03
	载货汽车 8t	台班	521.59	0.046	0.057	0.091	0.104	0.135	0.182	0.208	0.245	0.297	0.343
	汽车式起重机 8t	台班	767.15	0.046	0.057	0.091	0.104	0.135	0.182	0.208	0.245	0.297	0.343
	吊装机械（综合）	台班	664.97	0.300	0.360	0.420	0.480	0.540	0.756	0.864	0.948	1.032	1.128

4.安 全 阀 门

工作内容：阀门壳体压力试验、阀门调试、阀门安装、垂直运输。 **单位：**个

编号				6-1408	6-1409	6-1410	6-1411	6-1412	6-1413
项目				公称直径(mm以内)					
				20	25	32	40	50	65
预算基价	总价(元)			**98.18**	**98.63**	**103.19**	**103.82**	**108.44**	**165.94**
	人工费(元)			87.75	87.75	91.80	91.80	95.85	152.55
	材料费(元)			7.58	8.03	8.34	8.82	9.14	9.74
	机械费(元)			2.85	2.85	3.05	3.20	3.45	3.65
组成内容		**单位**	**单价**	**数量**					
人工	综合工	工日	135.00	0.65	0.65	0.68	0.68	0.71	1.13
材料	中压安全阀门	个	—	(1)	(1)	(1)	(1)	(1)	(1)
	石棉橡胶板 低中压 δ0.8～6.0	kg	20.02	0.02	0.04	0.04	0.06	0.07	0.09
	碳钢电焊条 E4303 D3.2	kg	7.59	0.165	0.165	0.165	0.165	0.165	0.165
	零星材料费	元	—	5.93	5.98	6.29	6.37	6.49	6.69
机械	试压泵 60MPa	台班	24.94	0.024	0.024	0.032	0.038	0.048	0.056
	直流弧焊机 20kW	台班	75.06	0.03	0.03	0.03	0.03	0.03	0.03

工作内容：阀门壳体压力试验、阀门调试、阀门安装、垂直运输。 **单位：**个

编　　号				6-1414	6-1415	6-1416	6-1417	6-1418
项　　目				公称直径(mm以内)				
				80	100	125	150	200
预算基价	总　　价(元)			**172.56**	**238.63**	**292.95**	**302.82**	**414.27**
	人　工　费(元)			157.95	218.70	268.65	275.40	379.35
	材　料　费(元)			10.81	15.88	18.01	20.38	26.68
	机　械　费(元)			3.80	4.05	6.29	7.04	8.24
组 成 内 容		**单位**	**单价**	**数　　量**				
人工	综合工	工日	135.00	1.17	1.62	1.99	2.04	2.81
材料	中压安全阀门	个	—	(1)	(1)	(1)	(1)	(1)
	石棉橡胶板 低中压 δ0.8～6.0	kg	20.02	0.13	0.17	0.23	0.28	0.33
	碳钢电焊条 E4303 D3.2	kg	7.59	0.165	0.165	0.165	0.165	0.165
	零星材料费	元	—	6.96	11.22	12.15	13.52	18.82
机械	试压泵 60MPa	台班	24.94	0.062	0.072	0.162	0.192	0.240
	直流弧焊机 20kW	台班	75.06	0.03	0.03	0.03	0.03	0.03

5.焊接阀门

工作内容：阀门壳体压力试验、阀门解体检查及研磨、管子切口、管口组对、焊接。 **单位：**个

编号				6-1419	6-1420	6-1421	6-1422	6-1423	6-1424
项目				公称直径(mm以内)					
				15	20	25	32	40	50
预算基价	总价(元)			**39.10**	**46.64**	**52.15**	**62.35**	**71.27**	**85.41**
	人工费(元)			29.70	35.10	39.15	47.25	54.00	64.80
	材料费(元)			4.40	4.99	5.49	6.37	7.30	8.31
	机械费(元)			5.00	6.55	7.51	8.73	9.97	12.30
组成内容		单位	单价	数量					
人工	综合工	工日	135.00	0.22	0.26	0.29	0.35	0.40	0.48
材料	中压焊接阀门	个	—	(1)	(1)	(1)	(1)	(1)	(1)
	碳钢电焊条 E4303 *D*3.2	kg	7.59	0.203	0.241	0.258	0.280	0.342	0.390
	尼龙砂轮片 *D*100×16×3	片	3.92	0.004	0.004	0.005	0.023	0.027	0.038
	尼龙砂轮片 *D*500×25×4	片	18.69	0.008	0.013	0.016	0.020	0.024	0.036
	氧气	m^3	2.88	0.141	0.141	0.141	0.152	0.153	0.157
	乙炔气	kg	14.66	0.047	0.047	0.047	0.051	0.051	0.052
	零星材料费	元	—	1.60	1.81	2.12	2.60	2.96	3.31
机械	试压泵 60MPa	台班	24.94	0.017	0.017	0.017	0.022	0.027	0.034
	电焊条烘干箱 600×500×750	台班	27.16	0.003	0.004	0.005	0.007	0.007	0.010
	电焊机（综合）	台班	74.17	0.060	0.079	0.091	0.104	0.119	0.146
	砂轮切割机 *D*500	台班	39.52	0.001	0.004	0.005	0.007	0.007	0.009

6.调节阀门

工作内容：阀门安装、垂直运输。　　**单位：**个

编号				6-1425	6-1426	6-1427	6-1428	6-1429	6-1430	6-1431	6-1432	6-1433
项目				公称直径(mm以内)								
				20	25	32	40	50	65	80	100	125
预算基价	总价(元)			**50.35**	**50.75**	**50.75**	**51.15**	**51.35**	**89.55**	**93.05**	**135.70**	**163.90**
	人工费(元)			49.95	49.95	49.95	49.95	49.95	87.75	90.45	132.30	159.30
	材料费(元)			0.40	0.80	0.80	1.20	1.40	1.80	2.60	3.40	4.60
组成内容		**单位**	**单价**	**数量**								
人工	综合工	工日	135.00	0.37	0.37	0.37	0.37	0.37	0.65	0.67	0.98	1.18
材料	中压调节阀门	个	—	(1)	(1)	(1)	(1)	(1)	(1)	(1)	(1)	(1)
	石棉橡胶板 低中压 $\delta0.8\sim6.0$	kg	20.02	0.02	0.04	0.04	0.06	0.07	0.09	0.13	0.17	0.23

工作内容：阀门安装、垂直运输。　　**单位：**个

编号				6-1434	6-1435	6-1436	6-1437	6-1438	6-1439	6-1440	6-1441
项目				公称直径(mm以内)							
				150	200	250	300	350	400	450	500
预算基价	总价(元)			**168.96**	**274.56**	**382.75**	**415.75**	**484.85**	**554.98**	**639.38**	**684.27**
	人工费(元)			163.35	221.40	315.90	348.30	371.25	430.65	491.40	534.60
	材料费(元)			5.61	6.61	7.41	8.01	10.81	13.81	16.22	16.62
	机械费(元)			—	46.55	59.44	59.44	102.79	110.52	131.76	133.05
组成内容		**单位**	**单价**	**数量**							
人工	综合工	工日	135.00	1.21	1.64	2.34	2.58	2.75	3.19	3.64	3.96
材料	中压调节阀门	个	—	(1)	(1)	(1)	(1)	(1)	(1)	(1)	(1)
	石棉橡胶板 低中压 δ0.8～6.0	kg	20.02	0.28	0.33	0.37	0.40	0.54	0.69	0.81	0.83
机械	吊装机械（综合）	台班	664.97	—	0.07	0.07	0.07	0.11	0.11	0.14	0.14
	载货汽车 8t	台班	521.59	—	—	0.010	0.010	0.023	0.029	0.030	0.031
	汽车式起重机 8t	台班	767.15	—	—	0.010	0.010	0.023	0.029	0.030	0.031

三、高压阀门

1.螺纹阀门

工作内容：阀门壳体压力试验、阀门解体检查及研磨、管子切口、套丝、上阀门。 **单位：**个

编号				6-1442	6-1443	6-1444	6-1445	6-1446	6-1447
项目				公称直径(mm以内)					
				15	20	25	32	40	50
预算基价	总价(元)			**77.24**	**96.71**	**105.40**	**133.57**	**160.86**	**205.79**
	人工费(元)			58.05	68.85	76.95	98.55	118.80	144.45
	材料费(元)			4.11	4.53	4.98	5.72	6.28	7.12
	机械费(元)			15.08	23.33	23.47	29.30	35.78	54.22
组成内容		**单位**	**单价**	**数量**					
人工	综合工	工日	135.00	0.43	0.51	0.57	0.73	0.88	1.07
材料	高压螺纹阀门	个	—	(1)	(1)	(1)	(1)	(1)	(1)
	碳钢电焊条 E4303 $D3.2$	kg	7.59	0.165	0.165	0.165	0.165	0.165	0.165
	尼龙砂轮片 $D500\times25\times4$	片	18.69	0.012	0.020	0.030	0.043	0.051	0.075
	零星材料费	元	—	2.63	2.90	3.17	3.66	4.07	4.47
机械	试压泵 60MPa	台班	24.94	0.014	0.018	0.022	0.029	0.036	0.042
	直流弧焊机 20kW	台班	75.06	0.03	0.03	0.03	0.03	0.03	0.03
	砂轮切割机 $D500$	台班	39.52	0.003	0.007	0.008	0.010	0.010	0.013
	普通车床 630×2000	台班	242.35	0.051	0.084	0.084	0.107	0.133	0.208

2.法兰阀门

工作内容：阀门壳体压力试验、阀门解体检查及研磨、阀门安装、垂直运输、螺栓涂二硫化钼。 **单位：**个

编号				6-1448	6-1449	6-1450	6-1451	6-1452	6-1453	6-1454	6-1455	6-1456
项目				公称直径(mm以内)								
				15	20	25	32	40	50	65	80	100
预算基价	总价(元)			**68.81**	**77.45**	**85.92**	**117.62**	**132.96**	**159.79**	**211.30**	**285.65**	**374.19**
	人工费(元)			62.10	70.20	78.30	109.35	124.20	149.85	199.80	267.30	353.70
	材料费(元)			4.11	4.55	4.82	5.29	5.61	6.64	7.85	14.35	16.49
	机械费(元)			2.60	2.70	2.80	2.98	3.15	3.30	3.65	4.00	4.00
组成内容		**单位**	**单价**	**数量**								
人工	综合工	工日	135.00	0.46	0.52	0.58	0.81	0.92	1.11	1.48	1.98	2.62
材料	高压法兰阀门	个	—	(1)	(1)	(1)	(1)	(1)	(1)	(1)	(1)	(1)
	碳钢透镜垫	个	—	(1)	(1)	(1)	(1)	(1)	(1)	(1)	(1)	(1)
	碳钢电焊条 E4303 $D3.2$	kg	7.59	0.165	0.165	0.165	0.165	0.165	0.165	0.165	0.165	0.165
	石棉橡胶板 低中压 $\delta0.8 \sim 6.0$	kg	20.02	—	—	—	—	—	—	—	0.319	0.420
	零星材料费	元	—	2.86	3.30	3.57	4.04	4.36	5.39	6.60	6.71	6.83
机械	试压泵 60MPa	台班	24.94	0.014	0.018	0.022	0.029	0.036	0.042	0.056	0.070	0.070
	直流弧焊机 20kW	台班	75.06	0.03	0.03	0.03	0.03	0.03	0.03	0.03	0.03	0.03

工作内容：阀门壳体压力试验、阀门解体检查及研磨、阀门安装、垂直运输、螺栓涂二硫化钼。 **单位**：个

编号				6-1457	6-1458	6-1459	6-1460	6-1461	6-1462	6-1463	6-1464	6-1465
项目				公称直径(mm以内)								
				125	150	200	250	300	350	400	450	500
预算基价	总价(元)			**657.00**	**728.68**	**1038.58**	**1188.74**	**1326.66**	**1538.11**	**1709.50**	**1964.50**	**2197.97**
	人工费(元)			631.80	697.95	920.70	1036.80	1162.35	1314.90	1471.50	1671.30	1885.95
	材料费(元)			21.20	26.73	32.78	39.78	43.72	51.26	58.04	72.37	77.95
	机械费(元)			4.00	4.00	85.10	112.16	120.59	171.95	179.96	220.83	234.07
组成内容		单位	单价	数量								
人工	综合工	工日	135.00	4.68	5.17	6.82	7.68	8.61	9.74	10.90	12.38	13.97
材料	高压法兰阀门	个	—	(1)	(1)	(1)	(1)	(1)	(1)	(1)	(1)	(1)
	碳钢透镜垫	个	—	(1)	(1)	(1)	(1)	(1)	(1)	(1)	(1)	(1)
	碳钢电焊条 E4303 $D3.2$	kg	7.59	0.165	0.165	0.165	0.165	0.165	0.165	0.165	0.165	0.165
	石棉橡胶板 低中压 $\delta0.8\sim6.0$	kg	20.02	0.554	0.672	0.806	0.890	0.974	1.051	1.128	1.211	1.308
	零星材料费	元	—	8.86	12.02	15.39	20.71	22.97	28.97	34.21	46.87	50.51
机械	试压泵 60MPa	台班	24.94	0.070	0.070	0.112	0.112	0.140	0.151	0.162	0.174	0.188
	直流弧焊机 20kW	台班	75.06	0.03	0.03	0.03	0.03	0.03	0.03	0.03	0.03	0.03
	载货汽车 8t	台班	521.59	—	—	0.026	0.047	0.053	0.072	0.078	0.094	0.104
	汽车式起重机 8t	台班	767.15	—	—	0.026	0.047	0.053	0.072	0.078	0.094	0.104
	吊装机械（综合）	台班	664.97	—	—	0.07	0.07	0.07	0.11	0.11	0.14	0.14

3.焊接阀门

工作内容：阀门壳体压力试验、阀门解体检查及研磨、管子切口、管口组对、焊接。 **单位：**个

编号				6-1466	6-1467	6-1468	6-1469	6-1470	6-1471
项目				公称直径(mm以内)					
				15	20	25	32	40	50
预算基价	总价(元)			**73.37**	**85.43**	**97.70**	**121.37**	**147.31**	**171.72**
	人工费(元)			63.45	74.25	85.05	106.65	130.95	152.55
	材料费(元)			4.85	5.33	5.97	6.86	7.51	8.67
	机械费(元)			5.07	5.85	6.68	7.86	8.85	10.50
组成内容		**单位**	**单价**	**数量**					
人工	综合工	工日	135.00	0.47	0.55	0.63	0.79	0.97	1.13
材料	高压碳钢焊接阀门	个	—	(1)	(1)	(1)	(1)	(1)	(1)
	碳钢电焊条 E4303 $D3.2$	kg	7.59	0.213	0.227	0.240	0.261	0.275	0.310
	尼龙砂轮片 $D100\times16\times3$	片	3.92	0.004	0.004	0.005	0.007	0.007	0.009
	尼龙砂轮片 $D500\times25\times4$	片	18.69	0.012	0.020	0.030	0.043	0.051	0.075
	氧气	m^3	2.88	0.141	0.141	0.141	0.141	0.141	0.141
	乙炔气	kg	14.66	0.047	0.047	0.047	0.047	0.047	0.047
	零星材料费	元	—	1.90	2.12	2.47	2.95	3.35	3.78
机械	试压泵 60MPa	台班	24.94	0.014	0.018	0.022	0.029	0.036	0.042
	电焊条烘干箱 600×500×750	台班	27.16	0.003	0.003	0.004	0.005	0.005	0.007
	电焊机（综合）	台班	74.17	0.061	0.068	0.077	0.089	0.100	0.118
	砂轮切割机 $D500$	台班	39.52	0.003	0.007	0.008	0.010	0.010	0.013

4.焊接阀门(对焊、电弧焊)

工作内容：管子切口、坡口加工、管口组对、焊接。 **单位：**个

编号				6-1472	6-1473	6-1474	6-1475	6-1476	6-1477	6-1478	6-1479	6-1480
项目				公称直径(mm以内)								
				50	65	80	100	125	150	200	250	300
预算基价	总价(元)			**587.91**	**659.85**	**785.59**	**1272.64**	**1766.58**	**2309.32**	**3609.51**	**5132.51**	**7201.55**
	人工费(元)			561.60	623.70	739.80	1209.60	1661.85	2158.65	3298.05	4696.65	6610.95
	材料费(元)			7.79	12.77	17.65	25.34	41.21	64.08	99.49	144.41	217.58
	机械费(元)			18.52	23.38	28.14	37.70	63.52	86.59	211.97	291.45	373.02
组成内容		**单位**	**单价**	**数量**								
人工	综合工	工日	135.00	4.16	4.62	5.48	8.96	12.31	15.99	24.43	34.79	48.97
材料	高压碳钢焊接阀门	个	—	(1)	(1)	(1)	(1)	(1)	(1)	(1)	(1)	(1)
	碳钢电焊条 E4303 *D*3.2	kg	7.59	0.721	1.239	1.753	2.781	4.855	7.653	11.921	17.484	26.861
	尼龙砂轮片 *D*100×16×3	片	3.92	0.009	0.012	0.014	0.018	0.032	0.038	0.052	0.065	0.078
	尼龙砂轮片 *D*500×25×4	片	18.69	0.075	0.115	0.155	—	—	—	—	—	—
	氧气	m^3	2.88	—	—	—	0.302	0.365	0.534	0.751	1.025	1.170
	乙炔气	kg	14.66	—	—	—	0.101	0.122	0.178	0.250	0.342	0.389
	零星材料费	元	—	0.88	1.17	1.39	1.81	1.40	1.70	2.98	3.49	4.33
机械	电焊条烘干箱 600×500×750	台班	27.16	0.012	0.018	0.023	0.034	0.051	0.075	0.116	0.168	0.249
	电焊机(综合)	台班	74.17	0.124	0.177	0.228	0.339	0.511	0.754	1.157	1.681	2.487
	半自动切割机 100mm	台班	88.45	—	—	—	—	—	0.025	0.039	0.083	0.110
	砂轮切割机 *D*500	台班	39.52	0.013	0.014	0.017	—	—	—	—	—	—
	普通车床 630×2000	台班	242.35	0.035	0.038	0.041	0.048	0.100	0.109	0.163	0.197	0.249
	载货汽车 8t	台班	521.59	—	—	—	—	—	—	0.026	0.047	0.047
	汽车式起重机 8t	台班	767.15	—	—	—	—	—	—	0.026	0.047	0.053
	吊装机械(综合)	台班	664.97	—	—	—	—	—	—	0.07	0.07	0.07

5.焊接阀门(对焊、氩电联焊)

工作内容：管子切口、坡口加工、管口组对、焊接。 **单位：**个

编号				6-1481	6-1482	6-1483	6-1484	6-1485	6-1486	6-1487	6-1488	6-1489
项目				公称直径(mm以内)								
				50	65	80	100	125	150	200	250	300
预算基价	总价(元)			**626.89**	**701.69**	**833.91**	**1341.63**	**1849.77**	**2393.77**	**3742.47**	**5299.36**	**7468.42**
	人工费(元)			596.70	661.50	784.35	1273.05	1737.45	2235.60	3419.55	4849.20	6851.25
	材料费(元)			8.97	13.85	17.69	25.70	42.67	65.02	100.83	145.52	222.12
	机械费(元)			21.22	26.34	31.87	42.88	69.65	93.15	222.09	304.64	395.05
组成内容		单位	单价	数量								
人工	综合工	工日	135.00	4.42	4.90	5.81	9.43	12.87	16.56	25.33	35.92	50.75
材料	高压碳钢焊接阀门	个	—	(1)	(1)	(1)	(1)	(1)	(1)	(1)	(1)	(1)
	碳钢电焊条 E4303 $D3.2$	kg	7.59	0.668	1.106	1.395	2.350	4.486	7.130	11.127	16.262	25.847
	碳钢焊丝	kg	10.58	0.024	0.032	0.042	0.055	0.065	0.074	0.113	0.157	0.185
	尼龙砂轮片 $D100\times16\times3$	片	3.92	0.009	0.012	0.014	0.018	0.032	0.038	0.052	0.065	0.078
	尼龙砂轮片 $D500\times25\times4$	片	18.69	0.075	0.115	0.155	—	—	—	—	—	—
	氩气	m^3	18.60	0.067	0.088	0.117	0.154	0.180	0.208	0.318	0.440	0.518
	钍钨棒	kg	640.87	0.00013	0.00018	0.00023	0.00031	0.00036	0.00042	0.00064	0.00088	0.00103
	氧气	m^3	2.88	—	—	—	0.302	0.365	0.534	0.751	1.025	1.170
	乙炔气	kg	14.66	—	—	—	0.101	0.122	0.178	0.250	0.342	0.389
	零星材料费	元	—	0.88	1.17	1.38	1.80	1.39	1.69	2.82	3.46	4.31
机械	电焊条烘干箱 600×500×750	台班	27.16	0.012	0.016	0.020	0.031	0.047	0.070	0.108	0.156	0.239
	电焊机（综合）	台班	74.17	0.115	0.158	0.199	0.305	0.472	0.703	1.080	1.564	2.393
	氩弧焊机 500A	台班	96.11	0.035	0.046	0.062	0.081	0.095	0.109	0.167	0.231	0.272
	半自动切割机 100mm	台班	88.45	—	—	—	—	—	0.025	0.039	0.083	0.110
	砂轮切割机 $D500$	台班	39.52	0.013	0.014	0.017	—	—	—	—	—	—
	普通车床 630×2000	台班	242.35	0.035	0.038	0.041	0.048	0.100	0.109	0.163	0.197	0.249
	载货汽车 8t	台班	521.59	—	—	—	—	—	—	0.026	0.047	0.053
	汽车式起重机 8t	台班	767.15	—	—	—	—	—	—	0.026	0.047	0.053
	吊装机械（综合）	台班	664.97	—	—	—	—	—	—	0.07	0.07	0.07

第四章　法 兰 安 装

说 明

一、本章适用范围：低、中、高压管道、管件、法兰阀门上的各种法兰安装。
二、不锈钢、有色金属的焊环活动法兰，执行翻边活动法兰安装相应子目。
三、法兰的透镜垫、螺栓安装费用已包括在基价内，但其本身价格应另计，其中螺栓按实际用量加损耗计算。
四、基价内垫片材质与实际不符时，可按实际调整。
五、全加热套管法兰安装，按内套管法兰直径执行相应子目乘以系数2.00。
六、法兰安装如需要以个为单位计算时，执行法兰安装子目乘以系数0.61，螺栓数量不变。
七、节流装置执行法兰安装相应子目乘以系数0.80。
八、各种法兰安装，子目中只包括一个垫片和一副法兰用的螺栓。
九、单片法兰、焊接盲板和封头按法兰安装计算，但法兰盲板不计安装工程量。

工程量计算规则

法兰安装依据法兰压力、材质、结构形式、型号、规格，按设计图示数量计算。

一、低 压 法 兰

1.碳钢法兰(螺纹连接)

工作内容：管子切口、套丝、上法兰。 **单位：**副

编号				6-1490	6-1491	6-1492	6-1493	6-1494	6-1495	6-1496	6-1497	6-1498
项目				公称直径(mm以内)								
				15	20	25	32	40	50	65	80	100
预算基价	总价(元)			**13.29**	**16.14**	**19.04**	**23.26**	**27.53**	**32.08**	**54.29**	**64.34**	**102.21**
	人工费(元)			12.15	14.85	17.55	21.60	25.65	29.70	51.30	60.75	97.20
	材料费(元)			1.10	1.21	1.37	1.46	1.64	2.10	2.63	3.19	4.38
	机械费(元)			0.04	0.08	0.12	0.20	0.24	0.28	0.36	0.40	0.63
组成内容		**单位**	**单价**	**数量**								
人工	综合工	工日	135.00	0.09	0.11	0.13	0.16	0.19	0.22	0.38	0.45	0.72
材料	低压碳钢螺纹法兰	个	—	(2)	(2)	(2)	(2)	(2)	(2)	(2)	(2)	(2)
	尼龙砂轮片 $D500\times25\times4$	片	18.69	0.008	0.010	0.012	0.016	0.018	0.026	0.038	0.045	0.067
	零星材料费	元	—	0.95	1.02	1.15	1.16	1.30	1.61	1.92	2.35	3.13
机械	砂轮切割机 $D500$	台班	39.52	0.001	0.002	0.003	0.005	0.006	0.007	0.009	0.010	0.016

2.碳钢平焊法兰(电弧焊)

工作内容： 管子切口、磨平、管口组对、焊接、法兰连接。 **单位：** 副

编号				6-1499	6-1500	6-1501	6-1502	6-1503	6-1504	6-1505	6-1506	6-1507	6-1508
项目				公称直径(mm以内)									
				15	20	25	32	40	50	65	80	100	125
预算基价	总价(元)			**24.12**	**26.09**	**33.04**	**38.10**	**43.36**	**50.88**	**59.16**	**67.39**	**78.97**	**85.18**
	人工费(元)			20.25	21.60	27.00	31.05	35.10	40.50	45.90	51.30	58.05	62.10
	材料费(元)			1.48	1.81	2.43	2.74	3.39	4.23	5.85	7.54	9.91	11.48
	机械费(元)			2.39	2.68	3.61	4.31	4.87	6.15	7.41	8.55	11.01	11.60
组成内容		**单位**	**单价**	**数量**									
人工	综合工	工日	135.00	0.15	0.16	0.20	0.23	0.26	0.30	0.34	0.38	0.43	0.46
材料	低中压碳钢平焊法兰	个	—	(2)	(2)	(2)	(2)	(2)	(2)	(2)	(2)	(2)	(2)
	石棉橡胶板 低中压 δ0.8～6.0	kg	20.02	0.01	0.02	0.04	0.04	0.06	0.07	0.09	0.13	0.17	0.23
	碳钢电焊条 E4303 D3.2	kg	7.59	0.051	0.056	0.072	0.086	0.096	0.133	0.237	0.271	0.363	0.423
	尼龙砂轮片 D100×16×3	片	3.92	0.027	0.030	0.036	0.040	0.046	0.060	0.122	0.144	0.211	0.254
	尼龙砂轮片 D500×25×4	片	18.69	0.008	0.010	0.012	0.016	0.018	0.026	—	—	—	—
	氧气	m^3	2.88	—	—	—	0.007	0.008	0.009	0.068	0.079	0.105	0.122
	乙炔气	kg	14.66	—	—	—	0.002	0.003	0.003	0.022	0.027	0.035	0.041
	零星材料费	元	—	0.64	0.68	0.72	0.78	0.88	1.03	1.25	1.69	2.11	1.72
机械	电焊条烘干箱 600×500×750	台班	27.16	0.002	0.003	0.003	0.004	0.004	0.006	0.008	0.009	0.012	0.012
	电焊机(综合)	台班	74.17	0.031	0.034	0.046	0.054	0.061	0.077	0.097	0.112	0.144	0.152
	砂轮切割机 D500	台班	39.52	0.001	0.002	0.003	0.005	0.006	0.007	—	—	—	—

工作内容：管子切口、磨平、管口组对、焊接、法兰连接。 **单位：**副

编号				6-1509	6-1510	6-1511	6-1512	6-1513	6-1514	6-1515	6-1516	6-1517	6-1518
项目				公称直径(mm以内)									
				150	200	250	300	350	400	450	500	600	700
预算基价	总价(元)			**94.38**	**162.85**	**221.97**	**274.77**	**315.52**	**360.23**	**424.98**	**475.14**	**493.82**	**538.48**
	人工费(元)			67.50	105.30	140.40	175.50	195.75	222.75	263.25	299.70	311.85	346.95
	材料费(元)			13.74	24.03	35.63	41.70	57.54	66.55	77.19	86.44	89.74	95.65
	机械费(元)			13.14	33.52	45.94	57.57	62.23	70.93	84.54	89.00	92.23	95.88
组成内容		单位	单价	数量									
人工	综合工	工日	135.00	0.50	0.78	1.04	1.30	1.45	1.65	1.95	2.22	2.31	2.57
材料	低中压碳钢平焊法兰	个	—	(2)	(2)	(2)	(2)	(2)	(2)	(2)	(2)	(2)	(2)
	石棉橡胶板 低中压 δ0.8～6.0	kg	20.02	0.28	0.33	0.37	0.40	0.54	0.69	0.81	0.83	0.84	1.03
	碳钢电焊条 E4303 *D*3.2	kg	7.59	0.474	1.192	2.423	2.999	4.468	5.049	5.990	6.956	7.289	7.393
	氧气	m^3	2.88	0.159	0.418	0.524	0.562	0.663	0.720	0.735	0.758	0.780	0.822
	乙炔气	kg	14.66	0.053	0.139	0.175	0.188	0.221	0.240	0.245	0.253	0.260	0.274
	尼龙砂轮片 *D*100×16×3	片	3.92	0.307	0.518	0.527	0.536	0.803	0.910	1.133	1.368	1.433	1.501
	零星材料费	元	—	2.10	3.10	3.69	4.45	4.52	5.26	5.36	5.77	5.92	6.65
机械	电焊条烘干箱 600×500×750	台班	27.16	0.014	0.036	0.051	0.063	0.067	0.075	0.089	0.103	0.109	0.114
	电焊机（综合）	台班	74.17	0.172	0.404	0.566	0.701	0.745	0.842	1.003	1.058	1.082	1.112
	载货汽车 8t	台班	521.59	—	0.002	0.002	0.003	0.004	0.005	0.006	0.006	0.007	0.008
	汽车式起重机 8t	台班	767.15	—	0.002	0.002	0.003	0.004	0.005	0.006	0.006	0.007	0.008

工作内容：管子切口、磨平、管口组对、焊接、法兰连接。 **单位**：副

编号				6-1519	6-1520	6-1521	6-1522	6-1523	6-1524	6-1525	6-1526
项目				公称直径(mm以内)							
				800	900	1000	1200	1400	1600	1800	2000
预算基价	总价(元)			**659.54**	**746.31**	**883.26**	**1044.72**	**1488.18**	**1682.47**	**1984.99**	**2240.43**
	人工费(元)			425.25	484.65	569.70	668.25	905.85	1011.15	1232.55	1399.95
	材料费(元)			115.67	128.76	151.00	193.94	299.45	372.41	414.33	459.36
	机械费(元)			118.62	132.90	162.56	182.53	282.88	298.91	338.11	381.12
组成内容		**单位**	**单价**	**数量**							
人工	综合工	工日	135.00	3.15	3.59	4.22	4.95	6.71	7.49	9.13	10.37
材料	低中压碳钢平焊法兰	个	—	(2)	(2)	(2)	(2)	(2)	(2)	(2)	(2)
	石棉橡胶板 低中压 δ0.8～6.0	kg	20.02	1.16	1.30	1.31	1.46	2.16	2.45	2.60	2.90
	碳钢电焊条 E4303 *D*3.2	kg	7.59	9.523	10.683	13.112	17.781	28.883	36.777	41.314	45.851
	氧气	m^3	2.88	0.863	0.927	1.027	1.237	1.425	1.842	1.990	2.139
	乙炔气	kg	14.66	0.287	0.309	0.358	0.412	0.475	0.614	0.664	0.713
	尼龙砂轮片 *D*100×16×3	片	3.92	1.571	1.765	2.208	2.646	3.814	4.355	4.896	5.438
	零星材料费	元	—	7.32	7.53	8.39	9.78	10.97	12.85	14.05	15.36
机械	电焊条烘干箱 600×500×750	台班	27.16	0.120	0.134	0.166	0.181	0.299	0.303	0.340	0.378
	电焊机（综合）	台班	74.17	1.399	1.569	1.905	2.134	3.357	3.450	3.878	4.305
	载货汽车 8t	台班	521.59	0.009	0.010	0.013	0.015	0.020	0.027	0.032	0.040
	汽车式起重机 8t	台班	767.15	0.009	0.010	0.013	0.015	0.020	0.027	0.032	0.040

3.碳钢对焊法兰(电弧焊)

工作内容：管子切口、坡口加工、坡口磨平、管口组对、焊接、法兰连接。 **单位：**副

编号				6-1527	6-1528	6-1529	6-1530	6-1531	6-1532	6-1533	6-1534	6-1535
项目				公称直径(mm以内)								
				15	20	25	32	40	50	65	80	100
预算基价	总价(元)			**24.73**	**29.57**	**37.85**	**44.36**	**49.54**	**56.96**	**70.95**	**79.64**	**98.71**
	人工费(元)			21.60	25.65	32.40	37.80	41.85	47.25	55.35	60.75	72.90
	材料费(元)			1.26	1.57	2.26	2.59	3.14	3.98	6.45	8.13	11.50
	机械费(元)			1.87	2.35	3.19	3.97	4.55	5.73	9.15	10.76	14.31
组成内容		**单位**	**单价**	**数量**								
人工	综合工	工日	135.00	0.16	0.19	0.24	0.28	0.31	0.35	0.41	0.45	0.54
材料	低压碳钢对焊法兰	个	—	(2)	(2)	(2)	(2)	(2)	(2)	(2)	(2)	(2)
	石棉橡胶板 低中压 δ0.8～6.0	kg	20.02	0.017	0.017	0.034	0.034	0.051	0.060	0.077	0.111	0.145
	碳钢电焊条 E4303 *D*3.2	kg	7.59	0.028	0.036	0.058	0.071	0.081	0.113	0.202	0.237	0.401
	尼龙砂轮片 *D*100×16×3	片	3.92	0.031	0.048	0.057	0.069	0.079	0.104	0.176	0.207	0.239
	尼龙砂轮片 *D*500×25×4	片	18.69	0.006	0.008	0.012	0.016	0.018	0.026	—	—	—
	氧气	m^3	2.88	—	—	—	0.007	0.008	0.009	0.198	0.225	0.328
	乙炔气	kg	14.66	—	—	—	0.002	0.003	0.003	0.065	0.076	0.109
	零星材料费	元	—	0.47	0.62	0.69	0.75	0.79	0.96	1.16	1.54	2.07
机械	电焊条烘干箱 600×500×750	台班	27.16	0.002	0.003	0.004	0.005	0.006	0.007	0.012	0.014	0.019
	电焊机（综合）	台班	74.17	0.024	0.030	0.040	0.049	0.056	0.071	0.119	0.140	0.186
	砂轮切割机 *D*500	台班	39.52	0.001	0.001	0.003	0.005	0.006	0.007	—	—	—

工作内容：管子切口、坡口加工、坡口磨平、管口组对、焊接、法兰连接。　　**单位：**副

编　号				6-1536	6-1537	6-1538	6-1539	6-1540	6-1541	6-1542	6-1543	6-1544
项　目				公称直径(mm以内)								
				125	150	200	250	300	350	400	450	500
预算基价	总　价(元)			**119.99**	**147.80**	**185.15**	**256.16**	**301.88**	**401.43**	**466.91**	**528.07**	**648.78**
	人 工 费(元)			89.10	109.35	126.90	171.45	202.50	270.00	314.55	351.00	437.40
	材 料 费(元)			12.84	16.15	24.00	37.07	43.06	61.96	71.49	90.44	105.16
	机 械 费(元)			18.05	22.30	34.25	47.64	56.32	69.47	80.87	86.63	106.22
组 成 内 容		**单位**	**单价**	**数　量**								
人工	综合工	工日	135.00	0.66	0.81	0.94	1.27	1.50	2.00	2.33	2.60	3.24
材料	低压碳钢对焊法兰	个	—	(2)	(2)	(2)	(2)	(2)	(2)	(2)	(2)	(2)
	碳钢电焊条 E4303 *D*3.2	kg	7.59	0.493	0.623	1.072	2.109	2.516	4.003	4.529	6.047	7.428
	石棉橡胶板 低中压 δ0.8～6.0	kg	20.02	0.196	0.238	0.281	0.315	0.340	0.459	0.587	0.689	0.706
	氧气	m^3	2.88	0.347	0.445	0.639	0.952	1.075	1.408	1.552	1.807	2.094
	乙炔气	kg	14.66	0.116	0.148	0.213	0.317	0.359	0.469	0.518	0.602	0.698
	尼龙砂轮片 *D*100×16×3	片	3.92	0.241	0.336	0.596	1.069	1.277	1.932	2.189	3.041	3.365
	零星材料费	元	—	1.53	1.89	2.94	3.18	3.79	3.88	4.72	4.80	5.19
机械	电焊条烘干箱 600×500×750	台班	27.16	0.023	0.029	0.041	0.059	0.070	0.087	0.098	0.104	0.128
	电焊机（综合）	台班	74.17	0.235	0.290	0.412	0.586	0.699	0.870	0.985	1.043	1.281
	载货汽车 8t	台班	521.59	—	—	0.002	0.002	0.002	0.002	0.004	0.005	0.006
	汽车式起重机 8t	台班	767.15	—	—	0.002	0.002	0.002	0.002	0.004	0.005	0.006

4.碳钢对焊法兰(氩电联焊)

工作内容：管子切口、坡口加工、坡口磨平、管口组对、焊接、法兰连接。 **单位：**副

编号				6-1545	6-1546	6-1547	6-1548	6-1549	6-1550	6-1551	6-1552	6-1553
项目				公称直径(mm以内)								
				15	20	25	32	40	50	65	80	100
预算基价	总价(元)			**27.43**	**32.54**	**41.46**	**49.93**	**55.59**	**67.88**	**80.23**	**91.13**	**117.05**
	人工费(元)			22.95	27.00	33.75	40.50	44.55	51.30	59.40	66.15	82.35
	材料费(元)			2.04	2.42	3.65	4.33	5.13	6.48	8.89	11.08	14.97
	机械费(元)			2.44	3.12	4.06	5.10	5.91	10.10	11.94	13.90	19.73
组成内容		**单位**	**单价**	**数量**								
人工	综合工	工日	135.00	0.17	0.20	0.25	0.30	0.33	0.38	0.44	0.49	0.61
材料	低压碳钢对焊法兰	个	—	(2)	(2)	(2)	(2)	(2)	(2)	(2)	(2)	(2)
	碳钢焊丝	kg	10.58	0.014	0.018	0.028	0.035	0.040	0.042	0.044	0.052	0.059
	碳钢电焊条 E4303 $D3.2$	kg	7.59	—	—	—	—	—	0.076	0.107	0.131	0.291
	尼龙砂轮片 $D100\times16\times3$	片	3.92	0.021	0.038	0.047	0.059	0.069	0.094	0.166	0.197	0.229
	尼龙砂轮片 $D500\times25\times4$	片	18.69	0.006	0.008	0.012	0.016	0.018	0.026	0.038	0.045	0.060
	石棉橡胶板 低中压 $\delta0.8\sim6.0$	kg	20.02	0.017	0.017	0.034	0.034	0.051	0.060	0.077	0.111	0.145
	氩气	m^3	18.60	0.039	0.049	0.079	0.098	0.112	0.119	0.123	0.145	0.166
	钍钨棒	kg	640.87	0.00008	0.00010	0.00016	0.00020	0.00022	0.00023	0.00024	0.00029	0.00033
	氧气	m^3	2.88	—	—	—	0.007	0.008	0.009	0.143	0.163	0.242
	乙炔气	kg	14.66	—	—	—	0.002	0.003	0.003	0.047	0.055	0.080
	零星材料费	元	—	0.58	0.62	0.69	0.75	0.79	0.97	1.17	1.54	2.05
机械	电焊条烘干箱 $600\times500\times750$	台班	27.16	—	—	—	—	—	0.004	0.006	0.007	0.013
	电焊机（综合）	台班	74.17	—	—	—	—	—	0.052	0.071	0.081	0.141
	氩弧焊机 500A	台班	96.11	0.025	0.032	0.041	0.051	0.059	0.061	0.064	0.076	0.087
	砂轮切割机 $D500$	台班	39.52	0.001	0.001	0.003	0.005	0.006	0.007	0.009	0.010	0.014

工作内容：管子切口、坡口加工、坡口磨平、管口组对、焊接、法兰连接。 **单位：**副

编号				6-1554	6-1555	6-1556	6-1557	6-1558	6-1559	6-1560	6-1561	6-1562
项目				公称直径(mm以内)								
				125	150	200	250	300	350	400	450	500
预算基价	总价(元)			**139.72**	**172.30**	**246.11**	**291.92**	**326.38**	**449.79**	**523.24**	**584.85**	**730.75**
	人工费(元)			98.55	117.45	163.35	178.20	193.05	276.75	324.00	357.75	459.00
	材料费(元)			17.27	20.92	30.69	44.16	51.55	71.52	82.48	101.25	118.30
	机械费(元)			23.90	33.93	52.07	69.56	81.78	101.52	116.76	125.85	153.45
组成内容		单位	单价	数量								
人工	综合工	工日	135.00	0.73	0.87	1.21	1.32	1.43	2.05	2.40	2.65	3.40
材料	低压碳钢对焊法兰	个	—	(2)	(2)	(2)	(2)	(2)	(2)	(2)	(2)	(2)
	碳钢电焊条 E4303 *D*3.2	kg	7.59	0.328	0.465	0.893	1.814	2.161	3.545	4.011	5.473	6.702
	碳钢焊丝	kg	10.58	0.078	0.094	0.130	0.160	0.193	0.222	0.252	0.255	0.314
	尼龙砂轮片 *D*100×16×3	片	3.92	0.231	0.326	0.586	1.059	1.267	1.922	2.179	3.031	3.355
	尼龙砂轮片 *D*500×25×4	片	18.69	0.071	—	—	—	—	—	—	—	—
	石棉橡胶板 低中压 δ0.8～6.0	kg	20.02	0.196	0.238	0.281	0.315	0.340	0.459	0.587	0.689	0.706
	氧气	m^3	2.88	0.246	0.420	0.639	0.889	1.004	1.329	1.466	1.736	1.973
	乙炔气	kg	14.66	0.082	0.140	0.213	0.296	0.335	0.443	0.489	0.578	0.658
	氩气	m^3	18.60	0.220	0.263	0.363	0.449	0.539	0.622	0.706	0.714	0.880
	钍钨棒	kg	640.87	0.00044	0.00053	0.00073	0.00090	0.00108	0.00124	0.00141	0.00143	0.00176
	零星材料费	元	—	1.51	1.86	2.43	2.41	2.81	2.86	3.65	3.67	4.00
机械	电焊条烘干箱 600×500×750	台班	27.16	0.014	0.020	0.030	0.048	0.057	0.074	0.084	0.091	0.112
	电焊机（综合）	台班	74.17	0.159	0.220	0.336	0.476	0.567	0.740	0.837	0.913	1.121
	氩弧焊机 500A	台班	96.11	0.115	0.138	0.191	0.236	0.283	0.327	0.371	0.375	0.462
	半自动切割机 100mm	台班	88.45	—	0.043	0.061	0.087	0.095	0.120	0.131	0.149	0.171
	砂轮切割机 *D*500	台班	39.52	0.017	—	—	—	—	—	—	—	—
	载货汽车 8t	台班	521.59	—	—	0.002	0.002	0.002	0.002	0.004	0.005	0.006
	汽车式起重机 8t	台班	767.15	—	—	0.002	0.002	0.002	0.002	0.004	0.005	0.006

5.不锈钢平焊法兰(电弧焊)

工作内容：管子切口、磨平、管口组对、焊接、焊缝钝化、法兰连接。 **单位：**副

编号				6-1563	6-1564	6-1565	6-1566	6-1567	6-1568	6-1569	6-1570
项目				公称直径(mm以内)							
				15	20	25	32	40	50	65	80
预算基价	总价(元)			**33.10**	**39.58**	**50.06**	**57.09**	**66.08**	**73.60**	**97.62**	**108.92**
	人工费(元)			27.00	32.40	40.50	45.90	51.30	56.70	71.55	78.30
	材料费(元)			3.79	4.47	6.18	7.29	9.60	11.28	18.46	21.90
	机械费(元)			2.31	2.71	3.38	3.90	5.18	5.62	7.61	8.72
组成内容		**单位**	**单价**	**数量**							
人工	综合工	工日	135.00	0.20	0.24	0.30	0.34	0.38	0.42	0.53	0.58
材料	低中压不锈钢平焊法兰	个	—	(2)	(2)	(2)	(2)	(2)	(2)	(2)	(2)
	不锈钢电焊条	kg	66.08	0.043	0.047	0.060	0.074	0.097	0.115	0.205	0.232
	尼龙砂轮片 $D100\times16\times3$	片	3.92	0.038	0.044	0.053	0.063	0.083	0.093	0.131	0.179
	尼龙砂轮片 $D500\times25\times4$	片	18.69	0.010	0.012	0.021	0.024	0.028	0.028	0.041	0.050
	耐酸橡胶石棉板	kg	27.73	0.01	0.02	0.04	0.04	0.06	0.07	0.09	0.13
	零星材料费	元	—	0.34	0.41	0.51	0.60	0.68	0.85	1.14	1.33
机械	电焊条烘干箱 600×500×750	台班	27.16	0.002	0.003	0.004	0.004	0.006	0.006	0.009	0.010
	电焊机(综合)	台班	74.17	0.024	0.028	0.035	0.042	0.058	0.064	0.086	0.100
	电动空气压缩机 $6m^3$	台班	217.48	0.002	0.002	0.002	0.002	0.002	0.002	0.002	0.002
	砂轮切割机 $D500$	台班	39.52	0.001	0.003	0.006	0.006	0.007	0.007	0.014	0.015

工作内容：管子切口、磨平、管口组对、焊接、焊缝钝化、法兰连接。 **单位：**副

编号				6-1571	6-1572	6-1573	6-1574	6-1575	6-1576	6-1577	6-1578
项目				公称直径(mm以内)							
				100	125	150	200	250	300	350	400
预算基价	总价(元)			**140.34**	**176.94**	**198.80**	**326.07**	**479.43**	**606.52**	**691.08**	**783.01**
	人工费(元)			101.25	120.15	129.60	198.45	252.45	313.20	344.25	387.45
	材料费(元)			28.14	37.35	45.70	82.33	162.31	218.98	266.23	303.79
	机械费(元)			10.95	19.44	23.50	45.29	64.67	74.34	80.60	91.77
组成内容		**单位**	**单价**	**数量**							
人工	综合工	工日	135.00	0.75	0.89	0.96	1.47	1.87	2.32	2.55	2.87
材料	低中压不锈钢平焊法兰	个	—	(2)	(2)	(2)	(2)	(2)	(2)	(2)	(2)
	不锈钢电焊条	kg	66.08	0.294	0.421	0.518	1.023	2.194	3.011	3.633	4.105
	尼龙砂轮片 *D*100×16×3	片	3.92	0.244	0.291	0.327	0.559	0.723	1.008	1.388	1.757
	尼龙砂轮片 *D*500×25×4	片	18.69	0.073	—	—	—	—	—	—	—
	耐酸橡胶石棉板	kg	27.73	0.17	0.23	0.28	0.33	0.37	0.40	0.54	0.69
	零星材料费	元	—	1.68	2.01	2.42	3.39	4.24	4.97	5.75	6.51
机械	电焊条烘干箱 600×500×750	台班	27.16	0.012	0.016	0.016	0.041	0.062	0.068	0.071	0.080
	电焊机（综合）	台班	74.17	0.124	0.163	0.176	0.407	0.615	0.684	0.712	0.804
	电动空气压缩机 $1m^3$	台班	52.31	—	0.023	0.034	0.039	0.051	0.062	0.072	0.082
	电动空气压缩机 $6m^3$	台班	217.48	0.002	0.002	0.002	0.002	0.002	0.002	0.002	0.002
	等离子切割机 400A	台班	229.27	—	0.023	0.034	0.039	0.051	0.062	0.072	0.082
	砂轮切割机 *D*500	台班	39.52	0.025	—	—	—	—	—	—	—
	载货汽车 8t	台班	521.59	—	—	—	0.002	0.002	0.003	0.004	0.005
	汽车式起重机 8t	台班	767.15	—	—	—	0.002	0.002	0.003	0.004	0.005

6.不锈钢翻边活动法兰(电弧焊)

工作内容：管子切口、坡口加工、坡口磨平、管口组对、焊接、焊缝钝化、法兰连接。 **单位：**副

	编号			6-1579	6-1580	6-1581	6-1582	6-1583	6-1584	6-1585	6-1586	6-1587
	项目			公称直径(mm以内)								
				15	20	25	32	40	50	65	80	100
预算基价	总价(元)			**34.39**	**39.59**	**63.40**	**71.45**	**82.36**	**90.55**	**127.45**	**156.53**	**199.79**
	人工费(元)			29.70	33.75	54.00	59.40	66.15	71.55	99.90	113.40	144.45
	材料费(元)			2.90	3.71	5.95	7.36	9.64	11.29	16.57	19.93	26.64
	机械费(元)			1.79	2.13	3.45	4.69	6.57	7.71	10.98	23.20	28.70
	组成内容	**单位**	**单价**	**数量**								
人工	综合工	工日	135.00	0.22	0.25	0.40	0.44	0.49	0.53	0.74	0.84	1.07
材料	低压不锈钢翻边短管	个	—	(2)	(2)	(2)	(2)	(2)	(2)	(2)	(2)	(2)
	低压碳钢活动法兰	个	—	(2)	(2)	(2)	(2)	(2)	(2)	(2)	(2)	(2)
	不锈钢电焊条	kg	66.08	0.024	0.030	0.047	0.063	0.084	0.100	0.156	0.183	0.250
	尼龙砂轮片 $D100\times16\times3$	片	3.92	0.036	0.045	0.071	0.089	0.102	0.121	0.182	0.210	0.262
	尼龙砂轮片 $D500\times25\times4$	片	18.69	0.007	0.009	0.021	0.024	0.028	0.028	0.041	0.050	0.073
	耐酸橡胶石棉板	kg	27.73	0.01	0.02	0.04	0.04	0.06	0.07	0.09	0.13	0.17
	零星材料费	元	—	0.76	0.83	1.06	1.29	1.50	1.74	2.29	2.47	3.01
机械	电焊条烘干箱 600×500×750	台班	27.16	0.002	0.002	0.004	0.006	0.008	0.009	0.013	0.015	0.018
	电焊机 (综合)	台班	74.17	0.017	0.021	0.036	0.052	0.076	0.091	0.130	0.153	0.179
	电动空气压缩机 $1m^3$	台班	52.31	—	—	—	—	—	—	—	0.037	0.048
	电动空气压缩机 $6m^3$	台班	217.48	0.002	0.002	0.002	0.002	0.002	0.002	0.002	0.002	0.002
	等离子切割机 400A	台班	229.27	—	—	—	—	—	—	—	0.037	0.048
	砂轮切割机 $D500$	台班	39.52	0.001	0.002	0.006	0.006	0.007	0.007	0.014	0.015	0.025

工作内容：管子切口、坡口加工、坡口磨平、管口组对、焊接、焊缝钝化、法兰连接。 **单位：**副

编号				6-1588	6-1589	6-1590	6-1591	6-1592	6-1593	6-1594	6-1595
项目				公称直径(mm以内)							
				125	150	200	250	300	350	400	450
预算基价	总价(元)			**228.21**	**260.27**	**371.60**	**520.01**	**706.03**	**810.25**	**913.81**	**957.00**
	人工费(元)			163.35	180.90	230.85	284.85	402.30	454.95	508.95	519.75
	材料费(元)			28.12	36.82	78.46	150.92	196.89	230.67	263.03	282.89
	机械费(元)			36.74	42.55	62.29	84.24	106.84	124.63	141.83	154.36
组成内容		**单位**	**单价**	**数量**							
人工	综合工	工日	135.00	1.21	1.34	1.71	2.11	2.98	3.37	3.77	3.85
材料	低压不锈钢翻边短管	个	—	(2)	(2)	(2)	(2)	(2)	(2)	(2)	(2)
	低压碳钢活动法兰	个	—	(2)	(2)	(2)	(2)	(2)	(2)	(2)	(2)
	不锈钢电焊条	kg	66.08	0.256	0.353	0.938	1.952	2.588	3.006	3.400	3.620
	尼龙砂轮片 $D100\times16\times3$	片	3.92	0.285	0.355	0.460	1.251	1.711	1.991	2.256	2.300
	耐酸橡胶石棉板	kg	27.73	0.23	0.28	0.33	0.37	0.40	0.54	0.69	0.81
	零星材料费	元	—	3.71	4.34	5.52	6.77	8.08	9.25	10.38	12.20
机械	电焊条烘干箱 600×500×750	台班	27.16	0.018	0.020	0.028	0.042	0.056	0.065	0.074	0.083
	电焊机（综合）	台班	74.17	0.183	0.196	0.284	0.423	0.561	0.651	0.737	0.830
	电动空气压缩机 $1m^3$	台班	52.31	0.079	0.096	0.133	0.173	0.211	0.245	0.278	0.291
	电动空气压缩机 $6m^3$	台班	217.48	0.002	0.002	0.002	0.002	0.002	0.002	0.002	0.004
	等离子切割机 400A	台班	229.27	0.079	0.096	0.133	0.173	0.211	0.245	0.278	0.291
	载货汽车 8t	台班	521.59	—	—	0.002	0.002	0.003	0.004	0.005	0.006
	汽车式起重机 8t	台班	767.15	—	—	0.002	0.002	0.003	0.004	0.005	0.006

工作内容： 管子切口、坡口加工、坡口磨平、管口组对、焊接、焊缝钝化、法兰连接。 **单位：** 副

编号				6-1596	6-1597	6-1598	6-1599	6-1600	6-1601	6-1602	6-1603
项目				公称直径(mm以内)							
				500	600	700	800	900	1000	1200	1400
预算基价	总价(元)			**1051.92**	**1242.17**	**1415.93**	**1729.27**	**2046.62**	**2269.58**	**2702.58**	**3483.06**
	人工费(元)			576.45	714.15	811.35	915.30	1054.35	1169.10	1390.50	1634.85
	材料费(元)			298.00	314.45	360.72	536.73	661.57	731.11	871.01	1307.69
	机械费(元)			177.47	213.57	243.86	277.24	330.70	369.37	441.07	540.52
组成内容		**单位**	**单价**	**数量**							
人工	综合工	工日	135.00	4.27	5.29	6.01	6.78	7.81	8.66	10.30	12.11
材料	低压不锈钢翻边短管	个	—	(2)	(2)	(2)	(2)	(2)	(2)	(2)	(2)
	低压碳钢活动法兰	个	—	(2)	(2)	(2)	(2)	(2)	(2)	(2)	(2)
	不锈钢电焊条	kg	66.08	3.815	4.017	4.595	7.114	8.876	9.847	11.788	17.976
	尼龙砂轮片 *D*100×16×3	片	3.92	2.377	2.494	2.853	3.774	4.319	4.792	5.582	6.611
	耐酸橡胶石棉板	kg	27.73	0.83	0.84	1.03	1.16	1.30	1.31	1.46	2.16
	零星材料费	元	—	13.57	15.94	17.34	19.68	22.06	25.31	29.69	34.02
机械	电焊条烘干箱 600×500×750	台班	27.16	0.102	0.122	0.139	0.154	0.192	0.213	0.255	0.312
	电焊机（综合）	台班	74.17	1.017	1.217	1.393	1.541	1.923	2.134	2.554	3.116
	电动空气压缩机 $1m^3$	台班	52.31	0.322	0.391	0.446	0.518	0.599	0.665	0.795	0.971
	电动空气压缩机 $6m^3$	台班	217.48	0.004	0.004	0.004	0.006	0.006	0.006	0.007	0.008
	等离子切割机 400A	台班	229.27	0.322	0.391	0.446	0.518	0.599	0.665	0.795	0.971
	载货汽车 8t	台班	521.59	0.006	0.007	0.008	0.009	0.010	0.013	0.015	0.020
	汽车式起重机 8t	台班	767.15	0.006	0.007	0.008	0.009	0.010	0.013	0.015	0.020

7.不锈钢翻边活动法兰(氩弧焊)

工作内容:管子切口、坡口加工、管口组对、焊接、焊缝钝化、法兰连接。 **单位**:副

编号				6-1604	6-1605	6-1606	6-1607	6-1608	6-1609	6-1610	6-1611
项目				公称直径(mm以内)							
				15	20	25	32	40	50	65	80
预算基价	总价(元)			**45.08**	**52.13**	**70.44**	**79.66**	**97.63**	**111.87**	**149.95**	**172.46**
	人工费(元)			37.80	43.20	58.05	64.80	75.60	87.75	121.50	139.05
	材料费(元)			2.67	3.61	5.37	6.40	8.74	9.85	11.71	14.70
	机械费(元)			4.61	5.32	7.02	8.46	13.29	14.27	16.74	18.71
组成内容		单位	单价	数量							
人工	综合工	工日	135.00	0.28	0.32	0.43	0.48	0.56	0.65	0.90	1.03
材料	低压不锈钢翻边短管	个	—	(2)	(2)	(2)	(2)	(2)	(2)	(2)	(2)
	低压碳钢活动法兰	个	—	(2)	(2)	(2)	(2)	(2)	(2)	(2)	(2)
	不锈钢焊丝 1Cr18Ni9Ti	kg	55.02	0.012	0.017	0.024	0.030	0.043	0.048	0.051	0.063
	尼龙砂轮片 $D100\times16\times3$	片	3.92	0.035	0.042	0.057	0.070	0.083	0.114	0.147	0.198
	尼龙砂轮片 $D500\times25\times4$	片	18.69	0.007	0.009	0.021	0.024	0.028	0.028	0.041	0.050
	氩气	m^3	18.60	0.035	0.048	0.066	0.085	0.122	0.133	0.144	0.178
	钍钨棒	kg	640.87	0.00006	0.00009	0.00012	0.00015	0.00022	0.00023	0.00024	0.00029
	耐酸橡胶石棉板	kg	27.73	0.01	0.02	0.04	0.04	0.06	0.07	0.09	0.13
	零星材料费	元	—	0.77	0.84	1.02	1.24	1.45	1.68	2.23	2.42
机械	电焊条烘干箱 600×500×750	台班	27.16	—	—	—	—	—	0.006	0.008	0.009
	氩弧焊机 500A	台班	96.11	0.043	0.050	0.066	0.081	0.093	0.099	0.107	0.124
	电动葫芦 单速 3t	台班	33.90	—	—	—	—	—	—	0.019	0.020
	电动空气压缩机 $6m^3$	台班	217.48	0.002	0.002	0.002	0.002	0.002	0.002	0.002	0.002
	砂轮切割机 $D500$	台班	39.52	0.001	0.002	0.006	0.006	0.007	0.007	0.014	0.015
	普通车床 630×2000	台班	242.35	—	—	—	—	0.015	0.016	0.019	0.020

工作内容：管子切口、坡口加工、管口组对、焊接、焊缝钝化、法兰连接。

单位：副

编号				6-1612	6-1613	6-1614	6-1615	6-1616	6-1617	6-1618	6-1619
项目				公称直径(mm以内)							
				100	125	150	200	250	300	350	400
预算基价	总价(元)			**207.30**	**262.93**	**313.66**	**408.66**	**510.30**	**596.95**	**681.49**	**767.61**
	人工费(元)			163.35	206.55	244.35	315.90	395.55	460.35	521.10	580.50
	材料费(元)			19.74	23.28	28.45	38.19	46.93	56.83	70.83	86.31
	机械费(元)			24.21	33.10	40.86	54.57	67.82	79.77	89.56	100.80
组成内容		单位	单价	数量							
人工	综合工	工日	135.00	1.21	1.53	1.81	2.34	2.93	3.41	3.86	4.30
材料	低压不锈钢翻边短管	个	—	(2)	(2)	(2)	(2)	(2)	(2)	(2)	(2)
	低压碳钢活动法兰	个	—	(2)	(2)	(2)	(2)	(2)	(2)	(2)	(2)
	不锈钢焊丝 1Cr18Ni9Ti	kg	55.02	0.088	0.108	0.133	0.189	0.244	0.310	0.388	0.472
	尼龙砂轮片 $D100\times16\times3$	片	3.92	0.254	0.359	0.462	0.724	0.832	0.989	1.121	1.393
	尼龙砂轮片 $D500\times25\times4$	片	18.69	0.073	—	—	—	—	—	—	—
	氩气	m^3	18.60	0.248	0.301	0.372	0.530	0.683	0.867	1.084	1.319
	钍钨棒	kg	640.87	0.00037	0.00044	0.00052	0.00072	0.00089	0.00106	0.00124	0.00141
	耐酸橡胶石棉板	kg	27.73	0.17	0.23	0.28	0.33	0.37	0.40	0.54	0.69
	零星材料费	元	—	2.97	3.67	4.30	5.48	6.71	8.00	9.16	10.31
机械	电焊条烘干箱 600×500×750	台班	27.16	0.012	0.014	0.023	0.036	0.058	0.076	0.088	0.100
	氩弧焊机 500A	台班	96.11	0.159	0.188	0.220	0.297	0.382	0.447	0.497	0.565
	电动葫芦 单速 3t	台班	33.90	0.026	0.028	0.039	0.040	0.044	0.047	0.049	0.050
	电动空气压缩机 $1m^3$	台班	52.31	—	0.023	0.028	0.039	0.051	0.062	0.072	0.082
	电动空气压缩机 $6m^3$	台班	217.48	0.002	0.002	0.002	0.002	0.002	0.002	0.002	0.002
	等离子切割机 400A	台班	229.27	—	0.023	0.028	0.039	0.051	0.062	0.072	0.082
	砂轮切割机 $D500$	台班	39.52	0.025	—	—	—	—	—	—	—
	普通车床 630×2000	台班	242.35	0.026	0.028	0.039	0.040	0.044	0.047	0.049	0.050
	载货汽车 8t	台班	521.59	—	—	—	0.002	0.002	0.003	0.004	0.005
	汽车式起重机 8t	台班	767.15	—	—	—	0.002	0.002	0.003	0.004	0.005

8.不锈钢对焊法兰(电弧焊)

工作内容:管子切口、坡口加工、坡口磨平、焊接、焊缝钝化、法兰连接。 **单位:**副

编号				6-1620	6-1621	6-1622	6-1623	6-1624	6-1625	6-1626	6-1627
项目				公称直径(mm以内)							
				15	20	25	32	40	50	65	80
预算基价	总价(元)			**31.10**	**34.60**	**39.36**	**46.50**	**71.37**	**78.05**	**110.29**	**128.57**
	人工费(元)			27.00	29.70	32.40	37.80	56.70	60.75	79.65	81.00
	材料费(元)			2.31	2.77	4.12	5.25	8.10	9.59	18.19	24.21
	机械费(元)			1.79	2.13	2.84	3.45	6.57	7.71	12.45	23.36
组成内容		**单位**	**单价**	**数量**							
人工	综合工	工日	135.00	0.20	0.22	0.24	0.28	0.42	0.45	0.59	0.60
材料	低压不锈钢对焊法兰	个	—	(2)	(2)	(2)	(2)	(2)	(2)	(2)	(2)
	不锈钢电焊条	kg	66.08	0.024	0.030	0.040	0.056	0.084	0.100	0.208	0.283
	尼龙砂轮片 $D500\times25\times4$	片	18.69	0.007	0.009	0.019	0.022	0.028	0.028	0.046	0.050
	尼龙砂轮片 $D100\times16\times3$	片	3.92	—	—	—	—	0.085	0.111	0.241	0.251
	耐酸橡胶石棉板	kg	27.73	0.017	0.017	0.034	0.034	0.051	0.060	0.077	0.111
	零星材料费	元	—	0.12	0.15	0.18	0.20	0.28	0.36	0.51	0.51
机械	电焊条烘干箱 600×500×750	台班	27.16	0.002	0.002	0.002	0.004	0.008	0.009	0.015	0.015
	电焊机(综合)	台班	74.17	0.017	0.021	0.029	0.036	0.076	0.091	0.148	0.153
	电动空气压缩机 $1m^3$	台班	52.31	—	—	—	—	—	—	—	0.037
	电动空气压缩机 $6m^3$	台班	217.48	0.002	0.002	0.002	0.002	0.002	0.002	0.002	0.002
	等离子切割机 400A	台班	229.27	—	—	—	—	—	—	—	0.037
	砂轮切割机 $D500$	台班	39.52	0.001	0.002	0.005	0.006	0.007	0.007	0.016	0.019

工作内容：管子切口、坡口加工、坡口磨平、焊接、焊缝钝化、法兰连接。　　　　　　　　**单位：**副

编号				6-1628	6-1629	6-1630	6-1631	6-1632	6-1633	6-1634	6-1635
项目				公称直径(mm以内)							
				100	125	150	200	250	300	350	400
预算基价	总价(元)			**179.01**	**202.95**	**251.27**	**348.07**	**531.42**	**668.80**	**776.78**	**883.53**
	人工费(元)			118.80	128.25	151.20	198.45	284.85	342.90	396.90	449.55
	材料费(元)			28.06	31.96	47.93	71.33	137.73	192.44	225.32	256.78
	机械费(元)			32.15	42.74	52.14	78.29	108.84	133.46	154.56	177.20
组成内容		单位	单价	数量							
人工	综合工	工日	135.00	0.88	0.95	1.12	1.47	2.11	2.54	2.94	3.33
材料	低压不锈钢对焊法兰	个	—	(2)	(2)	(2)	(2)	(2)	(2)	(2)	(2)
	不锈钢电焊条	kg	66.08	0.313	0.366	0.577	0.886	1.819	2.588	3.006	3.400
	尼龙砂轮片 *D*100×16×3	片	3.92	0.344	0.403	0.577	0.931	1.815	2.554	2.971	3.364
	尼龙砂轮片 *D*500×25×4	片	18.69	0.073	—	—	—	—	—	—	—
	耐酸橡胶石棉板	kg	27.73	0.145	0.196	0.238	0.281	0.315	0.340	0.459	0.587
	零星材料费	元	—	0.64	0.76	0.94	1.34	1.68	1.99	2.31	2.64
机械	电焊条烘干箱 600×500×750	台班	27.16	0.022	0.026	0.032	0.049	0.074	0.092	0.107	0.121
	电焊机（综合）	台班	74.17	0.224	0.261	0.321	0.492	0.743	0.924	1.074	1.214
	电动空气压缩机 1m^3	台班	52.31	0.048	0.079	0.096	0.133	0.173	0.211	0.245	0.278
	电动空气压缩机 6m^3	台班	217.48	0.002	0.002	0.002	0.002	0.002	0.002	0.002	0.002
	等离子切割机 400A	台班	229.27	0.048	0.079	0.096	0.133	0.173	0.211	0.245	0.278
	砂轮切割机 *D*500	台班	39.52	0.025	—	—	—	—	—	—	—
	载货汽车 8t	台班	521.59	—	—	—	0.002	0.002	0.002	0.002	0.004
	汽车式起重机 8t	台班	767.15	—	—	—	0.002	0.002	0.002	0.002	0.004

9.合金钢平焊法兰(电弧焊)

工作内容：管子切口、磨平、管口组对、焊接、法兰连接。 **单位：**副

编号				6-1636	6-1637	6-1638	6-1639	6-1640	6-1641	6-1642	6-1643	6-1644
项目				公称直径(mm以内)								
				15	20	25	32	40	50	65	80	100
预算基价	总价(元)			**36.23**	**41.30**	**48.42**	**53.63**	**59.01**	**67.95**	**84.18**	**96.13**	**125.25**
	人工费(元)			31.05	35.10	40.50	44.55	48.60	55.35	64.80	72.90	95.85
	材料费(元)			2.71	3.19	4.23	4.77	5.61	7.22	11.39	13.84	17.67
	机械费(元)			2.47	3.01	3.69	4.31	4.80	5.38	7.99	9.39	11.73
组成内容		**单位**	**单价**	**数量**								
人工	综合工	工日	135.00	0.23	0.26	0.30	0.33	0.36	0.41	0.48	0.54	0.71
材料	低中压合金钢平焊法兰	个	—	(2)	(2)	(2)	(2)	(2)	(2)	(2)	(2)	(2)
	石棉橡胶板 低中压 δ0.8～6.0	kg	20.02	0.01	0.02	0.04	0.04	0.06	0.07	0.09	0.13	0.17
	合金钢电焊条	kg	26.56	0.051	0.056	0.072	0.082	0.092	0.127	0.237	0.269	0.331
	尼龙砂轮片 D100×16×3	片	3.92	0.036	0.042	0.050	0.056	0.069	0.087	0.133	0.157	0.237
	尼龙砂轮片 D500×25×4	片	18.69	0.006	0.008	0.012	0.016	0.018	0.026	0.038	0.045	0.065
	氧气	m^3	2.88	0.004	0.005	0.006	0.007	0.007	0.010	0.014	0.016	0.024
	乙炔气	kg	14.66	0.001	0.002	0.002	0.002	0.002	0.003	0.005	0.005	0.008
	零星材料费	元	—	0.88	0.94	1.05	1.22	1.31	1.55	1.95	2.52	3.14
机械	电焊条烘干箱 600×500×750	台班	27.16	0.002	0.003	0.003	0.004	0.004	0.005	0.008	0.009	0.010
	电焊机（综合）	台班	74.17	0.032	0.039	0.047	0.054	0.060	0.067	0.100	0.118	0.147
	砂轮切割机 D500	台班	39.52	0.001	0.001	0.003	0.005	0.006	0.007	0.009	0.010	0.014

工作内容：管子切口、磨平、管口组对、焊接、法兰连接。

单位：副

编号				6-1645	6-1646	6-1647	6-1648	6-1649	6-1650	6-1651	6-1652	6-1653
项目				公称直径(mm以内)								
				125	150	200	250	300	350	400	450	500
预算基价	总价(元)			**134.31**	**147.22**	**248.39**	**347.39**	**420.12**	**487.11**	**544.61**	**652.85**	**768.82**
	人工费(元)			101.25	108.00	166.05	214.65	257.85	275.40	302.40	355.05	418.50
	材料费(元)			20.44	24.04	46.04	82.64	100.61	145.15	166.45	205.13	241.30
	机械费(元)			12.62	15.18	36.30	50.10	61.66	66.56	75.76	92.67	109.02
组成内容		**单位**	**单价**	**数量**								
人工	综合工	工日	135.00	0.75	0.80	1.23	1.59	1.91	2.04	2.24	2.63	3.10
材料	低中压合金钢平焊法兰	个	—	(2)	(2)	(2)	(2)	(2)	(2)	(2)	(2)	(2)
	石棉橡胶板 低中压 $\delta 0.8\sim6.0$	kg	20.02	0.23	0.28	0.33	0.37	0.40	0.54	0.69	0.81	0.83
	合金钢电焊条	kg	26.56	0.387	0.476	1.192	2.423	2.999	4.482	5.065	6.299	7.554
	尼龙砂轮片 $D100\times16\times3$	片	3.92	0.288	0.294	0.429	0.734	0.877	0.979	1.392	1.849	2.121
	尼龙砂轮片 $D500\times25\times4$	片	18.69	0.071	—	—	—	—	—	—	—	—
	氧气	m^3	2.88	0.027	0.144	0.220	0.330	0.371	0.475	0.534	0.600	0.705
	乙炔气	kg	14.66	0.009	0.048	0.073	0.110	0.124	0.158	0.178	0.200	0.235
	零星材料费	元	—	2.89	3.52	4.39	5.44	6.62	7.78	8.51	9.70	10.26
机械	电焊条烘干箱 600×500×750	台班	27.16	0.011	0.014	0.036	0.051	0.063	0.067	0.075	0.093	0.112
	电焊机（综合）	台班	74.17	0.157	0.184	0.420	0.591	0.724	0.764	0.863	1.061	1.265
	半自动切割机 100mm	台班	88.45	—	0.013	0.018	0.026	0.027	0.033	0.037	0.042	0.050
	砂轮切割机 $D500$	台班	39.52	0.017	—	—	—	—	—	—	—	—
	载货汽车 8t	台班	521.59	—	—	0.002	0.002	0.003	0.004	0.005	0.006	0.006
	汽车式起重机 8t	台班	767.15	—	—	0.002	0.002	0.003	0.004	0.005	0.006	0.006

10.铝管翻边活动法兰(氩弧焊)

工作内容: 管子切口、坡口加工、坡口磨平、管口组对、焊前预热、焊接、焊缝酸洗、法兰连接。 **单位:** 副

编号				6-1654	6-1655	6-1656	6-1657	6-1658	6-1659	6-1660	6-1661	6-1662
项目				管道外径(mm以内)								
				18	25	30	40	50	60	70	80	100
预算基价	总价(元)			**30.02**	**33.55**	**38.84**	**46.15**	**53.46**	**71.15**	**86.85**	**117.08**	**140.21**
	人工费(元)			27.00	29.70	33.75	39.15	44.55	59.40	72.90	94.50	110.70
	材料费(元)			1.39	1.93	2.85	3.81	5.01	7.39	9.01	10.67	12.97
	机械费(元)			1.63	1.92	2.24	3.19	3.90	4.36	4.94	11.91	16.54
组成内容		单位	单价	数量								
人工	综合工	工日	135.00	0.20	0.22	0.25	0.29	0.33	0.44	0.54	0.70	0.82
材料	低压铝翻边短管	个	—	(2)	(2)	(2)	(2)	(2)	(2)	(2)	(2)	(2)
	低压碳钢活动法兰	个	—	(2)	(2)	(2)	(2)	(2)	(2)	(2)	(2)	(2)
	耐酸橡胶石棉板	kg	27.73	0.010	0.020	0.040	0.040	0.060	0.070	0.090	0.130	0.170
	铝焊丝 *D*3	kg	47.38	0.005	0.006	0.007	0.013	0.016	0.030	0.036	0.041	0.045
	尼龙砂轮片 *D*100×16×3	片	3.92	—	—	0.012	0.017	0.022	0.026	0.031	0.035	0.045
	尼龙砂轮片 *D*500×25×4	片	18.69	0.003	0.003	0.005	0.009	0.009	0.011	0.013	—	—
	氧气	m^3	2.88	0.001	0.001	0.001	0.002	0.002	0.045	0.055	0.061	0.084
	乙炔气	kg	14.66	0.001	0.001	0.001	0.001	0.001	0.021	0.025	0.028	0.039
	氩气	m^3	18.60	0.013	0.016	0.020	0.037	0.046	0.083	0.098	0.111	0.123
	钍钨棒	kg	640.87	0.00002	0.00003	0.00004	0.00007	0.00009	0.00016	0.00019	0.00022	0.00023
	零星材料费	元	—	0.55	0.70	0.85	1.10	1.40	1.64	1.97	2.19	2.70
机械	氩弧焊机 500A	台班	96.11	0.012	0.015	0.018	0.027	0.034	0.038	0.044	0.052	0.065
	电动空气压缩机 1m^3	台班	52.31	—	—	—	—	—	—	—	0.023	0.035
	电动空气压缩机 6m^3	台班	217.48	0.002	0.002	0.002	0.002	0.002	0.002	0.002	0.002	0.002
	等离子切割机 400A	台班	229.27	—	—	—	—	—	—	—	0.023	0.035
	砂轮切割机 *D*500	台班	39.52	0.001	0.001	0.002	0.004	0.005	0.007	0.007	—	—

工作内容：管子切口、坡口加工、坡口磨平、管口组对、焊前预热、焊接、焊缝酸洗、法兰连接。 **单位：**副

编号				6-1663	6-1664	6-1665	6-1666	6-1667	6-1668	6-1669	6-1670
项目				管道外径(mm以内)							
				125	150	180	200	250	300	350	410
预算基价	总价(元)			**184.68**	**232.64**	**274.04**	**313.48**	**395.20**	**512.47**	**762.07**	**1013.07**
	人工费(元)			147.15	179.55	214.65	244.35	303.75	388.80	568.35	733.05
	材料费(元)			16.73	23.83	27.92	30.18	46.07	59.27	98.98	148.06
	机械费(元)			20.80	29.26	31.47	38.95	45.38	64.40	94.74	131.96
组成内容		**单位**	**单价**	**数量**							
人工	综合工	工日	135.00	1.09	1.33	1.59	1.81	2.25	2.88	4.21	5.43
材料	低压铝翻边短管	个	—	(2)	(2)	(2)	(2)	(2)	(2)	(2)	(2)
	低压碳钢活动法兰	个	—	(2)	(2)	(2)	(2)	(2)	(2)	(2)	(2)
	铝焊丝 $D3$	kg	47.38	0.057	0.102	0.124	0.130	0.207	0.289	0.571	0.919
	氧气	m^3	2.88	0.103	0.137	0.173	0.211	0.800	1.055	1.654	2.397
	乙炔气	kg	14.66	0.048	0.062	0.080	0.097	0.374	0.493	0.774	1.121
	氩气	m^3	18.60	0.155	0.277	0.332	0.349	0.554	0.779	1.556	2.520
	耐酸橡胶石棉板	kg	27.73	0.230	0.280	0.305	0.330	0.370	0.400	0.540	0.690
	钍钨棒	kg	640.87	0.00029	0.00053	0.00063	0.00066	0.00106	0.00150	0.00303	0.00493
	尼龙砂轮片 $D100×16×3$	片	3.92	0.056	0.068	0.117	0.130	0.220	0.270	0.310	0.470
	零星材料费	元	—	3.36	4.17	4.88	5.42	6.37	7.71	8.74	10.17
机械	氩弧焊机 500A	台班	96.11	0.083	0.130	0.153	0.163	0.227	0.306	0.535	0.818
	电动空气压缩机 $1m^3$	台班	52.31	0.044	0.058	0.058	0.072	0.073	0.109	0.134	0.165
	电动空气压缩机 $6m^3$	台班	217.48	0.002	0.002	0.002	0.002	0.002	0.002	0.002	0.002
	等离子切割机 400A	台班	229.27	0.044	0.058	0.058	0.072	0.073	0.109	0.134	0.165
	载货汽车 8t	台班	521.59	—	—	—	0.002	0.002	0.003	0.004	0.005
	汽车式起重机 8t	台班	767.15	—	—	—	0.002	0.002	0.003	0.004	0.005

11.铝、铝合金法兰(氩弧焊)

工作内容: 管子切口、磨平、管口组对、焊前预热、焊接、焊缝酸洗、法兰连接。 **单位:** 副

编号				6-1671	6-1672	6-1673	6-1674	6-1675	6-1676
项目				管道外径(mm以内)					
				25	30	40	50	60	70
预算基价	总价(元)			**32.13**	**36.00**	**44.77**	**54.46**	**72.30**	**80.90**
	人工费(元)			28.35	31.05	37.80	45.90	60.75	67.50
	材料费(元)			1.77	2.61	3.59	4.66	7.09	8.46
	机械费(元)			2.01	2.34	3.38	3.90	4.46	4.94
组成内容		**单位**	**单价**	**数量**					
人工	综合工	工日	135.00	0.21	0.23	0.28	0.34	0.45	0.50
材料	低压铝法兰	个	—	(2)	(2)	(2)	(2)	(2)	(2)
	铝焊丝 *D*3	kg	47.38	0.009	0.010	0.018	0.021	0.038	0.043
	尼龙砂轮片 *D*100×16×3	片	3.92	—	0.012	0.017	0.022	0.026	0.031
	尼龙砂轮片 *D*500×25×4	片	18.69	0.003	0.005	0.009	0.009	0.011	0.013
	氧气	m^3	2.88	0.001	0.001	0.002	0.002	0.045	0.055
	乙炔气	kg	14.66	0.001	0.001	0.001	0.001	0.021	0.025
	氩气	m^3	18.60	0.013	0.017	0.034	0.043	0.080	0.095
	钍钨棒	kg	640.87	0.00003	0.00004	0.00007	0.00009	0.00016	0.00019
	耐酸橡胶石棉板	kg	27.73	0.020	0.040	0.040	0.060	0.070	0.090
	零星材料费	元	—	0.45	0.53	0.70	0.87	1.01	1.15
机械	氩弧焊机 500A	台班	96.11	0.016	0.019	0.029	0.034	0.039	0.044
	电动空气压缩机 $6m^3$	台班	217.48	0.002	0.002	0.002	0.002	0.002	0.002
	砂轮切割机 *D*500	台班	39.52	0.001	0.002	0.004	0.005	0.007	0.007

工作内容：管子切口、磨平、管口组对、焊前预热、焊接、焊缝酸洗、法兰连接。 **单位：**副

编号				6-1677	6-1678	6-1679	6-1680	6-1681	6-1682
项目				管道外径(mm以内)					
				80	100	125	150	180	200
预算基价	总价(元)			**102.87**	**121.54**	**160.18**	**205.65**	**245.05**	**280.30**
	人工费(元)			81.00	93.15	124.20	155.25	187.65	214.65
	材料费(元)			10.15	12.24	15.76	22.48	26.70	29.47
	机械费(元)			11.72	16.15	20.22	27.92	30.70	36.18
组成内容		单位	单价	数量					
人工	综合工	工日	135.00	0.60	0.69	0.92	1.15	1.39	1.59
材料	低压铝法兰	个	—	(2)	(2)	(2)	(2)	(2)	(2)
	铝焊丝 *D*3	kg	47.38	0.050	0.054	0.069	0.117	0.147	0.163
	氧气	m^3	2.88	0.061	0.084	0.103	0.118	0.173	0.211
	乙炔气	kg	14.66	0.028	0.039	0.048	0.054	0.080	0.097
	氩气	m^3	18.60	0.108	0.117	0.147	0.263	0.316	0.332
	钍钨棒	kg	640.87	0.00022	0.00023	0.00029	0.00053	0.00063	0.00066
	尼龙砂轮片 *D*100×16×3	片	3.92	0.035	0.045	0.056	0.068	0.117	0.130
	耐酸橡胶石棉板	kg	27.73	0.130	0.170	0.230	0.280	0.297	0.330
	零星材料费	元	—	1.30	1.65	1.97	2.54	3.09	3.46
机械	氩弧焊机 500A	台班	96.11	0.050	0.061	0.077	0.116	0.145	0.161
	电动空气压缩机 1m^3	台班	52.31	0.023	0.035	0.044	0.058	0.058	0.072
	电动空气压缩机 6m^3	台班	217.48	0.002	0.002	0.002	0.002	0.002	0.002
	等离子切割机 400A	台班	229.27	0.023	0.035	0.044	0.058	0.058	0.072

12.铜法兰(氧乙炔焊)

工作内容：管子切口、磨平、管口组对、焊前预热、焊接、法兰连接。 **单位：**副

编号				6-1683	6-1684	6-1685	6-1686	6-1687	6-1688	6-1689
项目				管道外径(mm以内)						
				20	30	40	50	65	75	85
预算基价	总价(元)			**18.84**	**27.92**	**32.30**	**41.42**	**54.21**	**61.99**	**77.97**
	人工费(元)			17.55	25.65	29.70	37.80	48.60	55.35	63.45
	材料费(元)			1.17	2.11	2.40	3.30	5.18	6.17	7.20
	机械费(元)			0.12	0.16	0.20	0.32	0.43	0.47	7.32
组成内容		**单位**	**单价**	**数量**						
人工	综合工	工日	135.00	0.13	0.19	0.22	0.28	0.36	0.41	0.47
材料	低压铜法兰	个	—	(2)	(2)	(2)	(2)	(2)	(2)	(2)
	石棉橡胶板 低中压 δ0.8～6.0	kg	20.02	0.010	0.040	0.040	0.060	0.070	0.090	0.130
	铜气焊丝	kg	46.03	0.006	0.009	0.011	0.016	0.019	0.022	0.024
	尼龙砂轮片 D100×16×3	片	3.92	0.012	0.017	0.022	0.026	0.031	0.035	0.045
	尼龙砂轮片 D500×25×4	片	18.69	0.005	0.011	0.017	0.025	0.028	0.032	—
	氧气	m^3	2.88	0.003	0.007	0.013	0.017	0.156	0.182	0.214
	乙炔气	kg	14.66	0.001	0.003	0.005	0.007	0.071	0.083	0.099
	硼砂	kg	4.46	0.001	0.001	0.001	0.001	0.001	0.002	0.002
	零星材料费	元	—	0.53	0.55	0.57	0.64	0.76	0.87	1.24
机械	电动空气压缩机 1m^3	台班	52.31	—	—	—	—	—	—	0.026
	等离子切割机 400A	台班	229.27	—	—	—	—	—	—	0.026
	砂轮切割机 D500	台班	39.52	0.003	0.004	0.005	0.008	0.011	0.012	—

工作内容：管子切口、磨平、管口组对、焊前预热、焊接、法兰连接。　　**单位：**副

编号				6-1690	6-1691	6-1692	6-1693	6-1694	6-1695	6-1696
项目				管道外径(mm以内)						
				100	120	150	185	200	250	300
预算基价	总价(元)			**95.80**	**112.13**	**142.42**	**168.15**	**182.53**	**254.77**	**353.66**
	人工费(元)			75.60	87.75	112.05	132.30	140.40	202.50	288.90
	材料费(元)			9.78	11.99	14.88	16.70	18.72	23.79	29.64
	机械费(元)			10.42	12.39	15.49	19.15	23.41	28.48	35.12
组成内容		**单位**	**单价**	**数量**						
人工	综合工	工日	135.00	0.56	0.65	0.83	0.98	1.04	1.50	2.14
材料	低压铜法兰	个	—	(2)	(2)	(2)	(2)	(2)	(2)	(2)
	石棉橡胶板 低中压 δ0.8～6.0	kg	20.02	0.170	0.230	0.280	0.297	0.330	0.370	0.400
	铜气焊丝	kg	46.03	0.032	0.035	0.043	0.047	0.054	0.086	0.129
	氧气	m^3	2.88	0.320	0.385	0.480	0.590	0.633	0.842	1.095
	乙炔气	kg	14.66	0.147	0.176	0.220	0.270	0.290	0.382	0.491
	尼龙砂轮片 D100×16×3	片	3.92	0.057	0.068	0.118	0.132	0.224	0.273	0.312
	硼砂	kg	4.46	0.003	0.003	0.004	0.005	0.005	0.010	0.019
	零星材料费	元	—	1.59	1.81	2.21	2.39	2.65	3.28	4.03
机械	电动空气压缩机 $1m^3$	台班	52.31	0.037	0.044	0.055	0.068	0.074	0.092	0.111
	等离子切割机 400A	台班	229.27	0.037	0.044	0.055	0.068	0.074	0.092	0.111
	载货汽车 8t	台班	521.59	—	—	—	—	0.002	0.002	0.003
	汽车式起重机 8t	台班	767.15	—	—	—	—	0.002	0.002	0.003

13.铜管翻边活动法兰(氧乙炔焊)

工作内容：管子切口、坡口加工、坡口磨平、焊前预热、焊接、法兰连接。 **单位：**副

编号				6-1697	6-1698	6-1699	6-1700	6-1701	6-1702	6-1703
项目				管道外径(mm以内)						
				20	30	40	50	65	75	85
预算基价	总价(元)			**16.78**	**20.36**	**23.50**	**25.65**	**35.78**	**43.39**	**53.68**
	人工费(元)			16.20	18.90	21.60	22.95	31.05	37.80	40.50
	材料费(元)			0.46	1.30	1.70	2.38	4.30	5.12	5.86
	机械费(元)			0.12	0.16	0.20	0.32	0.43	0.47	7.32
组成内容		**单位**	**单价**	**数量**						
人工	综合工	工日	135.00	0.12	0.14	0.16	0.17	0.23	0.28	0.30
材料	低压铜翻边短管	个	—	(2)	(2)	(2)	(2)	(2)	(2)	(2)
	低压碳钢活动法兰	个	—	(2)	(2)	(2)	(2)	(2)	(2)	(2)
	石棉橡胶板 低中压 δ0.8～6.0	kg	20.02	0.010	0.040	0.040	0.060	0.070	0.090	0.130
	铜气焊丝	kg	46.03	0.001	0.002	0.005	0.006	0.009	0.011	0.013
	尼龙砂轮片 $D100\times16\times3$	片	3.92	0.013	0.018	0.023	0.027	0.032	0.036	0.046
	尼龙砂轮片 $D500\times25\times4$	片	18.69	0.005	0.011	0.017	0.025	0.028	0.032	—
	氧气	m^3	2.88	0.007	0.014	0.029	0.037	0.193	0.217	0.258
	乙炔气	kg	14.66	0.003	0.005	0.011	0.014	0.086	0.097	0.115
	硼砂	kg	4.46	0.001	0.001	0.002	0.002	0.003	0.003	0.004
	零星材料费	元	—	—	0.01	0.01	0.01	0.01	0.01	0.03
机械	电动空气压缩机 $1m^3$	台班	52.31	—	—	—	—	—	—	0.026
	等离子切割机 400A	台班	229.27	—	—	—	—	—	—	0.026
	砂轮切割机 $D500$	台班	39.52	0.003	0.004	0.005	0.008	0.011	0.012	—

工作内容：管子切口、坡口加工、坡口磨平、焊前预热、焊接、法兰连接。 **单位：**副

编号				6-1704	6-1705	6-1706	6-1707	6-1708	6-1709	6-1710
项目				管道外径(mm以内)						
				100	120	150	185	200	250	300
预算基价	总价(元)			**104.27**	**126.66**	**159.21**	**202.52**	**259.55**	**343.93**	**437.43**
	人工费(元)			60.75	74.25	94.50	122.85	170.10	233.55	305.10
	材料费(元)			8.04	10.17	12.62	14.34	16.20	19.39	22.31
	机械费(元)			35.48	42.24	52.09	65.33	73.25	90.99	110.02
组成内容		**单位**	**单价**	**数量**						
人工	综合工	工日	135.00	0.45	0.55	0.70	0.91	1.26	1.73	2.26
材料	低压铜翻边短管	个	—	(2)	(2)	(2)	(2)	(2)	(2)	(2)
	低压碳钢活动法兰	个	—	(2)	(2)	(2)	(2)	(2)	(2)	(2)
	石棉橡胶板 低中压 δ0.8～6.0	kg	20.02	0.170	0.230	0.280	0.298	0.330	0.370	0.400
	铜气焊丝	kg	46.03	0.027	0.032	0.039	0.044	0.052	0.065	0.078
	氧气	m^3	2.88	0.325	0.392	0.488	0.600	0.651	0.815	0.976
	乙炔气	kg	14.66	0.149	0.180	0.224	0.274	0.297	0.372	0.446
	尼龙砂轮片 D100×16×3	片	3.92	0.058	0.069	0.119	0.133	0.225	0.274	0.313
	硼砂	kg	4.46	0.004	0.005	0.006	0.007	0.008	0.010	0.012
	零星材料费	元	—	0.03	0.03	0.04	0.05	0.05	0.07	0.08
机械	电动空气压缩机 1m^3	台班	52.31	0.126	0.150	0.185	0.232	0.251	0.314	0.377
	等离子切割机 400A	台班	229.27	0.126	0.150	0.185	0.232	0.251	0.314	0.377
	载货汽车 8t	台班	521.59	—	—	—	—	0.002	0.002	0.003
	汽车式起重机 8t	台班	767.15	—	—	—	—	0.002	0.002	0.003

二、中 压 法 兰

1.碳钢法兰(螺纹连接)

工作内容：管子切口、套丝、上法兰。 **单位：**副

编号				6-1711	6-1712	6-1713	6-1714	6-1715	6-1716	6-1717	6-1718	6-1719
项目				公称直径(mm以内)								
				15	20	25	32	40	50	65	80	100
预算基价	总价(元)			**16.22**	**19.07**	**23.40**	**27.64**	**33.30**	**37.93**	**64.34**	**77.20**	**122.11**
	人工费(元)			14.85	17.55	21.60	25.65	31.05	35.10	60.75	72.90	116.10
	材料费(元)			1.33	1.44	1.64	1.75	1.97	2.51	3.16	3.83	5.26
	机械费(元)			0.04	0.08	0.16	0.24	0.28	0.32	0.43	0.47	0.75
组成内容		单位	单价	数量								
人工	综合工	工日	135.00	0.11	0.13	0.16	0.19	0.23	0.26	0.45	0.54	0.86
材料	低压碳钢螺纹法兰	个	—	(2)	(2)	(2)	(2)	(2)	(2)	(2)	(2)	(2)
	尼龙砂轮片 $D500\times25\times4$	片	18.69	0.010	0.012	0.014	0.019	0.022	0.031	0.046	0.054	0.080
	零星材料费	元	—	1.14	1.22	1.38	1.39	1.56	1.93	2.30	2.82	3.76
机械	砂轮切割机 $D500$	台班	39.52	0.001	0.002	0.004	0.006	0.007	0.008	0.011	0.012	0.019

2.碳钢平焊法兰(电弧焊)

工作内容：管子切口、磨平、管口组对、焊接、法兰连接。 **单位：**副

编号				6-1720	6-1721	6-1722	6-1723	6-1724	6-1725	6-1726	6-1727	6-1728	6-1729
项目				公称直径(mm以内)									
				15	20	25	32	40	50	65	80	100	125
预算基价	总价(元)			**27.54**	**32.32**	**39.69**	**44.96**	**51.73**	**60.94**	**71.28**	**81.46**	**95.22**	**101.99**
	人工费(元)			22.95	27.00	32.40	36.45	41.85	48.60	55.35	62.10	70.20	74.25
	材料费(元)			1.75	2.09	2.94	3.32	4.05	5.01	7.05	9.12	11.81	13.86
	机械费(元)			2.84	3.23	4.35	5.19	5.83	7.33	8.88	10.24	13.21	13.88
组成内容		**单位**	**单价**	**数量**									
人工	综合工	工日	135.00	0.17	0.20	0.24	0.27	0.31	0.36	0.41	0.46	0.52	0.55
材料	低中压碳钢平焊法兰	个	—	(2)	(2)	(2)	(2)	(2)	(2)	(2)	(2)	(2)	(2)
	石棉橡胶板 低中压 δ0.8~6.0	kg	20.02	0.01	0.02	0.05	0.05	0.07	0.08	0.11	0.16	0.20	0.28
	碳钢电焊条 E4303 D3.2	kg	7.59	0.061	0.067	0.086	0.103	0.115	0.160	0.284	0.325	0.436	0.508
	尼龙砂轮片 D100×16×3	片	3.92	0.032	0.036	0.043	0.048	0.055	0.072	0.146	0.173	0.253	0.305
	尼龙砂轮片 D500×25×4	片	18.69	0.010	0.012	0.014	0.019	0.022	0.031	—	—	—	—
	氧气	m^3	2.88	—	—	—	0.008	0.010	0.011	0.082	0.095	0.126	0.146
	乙炔气	kg	14.66	—	—	—	0.002	0.004	0.004	0.026	0.032	0.042	0.049
	零星材料费	元	—	0.77	0.82	0.86	0.94	1.06	1.24	1.50	2.03	2.53	2.06
机械	电焊条烘干箱 600×500×750	台班	27.16	0.002	0.004	0.004	0.005	0.005	0.007	0.010	0.011	0.014	0.014
	电焊机（综合）	台班	74.17	0.037	0.041	0.055	0.065	0.073	0.092	0.116	0.134	0.173	0.182
	砂轮切割机 D500	台班	39.52	0.001	0.002	0.004	0.006	0.007	0.008	—	—	—	—

工作内容：管子切口、磨平、管口组对、焊接、法兰连接。 **单位：**副

编号				6-1730	6-1731	6-1732	6-1733	6-1734	6-1735	6-1736	6-1737	6-1738
项目				公称直径(mm以内)								
				150	200	250	300	350	400	450	500	600
预算基价	总价(元)			**111.97**	**194.18**	**266.03**	**330.24**	**378.91**	**432.30**	**509.72**	**570.84**	**591.81**
	人工费(元)			79.65	125.55	168.75	210.60	234.90	267.30	315.90	360.45	373.95
	材料费(元)			16.58	28.91	42.68	50.04	69.09	79.91	92.59	103.81	107.72
	机械费(元)			15.74	39.72	54.60	69.60	74.92	85.09	101.23	106.58	110.14
组成内容		**单位**	**单价**	**数量**								
人工	综合工	工日	135.00	0.59	0.93	1.25	1.56	1.74	1.98	2.34	2.67	2.77
材料	低中压碳钢平焊法兰	个	—	(2)	(2)	(2)	(2)	(2)	(2)	(2)	(2)	(2)
	石棉橡胶板 低中压 δ0.8～6.0	kg	20.02	0.34	0.40	0.44	0.48	0.65	0.83	0.97	1.00	1.01
	碳钢电焊条 E4303 D3.2	kg	7.59	0.569	1.430	2.908	3.599	5.362	6.059	7.188	8.347	8.747
	氧气	m^3	2.88	0.191	0.502	0.629	0.674	0.796	0.864	0.882	0.910	0.936
	乙炔气	kg	14.66	0.064	0.167	0.210	0.226	0.265	0.288	0.294	0.304	0.312
	尼龙砂轮片 D100×16×3	片	3.92	0.368	0.622	0.632	0.643	0.964	1.092	1.360	1.642	1.720
	零星材料费	元	—	2.52	3.72	4.43	5.34	5.42	6.31	6.43	6.92	7.10
机械	电焊条烘干箱 600×500×750	台班	27.16	0.017	0.043	0.061	0.076	0.080	0.090	0.107	0.124	0.131
	电焊机（综合）	台班	74.17	0.206	0.485	0.679	0.841	0.894	1.010	1.204	1.270	1.298
	载货汽车 8t	台班	521.59	—	0.002	0.002	0.004	0.005	0.006	0.007	0.007	0.008
	汽车式起重机 8t	台班	767.15	—	0.002	0.002	0.004	0.005	0.006	0.007	0.007	0.008

工作内容：管子切口、磨平、管口组对、焊接、法兰连接。

单位：副

编号				6-1739	6-1740	6-1741	6-1742	6-1743	6-1744	6-1745	6-1746	6-1747
项目				公称直径(mm以内)								
				700	800	900	1000	1200	1400	1600	1800	2000
预算基价	总价(元)			**647.57**	**791.68**	**895.87**	**1061.19**	**1253.62**	**1785.49**	**2018.74**	**2382.04**	**2689.33**
	人工费(元)			417.15	510.30	581.85	684.45	801.90	1086.75	1213.65	1479.60	1680.75
	材料费(元)			114.87	138.76	154.52	181.16	232.68	359.30	446.90	497.20	551.23
	机械费(元)			115.55	142.62	159.50	195.58	219.04	339.44	358.19	405.24	457.35
组成内容		**单位**	**单价**	**数量**								
人工	综合工	工日	135.00	3.09	3.78	4.31	5.07	5.94	8.05	8.99	10.96	12.45
材料	低中压碳钢平焊法兰	个	—	(2)	(2)	(2)	(2)	(2)	(2)	(2)	(2)	(2)
	石棉橡胶板 低中压 $\delta0.8\sim6.0$	kg	20.02	1.24	1.39	1.56	1.57	1.75	2.59	2.94	3.12	3.48
	碳钢电焊条 E4303 $D3.2$	kg	7.59	8.872	11.428	12.820	15.734	21.337	34.660	44.132	49.577	55.021
	氧气	m^3	2.88	0.986	1.036	1.112	1.232	1.484	1.710	2.210	2.388	2.567
	乙炔气	kg	14.66	0.329	0.344	0.371	0.430	0.494	0.570	0.737	0.797	0.856
	尼龙砂轮片 $D100\times16\times3$	片	3.92	1.801	1.885	2.118	2.650	3.175	4.577	5.226	5.875	6.526
	零星材料费	元	—	7.98	8.78	9.04	10.07	11.74	13.16	15.42	16.86	18.43
机械	电焊条烘干箱 600×500×750	台班	27.16	0.137	0.144	0.161	0.199	0.217	0.359	0.364	0.408	0.454
	电焊机（综合）	台班	74.17	1.334	1.679	1.883	2.286	2.561	4.028	4.140	4.654	5.166
	载货汽车 8t	台班	521.59	0.010	0.011	0.012	0.016	0.018	0.024	0.032	0.038	0.048
	汽车式起重机 8t	台班	767.15	0.010	0.011	0.012	0.016	0.018	0.024	0.032	0.038	0.048

3.碳钢对焊法兰(电弧焊)

工作内容：管子切口、坡口加工、坡口磨平、管口组对、焊接、法兰连接。 **单位：**副

编号				6-1748	6-1749	6-1750	6-1751	6-1752	6-1753	6-1754	6-1755	6-1756
项目				公称直径(mm以内)								
				15	20	25	32	40	50	65	80	100
预算基价	总价(元)			**29.15**	**36.04**	**41.92**	**44.58**	**52.72**	**55.19**	**64.91**	**72.91**	**94.90**
	人工费(元)			25.65	31.05	35.10	36.45	43.20	43.20	45.90	49.95	62.10
	材料费(元)			1.52	1.87	2.56	2.84	3.49	4.68	8.25	10.29	15.26
	机械费(元)			1.98	3.12	4.26	5.29	6.03	7.31	10.76	12.67	17.54
组成内容		单位	单价	数量								
人工	综合工	工日	135.00	0.19	0.23	0.26	0.27	0.32	0.32	0.34	0.37	0.46
材料	中压碳钢对焊法兰	个	—	(2)	(2)	(2)	(2)	(2)	(2)	(2)	(2)	(2)
	石棉橡胶板 低中压 δ0.8～6.0	kg	20.02	0.02	0.02	0.04	0.04	0.06	0.07	0.09	0.13	0.17
	碳钢电焊条 E4303 D3.2	kg	7.59	0.037	0.066	0.089	0.111	0.127	0.197	0.364	0.428	0.728
	尼龙砂轮片 D100×16×3	片	3.92	0.042	0.054	0.062	0.071	0.084	0.124	0.199	0.235	0.368
	尼龙砂轮片 D500×25×4	片	18.69	0.008	0.012	0.016	0.020	0.024	0.032	—	—	—
	氧气	m^3	2.88	—	—	—	—	—	—	0.273	0.308	0.429
	乙炔气	kg	14.66	—	—	—	—	—	—	0.091	0.102	0.143
	零星材料费	元	—	0.52	0.53	0.54	0.54	0.55	0.70	0.79	1.14	1.56
机械	电焊条烘干箱 600×500×750	台班	27.16	0.003	0.004	0.005	0.007	0.007	0.009	0.014	0.016	0.023
	电焊机（综合）	台班	74.17	0.025	0.039	0.053	0.065	0.075	0.091	0.140	0.165	0.228
	砂轮切割机 D500	台班	39.52	0.001	0.003	0.005	0.007	0.007	0.008	—	—	—

工作内容：管子切口、坡口加工、坡口磨平、管口组对、焊接、法兰连接。 **单位：**副

编号				6-1757	6-1758	6-1759	6-1760	6-1761	6-1762	6-1763	6-1764	6-1765
项目				公称直径(mm以内)								
				125	150	200	250	300	350	400	450	500
预算基价	总价(元)			**114.37**	**140.44**	**206.26**	**268.79**	**347.87**	**502.71**	**642.15**	**789.27**	**917.53**
	人工费(元)			75.60	90.45	126.90	160.65	205.20	306.45	383.40	460.35	554.85
	材料费(元)			18.23	24.00	38.27	55.44	76.97	107.64	142.81	183.61	201.32
	机械费(元)			20.54	25.99	41.09	52.70	65.70	88.62	115.94	145.31	161.36
组成内容		**单位**	**单价**	**数量**								
人工	综合工	工日	135.00	0.56	0.67	0.94	1.19	1.52	2.27	2.84	3.41	4.11
材料	中压碳钢对焊法兰	个	—	(2)	(2)	(2)	(2)	(2)	(2)	(2)	(2)	(2)
	石棉橡胶板 低中压 δ0.8～6.0	kg	20.02	0.23	0.28	0.33	0.37	0.40	0.54	0.69	0.81	0.83
	碳钢电焊条 E4303 *D*3.2	kg	7.59	0.853	1.217	2.303	3.784	5.748	8.619	11.816	15.890	17.584
	氧气	m^3	2.88	0.487	0.607	0.927	1.255	1.611	1.961	2.384	2.780	3.017
	乙炔气	kg	14.66	0.163	0.203	0.309	0.419	0.537	0.654	0.795	0.927	1.006
	尼龙砂轮片 *D*100×16×3	片	3.92	0.433	0.612	1.104	1.700	2.410	3.243	4.169	5.267	5.838
	零星材料费	元	—	1.66	2.03	2.66	2.89	3.38	3.46	4.45	4.55	4.92
机械	电焊条烘干箱 600×500×750	台班	27.16	0.027	0.034	0.050	0.065	0.082	0.112	0.144	0.181	0.200
	电焊机（综合）	台班	74.17	0.267	0.338	0.501	0.652	0.821	1.119	1.441	1.806	1.998
	载货汽车 8t	台班	521.59	—	—	0.002	0.002	0.002	0.002	0.004	0.005	0.006
	汽车式起重机 8t	台班	767.15	—	—	0.002	0.002	0.002	0.002	0.004	0.005	0.006

4.碳钢对焊法兰（氩电联焊）

工作内容：管子切口、坡口加工、坡口磨平、管口组对、焊接、法兰连接。 **单位：**副

编号				6-1766	6-1767	6-1768	6-1769	6-1770	6-1771	6-1772	6-1773	6-1774
项目				公称直径（mm以内）								
				15	20	25	32	40	50	65	80	100
预算基价	总价（元）			**36.07**	**45.15**	**53.29**	**62.21**	**73.61**	**80.81**	**102.08**	**117.06**	**150.00**
	人工费（元）			31.05	37.80	43.20	49.95	59.40	64.80	76.95	86.40	106.65
	材料费（元）			2.48	3.64	4.99	5.93	7.01	6.58	11.00	13.90	19.86
	机械费（元）			2.54	3.71	5.10	6.33	7.20	9.43	14.13	16.76	23.49
组成内容		**单位**	**单价**	**数量**								
人工	综合工	工日	135.00	0.23	0.28	0.32	0.37	0.44	0.48	0.57	0.64	0.79
材料	中压碳钢对焊法兰	个	—	(2)	(2)	(2)	(2)	(2)	(2)	(2)	(2)	(2)
	石棉橡胶板 低中压 δ0.8～6.0	kg	20.02	0.02	0.02	0.04	0.04	0.06	0.07	0.09	0.13	0.17
	碳钢焊丝	kg	10.58	0.018	0.032	0.044	0.054	0.062	0.029	0.041	0.049	0.063
	碳钢电焊条 E4303 D3.2	kg	7.59	—	—	—	—	—	0.140	0.266	0.312	0.571
	尼龙砂轮片 D100×16×3	片	3.92	0.022	0.041	0.056	0.065	0.074	0.101	0.124	0.215	0.348
	尼龙砂轮片 D500×25×4	片	18.69	0.008	0.013	0.016	0.020	0.024	0.032	0.055	0.066	0.091
	氩气	m^3	18.60	0.050	0.090	0.123	0.152	0.174	0.082	0.115	0.138	0.178
	钍钨棒	kg	640.87	0.00010	0.00018	0.00024	0.00030	0.00035	0.00016	0.00023	0.00028	0.00035
	氧气	m^3	2.88	—	—	—	0.011	0.012	0.016	0.215	0.242	0.331
	乙炔气	kg	14.66	—	—	—	0.004	0.004	0.005	0.071	0.080	0.110
	零星材料费	元	—	0.66	0.71	0.76	0.82	0.86	1.07	1.28	1.72	2.29
机械	电焊条烘干箱 600×500×750	台班	27.16	—	—	—	—	—	0.006	0.010	0.012	0.018
	电焊机（综合）	台班	74.17	—	—	—	—	—	0.065	0.102	0.120	0.179
	氩弧焊机 500A	台班	96.11	0.026	0.037	0.051	0.063	0.072	0.043	0.061	0.073	0.093
	砂轮切割机 D500	台班	39.52	0.001	0.004	0.005	0.007	0.007	0.008	0.011	0.013	0.020

工作内容：管子切口、坡口加工、坡口磨平、管口组对、焊接、法兰连接。　　　　**单位：**副

编号				6-1775	6-1776	6-1777	6-1778	6-1779	6-1780	6-1781	6-1782	6-1783
项目				公称直径(mm以内)								
				125	150	200	250	300	350	400	450	500
预算基价	总价(元)			**188.27**	**217.83**	**316.47**	**414.52**	**530.82**	**650.06**	**808.79**	**979.45**	**1126.99**
	人工费(元)			137.70	149.85	210.60	272.70	348.30	407.70	499.50	594.00	702.00
	材料费(元)			23.00	28.58	44.98	63.43	85.42	117.49	152.38	193.50	212.39
	机械费(元)			27.57	39.40	60.89	78.39	97.10	124.87	156.91	191.95	212.60
组成内容		**单位**	**单价**	**数量**								
人工	综合工	工日	135.00	1.02	1.11	1.56	2.02	2.58	3.02	3.70	4.40	5.20
材料	中压碳钢对焊法兰	个	—	(2)	(2)	(2)	(2)	(2)	(2)	(2)	(2)	(2)
	石棉橡胶板 低中压 δ0.8～6.0	kg	20.02	0.23	0.28	0.33	0.37	0.40	0.54	0.69	0.81	0.83
	碳钢电焊条 E4303 *D*3.2	kg	7.59	0.669	0.988	1.959	3.313	5.130	7.811	10.807	14.635	16.195
	碳钢焊丝	kg	10.58	0.075	0.090	0.125	0.155	0.185	0.215	0.243	0.273	0.304
	尼龙砂轮片 *D*100×16×3	片	3.92	0.413	0.592	1.084	1.680	2.210	3.223	4.120	5.060	5.640
	尼龙砂轮片 *D*500×25×4	片	18.69	0.108	—	—	—	—	—	—	—	—
	氧气	m^3	2.88	0.374	0.644	0.991	1.342	1.710	2.084	2.439	2.927	3.175
	乙炔气	kg	14.66	0.125	0.215	0.330	0.448	0.570	0.695	0.813	0.976	1.059
	氩气	m^3	18.60	0.211	0.253	0.349	0.435	0.519	0.601	0.679	0.766	0.852
	钍钨棒	kg	640.87	0.00042	0.00051	0.00070	0.00087	0.00104	0.00120	0.00136	0.00153	0.00170
	零星材料费	元	—	1.78	2.16	3.30	3.57	4.25	4.35	5.38	5.51	5.92
机械	电焊条烘干箱 600×500×750	台班	27.16	0.021	0.027	0.043	0.057	0.073	0.101	0.132	0.166	0.184
	电焊机（综合）	台班	74.17	0.209	0.275	0.426	0.571	0.733	1.014	1.318	1.663	1.840
	氩弧焊机 500A	台班	96.11	0.111	0.133	0.183	0.229	0.272	0.316	0.357	0.402	0.447
	半自动切割机 100mm	台班	88.45	—	0.062	0.090	0.112	0.136	0.158	0.182	0.215	0.231
	砂轮切割机 *D*500	台班	39.52	0.021	—	—	—	—	—	—	—	—
	载货汽车 8t	台班	521.59	—	—	0.002	0.002	0.002	0.002	0.004	0.005	0.006
	汽车式起重机 8t	台班	767.15	—	—	0.002	0.002	0.002	0.002	0.004	0.005	0.006

5.不锈钢平焊法兰(电弧焊)

工作内容：管子切口、磨平、管口组对、焊接、焊缝钝化、法兰连接。 **单位：**副

编号				6-1784	6-1785	6-1786	6-1787	6-1788	6-1789	6-1790	6-1791
项目				公称直径(mm以内)							
				15	20	25	32	40	50	65	80
预算基价	总价(元)			**40.96**	**47.58**	**60.03**	**67.39**	**79.68**	**88.93**	**117.66**	**131.24**
	人工费(元)			33.75	39.15	48.60	54.00	62.10	68.85	86.40	94.50
	材料费(元)			4.53	5.21	7.47	8.83	11.45	13.43	22.21	26.37
	机械费(元)			2.68	3.22	3.96	4.56	6.13	6.65	9.05	10.37
组成内容		**单位**	**单价**	**数量**							
人工	综合工	工日	135.00	0.25	0.29	0.36	0.40	0.46	0.51	0.64	0.70
材料	低中压不锈钢平焊法兰	个	—	(2)	(2)	(2)	(2)	(2)	(2)	(2)	(2)
	不锈钢电焊条	kg	66.08	0.052	0.056	0.072	0.089	0.116	0.138	0.246	0.278
	尼龙砂轮片 $D100\times16\times3$	片	3.92	0.046	0.053	0.064	0.076	0.100	0.112	0.157	0.215
	尼龙砂轮片 $D500\times25\times4$	片	18.69	0.012	0.014	0.025	0.029	0.034	0.034	0.049	0.060
	耐酸橡胶石棉板	kg	27.73	0.01	0.02	0.05	0.05	0.07	0.08	0.11	0.16
	零星材料费	元	—	0.41	0.49	0.61	0.72	0.82	1.02	1.37	1.60
机械	电焊条烘干箱 $600\times500\times750$	台班	27.16	0.002	0.004	0.005	0.005	0.007	0.007	0.011	0.012
	电焊机（综合）	台班	74.17	0.029	0.034	0.042	0.050	0.070	0.077	0.103	0.120
	电动空气压缩机 $6m^3$	台班	217.48	0.002	0.002	0.002	0.002	0.002	0.002	0.002	0.002
	砂轮切割机 $D500$	台班	39.52	0.001	0.004	0.007	0.007	0.008	0.008	0.017	0.018

工作内容：管子切口、磨平、管口组对、焊接、焊缝钝化、法兰连接。 **单位：**副

	编号			6-1792	6-1793	6-1794	6-1795	6-1796	6-1797	6-1798	6-1799
	项目			公称直径(mm以内)							
				100	125	150	200	250	300	350	400
预算基价	总价(元)			**168.24**	**211.38**	**238.37**	**390.31**	**575.37**	**727.61**	**829.40**	**940.29**
	人工费(元)			121.50	143.10	155.25	237.60	303.75	375.30	413.10	465.75
	材料费(元)			33.69	44.91	54.97	98.94	194.68	262.76	319.56	364.60
	机械费(元)			13.05	23.37	28.15	53.77	76.94	89.55	96.74	109.94
	组成内容	**单位**	**单价**	**数量**							
人工	综合工	工日	135.00	0.90	1.06	1.15	1.76	2.25	2.78	3.06	3.45
材料	低中压不锈钢平焊法兰	个	—	(2)	(2)	(2)	(2)	(2)	(2)	(2)	(2)
	不锈钢电焊条	kg	66.08	0.353	0.505	0.622	1.228	2.633	3.613	4.360	4.926
	尼龙砂轮片 *D*100×16×3	片	3.92	0.293	0.349	0.392	0.671	0.868	1.210	1.666	2.108
	尼龙砂轮片 *D*500×25×4	片	18.69	0.088	—	—	—	—	—	—	—
	耐酸橡胶石棉板	kg	27.73	0.20	0.28	0.34	0.40	0.44	0.48	0.65	0.83
	零星材料费	元	—	2.02	2.41	2.90	4.07	5.09	5.96	6.90	7.81
机械	电焊条烘干箱 600×500×750	台班	27.16	0.014	0.019	0.019	0.049	0.074	0.082	0.085	0.096
	电焊机（综合）	台班	74.17	0.149	0.196	0.211	0.488	0.738	0.821	0.854	0.965
	电动空气压缩机 1m^3	台班	52.31	—	0.028	0.041	0.047	0.061	0.074	0.086	0.098
	电动空气压缩机 6m^3	台班	217.48	0.002	0.002	0.002	0.002	0.002	0.002	0.002	0.002
	等离子切割机 400A	台班	229.27	—	0.028	0.041	0.047	0.061	0.074	0.086	0.098
	砂轮切割机 *D*500	台班	39.52	0.030	—	—	—	—	—	—	—
	载货汽车 8t	台班	521.59	—	—	—	0.002	0.002	0.004	0.005	0.006
	汽车式起重机 8t	台班	767.15	—	—	—	0.002	0.002	0.004	0.005	0.006

6.不锈钢对焊法兰(电弧焊)

工作内容：管子切口、坡口加工、坡口磨平、焊接、焊缝钝化、法兰连接。 **单位：**副

编号				6-1800	6-1801	6-1802	6-1803	6-1804	6-1805	6-1806	6-1807
项目				公称直径(mm以内)							
				15	20	25	32	40	50	65	80
预算基价	总价(元)			**41.83**	**47.27**	**57.67**	**64.07**	**79.14**	**93.11**	**122.37**	**155.76**
	人工费(元)			35.10	39.15	45.90	49.95	59.40	66.15	81.00	90.45
	材料费(元)			3.65	4.34	6.67	7.91	11.77	17.33	27.88	36.64
	机械费(元)			3.08	3.78	5.10	6.21	7.97	9.63	13.49	28.67
组成内容		单位	单价	数量							
人工	综合工	工日	135.00	0.26	0.29	0.34	0.37	0.44	0.49	0.60	0.67
材料	中压不锈钢对焊法兰	个	—	(2)	(2)	(2)	(2)	(2)	(2)	(2)	(2)
	不锈钢电焊条	kg	66.08	0.038	0.047	0.069	0.085	0.130	0.203	0.337	0.440
	尼龙砂轮片 $D100\times16\times3$	片	3.92	0.057	0.066	0.080	0.100	0.149	0.224	0.378	0.469
	尼龙砂轮片 $D500\times25\times4$	片	18.69	0.010	0.012	0.024	0.028	0.034	0.038	0.060	0.083
	耐酸橡胶石棉板	kg	27.73	0.02	0.02	0.04	0.04	0.06	0.07	0.09	0.13
	零星材料费	元	—	0.17	0.20	0.24	0.27	0.30	0.39	0.51	0.57
机械	电焊条烘干箱 600×500×750	台班	27.16	0.003	0.004	0.006	0.007	0.009	0.011	0.016	0.021
	电焊机（综合）	台班	74.17	0.034	0.042	0.057	0.071	0.093	0.113	0.160	0.210
	电动空气压缩机 $1m^3$	台班	52.31	—	—	—	—	—	—	—	0.039
	电动空气压缩机 $6m^3$	台班	217.48	0.002	0.002	0.002	0.002	0.002	0.002	0.002	0.002
	等离子切割机 400A	台班	229.27	—	—	—	—	—	—	—	0.039
	砂轮切割机 $D500$	台班	39.52	0.001	0.003	0.007	0.008	0.010	0.013	0.019	0.028

工作内容：管子切口、坡口加工、坡口磨平、焊接、焊缝钝化、法兰连接。 **单位：**副

编号				6-1808	6-1809	6-1810	6-1811	6-1812	6-1813	6-1814	6-1815
项目				公称直径(mm以内)							
				100	125	150	200	250	300	350	400
预算基价	总价(元)			**212.74**	**245.97**	**308.87**	**467.72**	**679.41**	**922.78**	**1264.41**	**1643.03**
	人工费(元)			121.50	125.55	148.50	195.75	268.65	334.80	422.55	517.05
	材料费(元)			54.63	68.52	96.27	175.75	282.52	422.68	628.55	857.65
	机械费(元)			36.61	51.90	64.10	96.22	128.24	165.30	213.31	268.33
组成内容		**单位**	**单价**	**数量**							
人工	综合工	工日	135.00	0.90	0.93	1.10	1.45	1.99	2.48	3.13	3.83
材料	中压不锈钢对焊法兰	个	—	(2)	(2)	(2)	(2)	(2)	(2)	(2)	(2)
	不锈钢电焊条	kg	66.08	0.674	0.877	1.252	2.369	3.892	5.911	8.863	12.151
	尼龙砂轮片 *D*100×16×3	片	3.92	0.663	0.865	1.223	2.208	3.401	4.820	6.486	8.337
	尼龙砂轮片 *D*500×25×4	片	18.69	0.112	—	—	—	—	—	—	—
	耐酸橡胶石棉板	kg	27.73	0.17	0.23	0.28	0.33	0.37	0.40	0.54	0.69
	零星材料费	元	—	0.69	0.80	0.98	1.40	1.74	2.09	2.48	2.90
机械	电焊机（综合）	台班	74.17	0.275	0.358	0.447	0.663	0.911	1.206	1.644	2.117
	电焊条烘干箱 600×500×750	台班	27.16	0.028	0.036	0.045	0.066	0.091	0.121	0.164	0.212
	电动空气压缩机 1m^3	台班	52.31	0.049	0.085	0.104	0.150	0.196	0.247	0.298	0.355
	电动空气压缩机 6m^3	台班	217.48	0.002	0.002	0.002	0.002	0.002	0.002	0.002	0.002
	等离子切割机 400A	台班	229.27	0.049	0.085	0.104	0.150	0.196	0.247	0.298	0.355
	砂轮切割机 *D*500	台班	39.52	0.031	—	—	—	—	—	—	—
	载货汽车 8t	台班	521.59	—	—	—	0.002	0.002	0.002	0.002	0.004
	汽车式起重机 8t	台班	767.15	—	—	—	0.002	0.002	0.002	0.002	0.004

7.不锈钢对焊法兰(氩电联焊)

工作内容：管子切口、坡口加工、管口组对、焊接、焊缝钝化、法兰连接。 **单位：**副

编号				6-1816	6-1817	6-1818	6-1819	6-1820	6-1821
项目				公称直径(mm以内)					
				50	65	80	100	125	150
预算基价	总价(元)			**126.48**	**164.05**	**197.64**	**262.58**	**317.62**	**383.56**
	人工费(元)			87.75	108.00	125.55	166.05	191.70	218.70
	材料费(元)			17.43	27.23	36.37	54.24	68.60	95.62
	机械费(元)			21.30	28.82	35.72	42.29	57.32	69.24
组成内容		**单位**	**单价**	**数量**					
人工	综合工	工日	135.00	0.65	0.80	0.93	1.23	1.42	1.62
材料	中压不锈钢对焊法兰	个	—	(2)	(2)	(2)	(2)	(2)	(2)
	不锈钢电焊条	kg	66.08	0.135	0.246	0.321	0.528	0.688	1.016
	不锈钢焊丝 1Cr18Ni9Ti	kg	55.02	0.042	0.052	0.072	0.090	0.123	0.149
	尼龙砂轮片 $D100\times16\times3$	片	3.92	0.100	0.124	0.194	0.251	0.335	0.508
	尼龙砂轮片 $D500\times25\times4$	片	18.69	0.038	0.060	0.083	0.112	—	—
	氩气	m^3	18.60	0.117	0.146	0.202	0.252	0.344	0.418
	钍钨棒	kg	640.87	0.00018	0.00021	0.00027	0.00032	0.00042	0.00050
	耐酸橡胶石棉板	kg	27.73	0.07	0.09	0.13	0.17	0.23	0.28
	零星材料费	元	—	0.86	1.16	1.35	1.71	2.01	2.43
机械	电焊条烘干箱 600×500×750	台班	27.16	0.008	0.012	0.016	0.021	0.028	0.037
	电焊机（综合）	台班	74.17	0.083	0.123	0.161	0.215	0.279	0.367
	氩弧焊机 500A	台班	96.11	0.090	0.101	0.126	0.150	0.192	0.223
	电动空气压缩机 $1m^3$	台班	52.31	—	—	—	—	0.025	0.031
	电动空气压缩机 $6m^3$	台班	217.48	0.002	0.002	0.002	0.002	0.002	0.002
	等离子切割机 400A	台班	229.27	—	—	—	—	0.025	0.031
	砂轮切割机 $D500$	台班	39.52	0.013	0.019	0.028	0.031	—	—
	普通车床 630×2000	台班	242.35	0.022	0.035	0.040	0.040	0.041	0.043

工作内容：管子切口、坡口加工、管口组对、焊接、焊缝钝化、法兰连接。 **单位：**副

编号				6-1822	6-1823	6-1824	6-1825	6-1826
项目				公称直径(mm以内)				
				200	250	300	350	400
预算基价	总价(元)			**559.51**	**771.49**	**1001.53**	**1339.76**	**1718.41**
	人工费(元)			283.50	359.10	425.25	517.05	616.95
	材料费(元)			175.57	282.30	415.47	619.82	848.28
	机械费(元)			100.44	130.09	160.81	202.89	253.18
组成内容		**单位**	**单价**	**数量**				
人工	综合工	工日	135.00	2.10	2.66	3.15	3.83	4.57
材料	中压不锈钢对焊法兰	个	—	(2)	(2)	(2)	(2)	(2)
	不锈钢电焊条	kg	66.08	2.015	3.407	5.275	8.033	11.114
	不锈钢焊丝 1Cr18Ni9Ti	kg	55.02	0.243	0.306	0.377	0.438	0.575
	氩气	m^3	18.60	0.681	0.855	1.056	1.226	1.610
	钍钨棒	kg	640.87	0.00069	0.00086	0.00102	0.00119	0.00134
	耐酸橡胶石棉板	kg	27.73	0.33	0.37	0.40	0.54	0.69
	尼龙砂轮片 *D*100×16×3	片	3.92	0.870	2.402	2.500	5.255	6.558
	零星材料费	元	—	3.38	4.20	4.97	5.76	6.58
机械	电焊条烘干箱 600×500×750	台班	27.16	0.057	0.076	0.098	0.136	0.176
	电焊机（综合）	台班	74.17	0.569	0.764	0.980	1.356	1.762
	氩弧焊机 500A	台班	96.11	0.306	0.395	0.465	0.510	0.577
	电动空气压缩机 $1m^3$	台班	52.31	0.044	0.058	0.073	0.088	0.104
	电动空气压缩机 $6m^3$	台班	217.48	0.002	0.002	0.002	0.002	0.002
	等离子切割机 400A	台班	229.27	0.044	0.058	0.073	0.088	0.104
	普通车床 630×2000	台班	242.35	0.049	0.058	0.071	0.090	0.113
	载货汽车 8t	台班	521.59	0.002	0.002	0.002	0.002	0.004
	汽车式起重机 8t	台班	767.15	0.002	0.002	0.002	0.002	0.004

8.不锈钢对焊法兰(氩弧焊)

工作内容：管子切口、坡口加工、焊接、焊缝钝化、法兰连接。 **单位：**副

编号				6-1827	6-1828	6-1829	6-1830	6-1831	6-1832
项目				公称直径(mm以内)					
				15	20	25	32	40	50
预算基价	总价(元)			**44.46**	**48.55**	**57.61**	**64.18**	**79.58**	**97.63**
	人工费(元)			33.75	36.45	41.85	45.90	55.35	63.45
	材料费(元)			3.09	3.64	5.60	6.73	9.81	14.73
	机械费(元)			7.62	8.46	10.16	11.55	14.42	19.45
组成内容		单位	单价	数量					
人工	综合工	工日	135.00	0.25	0.27	0.31	0.34	0.41	0.47
材料	中压不锈钢对焊法兰	个	—	(2)	(2)	(2)	(2)	(2)	(2)
	不锈钢焊丝 1Cr18Ni9Ti	kg	55.02	0.019	0.023	0.033	0.042	0.063	0.103
	尼龙砂轮片 *D*100×16×3	片	3.92	0.032	0.039	0.050	0.062	0.073	0.092
	尼龙砂轮片 *D*500×25×4	片	18.69	0.010	0.012	0.024	0.028	0.034	0.038
	氩气	m^3	18.60	0.053	0.065	0.093	0.118	0.178	0.289
	钍钨棒	kg	640.87	0.00010	0.00012	0.00018	0.00022	0.00034	0.00056
	耐酸橡胶石棉板	kg	27.73	0.02	0.02	0.04	0.04	0.06	0.07
	零星材料费	元	—	0.13	0.16	0.19	0.21	0.23	0.32
机械	电动空气压缩机 $6m^3$	台班	217.48	0.002	0.002	0.002	0.002	0.002	0.002
	氩弧焊机 500A	台班	96.11	0.039	0.047	0.058	0.072	0.096	0.137
	砂轮切割机 *D*500	台班	39.52	0.001	0.003	0.007	0.008	0.010	0.013
	普通车床 630×2000	台班	242.35	0.014	0.014	0.016	0.016	0.018	0.022

工作内容：管子切口、坡口加工、焊接、焊缝钝化、法兰连接。 **单位：**副

编号				6-1833	6-1834	6-1835	6-1836	6-1837	6-1838
项目				公称直径(mm以内)					
				65	80	100	125	150	200
预算基价	总价(元)			**131.39**	**162.28**	**221.98**	**267.34**	**342.66**	**554.74**
	人工费(元)			79.65	95.85	129.60	147.15	180.90	267.30
	材料费(元)			23.62	31.36	46.81	58.47	81.72	150.79
	机械费(元)			28.12	35.07	45.57	61.72	80.04	136.65
组成内容		**单位**	**单价**	**数量**					
人工	综合工	工日	135.00	0.59	0.71	0.96	1.09	1.34	1.98
材料	中压不锈钢对焊法兰	个	—	(2)	(2)	(2)	(2)	(2)	(2)
	不锈钢焊丝 1Cr18Ni9Ti	kg	55.02	0.172	0.226	0.348	0.454	0.646	1.245
	尼龙砂轮片 *D*100×16×3	片	3.92	0.131	0.173	0.223	0.292	0.396	0.680
	尼龙砂轮片 *D*500×25×4	片	18.69	0.060	0.083	0.112	—	—	—
	氩气	m^3	18.60	0.483	0.634	0.975	1.270	1.809	3.485
	钍钨棒	kg	640.87	0.00094	0.00123	0.00189	0.00246	0.00351	0.00663
	耐酸橡胶石棉板	kg	27.73	0.09	0.13	0.17	0.23	0.28	0.33
	零星材料费	元	—	0.44	0.51	0.64	0.77	0.96	1.40
机械	氩弧焊机 500A	台班	96.11	0.192	0.248	0.356	0.461	0.629	1.138
	电动空气压缩机 1m^3	台班	52.31	—	—	—	0.025	0.031	0.044
	电动空气压缩机 6m^3	台班	217.48	0.002	0.002	0.002	0.002	0.002	0.002
	等离子切割机 400A	台班	229.27	—	—	—	0.025	0.031	0.044
	砂轮切割机 *D*500	台班	39.52	0.019	0.028	0.031	—	—	—
	普通车床 630×2000	台班	242.35	0.035	0.040	0.040	0.041	0.043	0.049
	载货汽车 8t	台班	521.59	—	—	—	—	—	0.002
	汽车式起重机 8t	台班	767.15	—	—	—	—	—	0.002

9.合金钢对焊法兰(电弧焊)

工作内容：管子切口、坡口加工、管口组对、焊接、法兰连接。 **单位：**副

	编号			6-1839	6-1840	6-1841	6-1842	6-1843	6-1844	6-1845	6-1846	6-1847
	项目			公称直径(mm以内)								
				15	20	25	32	40	50	65	80	100
预算基价	总价(元)			**65.47**	**75.32**	**80.65**	**91.31**	**99.15**	**111.63**	**143.98**	**161.02**	**209.68**
	人工费(元)			56.70	63.45	66.15	74.25	79.65	86.40	105.30	116.10	147.15
	材料费(元)			2.46	3.63	4.87	5.74	6.95	9.57	15.39	18.95	29.62
	机械费(元)			6.31	8.24	9.63	11.32	12.55	15.66	23.29	25.97	32.91
	组成内容	**单位**	**单价**	**数量**								
人工	综合工	工日	135.00	0.42	0.47	0.49	0.55	0.59	0.64	0.78	0.86	1.09
材料	中压合金钢对焊法兰	个	—	(2)	(2)	(2)	(2)	(2)	(2)	(2)	(2)	(2)
	石棉橡胶板 低中压 δ0.8～6.0	kg	20.02	0.01	0.02	0.04	0.04	0.06	0.07	0.09	0.13	0.17
	合金钢电焊条	kg	26.56	0.037	0.066	0.089	0.111	0.127	0.197	0.364	0.428	0.728
	尼龙砂轮片 *D*100×16×3	片	3.92	0.052	0.064	0.072	0.081	0.094	0.134	0.209	0.245	0.378
	尼龙砂轮片 *D*500×25×4	片	18.69	0.008	0.012	0.016	0.020	0.024	0.032	0.055	0.066	0.091
	氧气	m^3	2.88	0.006	0.007	0.008	0.009	0.013	0.015	0.024	0.027	0.037
	乙炔气	kg	14.66	0.002	0.002	0.003	0.003	0.004	0.005	0.008	0.009	0.012
	零星材料费	元	—	0.88	0.95	1.06	1.23	1.46	1.70	1.89	2.58	3.42
机械	电焊条烘干箱 600×500×750	台班	27.16	0.003	0.004	0.006	0.007	0.008	0.010	0.015	0.018	0.025
	电焊机（综合）	台班	74.17	0.041	0.059	0.076	0.094	0.107	0.128	0.185	0.219	0.303
	砂轮切割机 *D*500	台班	39.52	0.001	0.003	0.005	0.007	0.007	0.008	0.011	0.013	0.020
	普通车床 630×2000	台班	242.35	0.013	0.015	0.015	0.016	0.017	0.023	0.036	0.036	0.037

工作内容： 管子切口、坡口加工、管口组对、焊接、法兰连接。　　　　**单位：** 副

编号				6-1848	6-1849	6-1850	6-1851	6-1852	6-1853	6-1854	6-1855	6-1856
项目				公称直径(mm以内)								
				125	150	200	250	300	350	400	450	500
预算基价	总价(元)			**237.29**	**264.06**	**383.04**	**511.06**	**663.32**	**873.51**	**1136.74**	**1474.59**	**1729.93**
	人工费(元)			166.05	174.15	238.95	305.10	380.70	479.25	608.85	788.40	972.00
	材料费(元)			34.31	45.75	79.39	124.04	181.88	265.71	359.94	476.43	525.76
	机械费(元)			36.93	44.16	64.70	81.92	100.74	128.55	167.95	209.76	232.17
组成内容		单位	单价	数量								
人工	综合工	工日	135.00	1.23	1.29	1.77	2.26	2.82	3.55	4.51	5.84	7.20
材料	中压合金钢对焊法兰	个	—	(2)	(2)	(2)	(2)	(2)	(2)	(2)	(2)	(2)
	石棉橡胶板 低中压 δ0.8～6.0	kg	20.02	0.23	0.28	0.33	0.37	0.40	0.54	0.69	0.81	0.83
	合金钢电焊条	kg	26.56	0.853	1.217	2.303	3.784	5.748	8.619	11.816	15.890	17.584
	尼龙砂轮片 *D*100×16×3	片	3.92	0.443	0.622	1.114	1.710	2.420	3.253	4.179	5.277	5.848
	尼龙砂轮片 *D*500×25×4	片	18.69	0.108	—	—	—	—	—	—	—	—
	氧气	m^3	2.88	0.041	0.228	0.356	0.497	0.643	0.760	0.950	1.074	1.184
	乙炔气	kg	14.66	0.014	0.076	0.119	0.167	0.214	0.254	0.317	0.358	0.395
	零星材料费	元	—	2.97	3.61	4.48	5.55	6.73	7.31	8.53	9.15	9.99
机械	电焊条烘干箱 600×500×750	台班	27.16	0.029	0.037	0.055	0.072	0.090	0.123	0.159	0.199	0.220
	电焊机（综合）	台班	74.17	0.352	0.433	0.637	0.832	1.034	1.377	1.742	2.169	2.403
	半自动切割机 100mm	台班	88.45	—	0.018	0.028	0.032	0.037	0.040	0.046	0.057	0.063
	砂轮切割机 *D*500	台班	39.52	0.021	—	—	—	—	—	—	—	—
	普通车床 630×2000	台班	242.35	0.038	0.039	0.045	0.053	0.065	0.070	0.104	0.132	0.143
	载货汽车 8t	台班	521.59	—	—	0.002	0.002	0.002	0.002	0.004	0.005	0.006
	汽车式起重机 8t	台班	767.15	—	—	0.002	0.002	0.002	0.002	0.004	0.005	0.006

10.合金钢对焊法兰(氩电联焊)

工作内容：管子切口、坡口加工、管口组对、焊接、法兰连接。 **单位：**副

编号				6-1857	6-1858	6-1859	6-1860	6-1861	6-1862	6-1863
项目				公称直径(mm以内)						
				50	65	80	100	125	150	200
预算基价	总价(元)			**116.36**	**149.85**	**167.70**	**220.75**	**250.88**	**281.90**	**409.80**
	人工费(元)			89.10	108.00	118.80	152.55	172.80	183.60	253.80
	材料费(元)			10.14	15.73	19.40	30.01	34.83	46.16	79.22
	机械费(元)			17.12	26.12	29.50	38.19	43.25	52.14	76.78
组成内容		**单位**	**单价**	**数量**						
人工	综合工	工日	135.00	0.66	0.80	0.88	1.13	1.28	1.36	1.88
材料	中压合金钢对焊法兰	个	—	(2)	(2)	(2)	(2)	(2)	(2)	(2)
	石棉橡胶板 低中压 δ0.8～6.0	kg	20.02	0.07	0.09	0.13	0.17	0.23	0.28	0.33
	合金钢电焊条	kg	26.56	0.140	0.266	0.312	0.571	0.669	0.988	1.959
	合金钢焊丝	kg	16.53	0.029	0.041	0.049	0.063	0.075	0.090	0.125
	尼龙砂轮片 D100×16×3	片	3.92	0.130	0.205	0.241	0.374	0.439	0.618	1.110
	尼龙砂轮片 D500×25×4	片	18.69	0.036	0.055	0.066	0.091	0.108	—	—
	氧气	m^3	2.88	0.015	0.024	0.027	0.037	0.041	0.228	0.356
	乙炔气	kg	14.66	0.005	0.008	0.009	0.012	0.014	0.076	0.119
	氩气	m^3	18.60	0.082	0.115	0.138	0.178	0.211	0.253	0.349
	钍钨棒	kg	640.87	0.00016	0.00023	0.00028	0.00035	0.00042	0.00051	0.00070
	零星材料费	元	—	1.61	1.88	2.57	3.41	2.96	3.60	4.46
机械	电焊条烘干箱 600×500×750	台班	27.16	0.007	0.011	0.013	0.020	0.023	0.030	0.047
	电焊机（综合）	台班	74.17	0.090	0.143	0.170	0.249	0.289	0.363	0.554
	氩弧焊机 500A	台班	96.11	0.045	0.063	0.076	0.098	0.116	0.139	0.192
	半自动切割机 100mm	台班	88.45	—	—	—	—	—	0.018	0.028
	砂轮切割机 D500	台班	39.52	0.009	0.011	0.013	0.020	0.021	—	—
	普通车床 630×2000	台班	242.35	0.023	0.036	0.036	0.037	0.038	0.039	0.045
	载货汽车 8t	台班	521.59	—	—	—	—	—	—	0.002
	汽车式起重机 8t	台班	767.15	—	—	—	—	—	—	0.002

工作内容：管子切口、坡口加工、管口组对、焊接、法兰连接。 **单位：**副

编号				6-1864	6-1865	6-1866	6-1867	6-1868	6-1869
项目				公称直径(mm以内)					
				250	300	350	400	450	500
预算基价	总价(元)			**545.99**	**696.14**	**914.87**	**1173.62**	**1510.86**	**1770.49**
	人工费(元)			325.35	406.35	511.65	641.25	823.50	1011.15
	材料费(元)			122.67	178.81	259.70	350.61	462.79	510.79
	机械费(元)			97.97	110.98	143.52	181.76	224.57	248.55
组成内容		单位	单价	数量					
人工	综合工	工日	135.00	2.41	3.01	3.79	4.75	6.10	7.49
材料	中压合金钢对焊法兰	个	—	(2)	(2)	(2)	(2)	(2)	(2)
	石棉橡胶板 低中压 δ0.8~6.0	kg	20.02	0.37	0.40	0.54	0.69	0.81	0.83
	合金钢电焊条	kg	26.56	3.313	5.130	7.811	10.807	14.635	16.195
	合金钢焊丝	kg	16.53	0.155	0.185	0.215	0.243	0.273	0.304
	氧气	m^3	2.88	0.497	0.643	0.760	0.950	1.074	1.184
	乙炔气	kg	14.66	0.167	0.214	0.254	0.317	0.358	0.395
	氩气	m^3	18.60	0.435	0.519	0.601	0.679	0.766	0.852
	钍钨棒	kg	640.87	0.00087	0.00104	0.00120	0.00136	0.00153	0.00170
	尼龙砂轮片 D100×16×3	片	3.92	1.696	2.416	3.249	4.175	5.273	5.844
	零星材料费	元	—	5.53	6.71	7.28	8.50	9.12	9.96
机械	电焊条烘干箱 600×500×750	台班	27.16	0.063	0.081	0.112	0.145	0.183	0.202
	电焊机（综合）	台班	74.17	0.742	0.806	1.116	1.450	1.829	2.024
	氩弧焊机 500A	台班	96.11	0.239	0.285	0.330	0.373	0.421	0.468
	半自动切割机 100mm	台班	88.45	0.032	0.037	0.040	0.046	0.057	0.063
	普通车床 630×2000	台班	242.35	0.053	0.065	0.082	0.104	0.132	0.143
	载货汽车 8t	台班	521.59	0.002	0.002	0.002	0.004	0.005	0.006
	汽车式起重机 8t	台班	767.15	0.002	0.002	0.002	0.004	0.005	0.006

11.合金钢对焊法兰(氩弧焊)

工作内容：管子切口、坡口加工、管口组对、焊接、法兰连接。 **单位：**副

编号				6-1870	6-1871	6-1872	6-1873	6-1874	6-1875
项目				公称直径(mm以内)					
				15	20	25	32	40	50
预算基价	总价(元)			**65.24**	**75.06**	**80.69**	**91.32**	**97.91**	**115.29**
	人工费(元)			56.70	63.45	66.15	74.25	78.30	87.75
	材料费(元)			2.66	4.07	5.52	6.57	7.91	11.52
	机械费(元)			5.88	7.54	9.02	10.50	11.70	16.02
组成内容		**单位**	**单价**	**数量**					
人工	综合工	工日	135.00	0.42	0.47	0.49	0.55	0.58	0.65
材料	中压合金钢对焊法兰	个	—	(2)	(2)	(2)	(2)	(2)	(2)
	石棉橡胶板 低中压 δ0.8～6.0	kg	20.02	0.01	0.02	0.04	0.04	0.06	0.07
	合金钢焊丝	kg	16.53	0.018	0.032	0.044	0.054	0.062	0.103
	尼龙砂轮片 $D100\times16\times3$	片	3.92	0.023	0.027	0.031	0.047	0.056	0.078
	尼龙砂轮片 $D500\times25\times4$	片	18.69	0.008	0.013	0.016	0.020	0.024	0.036
	氧气	m^3	2.88	0.006	0.007	0.008	0.009	0.013	0.015
	乙炔气	kg	14.66	0.002	0.002	0.003	0.003	0.004	0.005
	氩气	m^3	18.60	0.050	0.090	0.123	0.152	0.174	0.287
	钍钨棒	kg	640.87	0.00010	0.00018	0.00024	0.00030	0.00035	0.00057
	零星材料费	元	—	0.88	0.95	1.06	1.23	1.46	1.62
机械	氩弧焊机 500A	台班	96.11	0.028	0.039	0.054	0.066	0.076	0.105
	砂轮切割机 $D500$	台班	39.52	0.001	0.004	0.005	0.007	0.007	0.009
	普通车床 630×2000	台班	242.35	0.013	0.015	0.015	0.016	0.017	0.023

工作内容：管子切口、坡口加工、管口组对、焊接、法兰连接。　　**单位：**副

编号				6-1876	6-1877	6-1878	6-1879	6-1880
项目				公称直径(mm以内)				
				65	80	100	125	150
预算基价	总价(元)			**155.02**	**173.35**	**241.50**	**254.77**	**319.91**
	人工费(元)			109.35	120.15	160.65	172.80	198.45
	材料费(元)			19.11	23.49	37.84	38.68	58.04
	机械费(元)			26.56	29.71	43.01	43.29	63.42
组成内容		**单位**	**单价**	**数量**				
人工	综合工	工日	135.00	0.81	0.89	1.19	1.28	1.47
材料	中压合金钢对焊法兰	个	—	(2)	(2)	(2)	(2)	(2)
	石棉橡胶板 低中压 δ0.8～6.0	kg	20.02	0.09	0.13	0.17	0.23	0.28
	合金钢焊丝	kg	16.53	0.190	0.223	0.382	0.382	0.628
	尼龙砂轮片 D100×16×3	片	3.92	0.130	0.189	0.358	0.293	0.429
	尼龙砂轮片 D500×25×4	片	18.69	0.055	0.066	0.091	0.108	—
	氧气	m^3	2.88	0.024	0.027	0.037	0.041	0.228
	乙炔气	kg	14.66	0.008	0.009	0.012	0.014	0.076
	氩气	m^3	18.60	0.531	0.625	1.071	1.071	1.758
	钍钨棒	kg	640.87	0.00106	0.00125	0.00214	0.00214	0.00352
	零星材料费	元	—	1.89	2.59	3.44	2.98	3.65
机械	氩弧焊机 500A	台班	96.11	0.181	0.213	0.346	0.346	0.545
	半自动切割机 100mm	台班	88.45	—	—	—	—	0.018
	砂轮切割机 D500	台班	39.52	0.011	0.013	0.020	0.021	—
	普通车床 630×2000	台班	242.35	0.036	0.036	0.037	0.038	0.039

12.铜管对焊法兰(氧乙炔焊)

工作内容: 管子切口、坡口加工、坡口磨平、焊前预热、焊接、法兰连接。 **单位:** 副

编号				6-1881	6-1882	6-1883	6-1884	6-1885	6-1886	6-1887
项目				管道外径(mm以内)						
				20	30	40	50	65	75	85
预算基价	总价(元)			**26.26**	**37.34**	**42.10**	**55.30**	**70.46**	**74.80**	**126.22**
	人工费(元)			25.65	35.10	39.15	48.60	62.10	64.80	83.70
	材料费(元)			0.57	2.08	2.67	6.23	7.81	9.37	12.67
	机械费(元)			0.04	0.16	0.28	0.47	0.55	0.63	29.85
组成内容		单位	单价	数量						
人工	综合工	工日	135.00	0.19	0.26	0.29	0.36	0.46	0.48	0.62
材料	中压铜对焊法兰	个	—	(2)	(2)	(2)	(2)	(2)	(2)	(2)
	石棉橡胶板 低中压 δ0.8~6.0	kg	20.02	0.010	0.040	0.040	0.060	0.070	0.090	0.130
	铜气焊丝	kg	46.03	0.003	0.005	0.008	0.013	0.015	0.020	0.029
	尼龙砂轮片 D100×16×3	片	3.92	—	—	—	0.070	0.092	0.108	0.200
	尼龙砂轮片 D500×25×4	片	18.69	0.007	0.014	0.022	0.031	0.037	0.041	—
	氧气	m^3	2.88	0.012	0.082	0.114	0.387	0.506	0.593	0.865
	乙炔气	kg	14.66	0.004	0.037	0.051	0.161	0.210	0.246	0.358
	硼砂	kg	4.46	0.001	0.001	0.002	0.020	0.026	0.030	0.044
	零星材料费	元	—	—	—	—	0.01	0.01	0.01	0.01
机械	电动空气压缩机 1m^3	台班	52.31	—	—	—	—	—	—	0.106
	等离子切割机 400A	台班	229.27	—	—	—	—	—	—	0.106
	砂轮切割机 D500	台班	39.52	0.001	0.004	0.007	0.012	0.014	0.016	—

工作内容：管子切口、坡口加工、坡口磨平、焊前预热、焊接、法兰连接。 **单位：**副

编号				6-1888	6-1889	6-1890	6-1891	6-1892	6-1893	6-1894
项目				管道外径(mm以内)						
				100	120	150	185	200	250	300
预算基价	总价(元)			**137.62**	**181.41**	**220.63**	**262.23**	**340.32**	**424.50**	**515.49**
	人工费(元)			91.80	116.10	139.05	162.00	213.30	267.30	328.05
	材料费(元)			15.13	21.38	26.67	32.37	47.29	58.32	69.13
	机械费(元)			30.69	43.93	54.91	67.86	79.73	98.88	118.31
组成内容		**单位**	**单价**	**数量**						
人工	综合工	工日	135.00	0.68	0.86	1.03	1.20	1.58	1.98	2.43
材料	中压铜对焊法兰	个	—	(2)	(2)	(2)	(2)	(2)	(2)	(2)
	石棉橡胶板 低中压 δ0.8～6.0	kg	20.02	0.170	0.230	0.280	0.314	0.330	0.370	0.400
	铜气焊丝	kg	46.03	0.036	0.053	0.067	0.083	0.123	0.152	0.180
	氧气	m^3	2.88	0.978	1.387	1.740	2.154	3.436	4.311	5.182
	乙炔气	kg	14.66	0.404	0.575	0.721	0.892	1.414	1.772	2.132
	尼龙砂轮片 D100×16×3	片	3.92	0.281	0.402	0.507	0.630	0.902	1.136	1.371
	硼砂	kg	4.46	0.049	0.070	0.088	0.108	0.184	0.230	0.276
	零星材料费	元	—	0.01	0.02	0.02	0.03	0.04	0.04	0.05
机械	电动空气压缩机 1m^3	台班	52.31	0.109	0.156	0.195	0.241	0.274	0.342	0.411
	等离子切割机 400A	台班	229.27	0.109	0.156	0.195	0.241	0.274	0.342	0.411
	载货汽车 8t	台班	521.59	—	—	—	—	0.002	0.002	0.002
	汽车式起重机 8t	台班	767.15	—	—	—	—	0.002	0.002	0.002

三、高压法兰

1.碳钢法兰(螺纹连接)

工作内容：管子切口、套丝、上法兰、螺栓涂二硫化钼。　　　　**单位：**副

编号				6-1895	6-1896	6-1897	6-1898	6-1899	6-1900
项目				公称直径(mm以内)					
				15	20	25	32	40	50
预算基价	总价(元)			**32.45**	**42.22**	**49.66**	**60.08**	**72.61**	**104.14**
	人工费(元)			17.55	22.95	25.65	29.70	35.10	47.25
	材料费(元)			2.42	2.76	3.34	4.05	4.88	5.97
	机械费(元)			12.48	16.51	20.67	26.33	32.63	50.92
组成内容		**单位**	**单价**	**数量**					
人工	综合工	工日	135.00	0.13	0.17	0.19	0.22	0.26	0.35
材料	碳钢透镜垫	个	—	(1)	(1)	(1)	(1)	(1)	(1)
	高压碳钢螺纹法兰	个	—	(2)	(2)	(2)	(2)	(2)	(2)
	尼龙砂轮片 *D*500×25×4	片	18.69	0.012	0.020	0.030	0.043	0.051	0.075
	零星材料费	元	—	2.20	2.39	2.78	3.25	3.93	4.57
机械	砂轮切割机 *D*500	台班	39.52	0.003	0.007	0.008	0.010	0.010	0.013
	普通车床 630×2000	台班	242.35	0.051	0.067	0.084	0.107	0.133	0.208

工作内容：管子切口、套丝、上法兰、螺栓涂二硫化钼。 **单位：**副

编号				6-1901	6-1902	6-1903	6-1904	6-1905	6-1906
项目				公称直径(mm以内)					
				65	80	100	125	150	200
预算基价	总价(元)			**142.25**	**160.07**	**190.42**	**232.49**	**265.78**	**339.08**
	人工费(元)			64.80	71.55	83.70	101.25	109.35	139.05
	材料费(元)			7.38	9.16	9.78	11.28	12.93	14.69
	机械费(元)			70.07	79.36	96.94	119.96	143.50	185.34
组成内容		**单位**	**单价**	**数量**					
人工	综合工	工日	135.00	0.48	0.53	0.62	0.75	0.81	1.03
材料	碳钢透镜垫	个	—	(1)	(1)	(1)	(1)	(1)	(1)
	高压碳钢螺纹法兰	个	—	(2)	(2)	(2)	(2)	(2)	(2)
	尼龙砂轮片 *D*500×25×4	片	18.69	0.103	0.139	—	—	—	—
	氧气	m^3	2.88	—	—	0.302	0.365	0.534	0.676
	乙炔气	kg	14.66	—	—	0.101	0.122	0.178	0.225
	零星材料费	元	—	5.45	6.56	7.43	8.44	8.78	9.44
机械	半自动切割机 100mm	台班	88.45	—	—	—	—	0.025	0.035
	砂轮切割机 *D*500	台班	39.52	0.013	0.015	—	—	—	—
	普通车床 630×2000	台班	242.35	0.287	0.325	0.400	0.495	0.583	0.752

2.碳钢对焊法兰(电弧焊)

工作内容：管子切口、坡口加工、管口组对、焊接、法兰连接。 **单位：**副

编　号				6-1907	6-1908	6-1909	6-1910	6-1911	6-1912	6-1913	6-1914	6-1915
项　目				公称直径(mm以内)								
				15	20	25	32	40	50	65	80	100
预算基价	总　价(元)			**66.42**	**80.38**	**98.11**	**116.53**	**137.14**	**160.43**	**213.63**	**256.42**	**347.68**
	人　工　费(元)			55.35	66.15	78.30	93.15	110.70	126.90	168.75	201.15	272.70
	材　料　费(元)			2.64	3.37	4.63	6.14	7.37	10.41	16.13	21.17	29.33
	机　械　费(元)			8.43	10.86	15.18	17.24	19.07	23.12	28.75	34.10	45.65
组 成 内 容		**单位**	**单价**	**数　量**								
人工	综合工	工日	135.00	0.41	0.49	0.58	0.69	0.82	0.94	1.25	1.49	2.02
材料	碳钢透镜垫	个	—	(1)	(1)	(1)	(1)	(1)	(1)	(1)	(1)	(1)
	高压碳钢对焊法兰	个	—	(2)	(2)	(2)	(2)	(2)	(2)	(2)	(2)	(2)
	碳钢电焊条 E4303 *D*3.2	kg	7.59	0.123	0.176	0.290	0.418	0.504	0.775	1.317	1.791	2.783
	尼龙砂轮片 *D*100×16×3	片	3.92	0.062	0.074	0.082	0.091	0.104	0.144	0.219	0.255	0.388
	尼龙砂轮片 *D*500×25×4	片	18.69	0.012	0.020	0.030	0.043	0.051	0.075	0.115	0.155	—
	氧气	m^3	2.88	—	—	—	—	—	—	—	—	0.302
	乙炔气	kg	14.66	—	—	—	—	—	—	—	—	0.101
	零星材料费	元	—	1.24	1.37	1.55	1.81	2.18	2.56	3.13	3.68	4.34
机械	电焊条烘干箱 600×500×750	台班	27.16	0.005	0.005	0.007	0.009	0.010	0.012	0.018	0.022	0.032
	电焊机（综合）	台班	74.17	0.058	0.069	0.090	0.116	0.137	0.170	0.232	0.290	0.425
	电动葫芦 单速 3t	台班	33.90	—	—	—	—	—	0.035	0.038	0.041	0.048
	砂轮切割机 *D*500	台班	39.52	0.003	0.007	0.008	0.010	0.010	0.013	0.014	0.017	—
	普通车床 630×2000	台班	242.35	0.016	0.022	0.033	0.033	0.034	0.035	0.038	0.041	0.048

工作内容：管子切口、坡口加工、管口组对、焊接、法兰连接。 **单位：**副

编号				6-1916	6-1917	6-1918	6-1919	6-1920	6-1921	6-1922	6-1923	6-1924
项目				公称直径(mm以内)								
				125	150	200	250	300	350	400	450	500
预算基价	总价(元)			**522.80**	**715.59**	**911.66**	**1271.90**	**1736.19**	**2217.71**	**2676.66**	**3499.61**	**4229.56**
	人工费(元)			399.60	544.05	641.25	849.15	1124.55	1436.40	1744.20	2209.95	2673.00
	材料费(元)			46.65	70.72	108.70	158.70	243.24	328.36	396.97	560.97	680.27
	机械费(元)			76.55	100.82	161.71	264.05	368.40	452.95	535.49	728.69	876.29
组成内容		**单位**	**单价**	**数量**								
人工	综合工	工日	135.00	2.96	4.03	4.75	6.29	8.33	10.64	12.92	16.37	19.80
材料	碳钢透镜垫	个	—	(1)	(1)	(1)	(1)	(1)	(1)	(1)	(1)	(1)
	高压碳钢对焊法兰	个	—	(2)	(2)	(2)	(2)	(2)	(2)	(2)	(2)	(2)
	碳钢电焊条 E4303 *D*3.2	kg	7.59	4.999	7.819	12.137	17.996	28.364	38.720	46.946	67.154	82.348
	尼龙砂轮片 *D*100×16×3	片	3.92	0.453	0.632	1.124	1.720	2.430	3.263	4.189	5.287	5.858
	氧气	m^3	2.88	0.365	0.534	0.751	1.025	1.260	1.534	1.723	2.365	2.432
	乙炔气	kg	14.66	0.122	0.178	0.250	0.342	0.420	0.511	0.574	0.788	0.811
	零星材料费	元	—	4.09	4.75	6.35	7.40	8.65	9.78	10.85	12.18	13.39
机械	电焊条烘干箱 600×500×750	台班	27.16	0.051	0.075	0.116	0.167	0.251	0.337	0.408	0.584	0.716
	电焊机（综合）	台班	74.17	0.641	0.896	1.344	1.919	2.817	3.367	4.082	5.840	7.161
	电动葫芦 单速 3t	台班	33.90	0.100	0.109	0.154	—	—	—	—	—	—
	半自动切割机 100mm	台班	88.45	—	0.025	0.039	0.083	0.113	0.136	0.155	0.186	0.224
	普通车床 630×2000	台班	242.35	0.100	0.109	0.154	0.197	0.243	0.322	0.355	0.438	0.477
	载货汽车 8t	台班	521.59	—	—	0.010	0.019	0.029	0.033	0.042	0.057	0.077
	电动双梁起重机 5t	台班	190.91	—	—	—	0.197	0.243	0.322	0.355	0.438	0.477
	汽车式起重机 8t	台班	767.15	—	—	0.010	0.019	0.029	0.033	0.042	0.057	0.077

3.碳钢对焊法兰(氩电联焊)

工作内容：管子切口、坡口加工、管口组对、焊接、法兰连接。 **单位：**副

编号				6-1925	6-1926	6-1927	6-1928	6-1929	6-1930	6-1931	6-1932	6-1933
项目				公称直径(mm以内)								
				15	20	25	32	40	50	65	80	100
预算基价	总价(元)			**68.96**	**89.29**	**116.61**	**144.00**	**168.13**	**166.99**	**218.76**	**268.85**	**363.88**
	人工费(元)			55.35	68.85	85.05	103.95	122.85	129.60	171.45	207.90	280.80
	材料费(元)			5.00	7.72	11.91	15.99	18.58	11.58	16.46	22.62	31.54
	机械费(元)			8.61	12.72	19.65	24.06	26.70	25.81	30.85	38.33	51.54
	组成内容	**单位**	**单价**	**数量**								
人工	综合工	工日	135.00	0.41	0.51	0.63	0.77	0.91	0.96	1.27	1.54	2.08
材料	碳钢透镜垫	个	—	(1)	(1)	(1)	(1)	(1)	(1)	(1)	(1)	(1)
	高压碳钢对焊法兰	个	—	(2)	(2)	(2)	(2)	(2)	(2)	(2)	(2)	(2)
	碳钢焊丝	kg	10.58	0.050	0.086	0.143	0.197	0.227	0.024	0.030	0.035	0.048
	碳钢电焊条 E4303 *D*3.2	kg	7.59	—	—	—	—	—	0.722	1.129	1.717	2.691
	尼龙砂轮片 *D*100×16×3	片	3.92	0.058	0.070	0.078	0.087	0.100	0.140	0.215	0.251	0.384
	尼龙砂轮片 *D*500×25×4	片	18.69	0.012	0.020	0.030	0.043	0.051	0.075	0.103	0.139	—
	氩气	m^3	18.60	0.140	0.241	0.401	0.550	0.636	0.067	0.084	0.098	0.133
	氧气	m^3	2.88	—	—	—	—	—	—	—	—	0.272
	乙炔气	kg	14.66	—	—	—	—	—	—	—	—	0.091
	钍钨棒	kg	640.87	0.00028	0.00048	0.00080	0.00110	0.00127	0.00013	0.00017	0.00020	0.00027
	零星材料费	元	—	1.24	1.37	1.56	1.83	2.19	2.57	3.13	3.68	4.34
机械	电焊条烘干箱 600×500×750	台班	27.16	—	—	—	—	—	0.012	0.015	0.021	0.031
	电焊机 (综合)	台班	74.17	—	—	—	—	—	0.161	0.205	0.281	0.414
	氩弧焊机 500A	台班	96.11	0.048	0.074	0.118	0.163	0.188	0.035	0.044	0.052	0.070
	电动葫芦 单速 3t	台班	33.90	—	—	—	—	—	0.035	0.038	0.041	0.048
	砂轮切割机 *D*500	台班	39.52	0.003	0.007	0.008	0.010	0.010	0.013	0.013	0.015	—
	普通车床 630×2000	台班	242.35	0.016	0.022	0.033	0.033	0.034	0.035	0.038	0.041	0.048

工作内容：管子切口、坡口加工、管口组对、焊接、法兰连接。　　　　**单位：**副

编号				6-1934	6-1935	6-1936	6-1937	6-1938	6-1939	6-1940	6-1941	6-1942
项目				公称直径(mm以内)								
				125	150	200	250	300	350	400	450	500
预算基价	总价(元)			**538.19**	**731.20**	**929.81**	**1295.70**	**1752.46**	**2255.58**	**2738.86**	**3550.73**	**4115.85**
	人工费(元)			407.70	552.15	650.70	861.30	1134.00	1443.15	1759.05	2218.05	2602.80
	材料费(元)			47.80	71.65	109.58	159.21	240.13	326.66	395.03	553.41	615.89
	机械费(元)			82.69	107.40	169.53	275.19	378.33	485.77	584.78	779.27	897.16
组成内容		**单位**	**单价**	**数量**								
人工	综合工	工日	135.00	3.02	4.09	4.82	6.38	8.40	10.69	13.03	16.43	19.28
材料	碳钢透镜垫	个	—	(1)	(1)	(1)	(1)	(1)	(1)	(1)	(1)	(1)
	高压碳钢对焊法兰	个	—	(2)	(2)	(2)	(2)	(2)	(2)	(2)	(2)	(2)
	碳钢电焊条 E4303 *D*3.2	kg	7.59	4.630	7.296	11.343	16.888	26.727	36.884	44.691	63.953	71.374
	碳钢焊丝	kg	10.58	0.064	0.074	0.113	0.136	0.157	0.186	0.230	0.254	0.289
	氩气	m^3	18.60	0.180	0.208	0.318	0.378	0.442	0.519	0.644	0.711	0.809
	钍钨棒	kg	640.87	0.00036	0.00042	0.00064	0.00076	0.00088	0.00104	0.00129	0.00142	0.00162
	尼龙砂轮片 *D*100×16×3	片	3.92	0.449	0.628	1.120	1.716	2.426	3.259	4.185	5.283	5.854
	氧气	m^3	2.88	0.329	0.534	0.676	1.025	1.120	1.534	1.723	2.365	2.432
	乙炔气	kg	14.66	0.110	0.178	0.225	0.342	0.373	0.511	0.574	0.788	0.811
	零星材料费	元	—	4.08	4.74	6.33	7.38	8.62	9.74	10.80	12.11	13.18
机械	电焊条烘干箱 600×500×750	台班	27.16	0.048	0.070	0.108	0.157	0.236	0.318	0.385	0.553	0.617
	电焊机（综合）	台班	74.17	0.603	0.844	1.268	1.815	2.670	3.562	4.317	6.050	6.776
	氩弧焊机 500A	台班	96.11	0.094	0.110	0.166	0.199	0.232	0.273	0.338	0.373	0.425
	电动葫芦 单速 3t	台班	33.90	0.100	0.109	0.147	—	—	—	—	—	—
	半自动切割机 100mm	台班	88.45	—	0.025	0.035	0.083	0.101	0.136	0.155	0.186	0.224
	普通车床 630×2000	台班	242.35	0.100	0.109	0.147	0.197	0.243	0.305	0.355	0.438	0.503
	载货汽车 8t	台班	521.59	—	—	0.010	0.019	0.029	0.033	0.042	0.057	0.077
	电动双梁起重机 5t	台班	190.91	—	—	—	0.197	0.243	0.305	0.355	0.438	0.503
	汽车式起重机 8t	台班	767.15	—	—	0.010	0.019	0.029	0.033	0.042	0.057	0.077

4.不锈钢对焊法兰(电弧焊)

工作内容：管子切口、坡口加工、管口组对、焊接、焊缝钝化、法兰连接。 **单位：**副

编号				6-1943	6-1944	6-1945	6-1946	6-1947	6-1948	6-1949	6-1950
项目				公称直径(mm以内)							
				15	20	25	32	40	50	65	80
预算基价	总价(元)			**64.01**	**78.61**	**107.87**	**133.49**	**160.95**	**189.48**	**274.37**	**326.03**
	人工费(元)			48.60	58.05	76.95	95.85	113.40	128.25	168.75	186.30
	材料费(元)			6.87	9.94	16.16	20.14	26.86	36.91	66.73	102.18
	机械费(元)			8.54	10.62	14.76	17.50	20.69	24.32	38.89	37.55
组成内容		**单位**	**单价**	**数量**							
人工	综合工	工日	135.00	0.36	0.43	0.57	0.71	0.84	0.95	1.25	1.38
材料	不锈钢透镜垫	个	—	(1)	(1)	(1)	(1)	(1)	(1)	(1)	(1)
	高压不锈钢对焊法兰	个	—	(2)	(2)	(2)	(2)	(2)	(2)	(2)	(2)
	不锈钢电焊条	kg	66.08	0.082	0.125	0.210	0.264	0.358	0.502	0.921	1.441
	尼龙砂轮片 $D100\times16\times3$	片	3.92	0.073	0.085	0.093	0.102	0.115	0.155	0.276	0.274
	尼龙砂轮片 $D500\times25\times4$	片	18.69	0.016	0.022	0.042	0.050	0.062	0.069	0.125	0.174
	零星材料费	元	—	0.87	0.94	1.13	1.36	1.59	1.84	2.45	2.63
机械	电焊条烘干箱 600×500×750	台班	27.16	0.005	0.006	0.009	0.011	0.013	0.016	0.029	0.029
	电焊机（综合）	台班	74.17	0.046	0.059	0.086	0.108	0.128	0.156	0.286	0.294
	电动空气压缩机 $6m^3$	台班	217.48	0.002	0.002	0.002	0.002	0.002	0.002	0.002	0.002
	电动葫芦 单速 3t	台班	33.90	—	—	—	—	—	0.040	0.055	0.047
	砂轮切割机 $D500$	台班	39.52	0.005	0.008	0.011	0.013	0.018	0.021	0.032	0.039
	普通车床 630×2000	台班	242.35	0.018	0.022	0.030	0.034	0.040	0.040	0.055	0.047

工作内容：管子切口、坡口加工、管口组对、焊接、焊缝钝化、法兰连接。　　　　**单位：**副

编号				6-1951	6-1952	6-1953	6-1954	6-1955	6-1956	6-1957	6-1958
项目				公称直径(mm以内)							
				100	125	150	200	250	300	350	400
预算基价	总　　价(元)			**463.26**	**672.31**	**890.04**	**1571.73**	**2236.07**	**3157.69**	**4078.55**	**5340.99**
	人　工　费(元)			275.40	353.70	445.50	623.70	819.45	1108.35	1291.95	1651.05
	材　料　费(元)			135.80	244.09	348.31	743.51	1121.89	1582.65	2168.28	2885.04
	机　械　费(元)			52.06	74.52	96.23	204.52	294.73	466.69	618.32	804.90
组成内容		单位	单价	数　　量							
人工	综合工	工日	135.00	2.04	2.62	3.30	4.62	6.07	8.21	9.57	12.23
材料	不锈钢透镜垫	个	—	(1)	(1)	(1)	(1)	(1)	(1)	(1)	(1)
	高压不锈钢对焊法兰	个	—	(2)	(2)	(2)	(2)	(2)	(2)	(2)	(2)
	不锈钢电焊条	kg	66.08	1.982	3.597	5.153	11.065	16.728	23.618	31.837	42.488
	不锈钢焊丝 1Cr18Ni9Ti	kg	55.02	—	—	—	—	—	—	0.349	0.401
	尼龙砂轮片 *D*100×16×3	片	3.92	0.395	0.590	0.771	1.580	2.286	3.288	4.010	5.415
	氩气	m^3	18.60	—	—	—	—	—	—	0.977	1.122
	钍钨棒	kg	640.87	—	—	—	—	—	—	0.00100	0.00116
	零星材料费	元	—	3.28	4.09	4.78	6.14	7.54	9.08	10.76	12.53
机械	电焊条烘干箱 600×500×750	台班	27.16	0.040	0.063	0.084	0.163	0.236	0.332	0.429	0.572
	电焊机（综合）	台班	74.17	0.404	0.627	0.837	1.627	2.353	3.322	4.291	5.726
	氩弧焊机 500A	台班	96.11	—	—	—	—	—	—	0.477	0.592
	电动葫芦 单速 3t	台班	33.90	0.049	0.060	0.072	0.172	0.231	—	—	—
	电动空气压缩机 $1m^3$	台班	52.31	0.025	0.033	0.041	0.066	0.089	0.136	0.158	0.193
	电动空气压缩机 $6m^3$	台班	217.48	0.002	0.002	0.002	0.002	0.002	0.002	0.002	0.002
	等离子切割机 400A	台班	229.27	0.025	0.033	0.041	0.066	0.089	0.136	0.158	0.193
	普通车床 630×2000	台班	242.35	0.049	0.060	0.072	0.172	0.231	0.312	0.358	0.459
	载货汽车 8t	台班	521.59	—	—	—	0.010	0.019	0.029	0.033	0.042
	电动双梁起重机 5t	台班	190.91	—	—	—	—	—	0.312	0.358	0.459
	汽车式起重机 8t	台班	767.15	—	—	—	0.010	0.019	0.029	0.033	0.042

5.不锈钢对焊法兰(氩电联焊)

工作内容：管子切口、坡口加工、管口组对、焊接、焊缝钝化、法兰连接。 **单位：**副

编号				6-1959	6-1960	6-1961	6-1962	6-1963	6-1964	6-1965	6-1966
项目				公称直径(mm以内)							
				15	20	25	32	40	50	65	80
预算基价	总价(元)			**66.27**	**83.25**	**115.53**	**144.20**	**178.54**	**203.81**	**287.94**	**340.30**
	人工费(元)			48.60	59.40	79.65	98.55	120.15	132.30	174.15	199.80
	材料费(元)			6.43	9.21	14.76	18.59	24.76	38.44	66.18	86.35
	机械费(元)			11.24	14.64	21.12	27.06	33.63	33.07	47.61	54.15
组成内容		**单位**	**单价**	**数量**							
人工	综合工	工日	135.00	0.36	0.44	0.59	0.73	0.89	0.98	1.29	1.48
材料	不锈钢透镜垫	个	—	(1)	(1)	(1)	(1)	(1)	(1)	(1)	(1)
	高压不锈钢对焊法兰	个	—	(2)	(2)	(2)	(2)	(2)	(2)	(2)	(2)
	不锈钢电焊条	kg	66.08	—	—	—	—	—	0.442	0.768	1.029
	不锈钢焊丝 1Cr18Ni9Ti	kg	55.02	0.045	0.068	0.113	0.144	0.195	0.050	0.088	0.105
	尼龙砂轮片 $D100\times16\times3$	片	3.92	0.071	0.083	0.091	0.100	0.113	0.153	0.270	0.272
	尼龙砂轮片 $D500\times25\times4$	片	18.69	0.016	0.022	0.042	0.050	0.062	0.069	0.125	0.174
	氩气	m^3	18.60	0.127	0.192	0.317	0.403	0.548	0.142	0.246	0.293
	钍钨棒	kg	640.87	0.00023	0.00035	0.00059	0.00074	0.00100	0.00015	0.00028	0.00030
	零星材料费	元	—	0.87	0.94	1.13	1.37	1.60	1.85	2.44	2.62
机械	电焊条烘干箱 600×500×750	台班	27.16	—	—	—	—	—	0.014	0.024	0.029
	电焊机（综合）	台班	74.17	—	—	—	—	—	0.140	0.243	0.291
	氩弧焊机 500A	台班	96.11	0.065	0.089	0.135	0.174	0.223	0.104	0.154	0.175
	电动葫芦 单速 3t	台班	33.90	—	—	—	0.034	0.040	0.040	0.045	0.047
	电动空气压缩机 $6m^3$	台班	217.48	0.002	0.002	0.002	0.002	0.002	0.002	0.002	0.002
	砂轮切割机 $D500$	台班	39.52	0.005	0.008	0.011	0.013	0.018	0.021	0.032	0.039
	普通车床 630×2000	台班	242.35	0.018	0.022	0.030	0.034	0.040	0.040	0.045	0.047

工作内容：管子切口、坡口加工、管口组对、焊接、焊缝钝化、法兰连接。　　**单位：**副

编号				6-1967	6-1968	6-1969	6-1970	6-1971	6-1972	6-1973	6-1974
项目				公称直径(mm以内)							
				100	125	150	200	250	300	350	400
预算基价	总价(元)			**483.89**	**690.35**	**906.45**	**1618.30**	**2279.59**	**3208.85**	**4011.49**	**5256.24**
	人工费(元)			276.75	353.70	444.15	656.10	858.60	1161.00	1337.85	1709.10
	材料费(元)			138.80	243.79	345.40	726.68	1091.95	1535.23	2063.20	2745.31
	机械费(元)			68.34	92.86	116.90	235.52	329.04	512.62	610.44	801.83
组成内容		单位	单价	数量							
人工	综合工	工日	135.00	2.05	2.62	3.29	4.86	6.36	8.60	9.91	12.66
材料	不锈钢透镜垫	个	—	(1)	(1)	(1)	(1)	(1)	(1)	(1)	(1)
	高压不锈钢对焊法兰	个	—	(2)	(2)	(2)	(2)	(2)	(2)	(2)	(2)
	不锈钢电焊条	kg	66.08	1.769	3.290	4.746	10.258	15.584	22.002	29.850	39.837
	不锈钢焊丝 1Cr18Ni9Ti	kg	55.02	0.158	0.185	0.222	0.338	0.423	0.550	0.594	0.734
	氩气	m^3	18.60	0.443	0.519	0.623	0.946	1.184	1.537	1.664	2.053
	钍钨棒	kg	640.87	0.00030	0.00034	0.00042	0.00077	0.00098	0.00142	0.00167	0.00186
	尼龙砂轮片 $D100\times16\times3$	片	3.92	0.387	0.577	0.755	1.546	2.236	3.217	3.923	5.298
	零星材料费	元	—	3.26	4.07	4.75	6.09	7.47	8.97	10.63	12.35
机械	电焊条烘干箱 600×500×750	台班	27.16	0.033	0.052	0.070	0.138	0.199	0.282	0.366	0.488
	电焊机（综合）	台班	74.17	0.328	0.522	0.701	1.375	1.996	2.818	3.661	4.886
	氩弧焊机 500A	台班	96.11	0.230	0.275	0.324	0.524	0.643	0.881	0.899	1.165
	电动葫芦 单速 3t	台班	33.90	0.049	0.060	0.072	0.172	0.231	—	—	—
	电动空气压缩机 $1m^3$	台班	52.31	0.025	0.033	0.041	0.066	0.089	0.136	0.158	0.193
	电动空气压缩机 $6m^3$	台班	217.48	0.002	0.002	0.002	0.002	0.002	0.002	0.002	0.002
	等离子切割机 400A	台班	229.27	0.025	0.033	0.041	0.066	0.089	0.136	0.158	0.193
	普通车床 630×2000	台班	242.35	0.049	0.060	0.072	0.172	0.231	0.312	0.358	0.459
	载货汽车 8t	台班	521.59	—	—	—	0.010	0.019	0.029	0.033	0.047
	电动双梁起重机 5t	台班	190.91	—	—	—	—	—	0.312	0.358	0.459
	汽车式起重机 8t	台班	767.15	—	—	—	0.010	0.019	0.029	0.033	0.047

6.合金钢对焊法兰(电弧焊)

工作内容：管子切口、坡口加工、管口组对、焊接、法兰连接。　　**单位：**副

	编　　号			6-1975	6-1976	6-1977	6-1978	6-1979	6-1980	6-1981	6-1982	6-1983
	项　　目			公称直径(mm以内)								
				15	20	25	32	40	50	65	80	100
预算基价	总　　价(元)			**68.72**	**88.88**	**111.05**	**133.07**	**155.67**	**180.82**	**234.21**	**298.06**	**413.98**
	人 工 费(元)			56.70	72.90	89.10	105.30	121.50	139.05	171.45	216.00	310.50
	材 料 费(元)			3.84	5.42	7.93	9.78	12.85	17.45	32.54	46.86	59.31
	机 械 费(元)			8.18	10.56	14.02	17.99	21.32	24.32	30.22	35.20	44.17
	组 成 内 容	**单位**	**单价**	**数　　量**								
人工	综合工	工日	135.00	0.42	0.54	0.66	0.78	0.90	1.03	1.27	1.60	2.30
材料	合金钢透镜垫	个	—	(1)	(1)	(1)	(1)	(1)	(1)	(1)	(1)	(1)
	高压合金钢对焊法兰	个	—	(2)	(2)	(2)	(2)	(2)	(2)	(2)	(2)	(2)
	合金钢电焊条	kg	26.56	0.080	0.126	0.205	0.257	0.348	0.488	0.990	1.475	1.927
	尼龙砂轮片 *D*100×16×3	片	3.92	0.068	0.079	0.088	0.099	0.110	0.149	0.243	0.263	0.390
	尼龙砂轮片 *D*500×25×4	片	18.69	0.011	0.018	0.025	0.033	0.043	0.060	0.101	0.139	—
	氧气	m^3	2.88	—	—	—	—	—	—	—	—	0.245
	乙炔气	kg	14.66	—	—	—	—	—	—	—	—	0.082
	零星材料费	元	—	1.24	1.43	1.67	1.95	2.37	2.78	3.41	4.06	4.69
机械	电焊条烘干箱 600×500×750	台班	27.16	0.004	0.005	0.007	0.009	0.011	0.013	0.019	0.023	0.030
	电焊机（综合）	台班	74.17	0.055	0.072	0.094	0.119	0.144	0.180	0.244	0.297	0.417
	电动葫芦 单速 3t	台班	33.90	—	—	—	0.031	0.036	0.037	0.040	0.043	0.045
	砂轮切割机 *D*500	台班	39.52	0.003	0.006	0.008	0.009	0.010	0.010	0.014	0.017	—
	普通车床 630×2000	台班	242.35	0.016	0.020	0.027	0.031	0.036	0.037	0.040	0.043	0.045

工作内容：管子切口、坡口加工、管口组对、焊接、法兰连接。 **单位：**副

	编号			6-1984	6-1985	6-1986	6-1987	6-1988	6-1989	6-1990	6-1991	6-1992
	项目			公称直径(mm以内)								
				125	150	200	250	300	350	400	450	500
预算基价	总价(元)			**546.96**	**717.54**	**1239.64**	**1693.12**	**2301.18**	**2802.30**	**3545.98**	**4358.53**	**5258.39**
	人工费(元)			390.15	492.75	761.40	990.90	1244.70	1447.20	1771.20	2112.75	2519.10
	材料费(元)			97.56	143.98	309.82	458.24	676.64	915.92	1221.82	1548.53	1885.49
	机械费(元)			59.25	80.81	168.42	243.98	379.84	439.18	552.96	697.25	853.80
	组成内容	**单位**	**单价**	**数量**								
人工	综合工	工日	135.00	2.89	3.65	5.64	7.34	9.22	10.72	13.12	15.65	18.66
材料	合金钢透镜垫	个	—	(1)	(1)	(1)	(1)	(1)	(1)	(1)	(1)	(1)
	高压合金钢对焊法兰	个	—	(2)	(2)	(2)	(2)	(2)	(2)	(2)	(2)	(2)
	合金钢电焊条	kg	26.56	3.323	5.011	11.050	16.412	24.397	33.169	44.377	56.466	68.729
	尼龙砂轮片 $D100\times16\times3$	片	3.92	0.522	0.711	1.382	1.975	2.854	3.712	4.913	5.673	6.842
	氧气	m^3	2.88	0.354	0.400	0.624	0.949	1.170	1.402	1.764	2.018	2.703
	乙炔气	kg	14.66	0.118	0.133	0.208	0.316	0.389	0.467	0.588	0.673	0.901
	零星材料费	元	—	4.51	5.00	6.07	7.23	8.40	9.52	10.21	10.88	12.23
机械	电焊条烘干箱 600×500×750	台班	27.16	0.045	0.063	0.120	0.173	0.249	0.326	0.424	0.540	0.657
	电焊机（综合）	台班	74.17	0.585	0.792	1.449	2.053	2.882	3.258	4.244	5.401	6.575
	电动葫芦 单速 3t	台班	33.90	0.053	0.066	0.150	0.202	—	—	—	—	—
	半自动切割机 100mm	台班	88.45	—	0.024	0.038	0.076	0.110	0.129	0.153	0.173	0.249
	载货汽车 8t	台班	521.59	—	—	0.010	0.019	0.029	0.033	0.042	0.057	0.077
	普通车床 630×2000	台班	242.35	0.053	0.066	0.150	0.202	0.259	0.311	0.367	0.446	0.524
	电动双梁起重机 5t	台班	190.91	—	—	—	—	0.259	0.311	0.367	0.446	0.524
	汽车式起重机 8t	台班	767.15	—	—	0.010	0.019	0.029	0.033	0.042	0.057	0.077

7. 合金钢对焊法兰（氩电联焊）

工作内容： 管子切口、坡口加工、管口组对、焊接、法兰连接。 **单位：** 副

编号				6-1993	6-1994	6-1995	6-1996	6-1997	6-1998	6-1999	6-2000	6-2001
项目				公称直径（mm以内）								
				15	20	25	32	40	50	65	80	100
预算基价	总价（元）			**76.18**	**100.30**	**127.50**	**153.32**	**182.64**	**203.11**	**258.51**	**329.68**	**459.88**
	人工费（元）			63.45	82.35	101.25	120.15	140.40	156.60	191.70	243.00	349.65
	材料费（元）			4.70	6.81	10.16	12.62	16.71	19.27	33.46	47.52	60.41
	机械费（元）			8.03	11.14	16.09	20.55	25.53	27.24	33.35	39.16	49.82
组成内容		**单位**	**单价**	**数量**								
人工	综合工	工日	135.00	0.47	0.61	0.75	0.89	1.04	1.16	1.42	1.80	2.59
材料	合金钢透镜垫	个	—	(1)	(1)	(1)	(1)	(1)	(1)	(1)	(1)	(1)
	高压合金钢对焊法兰	个	—	(2)	(2)	(2)	(2)	(2)	(2)	(2)	(2)	(2)
	合金钢电焊条	kg	26.56	—	—	—	—	—	0.481	0.933	1.394	1.820
	合金钢焊丝	kg	16.53	0.042	0.066	0.107	0.134	0.182	0.028	0.034	0.039	0.055
	尼龙砂轮片 $D100\times16\times3$	片	3.92	0.064	0.075	0.084	0.095	0.106	0.145	0.239	0.259	0.386
	尼龙砂轮片 $D500\times25\times4$	片	18.69	0.011	0.018	0.025	0.033	0.043	0.060	0.101	0.139	—
	氩气	m^3	18.60	0.116	0.184	0.298	0.375	0.508	0.078	0.095	0.110	0.154
	氧气	m^3	2.88	—	—	—	—	—	—	—	—	0.245
	乙炔气	kg	14.66	—	—	—	—	—	—	—	—	0.082
	钍钨棒	kg	640.87	0.00023	0.00037	0.00060	0.00075	0.00102	0.00016	0.00019	0.00022	0.00031
	零星材料费	元	—	1.24	1.43	1.67	1.96	2.38	2.79	3.40	4.05	4.68
机械	电焊条烘干箱 600×500×750	台班	27.16	—	—	—	—	—	0.012	0.016	0.021	0.027
	电焊机（综合）	台班	74.17	—	—	—	—	—	0.164	0.220	0.272	0.384
	氩弧焊机 500A	台班	96.11	0.042	0.063	0.096	0.121	0.158	0.043	0.052	0.061	0.085
	电动葫芦 单速 3t	台班	33.90	—	—	—	0.031	0.036	0.037	0.040	0.043	0.045
	砂轮切割机 $D500$	台班	39.52	0.003	0.006	0.008	0.009	0.010	0.010	0.014	0.017	—
	普通车床 630×2000	台班	242.35	0.016	0.020	0.027	0.031	0.036	0.037	0.040	0.043	0.045

工作内容：管子切口、坡口加工、管口组对、焊接、法兰连接。 **单位：**副

编号				6-2002	6-2003	6-2004	6-2005	6-2006	6-2007	6-2008	6-2009	6-2010
项目				公称直径(mm以内)								
				125	150	200	250	300	350	400	450	500
预算基价	总价(元)			**559.27**	**731.44**	**1255.71**	**1709.54**	**2181.62**	**2687.53**	**3392.20**	**4173.52**	**5036.99**
	人工费(元)			396.90	500.85	773.55	1005.75	1132.65	1314.90	1605.15	1917.00	2286.90
	材料费(元)			97.39	142.40	302.79	446.48	656.38	886.53	1180.07	1494.44	1818.66
	机械费(元)			64.98	88.19	179.37	257.31	392.59	486.10	606.98	762.08	931.43
组成内容		单位	单价	数量								
人工	综合工	工日	135.00	2.94	3.71	5.73	7.45	8.39	9.74	11.89	14.20	16.94
材料	合金钢透镜垫	个	—	(1)	(1)	(1)	(1)	(1)	(1)	(1)	(1)	(1)
	高压合金钢对焊法兰	个	—	(2)	(2)	(2)	(2)	(2)	(2)	(2)	(2)	(2)
	合金钢电焊条	kg	26.56	3.158	4.748	10.471	15.567	23.189	31.542	42.215	53.665	65.268
	合金钢焊丝	kg	16.53	0.059	0.075	0.116	0.149	0.165	0.192	0.218	0.282	0.349
	氩气	m^3	18.60	0.164	0.211	0.325	0.415	0.460	0.538	0.610	0.791	0.977
	氧气	m^3	2.88	0.354	0.400	0.624	0.949	1.170	1.402	1.764	2.018	2.703
	乙炔气	kg	14.66	0.118	0.133	0.208	0.316	0.389	0.467	0.588	0.673	0.901
	钍钨棒	kg	640.87	0.00033	0.00042	0.00065	0.00083	0.00092	0.00108	0.00122	0.00158	0.00195
	尼龙砂轮片 *D*100×16×3	片	3.92	0.518	0.707	1.378	1.971	2.850	3.708	4.909	5.669	6.838
	零星材料费	元	—	4.50	4.99	6.05	7.21	8.36	9.48	10.16	10.81	12.15
机械	电焊条烘干箱 600×500×750	台班	27.16	0.041	0.058	0.111	0.162	0.233	0.307	0.400	0.509	0.621
	电焊机（综合）	台班	74.17	0.547	0.743	1.368	1.940	2.732	3.514	4.547	5.724	6.939
	氩弧焊机 500A	台班	96.11	0.090	0.116	0.179	0.229	0.253	0.296	0.335	0.434	0.537
	电动葫芦 单速 3t	台班	33.90	0.053	0.066	0.150	0.202	—	—	—	—	—
	半自动切割机 100mm	台班	88.45	—	0.024	0.038	0.076	0.110	0.129	0.153	0.173	0.249
	普通车床 630×2000	台班	242.35	0.053	0.066	0.150	0.202	0.259	0.311	0.367	0.446	0.524
	载货汽车 8t	台班	521.59	—	—	0.010	0.019	0.029	0.033	0.042	0.057	0.077
	电动双梁起重机 5t	台班	190.91	—	—	—	—	0.259	0.311	0.367	0.446	0.524
	汽车式起重机 8t	台班	767.15	—	—	0.010	0.019	0.029	0.033	0.042	0.057	0.077

第五章　板卷管制作与管件制作

说　明

一、本章适用范围：各种板卷管及管件制作（包括加工制作全部操作过程，并按标准成品考虑，应符合规范质量标准）。

二、各种板材异径管制作，不分同心或偏心，均执行同一子目。

三、成品管材加工的管件，按标准成品考虑，符合规范质量标准。

四、中频摵弯子目不包括摵制时胎具更换内容。

五、摵弯子目按90°考虑，摵弯180°时，子目乘以系数1.50。

工程量计算规则

一、板卷管制作：依据板卷管的材质、规格，按设计图示直管段长度计算。

二、管件制作：依据管件的材质、规格，按设计图示数量计算，碳钢板管件制作、不锈钢板管件制作、铝板管件制作项目按设计图示尺寸以质量计算，虾体弯制作、管道机械揻弯项目按设计图示数量计算。管件包括弯头、三通、异径管；异径管按大头口径计算，三通按主管口径计算。

三、三通补强圈制作与安装：依据其材质、规格和焊接方式，按设计图示数量计算。

一、板卷管制作

1.碳钢板直管制作(电弧焊)

工作内容:切割、坡口、压头、卷圆、组对、焊口处理、焊接、透油、堆放。 **单位:**t

编号				6-2011	6-2012	6-2013	6-2014	6-2015	6-2016	6-2017
项目				公称直径(mm以内)						
				200	250	300	350	400	450	500
预算基价	总价(元)			**4440.40**	**3808.72**	**3330.01**	**2592.88**	**2419.44**	**2295.37**	**2195.59**
	人工费(元)			3034.80	2616.30	2277.45	1750.95	1636.20	1563.30	1502.55
	材料费(元)			280.52	238.18	215.59	199.33	192.72	181.03	171.62
	机械费(元)			1125.08	954.24	836.97	642.60	590.52	551.04	521.42
组成内容		单位	单价	数量						
人工	综合工	工日	135.00	22.48	19.38	16.87	12.97	12.12	11.58	11.13
材料	钢板	t	—	(1.05)	(1.05)	(1.05)	(1.05)	(1.05)	(1.05)	(1.05)
	碳钢电焊条 E4303 *D*3.2	kg	7.59	31.840	27.009	24.549	23.549	22.843	21.447	20.328
	尼龙砂轮片 *D*100×16×3	片	3.92	7.900	6.663	5.859	4.318	4.024	3.784	3.590
	零星材料费	元	—	7.89	7.06	6.30	3.67	3.57	3.41	3.26
机械	电焊条烘干箱 600×500×750	台班	27.16	0.668	0.569	0.505	0.397	0.370	0.348	0.330
	电焊机(综合)	台班	74.17	6.683	5.688	5.039	3.970	3.700	3.479	3.301
	剪板机 20×2500	台班	329.03	0.386	0.310	0.260	0.176	0.155	0.139	0.126
	卷板机 20×2500	台班	273.51	0.40	0.36	0.32	0.28	0.25	0.24	0.23
	刨边机 12000mm	台班	566.55	0.337	0.284	0.250	0.179	0.166	0.154	0.145
	电动双梁起重机 5t	台班	190.91	0.657	0.539	0.461	0.317	0.286	0.261	0.241
	液压压接机 500t	台班	292.46	0.20	0.18	0.16	0.14	0.13	0.12	0.12

工作内容：切割、坡口、压头、卷圆、组对、焊口处理、焊接、透油、堆放。 **单位：**t

编号				6-2018	6-2019	6-2020	6-2021	6-2022	6-2023	6-2024
项目				公称直径(mm以内)						
				600	700	800	900	1000	1200	1400
预算基价	总价(元)			**2214.28**	**2141.21**	**1922.32**	**1828.53**	**1615.87**	**1516.78**	**1365.55**
	人工费(元)			1485.00	1455.30	1282.50	1220.40	1081.35	1024.65	931.50
	材料费(元)			195.03	181.20	178.14	169.71	153.24	142.56	136.16
	机械费(元)			534.25	504.71	461.68	438.42	381.28	349.57	297.89
组成内容		**单位**	**单价**	**数量**						
人工	综合工	工日	135.00	11.00	10.78	9.50	9.04	8.01	7.59	6.90
材料	钢板	t	—	(1.05)	(1.05)	(1.05)	(1.05)	(1.05)	(1.05)	(1.05)
	碳钢电焊条 E4303 *D*3.2	kg	7.59	23.067	21.428	21.173	20.154	18.223	16.946	16.401
	尼龙砂轮片 *D*100×16×3	片	3.92	4.236	3.948	3.796	3.628	3.207	2.996	2.554
	零星材料费	元	—	3.35	3.09	2.56	2.52	2.36	2.20	1.66
机械	电焊条烘干箱 600×500×750	台班	27.16	0.445	0.415	0.382	0.363	0.311	0.287	0.232
	电焊机（综合）	台班	74.17	3.783	3.527	3.250	3.088	2.640	2.441	1.977
	剪板机 20×2500	台班	329.03	0.105	0.101	0.088	0.081	0.065	0.060	0.056
	卷板机 20×2500	台班	273.51	0.22	0.21	0.19	0.18	0.17	0.15	0.13
	刨边机 12000mm	台班	566.55	0.132	0.125	0.116	0.110	0.098	0.092	0.083
	电动双梁起重机 5t	台班	190.91	0.209	0.200	0.180	0.168	0.143	0.128	0.123
	液压压接机 500t	台班	292.46	0.11	0.11	0.10	0.10	0.09	0.08	0.07

工作内容： 切割、坡口、压头、卷圆、组对、焊口处理、焊接、透油、堆放。

单位：t

编号				6-2025	6-2026	6-2027	6-2028	6-2029	6-2030	6-2031	6-2032
项目				公称直径(mm以内)							
				1600	1800	2000	2200	2400	2600	2800	3000
预算基价	总价(元)			**1298.08**	**1236.16**	**1173.83**	**1154.02**	**1082.02**	**1126.72**	**953.64**	**903.58**
	人工费(元)			881.55	832.95	796.50	781.65	712.80	703.35	598.05	557.55
	材料费(元)			132.93	128.81	116.59	115.71	115.14	140.69	113.71	112.86
	机械费(元)			283.60	274.40	260.74	256.66	254.08	282.68	241.88	233.17
组成内容		**单位**	**单价**	**数量**							
人工	综合工	工日	135.00	6.53	6.17	5.90	5.79	5.28	5.21	4.43	4.13
材料	钢板	t	—	(1.05)	(1.05)	(1.05)	(1.05)	(1.05)	(1.05)	(1.05)	(1.05)
	碳钢电焊条 E4303 *D*3.2	kg	7.59	16.001	15.528	14.000	13.940	13.913	17.116	13.822	13.815
	尼龙砂轮片 *D*100×16×3	片	3.92	2.512	2.450	2.297	2.190	2.108	2.452	1.980	1.800
	零星材料费	元	—	1.64	1.35	1.33	1.32	1.28	1.17	1.04	0.95
机械	电焊条烘干箱 600×500×750	台班	27.16	0.225	0.217	0.207	0.205	0.204	0.241	0.194	0.192
	电焊机（综合）	台班	74.17	1.913	1.848	1.756	1.745	1.727	2.050	1.655	1.635
	剪板机 20×2500	台班	329.03	0.048	0.044	0.041	0.037	0.035	0.032	0.032	0.032
	卷板机 20×2500	台班	273.51	0.13	0.13	0.12	0.12	0.12	0.11	0.11	0.10
	刨边机 12000mm	台班	566.55	0.080	0.077	0.074	0.071	0.070	0.083	0.069	0.067
	电动双梁起重机 5t	台班	190.91	0.112	0.106	0.100	0.099	0.099	0.099	0.087	0.085
	液压压接机 500t	台班	292.46	0.06	0.06	0.06	0.06	0.06	0.06	0.06	0.05

2.碳钢板直管制作(埋弧自动焊)

工作内容：切割、坡口、压头、卷圆、组对、焊口处理、焊接、透油、堆放。　　**单位：**t

编号				6-2033	6-2034	6-2035	6-2036	6-2037	6-2038
项目				公称直径(mm以内)					
				800	900	1000	1200	1400	1600
预算基价	总价(元)			**1308.81**	**1246.29**	**1114.65**	**1055.86**	**1004.67**	**957.99**
	人工费(元)			904.50	861.30	773.55	742.50	714.15	673.65
	材料费(元)			140.58	134.05	120.69	113.52	109.76	108.42
	机械费(元)			263.73	250.94	220.41	199.84	180.76	175.92
组成内容		**单位**	**单价**	**数量**					
人工	综合工	工日	135.00	6.70	6.38	5.73	5.50	5.29	4.99
材料	钢板	t	—	(1.05)	(1.05)	(1.05)	(1.05)	(1.05)	(1.05)
	碳钢埋弧焊丝	kg	9.58	7.307	6.967	6.285	5.917	5.820	5.750
	埋弧焊剂	kg	4.93	10.960	10.451	9.427	8.876	8.730	8.627
	尼龙砂轮片 $D100\times16\times3$	片	3.92	3.720	3.528	3.093	2.889	2.462	2.423
	零星材料费	元	—	1.96	1.95	1.88	1.75	1.31	1.31
机械	自动埋弧焊机 1200A	台班	186.98	0.286	0.275	0.232	0.218	0.202	0.200
	剪板机 20×2500	台班	329.03	0.088	0.081	0.065	0.055	0.050	0.048
	卷板机 20×2500	台班	273.51	0.19	0.18	0.17	0.15	0.13	0.13
	刨边机 12000mm	台班	566.55	0.116	0.110	0.098	0.092	0.083	0.080
	电动双梁起重机 5t	台班	190.91	0.180	0.168	0.143	0.128	0.123	0.112
	液压压接机 500t	台班	292.46	0.10	0.10	0.09	0.08	0.07	0.07

工作内容：切割、坡口、压头、卷圆、组对、焊口处理、焊接、透油、堆放。　　　　**单位：**t

编号				6-2039	6-2040	6-2041	6-2042	6-2043	6-2044	6-2045
项目				公称直径(mm以内)						
				1800	2000	2200	2400	2600	2800	3000
预算基价	总价(元)			**909.73**	**795.75**	**818.15**	**789.27**	**736.83**	**651.98**	**596.17**
	人工费(元)			633.15	581.85	569.70	549.45	471.15	410.40	373.95
	材料费(元)			105.75	78.19	91.41	88.83	105.51	97.05	86.17
	机械费(元)			170.83	135.71	157.04	150.99	160.17	144.53	136.05
组成内容		**单位**	**单价**	**数量**						
人工	综合工	工日	135.00	4.69	4.31	4.22	4.07	3.49	3.04	2.77
材料	钢板	t	—	(1.05)	(1.05)	(1.05)	(1.05)	(1.05)	(1.05)	(1.05)
	碳钢埋弧焊丝	kg	9.58	5.623	4.142	4.837	4.706	5.622	5.185	4.594
	埋弧焊剂	kg	4.93	8.435	6.213	7.256	7.059	8.433	7.761	6.891
	尼龙砂轮片 $D100\times16\times3$	片	3.92	2.362	1.754	2.112	2.033	2.363	2.135	1.921
	零星材料费	元	—	1.04	1.00	1.02	0.98	0.81	0.75	0.66
机械	自动埋弧焊机 1200A	台班	186.98	0.195	0.145	0.171	0.166	0.193	0.164	0.157
	剪板机 20×2500	台班	329.03	0.044	0.033	0.037	0.037	0.032	0.032	0.032
	卷板机 20×2500	台班	273.51	0.13	0.12	0.12	0.12	0.11	0.11	0.10
	刨边机 12000mm	台班	566.55	0.077	0.057	0.077	0.070	0.083	0.069	0.067
	电动双梁起重机 5t	台班	190.91	0.106	0.079	0.099	0.093	0.099	0.087	0.085
	液压压接机 500t	台班	292.46	0.07	0.06	0.06	0.06	0.06	0.06	0.05

3.不锈钢板直管制作(电弧焊)

工作内容：切割、坡口、压头、卷圆、组对、焊口处理、焊接、焊缝钝化、透油、堆放。 **单位**：t

编号				6-2046	6-2047	6-2048	6-2049	6-2050	6-2051	6-2052
项目				公称直径(mm以内)						
				200	250	300	350	400	450	500
预算基价	总价(元)			**7635.30**	**6652.74**	**5903.56**	**5311.04**	**4818.65**	**4915.53**	**4661.39**
	人工费(元)			4487.40	3912.30	3431.70	3042.90	2691.90	2462.40	2332.80
	材料费(元)			1600.20	1402.80	1276.20	1167.61	1092.42	1445.32	1378.20
	机械费(元)			1547.70	1337.64	1195.66	1100.53	1034.33	1007.81	950.39
组成内容		**单位**	**单价**	**数量**						
人工	综合工	工日	135.00	33.24	28.98	25.42	22.54	19.94	18.24	17.28
材料	不锈钢板	t	—	(1.05)	(1.05)	(1.05)	(1.05)	(1.05)	(1.05)	(1.05)
	不锈钢电焊条	kg	66.08	22.610	19.773	17.958	16.479	15.460	21.091	20.122
	尼龙砂轮片 *D*100×16×3	片	3.92	4.202	3.557	3.147	2.839	2.625	2.092	1.991
	零星材料费	元	—	89.66	82.26	77.20	67.55	60.53	43.43	40.73
机械	电焊条烘干箱 600×500×750	台班	27.16	0.713	0.638	0.591	0.554	0.529	0.609	0.585
	电焊机（综合）	台班	74.17	7.129	6.379	5.907	5.535	5.282	6.084	5.847
	电动空气压缩机 6m^3	台班	217.48	0.075	0.059	0.050	0.043	0.038	0.037	0.033
	剪板机 20×2500	台班	329.03	0.559	0.447	0.376	0.325	0.287	0.255	0.232
	卷板机 20×2500	台班	273.51	0.58	0.52	0.46	0.44	0.43	0.40	0.37
	刨边机 12000mm	台班	566.55	0.625	0.534	0.476	0.434	0.406	0.322	0.305
	电动双梁起重机 5t	台班	190.91	1.057	0.872	0.755	0.671	0.610	0.512	0.475
	液压压接机 500t	台班	292.46	0.29	0.26	0.23	0.22	0.21	0.20	0.18

工作内容：切割、坡口、压头、卷圆、组对、焊口处理、焊接、焊缝钝化、透油、堆放。 **单位**：t

编号				6-2053	6-2054	6-2055	6-2056	6-2057	6-2058	6-2059
项目				公称直径(mm以内)						
				600	700	800	900	1000	1200	1400
预算基价	总价(元)			**4813.90**	**4184.35**	**3868.69**	**3517.14**	**3406.67**	**3205.03**	**2914.47**
	人工费(元)			2293.65	2160.00	2016.90	1802.25	1745.55	1636.20	1390.50
	材料费(元)			1592.49	1262.92	1211.29	1164.72	1136.16	1078.85	1091.44
	机械费(元)			927.76	761.43	640.50	550.17	524.96	489.98	432.53
组成内容		单位	单价	数量						
人工	综合工	工日	135.00	16.99	16.00	14.94	13.35	12.93	12.12	10.30
材料	不锈钢板	t	—	(1.05)	(1.05)	(1.05)	(1.05)	(1.05)	(1.05)	(1.05)
	不锈钢电焊条	kg	66.08	23.406	18.517	17.858	17.199	16.776	15.936	16.202
	尼龙砂轮片 $D100\times16\times3$	片	3.92	2.647	2.068	1.933	1.629	1.588	1.506	1.503
	零星材料费	元	—	35.45	31.21	23.66	21.82	21.38	19.90	14.92
机械	电焊条烘干箱 600×500×750	台班	27.16	1.074	0.848	0.696	0.587	0.573	0.544	0.476
	电焊机（综合）	台班	74.17	6.522	5.146	4.229	3.567	3.480	3.302	2.889
	电动空气压缩机 $6m^3$	台班	217.48	0.036	0.020	0.015	0.016	0.014	0.012	0.009
	剪板机 20×2500	台班	329.03	0.169	0.153	0.119	0.101	0.091	0.076	0.057
	卷板机 20×2500	台班	273.51	0.25	0.24	0.23	0.22	0.20	0.18	0.16
	刨边机 12000mm	台班	566.55	0.296	0.235	0.202	0.169	0.163	0.157	0.148
	电动双梁起重机 5t	台班	190.91	0.405	0.357	0.278	0.235	0.220	0.200	0.176
	液压压接机 500t	台班	292.46	0.13	0.12	0.12	0.11	0.10	0.09	0.08

4.不锈钢板直管制作(氩电联焊)

工作内容：切割、坡口、压头、卷圆、组对、焊口处理、焊接、焊缝钝化、透油、堆放。 **单位：**t

编号				6-2060	6-2061	6-2062	6-2063	6-2064	6-2065	6-2066
项目				公称直径(mm以内)						
				200	250	300	350	400	450	500
预算基价	总价(元)			**8682.88**	**7549.43**	**6684.23**	**6039.30**	**5507.90**	**5472.11**	**5220.51**
	人工费(元)			5128.65	4461.75	3905.55	3489.75	3113.10	2812.05	2687.85
	材料费(元)			1474.08	1291.82	1172.63	1073.76	1007.30	1367.62	1301.25
	机械费(元)			2080.15	1795.86	1606.05	1475.79	1387.50	1292.44	1231.41
组成内容		单位	单价	数量						
人工	综合工	工日	135.00	37.99	33.05	28.93	25.85	23.06	20.83	19.91
材料	不锈钢板	t	—	(1.05)	(1.05)	(1.05)	(1.05)	(1.05)	(1.05)	(1.05)
	不锈钢电焊条	kg	66.08	10.190	9.077	8.366	7.721	7.309	14.750	13.991
	不锈钢焊丝 1Cr18Ni9Ti	kg	55.02	6.286	5.392	4.820	4.393	4.106	3.088	2.934
	氩气	m^3	18.60	17.601	15.099	13.497	12.300	11.498	8.644	8.214
	钍钨棒	kg	640.87	0.03520	0.03020	0.02699	0.02460	0.02300	0.01729	0.01643
	尼龙砂轮片 $D100\times16\times3$	片	3.92	4.111	3.480	3.079	2.778	2.575	2.056	1.948
	零星材料费	元	—	88.82	81.51	74.20	66.42	59.71	43.12	44.35
机械	电焊条烘干箱 600×500×750	台班	27.16	0.316	0.289	0.271	0.256	0.247	0.418	0.400
	电焊机 (综合)	台班	74.17	3.168	2.882	2.703	2.562	2.477	4.185	3.998
	氩弧焊机 500A	台班	96.11	8.709	7.565	6.833	6.283	5.919	4.481	4.283
	电动空气压缩机 $6m^3$	台班	217.48	0.075	0.059	0.050	0.043	0.038	0.037	0.033
	剪板机 20×2500	台班	329.03	0.559	0.447	0.376	0.325	0.287	0.255	0.232
	卷板机 20×2500	台班	273.51	0.58	0.52	0.46	0.44	0.43	0.40	0.37
	刨边机 12000mm	台班	566.55	0.625	0.534	0.476	0.434	0.406	0.322	0.321
	电动双梁起重机 5t	台班	190.91	1.057	0.872	0.755	0.671	0.610	0.512	0.488
	液压压接机 500t	台班	292.46	0.29	0.26	0.23	0.22	0.21	0.20	0.18

工作内容：切割、坡口、压头、卷圆、组对、焊口处理、焊接、焊缝钝化、透油、堆放。

单位：t

编号				6-2067	6-2068	6-2069	6-2070	6-2071	6-2072	6-2073
项目				公称直径（mm以内）						
				600	700	800	900	1000	1200	1400
预算基价	总价（元）			**5330.30**	**4322.01**	**4201.19**	**3707.64**	**3595.03**	**3390.05**	**3229.36**
	人工费（元）			2565.00	2174.85	1915.65	1733.40	1680.75	1580.85	1368.90
	材料费（元）			1507.94	1196.50	1446.43	1250.30	1218.42	1156.24	1268.86
	机械费（元）			1257.36	950.66	839.11	723.94	695.86	652.96	591.60
组成内容		**单位**	**单价**	**数量**						
人工	综合工	工日	135.00	19.00	16.11	14.19	12.84	12.45	11.71	10.14
材料	不锈钢板	t	—	(1.05)	(1.05)	(1.05)	(1.05)	(1.05)	(1.05)	(1.05)
	不锈钢电焊条	kg	66.08	17.619	14.036	18.672	16.121	15.711	14.919	17.154
	不锈钢焊丝 1Cr18Ni9Ti	kg	55.02	2.689	2.111	1.681	1.437	1.398	1.320	1.056
	氩气	m^3	18.60	7.528	5.910	4.708	4.024	3.913	3.697	2.956
	钍钨棒	kg	640.87	0.01506	0.01182	0.00942	0.00805	0.00783	0.00739	0.00591
	尼龙砂轮片 $D100\times16\times3$	片	3.92	1.992	1.557	1.432	1.226	1.195	1.133	1.131
	零星材料费	元	—	38.25	29.25	20.88	21.15	20.83	19.82	14.02
机械	电焊条烘干箱 600×500×750	台班	27.16	0.474	0.373	0.376	0.321	0.314	0.297	0.299
	电焊机（综合）	台班	74.17	4.733	3.727	3.752	3.212	3.132	2.971	2.989
	氩弧焊机 500A	台班	96.11	3.968	3.140	2.525	2.168	2.120	2.021	1.628
	电动空气压缩机 $6m^3$	台班	217.48	0.036	0.020	0.015	0.016	0.014	0.012	0.009
	剪板机 20×2500	台班	329.03	0.356	0.170	0.119	0.099	0.091	0.076	0.057
	卷板机 20×2500	台班	273.51	0.25	0.24	0.23	0.22	0.20	0.18	0.16
	刨边机 12000mm	台班	566.55	0.296	0.235	0.202	0.169	0.163	0.157	0.148
	电动双梁起重机 5t	台班	190.91	0.592	0.357	0.278	0.233	0.220	0.200	0.176
	液压压接机 500t	台班	292.46	0.13	0.12	0.12	0.11	0.10	0.09	0.08

5.铝板直管制作(氩弧焊)

工作内容：切割、坡口、压头、卷圆、组对、焊口处理、焊前预热、焊接、焊缝酸洗、透油、堆放。　　**单位：**t

编号				6-2074	6-2075	6-2076	6-2077	6-2078	6-2079	6-2080
项目				管道外径(mm以内)						
				159	219	273	325	377	426	478
预算基价	总价(元)			**19032.95**	**15766.04**	**13604.93**	**12600.40**	**10635.13**	**9754.03**	**9359.59**
	人工费(元)			10309.95	8847.90	7746.30	7335.90	6118.20	5684.85	5506.65
	材料费(元)			4197.87	3391.33	2951.36	2679.14	2388.96	2158.00	2063.48
	机械费(元)			4525.13	3526.81	2907.27	2585.36	2127.97	1911.18	1789.46
组成内容		单位	单价	数量						
人工	综合工	工日	135.00	76.37	65.54	57.38	54.34	45.32	42.11	40.79
材料	铝板	kg	—	(1050)	(1050)	(1050)	(1050)	(1050)	(1050)	(1050)
	铝焊丝 *D*3	kg	47.38	26.802	20.894	17.841	15.878	15.149	13.565	12.714
	氧气	m^3	2.88	80.965	76.815	72.454	68.487	58.433	54.021	55.085
	乙炔气	kg	14.66	44.564	38.137	34.103	32.232	27.497	25.423	25.924
	氩气	m^3	18.60	73.914	57.521	49.057	43.615	41.748	37.368	35.040
	钍钨棒	kg	640.87	0.14783	0.11504	0.09811	0.08723	0.08349	0.07474	0.07008
	零星材料费	元	—	571.96	477.44	422.10	389.93	269.79	244.07	225.74
机械	氩弧焊机 500A	台班	96.11	19.066	15.210	12.074	10.855	10.131	9.118	8.583
	电动空气压缩机 $6m^3$	台班	217.48	0.255	0.184	0.147	0.123	0.088	0.075	0.094
	剪板机 20×2500	台班	329.03	1.812	1.315	1.055	0.886	0.670	0.594	0.528
	卷板机 20×2500	台班	273.51	0.989	0.860	0.770	0.750	0.500	0.450	0.430
	刨边机 12000mm	台班	566.55	1.972	1.531	1.323	1.176	0.900	0.812	0.764
	电动双梁起重机 5t	台班	190.91	3.422	2.565	2.135	1.846	1.404	1.257	1.152

工作内容：切割、坡口、压头、卷圆、组对、焊口处理、焊前预热、焊接、焊缝酸洗、透油、堆放。 **单位：**t

编号				6-2081	6-2082	6-2083	6-2084	6-2085	6-2086
项目				管道外径(mm以内)					
				529	630	720	820	920	1020
预算基价	总价(元)			**8920.97**	**8212.60**	**7922.44**	**7191.12**	**7083.65**	**6930.00**
	人工费(元)			5105.70	4731.75	4614.30	4125.60	4068.90	4025.70
	材料费(元)			2141.00	1956.84	1874.55	1744.00	1727.28	1665.63
	机械费(元)			1674.27	1524.01	1433.59	1321.52	1287.47	1238.67
组成内容		**单位**	**单价**	**数量**					
人工	综合工	工日	135.00	37.82	35.05	34.18	30.56	30.14	29.82
材料	铝板	kg	—	(1050)	(1050)	(1050)	(1050)	(1050)	(1050)
	铝焊丝 *D*3	kg	47.38	14.357	13.037	12.383	11.765	11.765	11.376
	氩气	m^3	18.60	39.639	35.970	34.167	32.381	32.381	31.320
	氧气	m^3	2.88	51.320	47.473	46.655	44.961	42.943	41.825
	乙炔气	kg	14.66	24.152	22.342	21.956	19.336	18.798	17.684
	钍钨棒	kg	640.87	0.07928	0.07194	0.06833	0.06476	0.06476	0.06264
	零星材料费	元	—	170.80	159.74	152.31	129.83	126.81	124.24
机械	氩弧焊机 500A	台班	96.11	9.142	8.384	8.033	7.600	7.600	7.382
	剪板机 20×2500	台班	329.03	0.386	0.326	0.318	0.265	0.239	0.215
	卷板机 20×2500	台班	273.51	0.410	0.380	0.360	0.340	0.320	0.310
	刨边机 12000mm	台班	566.55	0.647	0.598	0.521	0.487	0.467	0.451
	电动空气压缩机 $6m^3$	台班	217.48	0.071	0.059	0.052	0.051	0.047	0.042
	电动双梁起重机 5t	台班	190.91	0.914	0.814	0.796	0.649	0.608	0.571

二、弯 头 制 作

1.碳钢板弯头制作(电弧焊)

工作内容：切割、坡口加工、坡口磨平、压头、卷圆、组对、焊口处理、焊接、透油、堆放。 **单位：**t

编号				6-2087	6-2088	6-2089	6-2090	6-2091	6-2092	6-2093
项目				公称直径(mm以内)						
				200	250	300	350	400	450	500
预算基价	总价(元)			**17576.14**	**14912.50**	**12621.81**	**9462.16**	**8399.82**	**7467.33**	**6859.68**
	人工费(元)			12139.20	10268.10	8654.85	6087.15	5340.60	4816.80	4450.95
	材料费(元)			2213.42	1856.13	1580.67	1433.76	1320.75	1152.20	1041.81
	机械费(元)			3223.52	2788.27	2386.29	1941.25	1738.47	1498.33	1366.92
组成内容		**单位**	**单价**	**数量**						
人工	综合工	工日	135.00	89.92	76.06	64.11	45.09	39.56	35.68	32.97
材料	钢板	t	—	(1.06)	(1.06)	(1.06)	(1.06)	(1.06)	(1.06)	(1.06)
	碳钢电焊条 E4303 *D*3.2	kg	7.59	146.995	127.991	109.002	107.464	102.157	89.123	80.645
	氧气	m^3	2.88	124.573	99.243	84.500	69.219	61.065	53.279	48.190
	乙炔气	kg	14.66	41.164	32.794	27.922	23.246	20.508	17.893	16.184
	尼龙砂轮片 *D*100×16×3	片	3.92	25.402	22.145	18.891	15.798	14.008	12.240	11.089
	零星材料费	元	—	35.92	31.29	26.60	16.04	13.95	12.02	10.20
机械	电焊条烘干箱 600×500×750	台班	27.16	3.238	2.827	2.412	1.920	1.698	1.478	1.341
	电焊机（综合）	台班	74.17	32.433	28.249	24.062	19.171	16.961	14.797	13.392
	卷板机 20×2500	台班	273.51	0.80	0.72	0.64	0.62	0.60	0.48	0.46
	电动双梁起重机 5t	台班	190.91	2.065	1.645	1.401	1.084	0.956	0.834	0.755
	液压压接机 500t	台班	292.46	0.40	0.36	0.32	0.31	0.30	0.24	0.23

工作内容：切割、坡口加工、坡口磨平、压头、卷圆、组对、焊口处理、焊接、透油、堆放。 **单位：**t

编号				6-2094	6-2095	6-2096	6-2097	6-2098	6-2099	6-2100
项目				公称直径(mm以内)						
				600	700	800	900	1000	1200	1400
预算基价	总价(元)			**9285.18**	**8238.30**	**6672.32**	**6082.42**	**5289.21**	**4453.11**	**3857.46**
	人工费(元)			6394.95	5718.60	4548.15	4178.25	3642.30	3073.95	2563.65
	材料费(元)			1240.01	1078.80	943.84	849.04	753.36	621.83	634.25
	机械费(元)			1650.22	1440.90	1180.33	1055.13	893.55	757.33	659.56
组成内容		单位	单价	数量						
人工	综合工	工日	135.00	47.37	42.36	33.69	30.95	26.98	22.77	18.99
材料	钢板	t	—	(1.06)	(1.06)	(1.06)	(1.06)	(1.06)	(1.06)	(1.06)
	碳钢电焊条 E4303 $D3.2$	kg	7.59	100.308	87.209	76.760	69.307	62.981	52.049	54.284
	氧气	m^3	2.88	52.911	45.983	39.831	35.563	30.196	24.833	24.733
	乙炔气	kg	14.66	17.769	15.443	13.347	11.918	10.113	8.318	8.233
	尼龙砂轮片 $D100\times16\times3$	片	3.92	13.539	11.777	10.643	9.614	8.425	6.967	6.557
	零星材料费	元	—	12.72	11.89	9.13	8.17	7.09	6.01	4.60
机械	电焊条烘干箱 600×500×750	台班	27.16	2.866	2.494	1.976	1.784	1.478	1.220	1.051
	电焊机（综合）	台班	74.17	16.689	14.510	11.498	10.382	8.596	7.107	6.120
	卷板机 20×2500	台班	273.51	0.42	0.38	0.38	0.32	0.30	0.29	0.26
	电动双梁起重机 5t	台班	190.91	0.829	0.720	0.599	0.536	0.471	0.387	0.356
	液压压接机 500t	台班	292.46	0.21	0.19	0.19	0.16	0.15	0.15	0.13

工作内容： 切割、坡口加工、坡口磨平、压头、卷圆、组对、焊口处理、焊接、透油、堆放。 **单位：** t

编号				6-2101	6-2102	6-2103	6-2104	6-2105	6-2106	6-2107	6-2108
项目				公称直径(mm以内)							
				1600	1800	2000	2200	2400	2600	2800	3000
预算基价	总价(元)			**3004.44**	**2724.15**	**2545.06**	**2368.72**	**2197.63**	**2198.46**	**1914.48**	**1760.62**
	人工费(元)			2038.50	1852.20	1737.45	1629.45	1520.10	1485.00	1308.15	1205.55
	材料费(元)			463.49	412.94	377.88	346.46	312.90	338.66	283.71	255.76
	机械费(元)			502.45	459.01	429.73	392.81	364.63	374.80	322.62	299.31
组成内容		**单位**	**单价**	**数量**							
人工	综合工	工日	135.00	15.10	13.72	12.87	12.07	11.26	11.00	9.69	8.93
材料	钢板	t	—	(1.06)	(1.06)	(1.06)	(1.06)	(1.06)	(1.06)	(1.06)	(1.06)
	碳钢电焊条 E4303 $D3.2$	kg	7.59	39.596	35.345	32.527	29.611	26.909	29.914	24.904	22.524
	氧气	m^3	2.88	18.099	16.052	14.496	13.514	12.039	12.416	10.564	9.451
	乙炔气	kg	14.66	6.024	5.343	4.825	4.498	4.007	4.139	3.522	3.151
	尼龙砂轮片 $D100×16×3$	片	3.92	4.784	4.274	3.935	3.583	3.258	3.325	2.765	2.502
	零星材料费	元	—	3.77	3.36	3.09	2.81	2.47	2.14	1.79	1.58
机械	电焊条烘干箱 600×500×750	台班	27.16	0.767	0.685	0.630	0.574	0.521	0.550	0.459	0.415
	电焊机（综合）	台班	74.17	4.466	3.985	3.667	3.339	3.035	3.201	2.674	2.417
	卷板机 20×2500	台班	273.51	0.24	0.24	0.24	0.22	0.22	0.21	0.20	0.20
	电动双梁起重机 5t	台班	190.91	0.260	0.231	0.209	0.195	0.173	0.172	0.146	0.130
	液压压接机 500t	台班	292.46	0.12	0.12	0.12	0.11	0.11	0.11	0.10	0.10

2.不锈钢板弯头制作(电弧焊)

工作内容：切割、坡口加工、坡口磨平、压头、卷圆、组对、焊口处理、焊接、焊缝钝化、透油、堆放。　　　　**单位：**t

编号				6-2109	6-2110	6-2111	6-2112	6-2113	6-2114	6-2115
项目				公称直径(mm以内)						
				200	250	300	350	400	450	500
预算基价	总价(元)			**52772.87**	**42788.57**	**36499.77**	**31537.31**	**27801.95**	**26403.50**	**23889.22**
	人工费(元)			27492.75	22538.25	19211.85	16605.00	14574.60	12206.70	11083.50
	材料费(元)			8914.52	7152.26	6095.25	5238.52	4602.12	6771.46	6111.12
	机械费(元)			16365.60	13098.06	11192.67	9693.79	8625.23	7425.34	6694.60
组成内容		**单位**	**单价**	**数量**						
人工	综合工	工日	135.00	203.65	166.95	142.31	123.00	107.96	90.42	82.10
材料	不锈钢板	t	—	(1.07)	(1.07)	(1.07)	(1.07)	(1.07)	(1.07)	(1.07)
	不锈钢电焊条	kg	66.08	126.738	101.499	86.597	74.584	65.800	98.753	89.088
	尼龙砂轮片 *D*100×16×3	片	3.92	10.965	8.759	7.469	6.441	5.708	6.148	5.549
	零星材料费	元	—	496.69	410.87	343.64	284.76	231.68	221.76	202.43
机械	电焊条烘干箱 600×500×750	台班	27.16	5.182	4.125	3.541	3.056	2.716	3.176	2.861
	电焊机（综合）	台班	74.17	51.820	41.347	35.370	30.560	27.128	31.727	28.644
	电动空气压缩机 1m^3	台班	52.31	36.922	29.482	25.152	21.699	19.238	14.427	12.968
	电动空气压缩机 6m^3	台班	217.48	0.432	0.281	0.204	0.154	0.123	0.196	0.161
	等离子切割机 400A	台班	229.27	36.922	29.482	25.152	21.699	19.238	14.427	12.968
	卷板机 20×2500	台班	273.51	1.15	1.03	0.92	0.89	0.86	0.79	0.74
	电动双梁起重机 5t	台班	190.91	7.384	5.897	5.030	4.340	3.848	2.885	2.594
	液压压接机 500t	台班	292.46	0.57	0.51	0.46	0.44	0.43	0.39	0.37

工作内容：切割、坡口加工、坡口磨平、压头、卷圆、组对、焊口处理、焊接、焊缝钝化、透油、堆放。 **单位**：t

编号				6-2116	6-2117	6-2118	6-2119	6-2120	6-2121	6-2122
项目				公称直径(mm以内)						
				600	700	800	900	1000	1200	1400
预算基价	总价(元)			**30904.98**	**23103.52**	**19337.18**	**15627.81**	**14279.31**	**12272.20**	**9400.41**
	人工费(元)			15238.80	11695.05	8888.40	7354.80	6808.05	5965.65	4367.25
	材料费(元)			8035.93	5870.95	6133.56	4837.06	4358.99	3678.43	3146.18
	机械费(元)			7630.25	5537.52	4315.22	3435.95	3112.27	2628.12	1886.98
组成内容		**单位**	**单价**	**数量**						
人工	综合工	工日	135.00	112.88	86.63	65.84	54.48	50.43	44.19	32.35
材料	不锈钢板	t	—	(1.07)	(1.07)	(1.07)	(1.07)	(1.07)	(1.07)	(1.07)
	不锈钢电焊条	kg	66.08	118.578	86.494	90.999	71.726	64.638	54.584	46.867
	尼龙砂轮片 $D100\times16\times3$	片	3.92	6.641	4.818	4.560	3.586	3.233	2.730	2.330
	零星材料费	元	—	174.26	136.54	102.47	83.35	75.04	60.82	40.08
机械	电焊条烘干箱 600×500×750	台班	27.16	6.037	4.382	3.320	2.609	2.351	1.985	1.400
	电焊机（综合）	台班	74.17	35.152	25.515	19.322	15.190	13.692	11.556	8.152
	电动空气压缩机 $1m^3$	台班	52.31	14.280	10.332	8.064	6.388	5.788	4.870	3.470
	电动空气压缩机 $6m^3$	台班	217.48	0.150	0.096	0.094	0.066	0.055	0.042	0.028
	等离子切割机 400A	台班	229.27	14.280	10.332	8.064	6.388	5.788	4.870	3.470
	卷板机 20×2500	台班	273.51	0.62	0.48	0.46	0.43	0.41	0.36	0.31
	电动双梁起重机 5t	台班	190.91	2.856	2.066	1.612	1.275	1.155	0.972	0.694
	液压压接机 500t	台班	292.46	0.31	0.24	0.23	0.22	0.20	0.18	0.15

3.不锈钢板弯头制作(氩电联焊)

工作内容： 切割、坡口加工、坡口磨平、压头、卷圆、组对、焊口处理、焊接、焊缝钝化、透油、堆放。 **单位：** t

编号				6-2123	6-2124	6-2125	6-2126	6-2127	6-2128	6-2129
项目				公称直径(mm以内)						
				200	250	300	350	400	450	500
预算基价	总价(元)			**57344.39**	**46480.50**	**39650.30**	**34279.95**	**30239.77**	**29059.65**	**26292.67**
	人工费(元)			30348.00	24838.65	21174.75	18310.05	16089.30	13929.30	12641.40
	材料费(元)			8109.10	6515.55	5551.38	4774.04	4191.37	6279.63	5668.27
	机械费(元)			18887.29	15126.30	12924.17	11195.86	9959.10	8850.72	7983.00
组成内容		**单位**	**单价**	**数量**						
人工	综合工	工日	135.00	224.80	183.99	156.85	135.63	119.18	103.18	93.64
材料	不锈钢板	t	—	(1.07)	(1.07)	(1.07)	(1.07)	(1.07)	(1.07)	(1.07)
	不锈钢电焊条	kg	66.08	66.019	52.959	45.163	38.840	34.101	67.442	60.829
	不锈钢焊丝 1Cr18Ni9Ti	kg	55.02	29.041	23.281	19.872	17.186	15.250	14.282	12.899
	氩气	m^3	18.60	81.332	65.196	55.638	48.115	42.704	39.988	36.117
	钍钨棒	kg	640.87	0.16266	0.13039	0.11128	0.09623	0.08541	0.07998	0.07223
	尼龙砂轮片 $D100\times16\times3$	片	3.92	10.314	8.241	7.026	6.059	5.371	5.783	5.221
	零星材料费	元	—	491.28	406.59	339.93	281.56	228.84	219.56	200.45
机械	电焊条烘干箱 600×500×750	台班	27.16	2.624	2.105	1.799	1.554	1.378	2.140	1.937
	电焊机（综合）	台班	74.17	26.354	21.025	17.983	15.569	13.817	21.413	19.333
	氩弧焊机 500A	台班	96.11	46.613	37.357	31.926	27.622	24.529	23.083	20.852
	电动空气压缩机 $1m^3$	台班	52.31	36.922	29.482	25.152	21.699	19.238	14.427	12.968
	电动空气压缩机 $6m^3$	台班	217.48	0.432	0.281	0.204	0.154	0.123	0.196	0.161
	等离子切割机 400A	台班	229.27	36.922	29.482	25.152	21.699	19.238	14.427	12.968
	卷板机 20×2500	台班	273.51	1.15	1.03	0.92	0.89	0.86	0.79	0.74
	电动双梁起重机 5t	台班	190.91	7.384	5.897	5.030	4.340	3.848	2.885	2.594
	液压压接机 500t	台班	292.46	0.57	0.51	0.46	0.44	0.43	0.39	0.37

工作内容：切割、坡口加工、坡口磨平、压头、卷圆、组对、焊口处理、焊接、焊缝钝化、透油、堆放。 **单位：**t

编号				6-2130	6-2131	6-2132	6-2133	6-2134	6-2135	6-2136
项目				公称直径(mm以内)						
				600	700	800	900	1000	1200	1400
预算基价	总价(元)			**30592.96**	**22862.17**	**19784.67**	**16683.87**	**15228.67**	**13059.34**	**10542.01**
	人工费(元)			13748.40	10600.20	8546.85	7092.90	6571.80	5761.80	4349.70
	材料费(元)			7749.90	5669.31	5847.00	5305.18	4779.09	4025.69	3781.96
	机械费(元)			9094.66	6592.66	5390.82	4285.79	3877.78	3271.85	2410.35
组成内容		**单位**	**单价**	**数量**						
人工	综合工	工日	135.00	101.84	78.52	63.31	52.54	48.68	42.68	32.22
材料	不锈钢板	t	—	(1.07)	(1.07)	(1.07)	(1.07)	(1.07)	(1.07)	(1.07)
	不锈钢电焊条	kg	66.08	90.566	66.289	73.732	68.611	61.799	52.085	51.167
	不锈钢焊丝 1Cr18Ni9Ti	kg	55.02	14.218	10.300	7.758	6.119	5.517	4.653	3.192
	氩气	m^3	18.60	39.812	28.842	21.724	17.134	15.450	13.027	8.937
	钍钨棒	kg	640.87	0.07962	0.05768	0.04345	0.03427	0.03090	0.02605	0.01787
	尼龙砂轮片 $D100\times16\times3$	片	3.92	6.247	4.523	4.280	3.373	3.041	2.563	2.192
	零星材料费	元	—	167.01	131.07	99.25	80.82	72.77	58.86	38.95
机械	电焊条烘干箱 600×500×750	台班	27.16	2.639	1.907	1.811	1.426	1.283	1.082	0.872
	电焊机（综合）	台班	74.17	26.351	19.063	18.105	14.254	12.839	10.811	8.714
	氩弧焊机 500A	台班	96.11	22.989	16.657	12.557	9.899	8.925	7.528	5.161
	电动空气压缩机 $1m^3$	台班	52.31	14.280	10.332	8.064	6.388	5.788	4.870	3.470
	电动空气压缩机 $6m^3$	台班	217.48	0.150	0.096	0.094	0.066	0.055	0.042	0.028
	等离子切割机 400A	台班	229.27	14.280	10.332	8.064	6.388	5.788	4.870	3.470
	卷板机 20×2500	台班	273.51	0.62	0.48	0.46	0.43	0.41	0.36	0.31
	电动双梁起重机 5t	台班	190.91	2.856	2.066	1.612	1.275	1.155	0.972	0.694
	液压压接机 500t	台班	292.46	0.31	0.24	0.23	0.22	0.20	0.18	0.15

4.铝板弯头制作(氩弧焊)

工作内容： 切割、坡口加工、坡口磨平、压头、卷圆、组对、焊口处理、焊前预热、焊接、焊缝酸洗、透油、堆放。 **单位：** t

编号				6-2137	6-2138	6-2139	6-2140	6-2141	6-2142	6-2143
项目				管道外径(mm以内)						
				159	219	273	325	377	426	478
预算基价	总价(元)			**138237.97**	**108928.13**	**93940.25**	**81633.18**	**63389.03**	**54470.85**	**48684.74**
	人工费(元)			78295.95	62039.25	53272.35	46965.15	36325.80	31340.25	28069.20
	材料费(元)			14596.31	11072.25	10931.32	9323.18	8013.75	6856.08	6055.93
	机械费(元)			45345.71	35816.63	29736.58	25344.85	19049.48	16274.52	14559.61
组成内容		单位	单价	数量						
人工	综合工	工日	135.00	579.97	459.55	394.61	347.89	269.08	232.15	207.92
材料	铝板	kg	—	(1070)	(1070)	(1070)	(1070)	(1070)	(1070)	(1070)
	铝焊丝 *D*3	kg	47.38	104.92	78.07	64.91	55.27	51.04	43.55	39.09
	氧气	m^3	2.88	109.231	84.642	230.595	208.615	172.731	152.321	124.904
	乙炔气	kg	14.66	51.377	39.794	108.538	98.181	81.280	71.685	58.782
	氩气	m^3	18.60	293.747	218.603	181.739	154.741	142.912	121.939	109.463
	钍钨棒	kg	640.87	0.58749	0.43721	0.36348	0.30948	0.28582	0.24388	0.21893
	尼龙砂轮片 *D*100×16×3	片	3.92	44.340	31.479	25.146	21.442	18.491	16.387	15.930
	零星材料费	元	—	2543.42	2076.54	1888.74	1503.77	992.62	814.50	743.62
机械	电动空气压缩机 $1m^3$	台班	52.31	121.539	97.231	80.678	68.792	50.173	42.879	38.275
	电动空气压缩机 $6m^3$	台班	217.48	1.754	0.970	0.657	0.478	0.304	0.232	0.213
	卷板机 20×2500	台班	273.51	1.99	1.73	1.55	1.38	1.01	0.90	0.86
	等离子切割机 400A	台班	229.27	121.539	97.231	80.678	68.792	50.173	42.879	38.275
	氩弧焊机 500A	台班	96.11	81.955	61.367	51.110	43.489	37.682	32.103	28.819
	电动双梁起重机 5t	台班	190.91	12.154	9.723	8.068	6.879	5.017	4.288	3.828

工作内容：切割、坡口加工、坡口磨平、压头、卷圆、组对、焊口处理、焊前预热、焊接、焊缝酸洗、透油、堆放。 **单位**：t

	编　　号			6-2144	6-2145	6-2146	6-2147	6-2148	6-2149
	项　　目			管道外径(mm以内)					
				529	630	720	820	920	1020
预算基价	总　　价(元)			**40812.82**	**46963.04**	**40537.64**	**34731.47**	**30639.14**	**27875.54**
	人　工　费(元)			22817.70	26777.25	23260.50	19036.35	16711.65	15265.80
	材　料　费(元)			5757.79	8329.87	7279.31	6916.68	6055.63	5481.41
	机　械　费(元)			12237.33	11855.92	9997.83	8778.44	7871.86	7128.33
	组 成 内 容	**单位**	**单价**	**数　　量**					
人工	综合工	工日	135.00	169.02	198.35	172.30	141.01	123.79	113.08
材料	铝板	kg	—	(1070)	(1070)	(1070)	(1070)	(1070)	(1070)
	铝焊丝 *D*3	kg	47.38	39.01	59.74	52.57	50.21	44.99	40.73
	氧气	m^3	2.88	113.772	146.989	123.593	125.112	98.358	89.272
	乙炔气	kg	14.66	53.543	69.176	58.165	58.882	46.289	42.013
	氩气	m^3	18.60	109.226	167.250	147.197	140.600	125.963	114.038
	钍钨棒	kg	640.87	0.21845	0.33450	0.29439	0.28120	0.25193	0.22808
	尼龙砂轮片 *D*100×16×3	片	3.92	14.432	19.065	13.832	13.091	10.295	9.281
	零星材料费	元	—	568.72	661.98	599.15	467.51	417.41	374.95
机械	电动空气压缩机 $1m^3$	台班	52.31	30.919	24.941	20.475	17.370	15.539	14.065
	电动空气压缩机 $6m^3$	台班	217.48	0.205	0.313	0.239	0.233	0.188	0.154
	卷板机 20×2500	台班	273.51	0.83	0.79	0.72	0.65	0.65	0.61
	等离子切割机 400A	台班	229.27	30.919	24.941	20.475	17.370	15.539	14.065
	氩弧焊机 500A	台班	96.11	27.773	42.376	37.380	34.620	31.017	28.082
	电动双梁起重机 5t	台班	190.91	3.092	2.494	2.048	1.737	1.554	1.407

5.碳钢管虾体弯制作(电弧焊)

工作内容：管子切口、坡口加工、坡口磨平、管口组对、焊接、堆放。 **单位：**10个

编号				6-2150	6-2151	6-2152	6-2153	6-2154	6-2155	6-2156
项目				公称直径(mm以内)						
				200	250	300	350	400	450	500
预算基价	总价(元)			**3240.23**	**4643.92**	**5324.95**	**6588.02**	**7404.09**	**8855.45**	**9822.90**
	人工费(元)			2340.90	3283.20	3720.60	4450.95	5000.40	5854.95	6473.25
	材料费(元)			376.13	617.53	717.88	1033.14	1154.62	1530.69	1724.85
	机械费(元)			523.20	743.19	886.47	1103.93	1249.07	1469.81	1624.80
组成内容		单位	单价	数量						
人工	综合工	工日	135.00	17.34	24.32	27.56	32.97	37.04	43.37	47.95
材料	碳钢管	m	—	(4.86)	(5.86)	(6.67)	(7.42)	(8.23)	(9.07)	(9.12)
	碳钢电焊条 E4303 *D*3.2	kg	7.59	17.695	34.799	41.514	66.043	74.735	110.870	122.569
	氧气	m^3	2.88	26.797	40.130	45.326	59.758	65.917	76.370	88.807
	乙炔气	kg	14.66	8.936	13.380	15.111	19.919	21.973	25.458	29.606
	尼龙砂轮片 *D*100×16×3	片	3.92	4.995	6.489	7.760	11.589	13.137	17.817	19.722
	零星材料费	元	—	14.07	16.24	20.30	22.33	23.92	26.18	27.45
机械	电焊条烘干箱 600×500×750	台班	27.16	0.680	0.967	1.152	1.436	1.624	1.911	2.112
	电焊机（综合）	台班	74.17	6.805	9.666	11.530	14.358	16.246	19.117	21.133

6.不锈钢管虾体弯制作(电弧焊)

工作内容：管子切口、坡口加工、坡口磨平、管口组对、焊接、焊缝钝化、堆放。 **单位：**10个

编号				6-2157	6-2158	6-2159	6-2160	6-2161
项目				公称直径(mm以内)				
				200	250	300	350	400
预算基价	总价(元)			**6060.97**	**7381.94**	**8688.01**	**9997.73**	**11253.32**
	人工费(元)			3202.20	3824.55	4444.20	5076.00	5692.95
	材料费(元)			715.59	886.49	1063.78	1233.87	1395.08
	机械费(元)			2143.18	2670.90	3180.03	3687.86	4165.29
组成内容		**单位**	**单价**	**数量**				
人工	综合工	工日	135.00	23.72	28.33	32.92	37.60	42.17
材料	不锈钢管	m	—	(4.86)	(5.76)	(6.75)	(7.43)	(8.23)
	不锈钢电焊条	kg	66.08	9.362	11.685	13.916	16.147	18.252
	尼龙砂轮片 $D100\times16\times3$	片	3.92	10.107	11.055	15.401	17.922	20.303
	零星材料费	元	—	57.33	71.01	83.84	96.62	109.40
机械	电焊条烘干箱 600×500×750	台班	27.16	0.670	0.835	0.993	1.155	1.304
	电焊机（综合）	台班	74.17	6.686	8.346	9.940	11.534	13.038
	等离子切割机 400A	台班	229.27	5.760	7.181	8.554	9.922	11.207
	电动空气压缩机 $1m^3$	台班	52.31	5.760	7.181	8.554	9.922	11.207
	电动空气压缩机 $6m^3$	台班	217.48	0.033	0.033	0.033	0.033	0.033

7. 不锈钢管虾体弯制作（氩电联焊）

工作内容： 管子切口、坡口加工、坡口磨平、管口组对、焊接、焊缝钝化、堆放。　　　　**单位：** 10个

编号				6-2162	6-2163	6-2164	6-2165	6-2166
项目				公称直径（mm以内）				
				200	250	300	350	400
预算基价	总价（元）			**6337.92**	**7766.97**	**9144.95**	**10518.91**	**12422.37**
	人工费（元）			3298.05	3947.40	4590.00	5247.45	6137.10
	材料费（元）			693.58	877.17	1067.03	1262.79	1596.42
	机械费（元）			2346.29	2942.40	3487.92	4008.67	4688.85
组成内容		**单位**	**单价**	**数量**				
人工	综合工	工日	135.00	24.43	29.24	34.00	38.87	45.46
材料	不锈钢管	m	—	(4.86)	(5.76)	(6.75)	(7.43)	(8.23)
	不锈钢电焊条	kg	66.08	4.825	6.013	7.161	8.313	10.586
	不锈钢焊丝 1Cr18Ni9Ti	kg	55.02	2.650	3.389	4.197	5.102	6.587
	尼龙砂轮片 $D100\times16\times3$	片	3.92	6.753	9.429	12.735	14.838	16.821
	氩气	m^3	18.60	7.422	9.490	11.751	14.283	18.444
	钍钨棒	kg	640.87	0.01205	0.01510	0.01800	0.02093	0.02674
	零星材料费	元	—	56.70	70.22	82.89	95.51	108.35
机械	电焊条烘干箱 600×500×750	台班	27.16	0.370	0.459	0.548	0.637	0.809
	电焊机（综合）	台班	74.17	3.689	4.600	5.475	6.359	8.095
	氩弧焊机 500A	台班	96.11	4.511	5.822	6.775	7.478	9.402
	电动空气压缩机 $1m^3$	台班	52.31	5.760	7.181	8.554	9.922	11.207
	电动空气压缩机 $6m^3$	台班	217.48	0.033	0.033	0.033	0.033	0.033
	等离子切割机 400A	台班	229.27	5.760	7.181	8.554	9.922	11.207

8.铝管虾体弯制作(氩弧焊)

工作内容：管子切口、坡口加工、坡口磨平、管口组对、焊口处理、焊前预热、焊接、焊缝酸洗。　　**单位：**10个

编号				6-2167	6-2168	6-2169	6-2170	6-2171	6-2172	6-2173
项目				管道外径(mm以内)						
				150	180	200	250	300	350	410
预算基价	总价(元)			**4958.81**	**5869.04**	**6983.11**	**8747.39**	**11501.51**	**14160.44**	**18507.46**
	人工费(元)			2118.15	2550.15	3038.85	4052.70	5513.40	6635.25	8638.65
	材料费(元)			268.39	311.76	368.06	515.18	639.52	1100.53	1712.76
	机械费(元)			2572.27	3007.13	3576.20	4179.51	5348.59	6424.66	8156.05
组成内容		**单位**	**单价**	**数量**						
人工	综合工	工日	135.00	15.69	18.89	22.51	30.02	40.84	49.15	63.99
材料	铝管	m	—	(4.08)	(4.55)	(4.88)	(5.86)	(6.67)	(7.43)	(8.66)
	铝焊丝 *D*3	kg	47.38	1.84	2.13	2.53	3.67	4.70	8.92	14.54
	氧气	m^3	2.88	2.755	3.234	3.811	4.500	5.100	6.600	7.244
	乙炔气	kg	14.66	1.271	1.495	1.759	2.080	2.362	3.061	3.335
	氩气	m^3	18.60	5.148	5.960	7.095	10.266	13.167	24.974	40.712
	钍钨棒	kg	640.87	0.01030	0.01192	0.01419	0.02053	0.02633	0.04995	0.08142
	尼龙砂轮片 *D*100×16×3	片	3.92	1.928	2.294	2.739	4.540	4.888	6.888	10.100
	零星材料费	元	—	44.73	52.12	59.63	75.94	86.58	90.49	105.09
机械	氩弧焊机 500A	台班	96.11	1.874	2.171	2.587	3.491	4.478	7.963	12.533
	电动空气压缩机 $1m^3$	台班	52.31	8.470	9.913	11.792	13.626	17.441	20.073	24.662
	电动空气压缩机 $6m^3$	台班	217.48	0.033	0.033	0.033	0.033	0.033	0.033	0.033
	等离子切割机 400A	台班	229.27	8.470	9.913	11.792	13.626	17.441	20.073	24.662

9.铜管虾体弯制作(氧乙炔焊)

工作内容：管子切口、坡口加工、坡口磨平、管口组对、焊口处理、焊前预热、焊接、堆放。 **单位：**10个

编号				6-2174	6-2175	6-2176	6-2177	6-2178
项目				管道外径(mm以内)				
				150	185	200	250	300
预算基价	总价(元)			**4797.28**	**6035.91**	**6615.55**	**8180.91**	**9774.32**
	人工费(元)			2340.90	2933.55	3218.40	3989.25	4860.00
	材料费(元)			122.08	154.78	169.68	209.84	246.01
	机械费(元)			2334.30	2947.58	3227.47	3981.82	4668.31
组成内容		单位	单价	数量				
人工	综合工	工日	135.00	17.34	21.73	23.84	29.55	36.00
材料	铜管	m	—	(4.20)	(4.67)	(5.05)	(6.05)	(8.33)
	铜气焊丝	kg	46.03	0.495	0.660	0.743	0.894	0.993
	氧气	m^3	2.88	8.32	10.39	11.31	14.04	16.64
	乙炔气	kg	14.66	3.78	4.71	5.12	6.36	7.54
	尼龙砂轮片 $D100\times16\times3$	片	3.92	2.647	3.281	3.553	4.459	5.364
	硼砂	kg	4.46	0.990	1.320	1.485	1.782	1.980
	零星材料费	元	—	5.13	6.68	7.30	9.59	11.98
机械	等离子切割机 400A	台班	229.27	8.290	10.468	11.462	14.141	16.579
	电动空气压缩机 $1m^3$	台班	52.31	8.290	10.468	11.462	14.141	16.579

10.中压螺旋卷管虾体弯制作(电弧焊)

工作内容：管子切口、坡口加工、坡口磨平、管口组对、焊接、堆放。 **单位：**10个

编号				6-2179	6-2180	6-2181	6-2182	6-2183	6-2184
项目				公称直径(mm以内)					
				200	250	300	350	400	450
预算基价	总价(元)			**2642.04**	**3420.12**	**4032.84**	**4969.23**	**5562.19**	**6289.99**
	人工费(元)			1857.60	2371.95	2810.70	3430.35	3839.40	4369.95
	材料费(元)			445.64	602.13	690.06	887.33	985.65	1092.15
	机械费(元)			338.80	446.04	532.08	651.55	737.14	827.89
组成内容		单位	单价	数量					
人工	综合工	工日	135.00	13.76	17.57	20.82	25.41	28.44	32.37
材料	螺旋卷管	m	—	(4.89)	(5.86)	(6.67)	(6.78)	(9.05)	(9.81)
	碳钢电焊条 E4303 *D*3.2	kg	7.59	23.357	34.799	41.514	56.773	64.231	72.145
	氧气	m^3	2.88	30.252	37.995	41.955	50.858	55.339	60.388
	乙炔气	kg	14.66	10.088	12.665	13.986	16.948	18.450	20.131
	尼龙砂轮片 *D*100×16×3	片	3.92	4.446	6.489	7.760	10.398	11.781	13.250
	零星材料费	元	—	15.92	17.47	18.68	20.73	22.10	23.59
机械	电焊条烘干箱 600×500×750	台班	27.16	0.442	0.581	0.693	0.848	0.960	1.076
	电焊机 (综合)	台班	74.17	4.406	5.801	6.920	8.474	9.587	10.768

工作内容：管子切口、坡口加工、坡口磨平、管口组对、焊接、堆放。　　　　**单位**：10个

编号				6-2185	6-2186	6-2187	6-2188	6-2189	6-2190
项目				公称直径(mm以内)					
				500	600	700	800	900	1000
预算基价	总　　价(元)			**9018.32**	**10914.14**	**12437.77**	**14057.05**	**15668.93**	**17307.94**
	人　工　费(元)			6268.05	8365.95	9543.15	10771.65	11992.05	13232.70
	材　料　费(元)			1527.69	1606.78	1816.92	2056.07	2296.05	2542.68
	机　械　费(元)			1222.58	941.41	1077.70	1229.33	1380.83	1532.56
组成内容		**单位**	**单价**	**数　量**					
人工	综合工	工日	135.00	46.43	61.97	70.69	79.79	88.83	98.02
材料	螺旋卷管	m	—	(9.88)	(10.43)	(11.61)	(13.94)	(16.51)	(17.93)
	碳钢电焊条 E4303 *D*3.2	kg	7.59	106.555	86.612	99.159	113.102	127.044	140.989
	氧气	m^3	2.88	80.880	104.926	117.563	132.609	147.879	162.758
	乙炔气	kg	14.66	26.965	34.972	39.188	44.202	49.295	54.604
	尼龙砂轮片 *D*100×16×3	片	3.92	14.690	21.050	24.107	27.501	30.897	34.293
	零星材料费	元	—	33.11	52.00	56.73	59.91	62.11	68.91
机械	电焊条烘干箱 600×500×750	台班	27.16	1.588	2.697	3.089	3.524	3.960	4.396
	电焊机（综合）	台班	74.17	15.902	11.705	13.399	15.284	17.167	19.053

11.低中压碳钢、合金钢管机械摵弯

工作内容：管材检查、选料、号料、更换胎具、弯管成型。 **单位：**10个

编号				6-2191	6-2192	6-2193	6-2194	6-2195	6-2196
项目				公称直径(mm以内)					
				20	32	50	65	80	100
预算基价	总价(元)			**36.27**	**52.91**	**148.44**	**208.82**	**283.32**	**357.66**
	人工费(元)			28.35	41.85	125.55	175.50	237.60	297.00
	材料费(元)			0.07	0.07	0.09	0.11	0.13	0.15
	机械费(元)			7.85	10.99	22.80	33.21	45.59	60.51
组成内容		**单位**	**单价**	**数量**					
人工	综合工	工日	135.00	0.21	0.31	0.93	1.30	1.76	2.20
材料	碳钢(合金钢)管	m	—	(1.89)	(2.66)	(3.82)	(4.78)	(5.75)	(7.03)
	零星材料费	元	—	0.07	0.07	0.09	0.11	0.13	0.15
机械	弯管机 $D108$	台班	78.53	0.10	0.14	0.19	0.31	0.43	0.62
	坡口机 2.8kW	台班	32.84	—	—	0.24	0.27	0.36	0.36

12.低中压不锈钢管机械揻弯

工作内容：管材检查、选料、号料、更换胎具、弯管成型。 **单位：**10个

编号				6-2197	6-2198	6-2199	6-2200	6-2201	6-2202
项目				公称直径(mm以内)					
				20	32	50	65	80	100
预算基价	总价(元)			**74.51**	**103.31**	**256.95**	**333.00**	**435.22**	**572.26**
	人工费(元)			59.40	79.65	210.60	272.70	355.05	472.50
	材料费(元)			2.52	5.58	6.62	9.50	11.16	14.24
	机械费(元)			12.59	18.08	39.73	50.80	69.01	85.52
组成内容		**单位**	**单价**	**数量**					
人工	综合工	工日	135.00	0.44	0.59	1.56	2.02	2.63	3.50
材料	不锈钢管	m	—	(1.89)	(2.66)	(3.82)	(4.78)	(5.75)	(7.03)
	薄砂轮片 *D*500×25×4	片	20.42	0.12	0.27	0.32	0.46	0.54	0.69
	零星材料费	元	—	0.07	0.07	0.09	0.11	0.13	0.15
机械	砂轮切割机 *D*500	台班	39.52	0.08	0.08	0.16	0.16	0.18	0.24
	弯管机 *D*108	台班	78.53	0.12	0.19	0.30	0.42	0.60	0.78
	坡口机 2.8kW	台班	32.84	—	—	0.30	0.35	0.45	0.45

13. 铝管机械摵弯

工作内容： 管材检查、选料、号料、更换胎具、弯管成型。 **单位：** 10个

编号				6-2203	6-2204	6-2205	6-2206	6-2207	6-2208
项目				管道外径(mm以内)					
				20	32	50	70	80	100
预算基价	总价(元)			**34.92**	**51.56**	**127.63**	**178.92**	**244.28**	**336.04**
	人工费(元)			27.00	40.50	113.40	155.25	211.95	284.85
	材料费(元)			0.07	0.07	0.09	0.11	0.13	0.15
	机械费(元)			7.85	10.99	14.14	23.56	32.20	51.04
组成内容		**单位**	**单价**	**数量**					
人工	综合工	工日	135.00	0.20	0.30	0.84	1.15	1.57	2.11
材料	铝管	m	—	(1.73)	(2.40)	(3.41)	(4.26)	(5.10)	(6.23)
	零星材料费	元	—	0.07	0.07	0.09	0.11	0.13	0.15
机械	弯管机 $D108$	台班	78.53	0.10	0.14	0.18	0.30	0.41	0.65

14.铜管机械揻弯

工作内容：管材检查、选料、号料、更换胎具、弯管成型。 **单位：**10个

编号				6-2209	6-2210	6-2211	6-2212	6-2213	6-2214
项目				管道外径(mm以内)					
				20	32	55	65	85	100
预算基价	总价(元)			**37.62**	**57.75**	**134.60**	**192.07**	**260.92**	**371.32**
	人工费(元)			29.70	45.90	118.80	166.05	225.45	305.10
	材料费(元)			0.07	0.07	0.09	0.11	0.13	0.15
	机械费(元)			7.85	11.78	15.71	25.91	35.34	66.07
组成内容		单位	单价	数量					
人工	综合工	工日	135.00	0.22	0.34	0.88	1.23	1.67	2.26
材料	铜管	m	—	(1.73)	(2.40)	(3.69)	(4.26)	(5.38)	(6.23)
	零星材料费	元	—	0.07	0.07	0.09	0.11	0.13	0.15
机械	弯管机 *D*108	台班	78.53	0.10	0.15	0.20	0.33	0.45	0.72
	坡口机 2.8kW	台班	32.84	—	—	—	—	—	0.29

15.塑料管摵弯

工作内容：管材检查、选料、号料、更换胎具、弯管成型。 **单位：**10个

编号				6-2215	6-2216	6-2217	6-2218	6-2219	6-2220	6-2221	6-2222	6-2223
项目				管道外径(mm以内)								
				20	25	32	40	51	65	76	90	114
预算基价	总价(元)			**170.75**	**174.83**	**179.30**	**223.63**	**229.40**	**305.59**	**309.95**	**365.78**	**389.61**
	人工费(元)			143.10	147.15	149.85	187.65	190.35	249.75	251.10	292.95	311.85
	材料费(元)			27.65	27.68	29.45	35.98	39.05	55.13	58.14	72.12	76.70
	机械费(元)			—	—	—	—	—	0.71	0.71	0.71	1.06
组成内容		**单位**	**单价**	**数量**								
人工	综合工	工日	135.00	1.06	1.09	1.11	1.39	1.41	1.85	1.86	2.17	2.31
材料	塑料管	m	—	(1.73)	(2.01)	(2.40)	(2.85)	(3.41)	(4.26)	(4.88)	(5.66)	(7.01)
	绿豆砂	t	100.37	0.015	0.015	0.030	0.030	0.060	0.090	0.120	0.195	0.240
	电阻丝	根	11.04	0.06	0.06	0.06	0.08	0.08	0.11	0.11	0.12	0.12
	电	kW·h	0.73	33.6	33.6	33.6	42.0	42.0	58.8	58.8	67.2	67.2
	零星材料费	元	—	0.95	0.98	1.25	1.43	1.48	1.96	1.96	2.17	2.23
机械	木工圆锯机 *D*600	台班	35.46	—	—	—	—	—	0.02	0.02	0.02	0.03

16.低中压碳钢管中频摵弯

工作内容：管子切口、坡口加工、管子上胎具、加热、摵弯、成型检查、堆放。 **单位：**10个

编号				6-2224	6-2225	6-2226	6-2227	6-2228	6-2229	6-2230	6-2231	6-2232
项目				公称直径(mm以内)								
				100	150	200	250	300	350	400	450	500
预算基价	总价(元)			**869.67**	**943.05**	**1160.38**	**1367.96**	**1825.93**	**2481.18**	**2861.94**	**3470.69**	**5148.24**
	人工费(元)			415.80	467.10	615.60	746.55	1073.25	1557.90	1806.30	2305.80	3673.35
	材料费(元)			272.29	282.15	292.00	328.50	365.00	395.42	425.83	456.24	486.62
	机械费(元)			181.58	193.80	252.78	292.91	387.68	527.86	629.81	708.65	988.27
组成内容		**单位**	**单价**	**数量**								
人工	综合工	工日	135.00	3.08	3.46	4.56	5.53	7.95	11.54	13.38	17.08	27.21
材料	碳钢管	m	—	(3.01)	(4.22)	(5.42)	(6.63)	(7.83)	(9.04)	(10.25)	(11.45)	(12.66)
	电	kW·h	0.73	373.000	386.500	400.000	450.000	500.000	541.665	583.333	624.980	666.600
机械	电动葫芦 单速 3t	台班	33.90	0.470	0.483	1.530	1.829	2.309	3.269	3.832	4.376	5.770
	电动双梁起重机 5t	台班	190.91	—	—	—	—	—	—	—	—	0.334
	中频摵管机 160kW	台班	72.47	0.714	0.833	1.000	1.250	—	—	—	—	—
	中频摵管机 250kW	台班	92.27	—	—	—	—	1.667	2.500	2.857	3.333	5.000
	普通车床 630×2000	台班	242.35	0.470	0.483	0.530	0.579	0.642	0.769	0.975	1.043	1.104

17.高压碳钢管中频摵弯

工作内容：管子切口、坡口加工、管子上胎具、加热、摵弯、成型检查、堆放。 **单位：**10个

编号				6-2233	6-2234	6-2235	6-2236	6-2237	6-2238	6-2239	6-2240	6-2241
项目				公称直径(mm以内)								
				100	150	200	250	300	350	400	450	500
预算基价	总价(元)			**1299.21**	**2021.27**	**2279.43**	**2668.63**	**4368.11**	**5362.36**	**6706.45**	**7974.92**	**11721.74**
	人工费(元)			592.65	967.95	1139.40	1406.70	2177.55	2897.10	3547.80	4428.00	6975.45
	材料费(元)			408.44	423.22	438.00	492.75	547.50	593.13	638.75	684.35	729.93
	机械费(元)			298.12	630.10	702.03	769.18	1643.06	1872.13	2519.90	2862.57	4016.36
组成内容		**单位**	**单价**	**数量**								
人工	综合工	工日	135.00	4.39	7.17	8.44	10.42	16.13	21.46	26.28	32.80	51.67
材料	碳钢管	m	—	(3.01)	(4.22)	(5.42)	(6.63)	(7.83)	(9.04)	(10.25)	(11.45)	(12.66)
	电	kW·h	0.73	559.50	579.75	600.00	675.00	750.00	812.50	875.00	937.47	999.90
机械	电动葫芦 单速 3t	台班	33.90	1.661	2.960	3.093	3.803	2.501	3.750	4.286	5.000	7.500
	电动双梁起重机 5t	台班	190.91	—	—	—	—	3.064	3.229	4.568	5.151	7.086
	中频摵管机 250kW	台班	92.27	1.071	1.250	1.500	1.875	2.501	3.750	4.286	5.000	7.500
	普通车床 630×2000	台班	242.35	0.590	1.710	1.893	1.928	3.064	3.229	4.568	5.151	7.086

18.低中压不锈钢管中频摵弯

工作内容：管子切口、坡口加工、管子上胎具、加热、摵弯、成型检查、堆放。

单位：10个

编号				6-2242	6-2243	6-2244	6-2245	6-2246	6-2247	6-2248
项目				公称直径(mm以内)						
				100	150	200	250	300	350	400
预算基价	总价(元)			**1011.94**	**1133.14**	**1385.90**	**1641.87**	**2208.24**	**2934.59**	**3433.47**
	人工费(元)			483.30	561.60	735.75	896.40	1308.15	1848.15	2166.75
	材料费(元)			326.75	338.57	350.40	394.20	438.00	474.50	511.00
	机械费(元)			201.89	232.97	299.75	351.27	462.09	611.94	755.72
组成内容		**单位**	**单价**	**数量**						
人工	综合工	工日	135.00	3.58	4.16	5.45	6.64	9.69	13.69	16.05
材料	不锈钢管	m	—	(3.01)	(4.22)	(5.42)	(6.63)	(7.83)	(9.04)	(10.25)
	电	kW·h	0.73	447.600	463.800	480.000	540.000	600.000	649.998	700.000
机械	电动葫芦 单速 3t	台班	33.90	0.506	0.581	1.823	2.194	2.847	3.845	4.598
	中频摵管机 160kW	台班	72.47	0.857	1.000	1.200	1.500	—	—	—
	中频摵管机 250kW	台班	92.27	—	—	—	—	2.000	3.000	3.428
	普通车床 630×2000	台班	242.35	0.506	0.581	0.623	0.694	0.747	0.845	1.170

19.高压不锈钢管中频摵弯

工作内容：管子切口、坡口加工、管子上胎具、加热、摵弯、成型检查、堆放。

单位：10个

编号				6-2249	6-2250	6-2251	6-2252	6-2253	6-2254	6-2255	6-2256	6-2257
项目				公称直径(mm以内)								
				100	150	200	250	300	350	400	450	500
预算基价	总价(元)			**1477.73**	**1905.80**	**2370.21**	**3040.00**	**4668.99**	**6457.11**	**7267.38**	**9215.81**	**11971.84**
	人工费(元)			711.45	946.35	1273.05	1656.45	2435.40	3530.25	4006.80	5229.90	7065.90
	材料费(元)			408.44	423.22	438.00	492.75	547.50	593.13	638.75	684.35	729.93
	机械费(元)			357.84	536.23	659.16	890.80	1686.09	2333.73	2621.83	3301.56	4176.01
组成内容		单位	单价	数量								
人工	综合工	工日	135.00	5.27	7.01	9.43	12.27	18.04	26.15	29.68	38.74	52.34
材料	不锈钢管	m	—	(3.01)	(4.22)	(5.42)	(6.63)	(7.83)	(9.04)	(10.25)	(11.45)	(12.66)
	电	kW•h	0.73	559.50	579.75	600.00	675.00	750.00	812.50	875.00	937.47	999.90
机械	电动葫芦 单速 3t	台班	33.90	1.994	2.756	3.364	4.447	3.000	4.500	5.142	6.000	7.000
	电动双梁起重机 5t	台班	190.91	—	—	—	—	3.018	4.076	4.554	5.873	6.546
	中频摵管机 250kW	台班	92.27	1.286	1.500	1.800	2.250	3.000	4.500	5.142	6.000	9.000
	普通车床 630×2000	台班	242.35	0.708	1.256	1.564	2.197	3.018	4.076	4.554	5.873	7.669

20.低中压合金钢管中频揻弯

工作内容： 管子切口、坡口加工、管子上胎具、加热、揻弯、成型检查、堆放。 **单位：** 10个

编号				6-2258	6-2259	6-2260	6-2261	6-2262	6-2263	6-2264	6-2265	6-2266
项目				公称直径(mm以内)								
				100	150	200	250	300	350	400	450	500
预算基价	总价(元)			**1109.20**	**1220.00**	**1494.28**	**1768.03**	**2376.74**	**3251.91**	**3729.61**	**4543.17**	**6786.14**
	人工费(元)			529.20	604.80	795.15	969.30	1405.35	2054.70	2371.95	3042.90	4884.30
	材料费(元)			367.59	380.90	394.20	443.48	492.75	533.81	574.88	615.92	656.93
	机械费(元)			212.41	234.30	304.93	355.25	478.64	663.40	782.78	884.35	1244.91
组成内容		单位	单价	数量								
人工	综合工	工日	135.00	3.92	4.48	5.89	7.18	10.41	15.22	17.57	22.54	36.18
材料	合金钢管	m	—	(3.01)	(4.22)	(5.42)	(6.63)	(7.83)	(9.04)	(10.25)	(11.45)	(12.66)
	电	kW·h	0.73	503.550	521.775	540.000	607.500	675.000	731.248	787.500	843.723	899.910
机械	电动葫芦 单速 3t	台班	33.90	0.516	0.553	1.934	2.324	2.955	4.235	4.929	5.646	7.598
	电动双梁起重机 5t	台班	190.91	—	—	—	—	—	—	—	—	0.367
	中频揻管机 160kW	台班	72.47	0.964	1.125	1.350	1.688	—	—	—	—	—
	中频揻管机 250kW	台班	92.27	—	—	—	—	2.250	3.375	3.857	4.500	6.750
	普通车床 630×2000	台班	242.35	0.516	0.553	0.584	0.636	0.705	0.860	1.072	1.146	1.215

21.高压合金钢管中频揻弯

工作内容： 管子切口、坡口加工、管子上胎具、加热、揻弯、成型检查、堆放。

单位： 10个

编号				6-2267	6-2268	6-2269	6-2270	6-2271	6-2272	6-2273	6-2274	6-2275
项目				公称直径(mm以内)								
				100	150	200	250	300	350	400	450	500
预算基价	总价(元)			**1502.08**	**2037.61**	**2530.11**	**3218.53**	**4876.61**	**6827.08**	**7834.94**	**9822.13**	**14032.51**
	人工费(元)			746.55	1038.15	1391.85	1794.15	2621.70	3832.65	4407.75	5707.80	8827.65
	材料费(元)			408.44	423.22	438.00	492.75	547.50	593.13	638.75	684.35	729.93
	机械费(元)			347.09	576.24	700.26	931.63	1707.41	2401.30	2788.44	3429.98	4474.93
组成内容		**单位**	**单价**	**数量**								
人工	综合工	工日	135.00	5.53	7.69	10.31	13.29	19.42	28.39	32.65	42.28	65.39
材料	合金钢管	m	—	(3.01)	(4.22)	(5.42)	(6.63)	(7.83)	(9.04)	(10.25)	(11.45)	(12.66)
	电	kW•h	0.73	559.50	579.75	600.00	675.00	750.00	812.50	875.00	937.47	999.90
机械	电动葫芦 单速 3t	台班	33.90	2.042	3.003	3.635	4.748	3.375	5.063	5.786	6.750	10.125
	电动双梁起重机 5t	台班	190.91	—	—	—	—	2.958	4.068	4.751	5.951	7.380
	中频揻管机 250kW	台班	92.27	1.446	1.688	2.025	2.532	3.375	5.063	5.786	6.750	10.125
	普通车床 630×2000	台班	242.35	0.596	1.315	1.610	2.216	2.958	4.068	4.751	5.951	7.380

三、三 通 制 作

1.碳钢板三通制作(电弧焊)

工作内容:切割、坡口加工、压头、卷圆、焊口处理、焊接、透油、堆放。 **单位:**t

编号				6-2276	6-2277	6-2278	6-2279	6-2280	6-2281	6-2282
项目				公称直径(mm以内)						
				200	250	300	350	400	450	500
预算基价	总价(元)			**10350.76**	**8052.25**	**6749.40**	**4696.36**	**4192.15**	**3775.00**	**3289.77**
	人工费(元)			7362.90	5953.50	5024.70	3354.75	2983.50	2698.65	2371.95
	材料费(元)			773.93	566.56	479.17	456.18	395.82	353.39	299.00
	机械费(元)			2213.93	1532.19	1245.53	885.43	812.83	722.96	618.82
组成内容		单位	单价	数量						
人工	综合工	工日	135.00	54.54	44.10	37.22	24.85	22.10	19.99	17.57
材料	钢板	t	—	(1.07)	(1.07)	(1.07)	(1.07)	(1.07)	(1.07)	(1.07)
	碳钢电焊条 E4303 *D*3.2	kg	7.59	70.553	48.104	41.013	42.715	36.574	32.598	26.903
	氧气	m^3	2.88	24.585	19.067	17.873	14.161	12.744	11.431	10.350
	乙炔气	kg	14.66	8.114	7.599	5.899	4.760	4.285	3.842	3.479
	尼龙砂轮片 *D*100×16×3	片	3.92	9.220	6.349	5.414	4.121	3.588	3.202	2.643
	零星材料费	元	—	12.53	10.25	8.70	5.25	4.64	4.17	3.64
机械	电焊条烘干箱 600×500×750	台班	27.16	1.522	1.032	0.882	0.614	0.597	0.533	0.438
	电焊机(综合)	台班	74.17	15.224	10.329	8.811	6.136	5.972	5.323	4.384
	剪板机 20×2500	台班	329.03	1.134	0.692	0.478	0.277	0.214	0.170	0.139
	卷板机 20×2500	台班	273.51	0.60	0.54	0.48	0.42	0.38	0.36	0.34
	刨边机 12000mm	台班	566.55	0.218	0.121	0.112	0.096	0.085	0.076	0.068
	电动双梁起重机 5t	台班	190.91	1.545	1.127	0.764	0.481	0.396	0.333	0.287
	液压压接机 500t	台班	292.46	0.30	0.27	0.24	0.21	0.19	0.18	0.17

工作内容：切割、坡口加工、压头、卷圆、焊口处理、焊接、透油、堆放。 **单位：**t

编号				6-2283	6-2284	6-2285	6-2286	6-2287	6-2288	6-2289
项目				公称直径(mm以内)						
				600	700	800	900	1000	1200	1400
预算基价	总价(元)			**3090.59**	**3012.94**	**2897.77**	**3025.03**	**2623.08**	**2335.34**	**2431.26**
	人工费(元)			2265.30	2231.55	2169.45	2157.30	1848.15	1641.60	1587.60
	材料费(元)			267.84	251.21	236.59	259.94	234.09	214.71	289.11
	机械费(元)			557.45	530.18	491.73	607.79	540.84	479.03	554.55
组成内容		**单位**	**单价**	**数量**						
人工	综合工	工日	135.00	16.78	16.53	16.07	15.98	13.69	12.16	11.76
材料	钢板	t	—	(1.07)	(1.07)	(1.07)	(1.07)	(1.07)	(1.07)	(1.07)
	碳钢电焊条 E4303 $D3.2$	kg	7.59	24.828	23.686	22.947	21.778	19.697	18.265	23.911
	氧气	m^3	2.88	8.378	7.488	6.504	10.281	9.224	8.241	11.885
	乙炔气	kg	14.66	2.815	2.518	2.178	3.442	3.094	2.764	3.961
	尼龙砂轮片 $D100\times16\times3$	片	3.92	2.698	2.488	2.237	2.896	2.572	2.388	3.300
	零星材料费	元	—	3.42	3.20	2.99	3.22	2.58	2.46	2.39
机械	电焊条烘干箱 600×500×750	台班	27.16	0.479	0.524	0.440	0.568	0.506	0.448	0.559
	电焊机（综合）	台班	74.17	4.067	3.943	3.741	4.821	4.298	3.805	4.746
	剪板机 20×2500	台班	329.03	0.101	0.083	0.065	0.088	0.070	0.055	0.078
	卷板机 20×2500	台班	273.51	0.32	0.31	0.29	0.28	0.26	0.23	0.20
	刨边机 12000mm	台班	566.55	0.058	0.050	0.048	0.076	0.065	0.061	0.054
	电动双梁起重机 5t	台班	190.91	0.222	0.190	0.160	0.237	0.206	0.178	0.247
	液压压接机 500t	台班	292.46	0.16	0.16	0.15	0.14	0.13	0.12	0.10

工作内容：切割、坡口加工、压头、卷圆、焊口处理、焊接、透油、堆放。 **单位：**t

编号				6-2290	6-2291	6-2292	6-2293	6-2294	6-2295	6-2296	6-2297
项目				公称直径(mm以内)							
				1600	1800	2000	2200	2400	2600	2800	3000
预算基价	总价(元)			**2224.31**	**2173.00**	**2208.75**	**2033.25**	**1846.64**	**1691.68**	**1640.97**	**1571.15**
	人工费(元)			1404.00	1393.20	1372.95	1262.25	1146.15	1021.95	988.20	927.45
	材料费(元)			341.74	322.76	343.39	313.95	285.98	272.69	270.18	267.71
	机械费(元)			478.57	457.04	492.41	457.05	414.51	397.04	382.59	375.99
组成内容		**单位**	**单价**	**数量**							
人工	综合工	工日	135.00	10.40	10.32	10.17	9.35	8.49	7.57	7.32	6.87
材料	钢板	t	—	(1.07)	(1.07)	(1.07)	(1.07)	(1.07)	(1.07)	(1.07)	(1.07)
	碳钢电焊条 E4303 *D*3.2	kg	7.59	36.085	34.128	37.144	33.740	30.948	29.338	29.249	29.196
	氧气	m^3	2.88	6.977	6.538	6.146	5.836	5.093	5.116	4.866	4.669
	乙炔气	kg	14.66	2.328	2.182	2.050	1.948	1.699	1.701	1.618	1.552
	尼龙砂轮片 *D*100×16×3	片	3.92	2.914	2.764	2.949	2.665	2.455	2.230	2.255	2.150
	零星材料费	元	—	2.21	2.08	2.15	2.05	1.89	1.60	1.61	1.49
机械	电焊条烘干箱 600×500×750	台班	27.16	0.493	0.464	0.517	0.472	0.431	0.405	0.411	0.391
	电焊机（综合）	台班	74.17	4.185	3.947	4.393	4.015	3.665	3.439	3.400	3.331
	剪板机 20×2500	台班	329.03	0.063	0.052	0.070	0.063	0.048	0.044	0.036	0.036
	卷板机 20×2500	台班	273.51	0.18	0.19	0.18	0.18	0.17	0.17	0.16	0.16
	刨边机 12000mm	台班	566.55	0.049	0.046	0.043	0.040	0.035	0.038	0.036	0.035
	电动双梁起重机 5t	台班	190.91	0.161	0.143	0.155	0.144	0.118	0.116	0.104	0.102
	液压压接机 500t	台班	292.46	0.09	0.10	0.09	0.09	0.09	0.09	0.08	0.08

2.不锈钢板三通制作(电弧焊)

工作内容：切割、坡口加工、压头、卷圆、焊口处理、焊接、透油、堆放。　　　　**单位：**t

编号				6-2298	6-2299	6-2300	6-2301	6-2302	6-2303	6-2304
项目				公称直径(mm以内)						
				200	250	300	350	400	450	500
预算基价	总价(元)			**21960.85**	**17435.51**	**14735.35**	**11877.00**	**10734.99**	**8863.86**	**7891.95**
	人工费(元)			13338.00	10889.10	9217.80	7133.40	6523.20	5166.45	4406.40
	材料费(元)			3351.89	2422.84	2066.75	1778.30	1574.33	1554.12	1494.31
	机械费(元)			5270.96	4123.57	3450.80	2965.30	2637.46	2143.29	1991.24
组成内容		单位	单价	数量						
人工	综合工	工日	135.00	98.80	80.66	68.28	52.84	48.32	38.27	32.64
材料	不锈钢板	t	—	(1.08)	(1.08)	(1.08)	(1.09)	(1.09)	(1.09)	(1.09)
	不锈钢电焊条	kg	66.08	47.731	34.212	29.195	25.182	22.367	22.730	21.655
	尼龙砂轮片 $D100\times16\times3$	片	3.92	12.629	9.234	7.841	6.765	6.017	—	4.230
	零星材料费	元	—	148.32	125.91	106.81	87.75	72.73	52.12	46.77
机械	电焊条烘干箱 600×500×750	台班	27.16	1.750	1.225	1.046	0.910	0.813	0.794	0.762
	电焊机（综合）	台班	74.17	17.486	12.247	10.480	9.092	8.124	7.520	7.409
	电动空气压缩机 $1m^3$	台班	52.31	7.516	6.548	5.646	4.918	4.412	3.254	2.968
	电动空气压缩机 $6m^3$	台班	217.48	0.173	0.115	0.086	0.067	0.055	0.051	0.047
	等离子切割机 400A	台班	229.27	7.516	6.548	5.646	4.918	4.412	3.254	2.968
	剪板机 20×2500	台班	329.03	1.414	0.863	0.597	0.437	0.338	0.270	0.219
	卷板机 20×2500	台班	273.51	0.86	0.77	0.64	0.57	0.56	0.59	0.56
	刨边机 12000mm	台班	566.55	0.719	0.565	0.473	0.404	0.356	0.255	0.230
	电动双梁起重机 5t	台班	190.91	2.823	2.029	1.590	1.297	1.103	0.823	0.721
	液压压接机 500t	台班	292.46	0.43	0.38	0.32	0.31	0.28	0.29	0.28

工作内容：切割、坡口加工、压头、卷圆、焊口处理、焊接、透油、堆放。 **单位：**t

编号				6-2305	6-2306	6-2307	6-2308	6-2309	6-2310	6-2311
项目				公称直径(mm以内)						
				600	700	800	900	1000	1200	1400
预算基价	总价(元)			**6942.42**	**6767.87**	**6224.97**	**6918.01**	**6541.97**	**5896.88**	**6253.78**
	人工费(元)			3774.60	3577.50	3438.45	3308.85	3167.10	2925.45	2744.55
	材料费(元)			1684.93	1674.26	1616.49	2204.39	2047.09	1803.62	2335.27
	机械费(元)			1482.89	1516.11	1170.03	1404.77	1327.78	1167.81	1173.96
组成内容		**单位**	**单价**	**数量**						
人工	综合工	工日	135.00	27.96	26.50	25.47	24.51	23.46	21.67	20.33
材料	不锈钢板	t	—	(1.09)	(1.09)	(1.09)	(1.09)	(1.09)	(1.09)	(1.09)
	不锈钢电焊条	kg	66.08	24.714	24.646	23.950	32.751	30.412	26.779	34.784
	尼龙砂轮片 $D100\times16\times3$	片	3.92	3.772	3.767	2.845	3.734	3.467	3.042	3.964
	零星材料费	元	—	37.04	30.89	22.72	25.57	23.87	22.14	21.20
机械	电焊条烘干箱 600×500×750	台班	27.16	0.797	0.920	0.699	0.809	0.752	0.659	0.828
	电焊机（综合）	台班	74.17	6.779	7.819	5.948	6.878	6.386	5.603	7.032
	电动空气压缩机 $1m^3$	台班	52.31	1.997	1.788	1.405	1.956	1.880	1.663	1.310
	电动空气压缩机 $6m^3$	台班	217.48	0.030	0.024	0.017	0.023	0.020	0.016	0.017
	等离子切割机 400A	台班	229.27	1.997	1.788	1.405	1.956	1.880	1.663	1.310
	剪板机 20×2500	台班	329.03	0.139	0.121	0.073	0.096	0.083	0.066	0.049
	卷板机 20×2500	台班	273.51	0.38	0.48	0.34	0.32	0.31	0.27	0.23
	刨边机 12000mm	台班	566.55	0.163	0.141	0.141	0.129	0.121	0.111	0.149
	电动双梁起重机 5t	台班	190.91	0.482	0.426	0.335	0.408	0.380	0.331	0.308
	液压压接机 500t	台班	292.46	0.19	0.24	0.17	0.16	0.16	0.14	0.12

3.不锈钢板三通制作(氩电联焊)

工作内容：切割、坡口加工、坡口磨平、压头、卷圆、焊口处理、焊接、钝化、透油、堆放。 **单位：**t

编号				6-2312	6-2313	6-2314	6-2315	6-2316	6-2317	6-2318
项目				公称直径(mm以内)						
				200	250	300	350	400	450	500
预算基价	总价(元)			**23938.04**	**18870.96**	**15962.09**	**12971.00**	**11809.51**	**9643.04**	**8502.77**
	人工费(元)			14561.10	11776.05	9975.15	7788.15	7107.75	5676.75	4831.65
	材料费(元)			3060.88	2216.98	1891.66	1627.09	1440.50	1468.61	1385.79
	机械费(元)			6316.06	4877.93	4095.28	3555.76	3261.26	2497.68	2285.33
组成内容		**单位**	**单价**	**数量**						
人工	综合工	工日	135.00	107.86	87.23	73.89	57.69	52.65	42.05	35.79
材料	不锈钢板	t	—	(1.08)	(1.08)	(1.08)	(1.09)	(1.09)	(1.09)	(1.09)
	不锈钢电焊条	kg	66.08	22.991	16.394	14.009	12.061	10.682	14.249	13.740
	不锈钢焊丝 1Cr18Ni9Ti	kg	55.02	12.194	8.816	7.517	6.496	5.793	4.157	3.762
	氩气	m^3	18.60	34.148	24.689	21.051	18.189	16.218	11.640	10.532
	钍钨棒	kg	640.87	0.06830	0.04938	0.04210	0.03638	0.03244	0.02328	0.02106
	尼龙砂轮片 $D100\times16\times3$	片	3.92	11.583	8.469	7.191	6.205	5.518	3.959	3.880
	零星材料费	元	—	146.39	124.55	105.64	86.74	71.83	51.38	46.26
机械	电焊条烘干箱 600×500×750	台班	27.16	0.839	0.582	0.502	0.435	0.389	0.444	0.518
	电焊机（综合）	台班	74.17	8.416	5.840	5.003	4.346	3.892	4.457	4.251
	氩弧焊机 500A	台班	96.11	18.131	12.975	11.086	9.595	8.566	6.150	5.566
	电动空气压缩机 $1m^3$	台班	52.31	7.516	6.548	5.646	4.918	4.412	3.254	2.968
	电动空气压缩机 $6m^3$	台班	217.48	0.173	0.115	0.086	0.067	0.055	0.051	0.047
	等离子切割机 400A	台班	229.27	7.516	6.548	5.646	4.918	4.412	3.254	2.968
	剪板机 20×2500	台班	329.03	1.414	0.863	0.597	0.437	0.338	0.270	0.219
	卷板机 20×2500	台班	273.51	0.86	0.77	0.64	0.67	0.86	0.59	0.56
	刨边机 12000mm	台班	566.55	0.719	0.565	0.473	0.404	0.356	0.255	0.230
	电动双梁起重机 5t	台班	190.91	2.823	2.029	1.590	1.297	1.103	0.823	0.721
	液压压接机 500t	台班	292.46	0.43	0.38	0.32	0.33	0.43	0.29	0.28

工作内容：切割、坡口加工、坡口磨平、压头、卷圆、焊口处理、焊接、钝化、透油、堆放。

单位：t

编号				6-2319	6-2320	6-2321	6-2322	6-2323	6-2324	6-2325
项目				公称直径(mm以内)						
				600	700	800	900	1000	1200	1400
预算基价	总价(元)			**6713.21**	**6386.38**	**5691.44**	**6406.63**	**6067.07**	**5481.06**	**5929.34**
	人工费(元)			3763.80	3611.25	3292.65	3218.40	3083.40	2852.55	2690.55
	材料费(元)			1309.87	1225.64	1187.30	1687.32	1566.34	1382.15	1947.20
	机械费(元)			1639.54	1549.49	1211.49	1500.91	1417.33	1246.36	1291.59
组成内容		**单位**	**单价**	**数量**						
人工	综合工	工日	135.00	27.88	26.75	24.39	23.84	22.84	21.13	19.93
材料	不锈钢板	t	—	(1.09)	(1.09)	(1.09)	(1.09)	(1.09)	(1.09)	(1.09)
	不锈钢电焊条	kg	66.08	14.751	14.088	14.608	21.708	20.150	17.782	25.848
	不锈钢焊丝 1Cr18Ni9Ti	kg	55.02	2.606	2.299	1.736	1.967	1.826	1.601	1.874
	氩气	m^3	18.60	7.296	6.438	4.862	5.508	5.112	4.482	5.245
	钍钨棒	kg	640.87	0.01459	0.01287	0.00972	0.01102	0.01022	0.00896	0.01049
	尼龙砂轮片 *D*100×16×3	片	3.92	2.894	2.658	2.008	2.635	2.446	2.147	2.879
	零星材料费	元	—	35.34	29.80	21.95	24.79	23.14	21.50	20.49
机械	电焊条烘干箱 600×500×750	台班	27.16	0.411	0.405	0.338	0.443	0.411	0.360	0.492
	电焊机（综合）	台班	74.17	4.107	4.052	3.375	4.426	4.108	3.602	4.921
	氩弧焊机 500A	台班	96.11	3.801	3.400	2.566	2.996	2.786	2.446	2.948
	电动空气压缩机 $1m^3$	台班	52.31	1.997	1.788	1.391	1.956	1.880	1.663	1.310
	电动空气压缩机 $6m^3$	台班	217.48	0.030	0.024	0.017	0.023	0.020	0.016	0.017
	等离子切割机 400A	台班	229.27	1.997	1.788	1.391	1.956	1.880	1.663	1.310
	剪板机 20×2500	台班	329.03	0.139	0.121	0.073	0.096	0.083	0.066	0.049
	卷板机 20×2500	台班	273.51	0.38	0.48	0.34	0.32	0.31	0.27	0.23
	刨边机 12000mm	台班	566.55	0.163	0.141	0.141	0.129	0.121	0.111	0.149
	电动双梁起重机 5t	台班	190.91	0.482	0.426	0.332	0.408	0.380	0.331	0.308
	液压压接机 500t	台班	292.46	0.19	0.24	0.17	0.16	0.16	0.14	0.12

4.铝板三通制作(氩弧焊)

工作内容: 切割、坡口加工、坡口磨平、预热、压头、卷圆、焊口处理、焊接、焊缝酸洗、透油、堆放。 **单位:** t

编号				6-2326	6-2327	6-2328	6-2329	6-2330	6-2331
项目				管道外径(mm以内)					
				219	273	325	377	426	478
预算基价	总价(元)			**44471.99**	**36590.65**	**32761.86**	**25304.68**	**23036.03**	**20866.54**
	人工费(元)			23515.65	19630.35	17698.50	14050.80	12690.00	11587.05
	材料费(元)			4629.00	3720.16	3849.98	3035.01	2928.68	2669.65
	机械费(元)			16327.34	13240.14	11213.38	8218.87	7417.35	6609.84
组成内容		**单位**	**单价**	**数量**					
人工	综合工	工日	135.00	174.19	145.41	131.10	104.08	94.00	85.83
材料	铝板	kg	—	(1080)	(1080)	(1080)	(1080)	(1080)	(1080)
	铝焊丝 *D*3	kg	47.38	33.676	27.153	23.057	18.747	18.061	16.653
	氧气	m^3	2.88	36.844	34.462	96.110	73.867	73.689	68.181
	乙炔气	kg	14.66	17.318	16.202	45.237	34.764	34.675	32.087
	氩气	m^3	18.60	92.913	74.851	63.547	51.680	51.440	46.041
	钍钨棒	kg	640.87	0.18582	0.14970	0.12709	0.10336	0.10288	0.09208
	尼龙砂轮片 *D*100×16×3	片	3.92	23.050	15.873	13.535	10.303	8.978	8.005
	零星材料费	元	—	735.81	546.49	501.09	356.52	294.48	267.12
机械	氩弧焊机 500A	台班	96.11	23.636	19.102	16.237	12.971	12.646	11.325
	电动空气压缩机 1m^3	台班	52.31	37.512	31.515	27.212	19.847	17.807	15.948
	电动空气压缩机 6m^3	台班	217.48	0.414	0.271	0.202	0.133	0.109	0.092
	等离子切割机 400A	台班	229.27	37.512	31.515	27.212	19.847	17.807	15.948
	剪板机 20×2500	台班	329.03	2.993	1.826	1.265	0.814	0.632	0.501
	卷板机 20×2500	台班	273.51	1.300	1.197	1.030	0.760	0.710	0.650
	刨边机 12000mm	台班	566.55	1.532	1.206	1.008	0.720	0.635	0.566
	电动双梁起重机 5t	台班	190.91	6.258	4.504	3.549	2.468	2.107	1.820

工作内容：切割、坡口加工、坡口磨平、预热、压头、卷圆、焊口处理、焊接、焊缝酸洗、透油、堆放。　　**单位：**t

编号				6-2332	6-2333	6-2334	6-2335	6-2336	6-2337
项目				管道外径(mm以内)					
				529	630	720	820	920	1020
预算基价	总　价(元)			**16639.07**	**14185.63**	**13210.00**	**11888.59**	**13938.14**	**13329.94**
	人工费(元)			8992.35	7615.35	7376.40	7184.70	7025.40	6740.55
	材料费(元)			2272.30	2076.54	1833.21	1526.61	2122.15	2017.10
	机械费(元)			5374.42	4493.74	4000.39	3177.28	4790.59	4572.29
组成内容		单位	单价	数量					
人工	综合工	工日	135.00	66.61	56.41	54.64	53.22	52.04	49.93
材料	铝板	kg	—	(1080)	(1080)	(1080)	(1080)	(1080)	(1080)
	铝焊丝 *D*3	kg	47.38	15.052	14.358	12.548	10.626	15.368	14.514
	氧气	m^3	2.88	51.484	41.580	37.978	30.039	38.551	37.897
	乙炔气	kg	14.66	24.229	19.568	17.873	14.137	18.143	17.835
	氩气	m^3	18.60	41.554	39.669	34.685	29.220	42.524	40.164
	钍钨棒	kg	640.87	0.08311	0.07934	0.06937	0.05844	0.08505	0.08033
	尼龙砂轮片 *D*100×16×3	片	3.92	6.608	6.745	6.220	5.593	7.240	6.430
	零星材料费	元	—	203.59	174.51	153.31	126.52	143.18	135.09
机械	氩弧焊机 500A	台班	96.11	9.609	9.173	8.023	6.756	9.930	9.396
	电动空气压缩机 1m^3	台班	52.31	12.883	10.392	9.307	7.238	11.423	10.989
	电动空气压缩机 6m^3	台班	217.48	0.088	0.076	0.061	0.044	0.067	0.058
	等离子切割机 400A	台班	229.27	12.883	10.392	9.307	7.238	11.423	10.989
	剪板机 20×2500	台班	329.03	0.329	0.240	0.206	0.149	0.206	0.177
	卷板机 20×2500	台班	273.51	0.620	0.570	0.540	0.510	0.490	0.460
	刨边机 12000mm	台班	566.55	0.464	0.395	0.343	0.264	0.345	0.324
	电动双梁起重机 5t	台班	190.91	1.380	1.104	0.972	0.745	1.089	1.020

四、异径管制作

1.碳钢板异径管制作(电弧焊)

工作内容: 管子切口、管口坡口、切割、管口磨平、压头、卷圆、焊口处理、焊接、透油、堆放。 **单位:** t

	编 号			6-2338	6-2339	6-2340	6-2341	6-2342	6-2343	6-2344
	项 目			公称直径(mm以内)						
				200	250	300	350	400	450	500
预算基价	总 价(元)			**14602.40**	**11469.20**	**9536.49**	**7206.15**	**6751.01**	**6106.89**	**5600.78**
	人 工 费(元)			11865.15	9448.65	7854.30	5422.95	4846.50	4332.15	3898.80
	材 料 费(元)			986.61	756.11	692.51	648.10	627.02	608.76	606.81
	机 械 费(元)			1750.64	1264.44	989.68	1135.10	1277.49	1165.98	1095.17
	组 成 内 容	**单位**	**单价**	**数 量**						
人工	综合工	工日	135.00	87.89	69.99	58.18	40.17	35.90	32.09	28.88
材料	钢板	t	—	(1.12)	(1.12)	(1.12)	(1.12)	(1.12)	(1.12)	(1.12)
	碳钢电焊条 E4303 *D*3.2	kg	7.59	30.582	19.605	18.920	16.415	14.307	12.644	11.313
	氧气	m^3	2.88	89.757	73.204	66.950	64.436	64.130	63.639	64.866
	乙炔气	kg	14.66	30.144	24.585	22.484	21.640	21.538	21.373	21.784
	尼龙砂轮片 *D*100×16×3	片	3.92	11.145	6.995	4.877	4.296	3.744	3.309	2.961
	零星材料费	元	—	10.39	8.64	7.36	3.85	3.31	3.21	3.17
机械	电焊条烘干箱 600×500×750	台班	27.16	0.595	0.374	0.290	0.260	0.227	0.201	0.180
	电焊机(综合)	台班	74.17	5.944	3.731	2.681	2.605	2.270	2.006	1.795
	剪板机 20×2500	台班	329.03	1.540	0.966	0.674	1.252	1.088	0.960	0.878
	卷板机 20×2500	台班	273.51	—	—	—	—	0.63	0.60	0.58
	刨边机 12000mm	台班	566.55	0.312	0.197	0.137	0.127	0.111	0.098	0.088
	电动双梁起重机 5t	台班	190.91	3.196	2.871	2.533	2.362	2.180	2.035	1.964
	液压压接机 500t	台班	292.46	—	—	—	—	0.32	0.30	0.29

工作内容：管子切口、管口坡口、切割、管口磨平、压头、卷圆、焊口处理、焊接、透油、堆放。 **单位：**t

编号				6-2345	6-2346	6-2347	6-2348	6-2349	6-2350	6-2351
项目				公称直径(mm以内)						
				600	700	800	900	1000	1200	1400
预算基价	总价(元)			**4467.06**	**4176.01**	**3739.17**	**3448.09**	**3490.41**	**2918.22**	**2529.40**
	人工费(元)			3159.00	2968.65	2604.15	2378.70	2366.55	1895.40	1641.60
	材料费(元)			461.55	446.44	443.20	431.31	454.75	429.14	400.44
	机械费(元)			846.51	760.92	691.82	638.08	669.11	593.68	487.36
组成内容		**单位**	**单价**	**数量**						
人工	综合工	工日	135.00	23.40	21.99	19.29	17.62	17.53	14.04	12.16
材料	钢板	t	—	(1.12)	(1.10)	(1.10)	(1.10)	(1.10)	(1.10)	(1.10)
	碳钢电焊条 E4303 *D*3.2	kg	7.59	12.288	10.632	11.319	9.999	15.847	13.960	12.111
	氧气	m^3	2.88	45.125	45.063	44.166	44.098	41.342	40.072	38.738
	乙炔气	kg	14.66	15.154	15.134	14.801	14.777	13.847	13.422	12.894
	尼龙砂轮片 *D*100×16×3	片	3.92	3.357	2.906	2.786	2.460	2.600	2.290	1.609
	零星材料费	元	—	3.01	2.71	2.19	2.14	2.22	2.03	1.62
机械	电焊条烘干箱 600×500×750	台班	27.16	0.233	0.202	0.211	0.187	0.296	0.260	0.198
	电焊机（综合）	台班	74.17	1.982	1.714	1.797	1.587	2.515	2.216	1.682
	剪板机 20×2500	台班	329.03	0.531	0.456	0.354	0.312	0.264	0.222	0.170
	卷板机 20×2500	台班	273.51	0.53	0.50	0.48	0.45	0.43	0.38	0.33
	刨边机 12000mm	台班	566.55	0.077	0.065	0.056	0.050	0.045	0.039	0.031
	电动双梁起重机 5t	台班	190.91	1.299	1.213	1.064	1.016	0.944	0.878	0.753
	液压压接机 500t	台班	292.46	0.28	0.25	0.24	0.23	0.22	0.19	0.17

工作内容：管子切口、管口坡口、切割、管口磨平、压头、卷圆、焊口处理、焊接、透油、堆放。 **单位：**t

编号				6-2352	6-2353	6-2354	6-2355	6-2356	6-2357	6-2358	6-2359
项目				公称直径（mm以内）							
				1600	1800	2000	2200	2400	2600	2800	3000
预算基价	总价(元)			**2369.27**	**2267.77**	**2319.68**	**2182.38**	**1944.58**	**1809.67**	**1724.93**	**1658.61**
	人工费(元)			1544.40	1471.50	1456.65	1437.75	1229.85	1127.25	1067.85	1012.50
	材料费(元)			385.27	377.67	445.06	337.20	328.85	318.18	313.58	311.28
	机械费(元)			439.60	418.60	417.97	407.43	385.88	364.24	343.50	334.83
组成内容		**单位**	**单价**	**数量**							
人工	综合工	工日	135.00	11.44	10.90	10.79	10.65	9.11	8.35	7.91	7.50
材料	钢板	t	—	(1.1)	(1.1)	(1.1)	(1.1)	(1.1)	(1.1)	(1.1)	(1.1)
	碳钢电焊条 E4303 *D*3.2	kg	7.59	10.248	9.316	8.384	7.256	6.754	6.522	5.955	5.672
	氧气	m^3	2.88	38.738	38.738	48.403	35.135	35.135	34.006	34.006	34.006
	乙炔气	kg	14.66	12.894	12.894	16.110	11.695	11.695	11.337	11.337	11.337
	尼龙砂轮片 *D*100×16×3	片	3.92	1.362	1.238	1.114	1.981	0.898	0.845	0.772	0.735
	零星材料费	元	—	1.56	1.52	1.49	1.72	1.43	1.23	1.22	1.21
机械	电焊条烘干箱 600×500×750	台班	27.16	0.168	0.152	0.137	0.244	0.110	0.106	0.097	0.093
	电焊机（综合）	台班	74.17	1.424	1.294	1.165	1.057	0.938	0.906	0.827	0.788
	剪板机 20×2500	台班	329.03	0.149	0.132	0.118	0.154	0.142	0.124	0.116	0.108
	卷板机 20×2500	台班	273.51	0.30	0.30	0.28	0.28	0.28	0.27	0.25	0.25
	刨边机 12000mm	台班	566.55	0.027	0.024	0.022	0.039	0.035	0.035	0.032	0.030
	电动双梁起重机 5t	台班	190.91	0.729	0.710	0.833	0.692	0.677	0.622	0.612	0.602
	液压压接机 500t	台班	292.46	0.15	0.15	0.14	0.14	0.14	0.14	0.13	0.13

2.不锈钢板异径管制作(电弧焊)

工作内容：切割、坡口加工、压头、卷圆、焊口处理、焊接、钝化、透油、堆放。 **单位：**t

编号				6-2360	6-2361	6-2362	6-2363	6-2364	6-2365	6-2366
项目				公称直径(mm以内)						
				200	250	300	350	400	450	500
预算基价	总价(元)			**29850.42**	**23835.59**	**19758.05**	**17448.29**	**15652.96**	**13446.17**	**12515.53**
	人工费(元)			21934.80	17864.55	14709.60	12596.85	10970.10	8248.50	7491.15
	材料费(元)			1259.35	809.22	574.50	509.70	443.24	825.21	757.68
	机械费(元)			6656.27	5161.82	4473.95	4341.74	4239.62	4372.46	4266.70
组成内容		单位	单价	数量						
人工	综合工	工日	135.00	162.48	132.33	108.96	93.31	81.26	61.10	55.49
材料	不锈钢板	t	—	(1.13)	(1.13)	(1.13)	(1.14)	(1.14)	(1.14)	(1.14)
	不锈钢电焊条	kg	66.08	17.377	11.052	7.781	6.914	6.008	11.831	10.840
	尼龙砂轮片 $D100\times16\times3$	片	3.92	12.130	7.616	5.306	4.707	4.086	3.851	3.509
	零星材料费	元	—	63.53	49.05	39.53	34.37	30.21	28.32	27.62
机械	电焊条烘干箱 600×500×750	台班	27.16	0.448	0.281	0.196	0.174	0.151	0.299	0.272
	电焊机 (综合)	台班	74.17	4.474	2.809	1.957	1.736	1.507	2.981	2.716
	电动空气压缩机 $1m^3$	台班	52.31	14.072	11.482	10.494	10.409	10.367	10.242	10.141
	电动空气压缩机 $6m^3$	台班	217.48	0.057	0.036	0.025	0.022	0.019	0.018	0.016
	等离子切割机 400A	台班	229.27	14.072	11.482	10.494	10.409	10.367	10.242	10.141
	剪板机 20×2500	台班	329.03	1.850	1.161	0.810	0.717	0.625	0.760	0.696
	卷板机 20×2500	台班	273.51	1.473	1.251	1.060	1.020	0.990	0.910	0.850
	刨边机 12000mm	台班	566.55	0.306	0.192	0.134	0.119	0.103	0.097	0.089
	电动双梁起重机 5t	台班	190.91	4.908	3.610	3.016	2.834	2.721	2.985	2.955
	液压压接机 500t	台班	292.46	0.737	0.625	0.530	0.510	0.500	0.450	0.420

工作内容：切割、坡口加工、压头、卷圆、焊口处理、焊接、钝化、透油、堆放。 **单位：**t

编号				6-2367	6-2368	6-2369	6-2370	6-2371	6-2372	6-2373
项目				公称直径(mm以内)						
				600	700	800	900	1000	1200	1400
预算基价	总价(元)			**12562.61**	**11489.96**	**10019.17**	**8960.40**	**9196.39**	**8306.82**	**6890.72**
	人工费(元)			6593.40	6077.70	5244.75	4800.60	4702.05	4517.10	3676.05
	材料费(元)			921.03	580.82	558.77	442.45	745.39	350.39	312.24
	机械费(元)			5048.18	4831.44	4215.65	3717.35	3748.95	3439.33	2902.43
组成内容		**单位**	**单价**	**数量**						
人工	综合工	工日	135.00	48.84	45.02	38.85	35.56	34.83	33.46	27.23
材料	不锈钢板	t	—	(1.14)	(1.14)	(1.14)	(1.14)	(1.14)	(1.14)	(1.14)
	不锈钢电焊条	kg	66.08	13.334	8.260	8.015	6.326	10.897	4.997	4.498
	尼龙砂轮片 $D100\times16\times3$	片	3.92	4.200	4.060	3.823	2.968	2.660	2.314	1.919
	零星材料费	元	—	23.46	19.08	14.15	12.79	14.89	11.12	7.49
机械	电焊条烘干箱 600×500×750	台班	27.16	0.583	0.352	0.270	0.209	0.376	0.163	0.146
	电焊机（综合）	台班	74.17	3.390	2.050	1.573	1.221	2.193	0.952	0.849
	电动空气压缩机 $1m^3$	台班	52.31	12.716	12.705	11.188	9.893	9.872	9.576	7.961
	电动空气压缩机 $6m^3$	台班	217.48	0.015	0.010	0.008	0.006	0.005	0.005	0.003
	等离子切割机 400A	台班	229.27	12.716	12.705	11.188	9.893	9.872	9.576	7.961
	剪板机 20×2500	台班	329.03	0.726	0.627	0.448	0.383	0.342	0.289	0.206
	卷板机 20×2500	台班	273.51	0.580	0.480	0.520	0.500	0.470	0.270	0.360
	刨边机 12000mm	台班	566.55	0.126	0.108	0.086	0.067	0.059	0.051	0.043
	电动双梁起重机 5t	台班	190.91	3.370	3.254	2.751	2.411	2.360	2.242	1.833
	液压压接机 500t	台班	292.46	0.290	0.240	0.260	0.250	0.240	0.140	0.180

3.不锈钢板异径管制作(氩电联焊)

工作内容： 切割、坡口加工、坡口磨平、压头、卷圆、焊口处理、焊接、钝化、透油、堆放。 **单位：** t

编号				6-2374	6-2375	6-2376	6-2377	6-2378	6-2379	6-2380
项目				公称直径(mm以内)						
				200	250	300	350	400	450	500
预算基价	总价(元)			**32393.95**	**25891.35**	**21154.57**	**17807.04**	**15963.51**	**13728.25**	**12771.97**
	人工费(元)			24119.10	19440.00	15946.20	12815.55	11159.10	8424.00	7650.45
	材料费(元)			1165.24	750.41	532.86	473.81	412.06	789.75	725.37
	机械费(元)			7109.61	5700.94	4675.51	4517.68	4392.35	4514.50	4396.15
组成内容		**单位**	**单价**	**数量**						
人工	综合工	工日	135.00	178.66	144.00	118.12	94.93	82.66	62.40	56.67
材料	不锈钢板	t	—	(1.13)	(1.13)	(1.13)	(1.14)	(1.14)	(1.14)	(1.14)
	不锈钢电焊条	kg	66.08	6.972	4.520	3.230	2.877	2.503	8.436	7.747
	不锈钢焊丝 1Cr18Ni9Ti	kg	55.02	5.415	3.410	2.368	2.101	1.824	1.719	1.566
	氩气	m^3	18.60	15.162	9.519	6.632	5.883	5.107	4.813	4.385
	钍钨棒	kg	640.87	0.03032	0.01904	0.01326	0.01177	0.01022	0.00963	0.00877
	尼龙砂轮片 $D100\times16\times3$	片	3.92	11.170	7.013	4.886	4.334	3.763	3.546	3.231
	零星材料费	元	—	61.37	47.36	38.13	34.14	30.01	28.13	27.44
机械	电焊条烘干箱 600×500×750	台班	27.16	0.170	0.107	0.074	0.066	0.057	0.207	0.189
	电焊机（综合）	台班	74.17	1.695	1.064	0.742	0.658	0.571	2.075	1.891
	氩弧焊机 500A	台班	96.11	6.940	4.357	3.036	2.693	2.338	2.203	2.007
	电动空气压缩机 $1m^3$	台班	52.31	14.072	11.482	10.504	10.409	10.367	10.242	10.141
	电动空气压缩机 $6m^3$	台班	217.48	0.057	0.036	0.025	0.022	0.019	0.018	0.016
	等离子切割机 400A	台班	229.27	14.072	11.482	10.504	10.409	10.367	10.242	10.141
	剪板机 20×2500	台班	329.03	1.850	0.192	0.810	0.717	0.625	0.760	0.696
	卷板机 20×2500	台班	273.51	1.473	1.251	1.060	1.020	0.990	0.910	0.850
	刨边机 12000mm	台班	566.55	0.306	1.204	0.134	0.119	0.103	0.097	0.089
	电动双梁起重机 5t	台班	190.91	4.908	3.610	3.018	2.834	2.721	2.985	2.955
	液压压接机 500t	台班	292.46	0.737	0.625	0.530	0.510	0.500	0.450	0.420

工作内容：切割、坡口加工、坡口磨平、压头、卷圆、焊口处理、焊接、钝化、透油、堆放。

单位：t

编号				6-2381	6-2382	6-2383	6-2384	6-2385	6-2386	6-2387
项目				公称直径(mm以内)						
				600	700	800	900	1000	1200	1400
预算基价	总价(元)			**12543.42**	**11488.39**	**10146.95**	**9066.89**	**8861.01**	**8392.89**	**6992.45**
	人工费(元)			6434.10	5981.85	5202.90	4769.55	4669.65	4492.80	3657.15
	材料费(元)			931.73	596.80	650.27	518.50	473.56	412.79	390.88
	机械费(元)			5177.59	4909.74	4293.78	3778.84	3717.80	3487.30	2944.42
组成内容		**单位**	**单价**	**数量**						
人工	综合工	工日	135.00	47.66	44.31	38.54	35.33	34.59	33.28	27.09
材料	不锈钢板	t	—	(1.14)	(1.14)	(1.14)	(1.14)	(1.14)	(1.14)	(1.14)
	不锈钢电焊条	kg	66.08	10.863	6.906	8.244	6.580	6.013	5.242	5.222
	不锈钢焊丝 1Cr18Ni9Ti	kg	55.02	1.595	0.965	0.726	0.563	0.506	0.439	0.296
	氩气	m^3	18.60	4.466	2.701	2.032	1.578	1.417	1.230	0.829
	钍钨棒	kg	640.87	0.00893	0.00540	0.00406	0.00315	0.00283	0.00246	0.00166
	尼龙砂轮片 *D*100×16×3	片	3.92	3.719	3.824	2.877	2.234	2.007	1.742	1.444
	零星材料费	元	—	22.78	18.67	13.89	12.59	12.34	10.96	7.38
机械	电焊条烘干箱 600×500×750	台班	27.16	0.261	0.158	0.148	0.115	0.103	0.090	0.094
	电焊机（综合）	台班	74.17	2.604	1.575	1.480	1.149	1.032	0.896	0.943
	氩弧焊机 500A	台班	96.11	2.044	1.236	0.930	0.722	0.649	0.563	0.379
	电动空气压缩机 $1m^3$	台班	52.31	12.716	12.705	11.188	9.893	9.872	9.576	7.961
	电动空气压缩机 $6m^3$	台班	217.48	0.015	0.010	0.008	0.006	0.005	0.005	0.003
	等离子切割机 400A	台班	229.27	12.716	12.705	11.188	9.893	9.872	9.576	7.961
	剪板机 20×2500	台班	329.03	0.726	0.627	0.446	0.383	0.342	0.289	0.206
	卷板机 20×2500	台班	273.51	0.580	0.480	0.520	0.500	0.470	0.270	0.360
	刨边机 12000mm	台班	566.55	0.126	0.108	0.086	0.067	0.059	0.051	0.043
	电动双梁起重机 5t	台班	190.91	3.370	3.254	2.749	2.411	2.360	2.242	1.833
	液压压接机 500t	台班	292.46	0.290	0.240	0.260	0.250	0.240	0.140	0.180

4.铝板异径管制作(氩弧焊)

工作内容:切割、坡口加工、坡口磨平、焊前预热、焊接、焊缝酸洗、堆放。 **单位:**t

编号				6-2388	6-2389	6-2390	6-2391	6-2392	6-2393
项目				管道外径(mm以内)					
				219	273	325	377	426	478
预算基价	总价(元)			**67350.34**	**53244.46**	**48799.90**	**42935.83**	**40586.48**	**39184.07**
	人工费(元)			40180.05	32263.65	28509.30	23172.75	21294.90	20389.05
	材料费(元)			2767.94	1908.23	1739.57	1605.41	1422.77	1294.35
	机械费(元)			24402.35	19072.58	18551.03	18157.67	17868.81	17500.67
组成内容		**单位**	**单价**	**数量**					
人工	综合工	工日	135.00	297.63	238.99	211.18	171.65	157.74	151.03
材料	铝板	kg	—	(1130)	(1130)	(1130)	(1130)	(1130)	(1130)
	铝焊丝 *D*3	kg	47.38	18.035	11.319	10.894	9.906	8.638	7.664
	氧气	m^3	2.88	39.508	36.451	34.723	33.870	30.530	29.302
	乙炔气	kg	14.66	18.640	17.190	16.380	15.938	14.368	13.790
	氩气	m^3	18.60	50.496	31.680	29.102	27.179	23.628	20.929
	钍钨棒	kg	640.87	0.10099	0.06339	0.05720	0.05436	0.04726	0.04186
	尼龙砂轮片 *D*100×16×3	片	3.92	27.863	17.488	12.193	10.740	9.360	8.273
	零星材料费	元	—	413.23	316.53	257.53	222.40	208.48	196.14
机械	氩弧焊机 500A	台班	96.11	11.422	7.235	7.084	6.193	5.410	4.804
	电动空气压缩机 $1m^3$	台班	52.31	66.675	53.823	54.054	53.361	53.080	52.689
	电动空气压缩机 $6m^3$	台班	217.48	0.133	0.084	0.058	0.057	0.050	0.044
	等离子切割机 400A	台班	229.27	66.675	53.823	54.054	53.361	53.080	52.689
	剪板机 20×2500	台班	329.03	4.064	2.551	1.780	1.843	1.603	1.414
	卷板机 20×2500	台班	273.51	2.353	2.024	1.730	1.260	1.350	1.080
	刨边机 12000mm	台班	566.55	0.653	0.410	0.286	0.281	0.243	0.217
	电动双梁起重机 5t	台班	190.91	11.265	8.267	7.418	7.409	7.110	6.860

工作内容：切割、坡口加工、坡口磨平、焊前预热、焊接、焊缝酸洗、堆放。 **单位：**t

编号				6-2394	6-2395	6-2396	6-2397	6-2398	6-2399
项目				管道外径(mm以内)					
				529	630	720	820	920	1020
预算基价	总价(元)			**33743.33**	**25160.81**	**23725.23**	**19518.23**	**19113.35**	**18734.80**
	人工费(元)			16629.30	12881.70	11796.30	9162.45	8905.95	8667.00
	材料费(元)			1397.14	1208.30	1024.12	805.29	730.61	670.43
	机械费(元)			15716.89	11070.81	10904.81	9550.49	9476.79	9397.37
组成内容		**单位**	**单价**	**数量**					
人工	综合工	工日	135.00	123.18	95.42	87.38	67.87	65.97	64.20
材料	铝板	kg	—	(1130)	(1130)	(1130)	(1130)	(1130)	(1130)
	铝焊丝 *D*3	kg	47.38	9.366	7.985	6.916	5.337	4.755	4.268
	氧气	m^3	2.88	25.210	22.018	16.534	13.342	12.605	12.114
	乙炔气	kg	14.66	11.864	10.362	7.781	6.279	5.932	5.701
	氩气	m^3	18.60	25.578	21.797	18.832	14.383	12.752	11.418
	钍钨棒	kg	640.87	0.05116	0.04359	0.03766	0.02877	0.02550	0.02284
	尼龙砂轮片 *D*100×16×3	片	3.92	7.403	8.393	7.265	6.965	6.150	5.900
	零星材料费	元	—	169.29	148.39	131.86	108.68	104.42	99.61
机械	氩弧焊机 500A	台班	96.11	5.305	4.525	3.926	3.054	2.730	2.455
	电动空气压缩机 1m^3	台班	52.31	47.369	32.949	32.927	29.003	28.982	28.938
	电动空气压缩机 6m^3	台班	217.48	0.035	0.029	0.025	0.019	0.017	0.015
	等离子切割机 400A	台班	229.27	47.369	32.949	32.927	29.003	28.982	28.938
	剪板机 20×2500	台班	329.03	1.048	0.633	0.543	0.462	0.408	0.366
	卷板机 20×2500	台班	273.51	1.040	1.040	0.900	0.810	0.810	0.770
	刨边机 12000mm	台班	566.55	0.179	0.153	0.131	0.100	0.089	0.080
	电动双梁起重机 5t	台班	190.91	5.922	4.046	3.936	3.436	3.372	3.318

五、三通补强圈制作、安装

1.低压碳钢管挖眼三通补强圈制作、安装(电弧焊)

工作内容：画线、号料、切割、坡口加工、板弧滚压、钻孔、锥丝、组对、焊接。 **单位：**10个

编号				6-2400	6-2401	6-2402	6-2403	6-2404	6-2405	6-2406	6-2407	6-2408	6-2409
项目				公称直径(mm以内)									
				100	125	150	200	250	300	350	400	450	500
预算基价	总价(元)			**879.26**	**1036.82**	**1173.21**	**1747.09**	**2020.29**	**2387.98**	**2692.34**	**3061.23**	**3479.16**	**3804.82**
	人工费(元)			622.35	722.25	814.05	1206.90	1340.55	1582.20	1718.55	1953.45	2180.25	2343.60
	材料费(元)			48.00	63.80	73.58	130.50	212.99	248.25	383.28	426.72	539.21	667.85
	机械费(元)			208.91	250.77	285.58	409.69	466.75	557.53	590.51	681.06	759.70	793.37
组成内容		**单位**	**单价**	**数量**									
人工	综合工	工日	135.00	4.61	5.35	6.03	8.94	9.93	11.72	12.73	14.47	16.15	17.36
材料	钢板	t	—	(0.01336)	(0.02343)	(0.03371)	(0.07992)	(0.15338)	(0.20140)	(0.31991)	(0.38478)	(0.52873)	(0.70458)
	碳钢电焊条 E4303 *D*3.2	kg	7.59	2.57	3.76	4.48	9.63	17.75	20.76	34.95	38.96	50.52	64.09
	氧气	m^3	2.88	1.90	2.61	2.98	4.86	7.16	8.38	11.55	12.88	15.55	18.42
	乙炔气	kg	14.66	0.63	0.87	0.99	1.62	2.39	2.79	3.85	4.29	5.18	6.14
	尼龙砂轮片 *D*100×16×3	片	3.92	1.000	1.253	1.500	2.064	2.573	3.063	3.553	4.015	4.730	5.245
	零星材料费	元	—	9.87	10.08	10.60	11.57	12.52	13.64	14.38	15.29	16.50	17.78
机械	电焊条烘干箱 600×500×750	台班	27.16	0.24	0.24	0.32	0.45	0.53	0.63	0.67	0.77	0.88	0.91
	电焊机（综合）	台班	74.17	2.36	2.74	3.18	4.53	5.27	6.25	6.68	7.74	8.76	9.12
	电动葫芦 单速 3t	台班	33.90	—	—	—	0.20	0.20	0.25	0.25	0.28	0.28	0.30
	卷板机 20×2500	台班	273.51	0.10	0.15	0.15	0.20	0.20	0.25	0.25	0.28	0.28	0.30

2.中压碳钢管挖眼三通补强圈制作、安装(电弧焊)

工作内容:画线、号料、切割、坡口加工、板弧滚压、钻孔、锥丝、组对、焊接。 **单位**:10个

编号				6-2410	6-2411	6-2412	6-2413	6-2414	6-2415	6-2416	6-2417	6-2418	6-2419
项目				公称直径(mm以内)									
				100	125	150	200	250	300	350	400	450	500
预算基价	总价(元)			**1045.50**	**1244.58**	**1406.54**	**2081.06**	**2495.27**	**3053.45**	**3461.94**	**4075.40**	**4680.17**	**5225.04**
	人工费(元)			730.35	847.80	951.75	1363.50	1582.20	1871.10	2034.45	2316.60	2590.65	2751.30
	材料费(元)			70.29	97.69	115.03	237.93	365.72	528.85	734.07	958.43	1195.40	1540.49
	机械费(元)			244.86	299.09	339.76	479.63	547.35	653.50	693.42	800.37	894.12	933.25
组成内容		**单位**	**单价**	**数量**									
人工	综合工	工日	135.00	5.41	6.28	7.05	10.10	11.72	13.86	15.07	17.16	19.19	20.38
材料	钢板	t	—	(0.01993)	(0.03636)	(0.05247)	(0.13315)	(0.23002)	(0.35234)	(0.51177)	(0.69260)	(0.91319)	(1.23299)
	碳钢电焊条 E4303 $D3.2$	kg	7.59	4.84	7.38	8.81	21.33	34.76	52.19	74.60	98.93	124.76	164.45
	氧气	m^3	2.88	2.43	3.29	3.93	7.04	9.95	13.34	17.42	22.12	26.76	31.92
	乙炔气	kg	14.66	0.81	1.10	1.31	2.35	3.32	4.45	5.81	7.37	8.92	10.64
	尼龙砂轮片 $D100\times16\times3$	片	3.92	1.188	1.462	1.748	2.408	3.002	3.880	4.501	5.086	5.994	6.610
	零星材料费	元	—	10.02	10.34	10.79	11.87	12.80	13.86	14.87	15.86	17.14	18.49
机械	电焊条烘干箱 600×500×750	台班	27.16	0.28	0.33	0.38	0.54	0.63	0.75	0.80	0.93	1.05	1.09
	电焊机(综合)	台班	74.17	2.83	3.29	3.82	5.44	6.32	7.50	8.02	9.29	10.51	10.94
	电动葫芦 单速 3t	台班	33.90	—	0.15	0.15	0.20	0.20	0.25	0.25	0.28	0.28	0.30
	卷板机 20×2500	台班	273.51	0.10	0.15	0.15	0.20	0.20	0.25	0.25	0.28	0.28	0.30

3.碳钢板卷管挖眼三通补强圈制作、安装(电弧焊)

工作内容：画线、号料、切割、坡口加工、板弧滚压、钻孔、锥丝、组对、焊接。 **单位：**10个

编号				6-2420	6-2421	6-2422	6-2423	6-2424	6-2425
项目				公称直径(mm以内)					
				200	250	300	350	400	450
预算基价	总价(元)			**1700.77**	**2045.28**	**2341.11**	**2605.24**	**2965.29**	**3308.54**
	人工费(元)			1167.75	1402.65	1605.15	1737.45	1975.05	2201.85
	材料费(元)			129.26	156.79	182.41	281.26	312.88	351.71
	机械费(元)			403.76	485.84	553.55	586.53	677.36	754.98
组成内容		单位	单价	数量					
人工	综合工	工日	135.00	8.65	10.39	11.89	12.87	14.63	16.31
材料	钢板	t	—	(0.07992)	(0.11501)	(0.15105)	(0.25588)	(0.30782)	(0.38446)
	碳钢电焊条 E4303 *D*3.2	kg	7.59	9.63	11.81	13.84	23.79	26.53	29.83
	氧气	m^3	2.88	4.86	5.93	6.94	9.61	10.69	12.00
	乙炔气	kg	14.66	1.62	1.98	2.31	3.20	3.56	4.00
	尼龙砂轮片 *D*100×16×3	片	3.92	1.754	2.187	2.604	3.020	3.413	4.021
	零星材料费	元	—	11.55	12.47	13.30	14.27	15.16	16.34
机械	电焊条烘干箱 600×500×750	台班	27.16	0.45	0.55	0.62	0.66	0.77	0.87
	电焊机 (综合)	台班	74.17	4.45	5.52	6.20	6.63	7.69	8.70
	电动葫芦 单速 3t	台班	33.90	0.20	0.20	0.25	0.25	0.28	0.28
	卷板机 20×2500	台班	273.51	0.20	0.20	0.25	0.25	0.28	0.28

工作内容：画线、号料、切割、坡口加工、板弧滚压、钻孔、锥丝、组对、焊接。　　　　**单位：**10个

编号				6-2426	6-2427	6-2428	6-2429	6-2430	6-2431
项目				公称直径(mm以内)					
				500	600	700	800	900	1000
预算基价	总价(元)			**3660.45**	**4177.93**	**5063.70**	**5782.34**	**6510.50**	**6957.40**
	人工费(元)			2438.10	2710.80	3292.65	3742.20	4229.55	4472.55
	材料费(元)			387.30	540.56	626.24	711.56	799.34	952.66
	机械费(元)			835.05	926.57	1144.81	1328.58	1481.61	1532.19
组成内容		**单位**	**单价**	**数量**					
人工	综合工	工日	135.00	18.06	20.08	24.39	27.72	31.33	33.13
材料	钢板	t	—	(0.46969)	(0.71921)	(0.97329)	(1.24624)	(1.57452)	(2.15689)
	碳钢电焊条 E4303 $D3.2$	kg	7.59	32.86	48.62	55.95	63.54	71.33	85.11
	氧气	m^3	2.88	13.24	16.81	19.85	22.55	25.31	30.63
	乙炔气	kg	14.66	4.41	5.60	6.62	7.52	8.44	10.21
	尼龙砂轮片 $D100\times16\times3$	片	3.92	4.458	5.344	6.107	6.955	7.804	8.652
	零星材料费	元	—	17.64	20.08	23.42	26.84	30.73	34.87
机械	电焊条烘干箱 600×500×750	台班	27.16	0.97	1.07	1.33	1.53	1.73	1.79
	电焊机（综合）	台班	74.17	9.66	10.65	13.29	15.28	17.27	17.93
	电动葫芦 单速 3t	台班	33.90	0.30	0.35	0.40	0.50	0.50	0.50
	卷板机 20×2500	台班	273.51	0.30	0.35	0.40	0.50	0.50	0.50

4.不锈钢钢板卷管挖眼三通补强圈制作、安装(电弧焊)

工作内容: 画线、号料、切割、坡口加工、板弧滚压、钻孔、锥丝、组对、焊接。 **单位:** 10个

编号				6-2432	6-2433	6-2434	6-2435	6-2436	6-2437
项目				公称直径(mm以内)					
				200	250	300	350	400	450
预算基价	总价(元)			**2554.73**	**3212.67**	**3793.54**	**4183.99**	**4837.95**	**5969.97**
	人工费(元)			1387.80	1748.25	2095.20	2273.40	2641.95	3339.90
	材料费(元)			377.06	461.89	543.71	622.84	695.14	718.43
	机械费(元)			789.87	1002.53	1154.63	1287.75	1500.86	1911.64
组成内容		**单位**	**单价**	**数量**					
人工	综合工	工日	135.00	10.28	12.95	15.52	16.84	19.57	24.74
材料	不锈钢板	t	—	(0.05258)	(0.07568)	(0.09943)	(0.12635)	(0.15190)	(0.23723)
	不锈钢电焊条	kg	66.08	5.34	6.56	7.74	8.88	9.92	10.20
	尼龙砂轮片 *D*100×16×3	片	3.92	2.752	3.431	4.084	4.738	5.353	5.994
	零星材料费	元	—	13.40	14.96	16.24	17.48	18.64	20.92
机械	电焊条烘干箱 600×500×750	台班	27.16	0.28	0.41	0.46	0.47	0.60	0.86
	直流弧焊机 20kW	台班	75.06	2.75	4.07	4.56	4.65	5.97	8.63
	电动葫芦 单速 3t	台班	33.90	0.20	0.20	0.25	0.25	0.28	0.28
	等离子切割机 400A	台班	229.27	2.10	2.58	3.01	3.56	3.93	4.82
	卷板机 20×2500	台班	273.51	0.20	0.20	0.25	0.25	0.28	0.28
	剪板机 20×2500	台班	329.03	0.10	0.10	0.10	0.10	0.15	0.15

工作内容：画线、号料、切割、坡口加工、板弧滚压、钻孔、锥丝、组对、焊接。 **单位**：10个

编号				6-2438	6-2439	6-2440	6-2441	6-2442	6-2443
项目				公称直径(mm以内)					
				500	600	700	800	900	1000
预算基价	总价(元)			**7173.11**	**8475.07**	**10091.76**	**12369.13**	**15252.32**	**16825.66**
	人工费(元)			3780.00	4433.40	5004.45	6010.20	7173.90	7865.10
	材料费(元)			1232.33	1456.35	2092.85	2917.49	3952.39	4384.32
	机械费(元)			2160.78	2585.32	2994.46	3441.44	4126.03	4576.24
组成内容		**单位**	**单价**	**数量**					
人工	综合工	工日	135.00	28.00	32.84	37.07	44.52	53.14	58.26
材料	不锈钢板	t	—	(0.28980)	(0.39453)	(0.64056)	(0.95697)	(1.38182)	(1.70353)
	不锈钢电焊条	kg	66.08	17.91	21.17	30.67	43.00	58.50	64.88
	尼龙砂轮片 *D*100×16×3	片	3.92	6.610	7.904	9.048	10.304	11.561	12.818
	零星材料费	元	—	22.93	26.45	30.71	35.66	41.39	46.80
机械	电焊条烘干箱 600×500×750	台班	27.16	1.02	1.22	1.40	1.58	2.13	2.33
	直流弧焊机 20kW	台班	75.06	10.16	12.24	14.00	15.84	21.31	23.29
	电动葫芦 单速 3t	台班	33.90	0.30	0.35	0.40	0.50	0.50	0.50
	等离子切割机 400A	台班	229.27	5.36	6.44	7.56	8.68	9.81	11.03
	卷板机 20×2500	台班	273.51	0.30	0.35	0.40	0.50	0.50	0.50
	剪板机 20×2500	台班	329.03	0.15	0.15	0.15	0.20	0.20	0.25

5.低压合金钢管挖眼三通补强圈制作、安装(电弧焊)

工作内容：画线、号料、切割、坡口加工、板弧滚压、钻孔、锥丝、组对、焊接。 **单位：**10个

编号				6-2444	6-2445	6-2446	6-2447	6-2448	6-2449	6-2450	6-2451	6-2452	6-2453
项目				公称直径(mm以内)									
				100	125	150	200	250	300	350	400	450	500
预算基价	总价(元)			**1350.29**	**1711.08**	**2006.21**	**3118.57**	**3751.70**	**4525.43**	**5750.37**	**6378.33**	**7462.58**	**8669.32**
	人工费(元)			915.30	1136.70	1331.10	2000.70	2166.75	2735.10	3391.20	3748.95	4287.60	4891.05
	材料费(元)			147.98	215.22	255.23	493.40	783.85	914.64	1374.59	1529.97	1922.27	2361.60
	机械费(元)			287.01	359.16	419.88	624.47	801.10	875.69	984.58	1099.41	1252.71	1416.67
组成内容		单位	单价	数量									
人工	综合工	工日	135.00	6.78	8.42	9.86	14.82	16.05	20.26	25.12	27.77	31.76	36.23
材料	合金钢板	kg	—	(13.36)	(29.95)	(41.49)	(79.92)	(153.38)	(201.40)	(319.91)	(384.78)	(528.73)	(704.58)
	合金钢电焊条	kg	26.56	2.57	3.76	4.48	9.63	17.75	20.76	34.95	38.96	50.52	64.09
	氧气	m^3	2.88	6.05	9.89	11.83	22.01	30.20	35.09	44.23	49.12	57.66	66.57
	乙炔气	kg	14.66	2.02	3.30	3.94	7.34	10.07	11.70	14.74	16.37	19.22	22.19
	尼龙砂轮片 $D100\times16\times3$	片	3.92	1.188	1.462	1.748	2.408	3.002	3.880	4.501	5.086	5.994	6.610
	零星材料费	元	—	28.03	32.76	37.56	57.19	66.04	75.46	85.20	93.81	109.14	116.43
机械	电焊条烘干箱 600×500×750	台班	27.16	0.33	0.41	0.49	0.72	0.95	1.03	1.17	1.30	1.50	1.70
	直流弧焊机 20kW	台班	75.06	3.34	4.09	4.87	7.24	9.51	10.27	11.67	13.03	15.00	17.03
	电动葫芦 单速 3t	台班	33.90	—	—	—	0.20	0.20	0.25	0.25	0.28	0.28	0.30
	卷板机 20×2500	台班	273.51	0.10	0.15	0.15	0.20	0.20	0.25	0.25	0.28	0.28	0.30

6.中压合金钢管挖眼三通补强圈制作、安装(电弧焊)

工作内容:画线、号料、切割、坡口加工、板弧滚压、钻孔、锥丝、组对、焊接。 **单位:**10个

编号				6-2454	6-2455	6-2456	6-2457	6-2458	6-2459	6-2460	6-2461	6-2462	6-2463
项目				公称直径(mm以内)									
				100	125	150	200	250	300	350	400	450	500
预算基价	总价(元)			**1651.79**	**2104.87**	**2482.31**	**3965.91**	**5268.62**	**6211.03**	**7697.32**	**9048.57**	**10669.28**	**12709.04**
	人工费(元)			1057.05	1306.80	1552.50	2301.75	2937.60	3230.55	3879.90	4333.50	4961.25	5613.30
	材料费(元)			255.53	370.11	456.62	926.78	1382.14	1945.48	2651.70	3412.69	4221.99	5413.88
	机械费(元)			339.21	427.96	473.19	737.38	948.88	1035.00	1165.72	1302.38	1486.04	1681.86
组成内容		单位	单价	数量									
人工	综合工	工日	135.00	7.83	9.68	11.50	17.05	21.76	23.93	28.74	32.10	36.75	41.58
材料	合金钢板	kg	—	(19.93)	(36.36)	(52.47)	(133.14)	(230.02)	(352.34)	(511.77)	(692.60)	(913.19)	(1232.99)
	合金钢电焊条	kg	26.56	4.84	7.38	8.81	21.33	34.76	52.19	74.60	98.93	124.79	164.45
	氧气	m^3	2.88	11.32	16.44	21.72	37.49	48.24	59.85	72.50	85.80	99.61	115.68
	乙炔气	kg	14.66	3.77	5.48	7.24	12.50	16.08	19.95	24.17	28.60	33.20	38.56
	尼龙砂轮片 $D100\times16\times3$	片	3.92	1.426	1.754	2.098	2.890	3.602	4.656	5.401	6.103	7.193	7.932
	零星材料费	元	—	33.52	39.54	45.71	57.71	70.13	76.23	86.02	94.81	105.78	116.55
机械	电焊条烘干箱 600×500×750	台班	27.16	0.40	0.49	0.58	0.87	1.14	1.23	1.40	1.56	1.80	2.04
	直流弧焊机 20kW	台班	75.06	4.01	4.91	5.48	8.69	11.41	12.32	14.00	15.64	18.00	20.44
	电动葫芦 单速 3t	台班	33.90	—	0.15	0.15	0.20	0.20	0.25	0.25	0.28	0.28	0.30
	卷板机 20×2500	台班	273.51	0.10	0.15	0.15	0.20	0.20	0.25	0.25	0.28	0.28	0.30

7.铝板卷管挖眼三通补强圈制作、安装(氩弧焊)

工作内容：画线、号料、切割、坡口加工、板弧滚压、钻孔、锥丝、组对、焊接。 **单位：**10个

编号				6-2464	6-2465	6-2466	6-2467	6-2468
项目				公称直径(mm以内)				
				600	700	800	900	1000
预算基价	总价(元)			**7852.31**	**9081.59**	**11496.06**	**13544.15**	**14969.49**
	人工费(元)			3557.25	4083.75	5163.75	5991.30	6577.20
	材料费(元)			846.74	989.84	1416.91	1896.40	2120.81
	机械费(元)			3448.32	4008.00	4915.40	5656.45	6271.48
组成内容		**单位**	**单价**	**数量**				
人工	综合工	工日	135.00	26.35	30.25	38.25	44.38	48.72
材料	铝板	kg	—	(165.57)	(223.98)	(382.45)	(483.15)	(595.72)
	铝合金氩弧焊丝 丝321 *D*1～6	kg	49.32	4.97	5.83	8.91	12.90	14.32
	氩气	m^3	18.60	13.91	16.34	24.96	36.13	40.10
	钍钨棒	kg	640.87	0.02782	0.02905	0.04991	0.07226	0.08020
	尼龙砂轮片 *D*100×16×3	片	3.92	3.115	3.559	4.053	4.548	5.043
	氧气	m^3	2.88	11.27	12.86	19.54	21.90	24.31
	乙炔气	kg	14.66	5.30	6.05	9.20	10.31	11.44
	零星材料费	元	—	202.70	240.08	274.19	309.80	359.80
机械	氩弧焊机 500A	台班	96.11	3.64	4.27	6.35	8.86	9.84
	电动葫芦 单速 3t	台班	33.90	0.35	0.40	0.50	0.50	0.50
	等离子切割机 400A	台班	229.27	12.83	14.94	17.82	20.00	22.20
	卷板机 20×2500	台班	273.51	0.35	0.40	0.50	0.50	0.50
	剪板机 20×2500	台班	329.03	0.15	0.15	0.20	0.20	0.25

第六章　管道支架制作、安装

说　明

一、本章适用范围：单件质量100kg以内的管道支架。

二、一般管架制作安装基价，按单件质量列项，并包括所需的螺栓、螺母本身价格。

三、除木垫式、弹簧式管架外，其他类型管架均执行一般管架子目。

四、木垫式管架不包括木垫质量，但木垫的安装工料已包括在基价内。

五、弹簧式管架制作，不包括弹簧价格，其价格应另行计算。

工程量计算规则

管道支架制作、安装按设计图示质量计算。

管道支架制作、安装

工作内容：切断、摵制、钻孔、组对、焊接、打洞、固定安装、堵洞。　　　　**单位：**100kg

编号				6-2469	6-2470	6-2471
项目				一般管架	木垫式管架	弹簧式管架
预算基价	总价(元)			**1577.74**	**1314.11**	**1136.66**
	人工费(元)			1306.80	1005.75	889.65
	材料费(元)			147.09	207.03	112.09
	机械费(元)			123.85	101.33	134.92
组成内容		**单位**	**单价**	**数量**		
人工	综合工	工日	135.00	9.68	7.45	6.59
材料	型钢	t	—	(0.106)	(0.102)	(0.102)
	硅酸盐水泥 42.5级	kg	0.41	12.103	9.000	6.500
	螺栓	kg	8.33	4.608	3.520	3.620
	螺母	kg	8.20	2.07	1.76	1.81
	碳钢电焊条 E4303 *D*3.2	kg	7.59	3.79	2.00	2.76
	尼龙砂轮片 *D*500×25×4	片	18.69	0.80	0.83	0.95
	氧气	m^3	2.88	2.242	2.105	1.230
	乙炔气	kg	14.66	0.784	0.810	0.480
	焦炭	kg	1.25	—	17.13	8.76
	零星材料费	元	—	25.10	89.54	4.20
机械	电焊条烘干箱 600×500×750	台班	27.16	0.106	0.570	0.580
	电焊机（综合）	台班	74.17	1.064	0.480	0.960
	砂轮切割机 *D*500	台班	39.52	0.25	0.93	0.25
	鼓风机 $18m^3$	台班	41.24	0.10	0.31	0.28
	立式钻床 *D*25	台班	6.78	0.563	0.105	0.125
	普通车床 630×2000	台班	242.35	0.100	—	0.106

第七章　管道压力试验、吹扫与清洗

说　明

本章适用范围：适用于工业管道压力试验、吹扫与清洗。

工程量计算规则

一、管道压力试验：依据管道的压力、规格、试验介质，不分材质，按设计图示安装管道长度计算。

二、管道吹扫：依据管道的规格和吹扫介质，按设计图示安装管道长度计算。

三、管道清洗、脱脂：依据管道的规格和清洗脱脂介质，按设计图示安装管道长度计算。

一、管道压力试验

1.低中压管道液压试验

工作内容： 准备工作、制堵盲板、装设临时泵及管线、灌水(充气)加压、停压检查、强度试验、严密性试验、拆除临时性管线、盲板、现场清理。**单位：** 100m

编号				6-2472	6-2473	6-2474	6-2475	6-2476	6-2477	6-2478	6-2479	6-2480
项目				公称直径(mm以内)								
				100	200	300	400	500	600	800	1000	1200
预算基价	总价(元)			**682.67**	**868.48**	**1200.85**	**1465.19**	**1779.36**	**2085.43**	**2546.39**	**3019.29**	**3479.32**
	人工费(元)			625.05	764.10	1035.45	1229.85	1470.15	1582.20	1750.95	1930.50	2027.70
	材料费(元)			47.57	91.77	152.72	220.10	293.90	484.22	776.36	1064.52	1423.64
	机械费(元)			10.05	12.61	12.68	15.24	15.31	19.01	19.08	24.27	27.98
组成内容		**单位**	**单价**	**数量**								
人工	综合工	工日	135.00	4.63	5.66	7.67	9.11	10.89	11.72	12.97	14.30	15.02
材料	水	m^3	7.62	0.82	3.24	7.31	12.44	19.80	35.54	60.62	94.25	135.72
	普碳钢板 δ12～20	t	3626.36	0.00245	0.00738	0.01162	0.01421	0.01806	0.02078	0.02638	0.03140	0.03768
	碳钢电焊条 E4303 *D*3.2	kg	7.59	0.2	0.2	0.2	0.2	0.2	0.3	0.3	0.4	0.4
	氧气	m^3	2.88	0.30	0.46	0.46	0.61	0.76	0.91	1.22	1.52	1.83
	乙炔气	kg	14.66	0.10	0.15	0.15	0.20	0.25	0.30	0.41	0.51	0.61
	零星材料费	元	—	28.59	35.28	49.84	67.57	70.16	128.75	206.97	217.58	235.56
机械	电焊机（综合）	台班	74.17	0.10	0.10	0.10	0.10	0.10	0.15	0.15	0.15	0.20
	立式钻床 *D*25	台班	6.78	0.02	0.03	0.04	0.05	0.06	0.06	0.07	0.10	0.10
	试压泵 60MPa	台班	24.94	0.1	0.2	0.2	0.3	0.3	0.3	0.3	0.5	0.5

2. 低中压管道气压试验

工作内容： 准备工作、制堵盲板、装设临时泵及管线、充气加压、停压检查、强度试验、严密性试验、拆除临时性管线、盲板、现场清理。 **单位：** 100m

编号				6-2481	6-2482	6-2483	6-2484	6-2485	6-2486	6-2487	6-2488	6-2489	6-2490
项目				公称直径(mm以内)									
				50	100	200	300	400	500	600	800	1000	1200
预算基价	总价(元)			**376.50**	**450.62**	**569.47**	**695.21**	**959.35**	**1058.00**	**1195.48**	**1454.61**	**1702.93**	**2151.08**
	人工费(元)			325.35	386.10	476.55	569.70	751.95	842.40	945.00	1096.20	1308.15	1715.85
	材料费(元)			24.09	35.22	61.38	91.72	171.37	177.33	206.33	309.84	341.66	385.93
	机械费(元)			27.06	29.30	31.54	33.79	36.03	38.27	44.15	48.57	53.12	49.30
组成内容		**单位**	**单价**	**数量**									
人工	综合工	工日	135.00	2.41	2.86	3.53	4.22	5.57	6.24	7.00	8.12	9.69	12.71
材料	普碳钢板 δ12～20	t	3626.36	0.00061	0.00245	0.00738	0.01162	0.01421	0.01806	0.02028	0.02638	0.03140	0.03768
	碳钢电焊条 E4303 D3.2	kg	7.59	0.2	0.2	0.2	0.2	0.2	0.2	0.3	0.3	0.3	0.4
	氧气	m^3	2.88	0.15	0.30	0.46	0.46	0.61	0.76	0.91	1.22	1.52	1.83
	乙炔气	kg	14.66	0.05	0.10	0.15	0.15	0.20	0.25	0.30	0.41	0.51	0.61
	肥皂	块	1.34	0.15	0.30	0.60	0.90	1.00	1.10	1.20	1.70	2.20	2.50
	零星材料费	元	—	18.99	22.09	28.77	43.33	112.29	102.99	121.88	200.10	210.71	228.69
机械	电焊机（综合）	台班	74.17	0.10	0.10	0.10	0.10	0.10	0.10	0.15	0.15	0.15	0.20
	电动空气压缩机 $6m^3$	台班	217.48	0.09	0.10	0.11	0.12	0.13	0.14	0.15	0.17	0.19	—
	电动空气压缩机 $10m^3$	台班	375.37	—	—	—	—	—	—	—	—	—	0.09
	立式钻床 D25	台班	6.78	0.01	0.02	0.03	0.04	0.05	0.06	0.06	0.07	0.10	0.10

工作内容：准备工作、制堵盲板、装设临时泵及管线、充气加压、停压检查、强度试验、严密性试验、拆除临时性管线、盲板、现场清理。 **单位：**100m

编号				6-2491	6-2492	6-2493	6-2494	6-2495	6-2496	6-2497	6-2498	6-2499
项目				公称直径(mm以内)								
				1400	1600	1800	2000	2200	2400	2600	2800	3000
预算基价	总价(元)			**2494.59**	**2698.20**	**3081.34**	**3304.54**	**3698.69**	**4065.21**	**4455.87**	**4847.65**	**5241.66**
	人工费(元)			2016.90	2169.45	2486.70	2637.90	2956.50	3256.20	3561.30	3878.55	4180.95
	材料费(元)			420.89	456.80	500.21	545.93	606.31	654.36	721.15	773.21	846.05
	机械费(元)			56.80	71.95	94.43	120.71	135.88	154.65	173.42	195.89	214.66
组成内容		**单位**	**单价**	**数量**								
人工	综合工	工日	135.00	14.94	16.07	18.42	19.54	21.90	24.12	26.38	28.73	30.97
材料	普碳钢板 δ12～20	t	3626.36	0.04396	0.05024	0.05652	0.06280	0.06908	0.07536	0.08164	0.08792	0.09420
	碳钢电焊条 E4303 D3.2	kg	7.59	0.4	0.4	0.5	0.5	0.5	0.5	0.6	0.6	0.6
	氧气	m^3	2.88	2.13	2.32	2.73	3.04	3.35	3.65	3.95	4.26	4.56
	乙炔气	kg	14.66	0.71	0.77	0.91	1.01	1.12	1.22	1.32	1.42	1.52
	肥皂	块	1.34	3.00	3.50	4.00	4.50	5.00	5.50	6.00	6.50	7.00
	零星材料费	元	—	237.88	248.92	264.89	284.81	319.24	341.52	381.77	408.03	455.10
机械	电焊机（综合）	台班	74.17	0.20	0.20	0.25	0.25	0.30	0.30	0.30	0.35	0.35
	电动空气压缩机 10m^3	台班	375.37	0.11	0.15	0.20	0.27	0.30	0.35	0.40	0.45	0.50
	立式钻床 D25	台班	6.78	0.10	0.12	0.12	0.12	0.15	0.15	0.15	0.15	0.15

3.低中压管道泄漏性试验

工作内容：准备工作、配临时管道、设备管道封闭、系统充压、涂刷检查液、检查泄漏、放压、紧固螺栓、更换垫片或盘根、阀门处理、充压、稳压、检查、放压、拆除临时管道、现场清理。

单位：100m

	编号			6-2500	6-2501	6-2502	6-2503	6-2504	6-2505
	项目			公称直径(mm以内)					
				50	100	200	300	400	500
预算基价	总价(元)			**456.15**	**546.47**	**690.97**	**841.01**	**1102.52**	**1238.71**
	人工费(元)			405.00	481.95	598.05	715.50	946.35	1062.45
	材料费(元)			24.09	35.22	61.38	91.72	120.14	137.99
	机械费(元)			27.06	29.30	31.54	33.79	36.03	38.27
	组成内容	**单位**	**单价**	**数量**					
人工	综合工	工日	135.00	3.00	3.57	4.43	5.30	7.01	7.87
材料	普碳钢板 δ12～20	t	3626.36	0.00061	0.00245	0.00738	0.01162	0.01421	0.01806
	碳钢电焊条 E4303 D3.2	kg	7.59	0.2	0.2	0.2	0.2	0.2	0.2
	氧气	m^3	2.88	0.15	0.30	0.46	0.46	0.61	0.76
	乙炔气	kg	14.66	0.05	0.10	0.15	0.15	0.20	0.25
	肥皂	块	1.34	0.15	0.30	0.60	0.90	1.00	1.10
	零星材料费	元	—	18.99	22.09	28.77	43.33	61.06	63.65
机械	电焊机（综合）	台班	74.17	0.1	0.1	0.1	0.1	0.1	0.1
	电动空气压缩机 $6m^3$	台班	217.48	0.09	0.10	0.11	0.12	0.13	0.14
	立式钻床 D25	台班	6.78	0.01	0.02	0.03	0.04	0.05	0.06

4. 低中压管道真空试验

工作内容：准备工作、制堵盲板、装设临时管线、试验、检查、拆除临时管线、盲板、现场清理。 **单位：**100m

编号				6-2506	6-2507	6-2508	6-2509	6-2510	6-2511
项目				公称直径(mm以内)					
				50	100	200	300	400	500
预算基价	总价(元)			**566.64**	**674.62**	**843.31**	**1018.89**	**1325.12**	**1485.78**
	人工费(元)			476.55	567.00	703.35	842.40	1113.75	1250.10
	材料费(元)			23.89	34.82	60.57	90.51	118.80	136.51
	机械费(元)			66.20	72.80	79.39	85.98	92.57	99.17
组成内容		**单位**	**单价**	**数量**					
人工	综合工	工日	135.00	3.53	4.20	5.21	6.24	8.25	9.26
材料	普碳钢板 δ12～20	t	3626.36	0.00061	0.00245	0.00738	0.01162	0.01421	0.01806
	碳钢电焊条 E4303 D3.2	kg	7.59	0.2	0.2	0.2	0.2	0.2	0.2
	氧气	m^3	2.88	0.15	0.30	0.46	0.46	0.61	0.76
	乙炔气	kg	14.66	0.05	0.10	0.15	0.15	0.20	0.25
	零星材料费	元	—	18.99	22.09	28.77	43.33	61.06	63.65
机械	电焊机（综合）	台班	74.17	0.1	0.1	0.1	0.1	0.1	0.1
	电动空气压缩机 $6m^3$	台班	217.48	0.27	0.30	0.33	0.36	0.39	0.42
	立式钻床 D25	台班	6.78	0.01	0.02	0.03	0.04	0.05	0.06

5.高压管道液压试验

工作内容：准备工作、制堵盲板、装设临时泵、管线、灌水(充气)加压、停压检查、强度试验、严密性试验、拆除临时性管线、盲板、现场清理。**单位：**100m

编号				6-2512	6-2513	6-2514	6-2515	6-2516	6-2517
项目				公称直径(mm以内)					
				50	100	200	300	400	500
预算基价	总价(元)			**734.35**	**898.28**	**1146.63**	**1610.17**	**1948.02**	**2375.30**
	人工费(元)			631.80	750.60	916.65	1242.00	1475.55	1764.45
	材料费(元)			40.18	59.83	114.15	201.63	277.70	365.37
	机械费(元)			62.37	87.85	115.83	166.54	194.77	245.48
组成内容		**单位**	**单价**	**数量**					
人工	综合工	工日	135.00	4.68	5.56	6.79	9.20	10.93	13.07
材料	水	m^3	7.62	0.29	0.82	1.70	7.31	12.44	19.80
	普碳钢板 δ20～40	t	3614.77	0.00094	0.00408	0.01507	0.02324	0.02842	0.03612
	碳钢电焊条 E4303 D3.2	kg	7.59	0.2	0.2	0.2	0.2	0.2	0.2
	氧气	m^3	2.88	0.15	0.30	0.46	0.53	0.61	0.76
	乙炔气	kg	14.66	0.05	0.10	0.15	0.18	0.20	0.25
	零星材料费	元	—	31.89	34.99	41.68	56.24	73.97	76.56
机械	电焊机（综合）	台班	74.17	0.1	0.1	0.1	0.1	0.1	0.1
	普通车床 630×2000	台班	242.35	0.2	0.3	0.4	0.6	0.7	0.9
	试压泵 60MPa	台班	24.94	0.26	0.31	0.46	0.55	0.71	0.80

二、管道系统吹扫

1.水　冲　洗

工作内容：准备工作、制堵盲板、装设临时管线、通水冲洗检查、系统管线复位、拆除临时管线、现场清理。 **单位：**100m

编号				6-2518	6-2519	6-2520	6-2521	6-2522	6-2523	6-2524
项目				公称直径(mm以内)						
				50	100	200	300	400	500	600
预算基价	总价(元)			**397.50**	**444.60**	**562.58**	**770.75**	**943.28**	**1121.31**	**1265.70**
	人工费(元)			341.55	375.30	459.00	621.00	738.45	881.55	949.05
	材料费(元)			47.77	60.01	90.04	128.14	169.63	190.32	244.91
	机械费(元)			8.18	9.29	13.54	21.61	35.20	49.44	71.74
组成内容		**单位**	**单价**	**数量**						
人工	综合工	工日	135.00	2.53	2.78	3.40	4.60	5.47	6.53	7.03
材料	水	m^3	—	(2.16)	(11.07)	(43.74)	(98.69)	(167.94)	(267.17)	(394.47)
	普碳钢板 δ12～20	t	3626.36	0.00061	0.00245	0.00738	0.01162	0.01421	0.01806	0.02028
	碳钢电焊条 E4303 *D*3.2	kg	7.59	0.2	0.2	0.2	0.2	0.2	0.2	0.3
	氧气	m^3	2.88	0.15	0.30	0.46	0.46	0.61	0.76	0.91
	乙炔气	kg	14.66	0.05	0.10	0.15	0.15	0.20	0.25	0.30
	零星材料费	元	—	42.87	47.28	58.24	80.96	111.89	117.46	162.07
机械	电焊机（综合）	台班	74.17	0.10	0.10	0.10	0.10	0.10	0.10	0.15
	电动单级离心清水泵 *D*100	台班	34.80	0.02	0.05	0.17	0.40	—	—	—
	电动单级离心清水泵 *D*200	台班	88.54	—	—	—	—	0.31	0.47	0.68
	立式钻床 *D*25	台班	6.78	0.01	0.02	0.03	0.04	0.05	0.06	0.06

2.空 气 吹 扫

工作内容：准备工作、制堵盲板、装设临时管线、充气加压、敲打管道检查、系统管线复位、拆除临时管线、现场清理。

单位：100m

编号				6-2525	6-2526	6-2527	6-2528	6-2529	6-2530	6-2531
项目				公称直径(mm以内)						
				50	100	200	300	400	500	600
预算基价	总价(元)			**262.65**	**313.58**	**418.54**	**512.06**	**660.74**	**737.68**	**862.06**
	人工费(元)			195.75	232.20	286.20	341.55	450.90	504.90	567.00
	材料费(元)			44.19	56.43	105.15	143.25	180.34	201.03	257.43
	机械费(元)			22.71	24.95	27.19	27.26	29.50	31.75	37.63
组成内容		**单位**	**单价**	**数量**						
人工	综合工	工日	135.00	1.45	1.72	2.12	2.53	3.34	3.74	4.20
材料	普碳钢板 δ12～20	t	3626.36	0.00061	0.00245	0.00738	0.01162	0.01421	0.01806	0.02078
	碳钢电焊条 E4303 D3.2	kg	7.59	0.2	0.2	0.2	0.2	0.2	0.2	0.3
	氧气	m^3	2.88	0.15	0.30	0.46	0.46	0.61	0.76	0.91
	乙炔气	kg	14.66	0.05	0.10	0.15	0.15	0.20	0.25	0.30
	零星材料费	元	—	39.29	43.70	73.35	96.07	122.60	128.17	172.78
机械	电焊机（综合）	台班	74.17	0.10	0.10	0.10	0.10	0.10	0.10	0.15
	电动空气压缩机 $6m^3$	台班	217.48	0.07	0.08	0.09	0.09	0.10	0.11	0.12
	立式钻床 D25	台班	6.78	0.01	0.02	0.03	0.04	0.05	0.06	0.06

3.蒸 汽 吹 扫

工作内容：准备工作、制堵盲板、装设临时管线、通气暖管、加压升压恒温、降温检查、反复多次吹洗、检查、系统管线复位、拆除临时管线、现场清理。

单位：100m

编号				6-2532	6-2533	6-2534	6-2535	6-2536	6-2537	6-2538
项目				公称直径(mm以内)						
				50	100	200	300	400	500	600
预算基价	总价(元)			**332.67**	**435.53**	**572.91**	**702.87**	**850.00**	**1005.75**	**1346.12**
	人工费(元)			283.50	375.30	465.75	557.55	675.00	810.00	1100.25
	材料费(元)			41.69	52.68	99.54	137.63	167.24	187.93	234.34
	机械费(元)			7.48	7.55	7.62	7.69	7.76	7.82	11.53
组成内容		单位	单价	数量						
人工	综合工	工日	135.00	2.10	2.78	3.45	4.13	5.00	6.00	8.15
材料	蒸汽	t	—	(2.72)	(10.85)	(42.30)	(96.27)	(170.85)	(265.77)	(383.73)
	普碳钢板 δ12～20	t	3626.36	0.00061	0.00245	0.00738	0.01162	0.01421	0.01806	0.02078
	碳钢电焊条 E4303 D3.2	kg	7.59	0.2	0.2	0.2	0.2	0.2	0.2	0.3
	氧气	m^3	2.88	0.15	0.30	0.46	0.46	0.61	0.76	0.91
	乙炔气	kg	14.66	0.05	0.10	0.15	0.15	0.20	0.25	0.30
	零星材料费	元	—	36.79	39.95	67.74	90.45	109.50	115.07	149.69
机械	电焊机（综合）	台班	74.17	0.10	0.10	0.10	0.10	0.10	0.10	0.15
	立式钻床 D25	台班	6.78	0.01	0.02	0.03	0.04	0.05	0.06	0.06

4.碱　　洗

工作内容：准备工作、临时管线安装及拆除、配制清洗剂、清洗、中和处理、检查、剂料回收、现场清理。

单位：100m

编　　号				6-2539	6-2540	6-2541	6-2542	6-2543	6-2544	6-2545
项　　目				公称直径(mm以内)						
				25	50	100	200	300	400	500
预算基价	总　　价(元)			**448.05**	**461.72**	**631.38**	**943.26**	**1449.50**	**2059.54**	**2689.39**
	人　工　费(元)			392.85	392.85	499.50	742.50	1084.05	1579.50	2142.45
	材　料　费(元)			33.25	43.30	102.63	167.82	215.24	311.95	360.97
	机　械　费(元)			21.95	25.57	29.25	32.94	150.21	168.09	185.97
组 成 内 容		**单位**	**单价**	**数　　量**						
人工	综合工	工日	135.00	2.91	2.91	3.70	5.50	8.03	11.70	15.87
材料	烧碱	kg	—	(10.00)	(19.67)	(39.33)	(65.04)	(97.09)	(127.57)	(157.60)
	水	m^3	—	(0.21)	(0.48)	(2.46)	(9.72)	(21.93)	(37.32)	(59.37)
	普碳钢板 δ12～20	t	3626.36	0.00011	0.00061	0.00245	0.00738	0.01162	0.01421	0.01806
	碳钢电焊条 E4303 D3.2	kg	7.59	0.2	0.2	0.2	0.2	0.2	0.2	0.2
	氧气	m^3	2.88	0.15	0.15	0.15	0.47	0.47	0.76	0.76
	乙炔气	kg	14.66	0.05	0.05	0.05	0.16	0.16	0.25	0.25
	零星材料费	元	—	30.17	38.40	91.06	135.84	167.88	253.05	288.11
机械	电焊机（综合）	台班	74.17	0.1	0.1	0.1	0.1	0.1	0.1	0.1
	立式钻床 D25	台班	6.78	0.01	0.01	0.02	0.03	0.04	0.05	0.06
	耐腐蚀泵 D40	台班	36.17	0.4	0.5	0.6	0.7	—	—	—
	耐腐蚀泵 D100	台班	178.15	—	—	—	—	0.8	0.9	1.0

5.酸　洗

工作内容：准备工作、临时管线安装及拆除、配制清洗剂、清洗、中和处理、检查、剂料回收、现场清理。　　**单位：**100m

编号				6-2546	6-2547	6-2548	6-2549	6-2550	6-2551	6-2552
项目				公称直径(mm以内)						
				25	50	100	200	300	400	500
预算基价	总价(元)			**607.35**	**621.02**	**850.37**	**1266.20**	**1918.24**	**2637.63**	**3611.73**
	人工费(元)			552.15	552.15	703.35	1050.30	1537.65	2142.45	3049.65
	材料费(元)			33.25	43.30	117.77	182.96	230.38	327.09	376.11
	机械费(元)			21.95	25.57	29.25	32.94	150.21	168.09	185.97
组成内容		单位	单价	数量						
人工	综合工	工日	135.00	4.09	4.09	5.21	7.78	11.39	15.87	22.59
材料	酸洗液	kg	—	(12.00)	(23.40)	(47.10)	(58.78)	(72.82)	(95.68)	(118.00)
	烧碱	kg	—	(2.04)	(3.93)	(7.85)	(15.75)	(23.50)	(31.40)	(39.40)
	水	m^3	—	(0.28)	(0.64)	(3.28)	(12.96)	(29.24)	(49.76)	(79.16)
	普碳钢板 δ12～20	t	3626.36	0.00011	0.00061	0.00245	0.00738	0.01162	0.01421	0.01806
	碳钢电焊条 E4303 *D*3.2	kg	7.59	0.2	0.2	0.2	0.2	0.2	0.2	0.2
	氧气	m^3	2.88	0.15	0.15	0.15	0.47	0.47	0.76	0.76
	乙炔气	kg	14.66	0.05	0.05	0.05	0.16	0.16	0.25	0.25
	耐酸塑料管 *DN*50	m	27.62	—	—	1	1	1	1	1
	零星材料费	元	—	30.17	38.40	78.58	123.36	155.40	240.57	275.63
机械	电焊机（综合）	台班	74.17	0.1	0.1	0.1	0.1	0.1	0.1	0.1
	立式钻床 *D*25	台班	6.78	0.01	0.01	0.02	0.03	0.04	0.05	0.06
	耐腐蚀泵 *D*40	台班	36.17	0.4	0.5	0.6	0.7	—	—	—
	耐腐蚀泵 *D*100	台班	178.15	—	—	—	—	0.8	0.9	1.0

6.脱　　脂

工作内容：准备工作、临时管线安装及拆除、配制清洗剂、清洗、中和处理、检查、剂料回收、现场清理。　　**单位：**100m

编　号				6-2553	6-2554	6-2555	6-2556	6-2557	6-2558	6-2559
项　目				公称直径(mm以内)						
				25	50	100	200	300	400	500
预算基价	总　价(元)			**327.41**	**344.04**	**514.16**	**764.97**	**1308.39**	**1838.15**	**2054.04**
	人　工　费(元)			264.60	264.60	369.90	552.15	932.85	1386.45	1537.65
	材　料　费(元)			27.81	38.65	97.61	160.31	203.58	259.69	304.32
	机　械　费(元)			35.00	40.79	46.65	52.51	171.96	192.01	212.07
组成内容		**单位**	**单价**	**数　量**						
人工	综合工	工日	135.00	1.96	1.96	2.74	4.09	6.91	10.27	11.39
材料	脱脂介质	kg	—	(9.80)	(18.84)	(37.70)	(78.05)	(116.51)	(153.08)	(188.52)
	普碳钢板 δ12～20	t	3626.36	0.00011	0.00061	0.00245	0.00738	0.01162	0.01421	0.01806
	石棉橡胶板 低中压 δ0.8～6.0	kg	20.02	0.16	0.28	0.68	1.32	1.60	2.80	3.32
	白布	m	3.68	2.4	4.0	7.2	13.9	16.0	18.8	23.6
	碳钢电焊条 E4303 D3.2	kg	7.59	0.2	0.2	0.2	0.2	0.2	0.2	0.2
	氧气	m^3	2.88	0.15	0.15	0.15	0.47	0.47	0.76	0.76
	乙炔气	kg	14.66	0.05	0.05	0.05	0.16	0.16	0.25	0.25
	零星材料费	元	—	12.69	13.43	45.93	50.75	65.31	75.55	78.14
机械	电焊机（综合）	台班	74.17	0.1	0.1	0.1	0.1	0.1	0.1	0.1
	电动空气压缩机 $6m^3$	台班	217.48	0.06	0.07	0.08	0.09	0.10	0.11	0.12
	立式钻床 D25	台班	6.78	0.01	0.01	0.02	0.03	0.04	0.05	0.06
	耐腐蚀泵 D40	台班	36.17	0.4	0.5	0.6	0.7	—	—	—
	耐腐蚀泵 D100	台班	178.15	—	—	—	—	0.8	0.9	1.0

7.油 清 洗

工作内容：准备工作、临时管线安装及拆除、清洗、敲打管道、检查、反复清洗、检查、油回收、现场清理。 **单位：**100m

编号				6-2560	6-2561	6-2562	6-2563	6-2564	6-2565
项目				公称直径(mm以内)					
				15	20	25	32	40	50
预算基价	总价(元)			**1218.25**	**1616.04**	**2020.73**	**2577.09**	**3209.36**	**4015.24**
	人工费(元)			1136.70	1522.80	1912.95	2451.60	3061.80	3834.00
	材料费(元)			54.92	57.29	61.54	65.89	72.44	84.31
	机械费(元)			26.63	35.95	46.24	59.60	75.12	96.93
组成内容		**单位**	**单价**	**数量**					
人工	综合工	工日	135.00	8.42	11.28	14.17	18.16	22.68	28.40
材料	油	kg	—	(27.0)	(54.0)	(94.5)	(135.0)	(189.0)	(216.0)
	滤油纸 300×300	张	0.93	2.55	4.09	7.65	10.87	16.33	28.27
	零星材料费	元	—	52.55	53.49	54.43	55.78	57.25	58.02
机械	油泵 50Fs-25	台班	37.74	0.68	0.91	1.14	1.46	1.82	2.27
	滤油机	台班	32.16	0.03	0.05	0.10	0.14	0.20	0.35

工作内容：准备工作、临时管线安装及拆除、清洗、敲打管道、检查、反复清洗、检查、油回收、现场清理。 **单位：**100m

编号				6-2566	6-2567	6-2568	6-2569	6-2570	6-2571
项目				公称直径(mm以内)					
				65	80	100	125	150	200
预算基价	总价(元)			**2888.95**	**3553.06**	**4500.92**	**6879.68**	**10050.81**	**12604.04**
	人工费(元)			2654.10	3264.30	4126.95	6332.85	9277.20	11188.80
	材料费(元)			107.50	128.76	165.83	227.29	305.40	523.26
	机械费(元)			127.35	160.00	208.14	319.54	468.21	891.98
组成内容		**单位**	**单价**	**数量**					
人工	综合工	工日	135.00	19.66	24.18	30.57	46.91	68.72	82.88
材料	油	kg	—	(486.0)	(702.0)	(1107.0)	(1634.0)	(2295.0)	(4374.0)
	滤油纸 300×300	张	0.93	52.30	74.20	113.10	173.89	254.46	484.62
	零星材料费	元	—	58.86	59.75	60.65	65.57	68.75	72.56
机械	油泵 100Fs-37A	台班	69.57	1.53	1.87	2.34	3.59	5.26	10.02
	滤油机	台班	32.16	0.65	0.93	1.41	2.17	3.18	6.06

第八章　无损探伤与焊口热处理

说　明

一、本章适用范围：适用于工业管道焊缝和母材的无损探伤及焊口热处理。

二、本章各基价子目不包括以下工作内容，应参照其他章节列项或另行补充：

1.固定射线探伤仪器使用的各种支架的制作。

2.因超声波探伤需要各种对比试块的制作。

工程量计算规则

一、管材表面及焊缝无损探伤：依据管道规格或底片规格、管壁厚度，按规范或设计技术要求计算。

二、焊前预热和焊后热处理：依据管道的材质、规格及施工方法，按设计图示数量计算。

一、管材表面无损探伤

1.超声波探伤

工作内容：搬运仪器、校验仪器及探头、检验部位清理除污、涂抹耦合剂、探伤、检验结果、记录鉴定、技术报告。 **单位：**10m

编号				6-2572	6-2573	6-2574	6-2575
项目				公称直径(mm以内)			
				150	250	350	350以外
预算基价	总价(元)			**444.14**	**682.91**	**852.87**	**945.33**
	人工费(元)			222.75	318.60	376.65	396.90
	材料费(元)			178.32	302.69	403.40	471.62
	机械费(元)			43.07	61.62	72.82	76.81
组成内容		**单位**	**单价**	**数量**			
人工	综合工	工日	135.00	1.65	2.36	2.79	2.94
材料	耦合剂	kg	81.19	1.75	3.00	4.00	4.68
	直探头	个	206.66	0.025	0.043	0.059	0.067
	斜探头	个	293.19	0.031	0.054	0.074	0.084
	探头线	根	23.82	0.20	0.25	0.30	0.40
	机油 5# ～7#	kg	7.21	0.30	0.40	0.55	0.67
	零星材料费	元	—	15.06	25.56	33.64	38.82
机械	超声波探伤机 CTS-26	台班	78.30	0.550	0.787	0.930	0.981

2.磁 粉 探 伤

工作内容：搬运机器、接电、探伤部位除锈清理、配制磁悬液、磁电、磁粉反应、缺陷处理、技术报告。 **单位：**10m

编 号				6-2576	6-2577	6-2578	6-2579
项 目				公称直径(mm以内)			
				50	100	200	350
预算基价	总 价(元)			**68.22**	**124.46**	**212.29**	**318.89**
	人 工 费(元)			44.55	81.00	135.00	202.50
	材 料 费(元)			9.34	17.43	33.96	51.31
	机 械 费(元)			14.33	26.03	43.33	65.08
组 成 内 容		**单位**	**单价**	**数 量**			
人工	综合工	工日	135.00	0.33	0.60	1.00	1.50
材料	磁粉	kg	107.01	0.020	0.038	0.083	0.124
	变压器油	kg	8.87	0.30	0.58	1.20	1.80
	煤油	kg	7.49	0.30	0.58	1.20	1.80
	尼龙砂轮片 $D100\times16\times3$	片	3.92	0.30	0.40	0.45	0.50
	零星材料费	元	—	1.12	2.31	3.68	6.63
机械	磁粉探伤机 6000A	台班	127.79	0.110	0.200	0.333	0.500
	电动葫芦 单速 3t	台班	33.90	0.008	0.014	0.023	0.035

二、焊缝无损探伤

1.X光射线探伤

工作内容：射线机的搬运及固定、焊缝清刷、透照位置标记编号、底片号码编排、底片固定、开机拍片、暗室处理、底片鉴定、技术报告。 **单位：**10张

	编　号			6-2580	6-2581	6-2582	6-2583	6-2584	6-2585	6-2586
	项　目			胶片幅面80×300				胶片幅面80×150		
				双壁厚(mm)						
				16	30	42	42以外	16	30	42
预算基价	总　价(元)			**890.52**	**1065.24**	**1382.42**	**1669.70**	**840.13**	**1014.85**	**1332.03**
	人 工 费(元)			621.00	770.85	963.90	1200.15	621.00	770.85	963.90
	材 料 费(元)			206.06	206.06	206.06	206.06	155.67	155.67	155.67
	机 械 费(元)			63.46	88.33	212.46	263.49	63.46	88.33	212.46
	组 成 内 容	**单位**	**单价**	**数　量**						
人工	综合工	工日	135.00	4.60	5.71	7.14	8.89	4.60	5.71	7.14
材料	X射线胶片 80×150	张	2.99	—	—	—	—	12	12	12
	X射线胶片 80×300	张	4.14	12	12	12	12	—	—	—
	压敏胶粘带	m	1.58	6.9	6.9	6.9	6.9	6.9	6.9	6.9
	铅板 80×150×3	块	10.71	—	—	—	—	0.38	0.38	0.38
	铅板 80×300×3	块	19.19	0.38	0.38	0.38	0.38	—	—	—
	米吐尔	kg	230.67	0.00127	0.00127	0.00127	0.00127	0.00089	0.00089	0.00089
	对苯二酚	kg	34.84	0.00506	0.00506	0.00506	0.00506	0.00354	0.00354	0.00354
	无水亚硫酸钠	kg	21.68	0.05434	0.05434	0.05434	0.05434	0.03804	0.03804	0.03804
	无水碳酸钠	kg	21.29	0.02760	0.02760	0.02760	0.02760	0.01932	0.01932	0.01932
	硫代硫酸钠	kg	20.65	0.2070	0.2070	0.2070	0.2070	0.1449	0.1449	0.1449
	溴化钾	kg	48.11	0.00230	0.00230	0.00230	0.00230	0.00161	0.00161	0.00161
	冰醋酸 98%	kg	2.08	21.56	21.56	21.56	21.56	15.09	15.09	15.09
	硼酸	kg	11.68	0.00647	0.00647	0.00647	0.00647	0.00453	0.00453	0.00453
	硫酸铝钾	kg	231.75	0.01294	0.01294	0.01294	0.01294	0.00906	0.00906	0.00906
	零星材料费	元	—	83.65	83.65	83.65	83.65	66.64	66.64	66.64
机械	X射线探伤机 TX-2005	台班	55.18	1.15	—	—	—	1.15	—	—
	X射线探伤机 TX-2505	台班	61.77	—	1.43	—	—	—	1.43	—
	X射线探伤机 RF-3005	台班	118.69	—	—	1.79	2.22	—	—	1.79

2.γ 射线探伤(外透法)

工作内容：γ 源的搬运及固定、焊缝清刷、透照位置标记编号、γ 源导管的固定、底片号码编排、底片固定、开机拍片、暗室处理、底片鉴定、技术报告。

单位：10张

编号				6-2587	6-2588	6-2589	6-2590	6-2591
项目				胶片幅面80×300				胶片幅面80×150
				双壁厚(mm)				
				30	40	50	50以外	30
预算基价	总价(元)			**1633.98**	**2113.62**	**3073.08**	**4622.90**	**1583.86**
	人工费(元)			1012.50	1350.00	2025.00	3115.80	1012.50
	材料费(元)			194.88	194.88	194.88	194.88	144.76
	机械费(元)			426.60	568.74	853.20	1312.22	426.60
组成内容		**单位**	**单价**	**数量**				
人工	综合工	工日	135.00	7.50	10.00	15.00	23.08	7.50
材料	X射线胶片 80×150	张	2.99	—	—	—	—	12
	X射线胶片 80×300	张	4.14	12	12	12	12	—
	铅板 80×150×3	块	10.71	—	—	—	—	0.38
	铅板 80×300×3	块	19.19	0.38	0.38	0.38	0.38	—
	米吐尔	kg	230.67	0.00127	0.00127	0.00127	0.00127	0.00089
	对苯二酚	kg	34.84	0.00506	0.00506	0.00506	0.00506	0.00354
	无水亚硫酸钠	kg	21.68	0.05434	0.05434	0.05434	0.05434	0.03804
	无水碳酸钠	kg	21.29	0.02760	0.02760	0.02760	0.02760	0.01932
	硫代硫酸钠	kg	20.65	0.2070	0.2070	0.2070	0.2070	0.1449
	冰醋酸 98%	kg	2.08	21.56	21.56	21.56	21.56	15.09
	硼酸	kg	11.68	0.00647	0.00647	0.00647	0.00647	0.00453
	硫酸铝钾	kg	231.75	0.01294	0.01294	0.01294	0.01294	0.00906
	溴化钾	kg	48.11	0.00230	0.00230	0.00230	0.00230	0.00161
	零星材料费	元	—	83.37	83.37	83.37	83.37	66.64
机械	γ射线探伤仪 192/IY	台班	170.64	2.500	3.333	5.000	7.690	2.500

3.超声波探伤

工作内容：搬运仪器、校验仪器及探头、检验部位清理除污、涂抹耦合剂、探伤、检验结果、记录鉴定、技术报告。 **单位：**10口

编号				6-2592	6-2593	6-2594	6-2595
项目				公称直径(mm以内)			
				150	250	350	350以外
预算基价	总价(元)			**246.61**	**442.03**	**727.13**	**1011.00**
	人工费(元)			112.05	213.30	329.40	426.60
	材料费(元)			113.03	187.39	333.99	502.03
	机械费(元)			21.53	41.34	63.74	82.37
组成内容		**单位**	**单价**	**数量**			
人工	综合工	工日	135.00	0.83	1.58	2.44	3.16
材料	耦合剂	kg	81.19	1.000	2.035	3.552	5.352
	斜探头	个	293.19	0.080	0.012	0.018	0.020
	探头线	根	23.82	0.005	0.008	0.012	0.013
	机油 5#～7#	kg	7.21	0.150	0.326	0.651	1.004
	零星材料费	元	—	7.18	16.11	35.35	54.09
机械	超声波探伤机 CTS-26	台班	78.30	0.275	0.528	0.814	1.052

4.磁 粉 探 伤

(1)普通磁粉探伤

工作内容：搬运机器、接电、探伤部位除锈清理、配制磁悬液、磁电、磁粉反应、缺陷处理、技术报告。 **单位：**10口

编号				6-2596	6-2597	6-2598	6-2599
项目				公称直径(mm以内)			
				150	250	350	350以外
预算基价	总价(元)			**114.75**	**178.21**	**235.41**	**263.66**
	人工费(元)			67.50	116.10	159.30	180.90
	材料费(元)			25.53	25.56	25.63	25.77
	机械费(元)			21.72	36.55	50.48	56.99
组成内容		**单位**	**单价**	**数量**			
人工	综合工	工日	135.00	0.50	0.86	1.18	1.34
材料	Oπ-20	L	67.28	0.0575	0.0575	0.0575	0.0575
	磁粉	kg	107.01	0.1725	0.1725	0.1725	0.1725
	消泡剂	kg	24.07	0.0230	0.0230	0.0230	0.0230
	电	kW·h	0.73	0.238	0.284	0.379	0.571
	亚硝酸钠	kg	3.99	0.0575	0.0575	0.0575	0.0575
	尼龙砂轮片 $D100\times16\times3$	片	3.92	0.23	0.23	0.23	0.23
	零星材料费	元	—	1.34	1.34	1.34	1.34
机械	磁粉探伤机 6000A	台班	127.79	0.170	0.286	0.395	0.446

(2) 荧光磁粉探伤

工作内容： 搬运机器、接电、探伤部位除锈清理、配制磁悬液、磁电、磁粉反应、缺陷处理、技术报告。 **单位：** 10口

编号				6-2600	6-2601	6-2602	6-2603
项目				公称直径(mm以内)			
				150	250	350	350以外
预算基价	总价(元)			**170.41**	**283.59**	**396.10**	**438.13**
	人工费(元)			121.50	207.90	287.55	325.35
	材料费(元)			9.81	9.88	10.02	10.16
	机械费(元)			39.10	65.81	98.53	102.62
组成内容		单位	单价	数量			
人工	综合工	工日	135.00	0.90	1.54	2.13	2.41
材料	Oπ -20	L	67.28	0.0575	0.0575	0.0575	0.0575
	消泡剂	kg	24.07	0.0115	0.0115	0.0115	0.0115
	电	kW•h	0.73	0.284	0.379	0.571	0.761
	荧光磁粉	g	0.13	23	23	23	23
	亚硝酸钠	kg	3.99	0.0575	0.0575	0.0575	0.0575
	尼龙砂轮片 $D100\times16\times3$	片	3.92	0.23	0.23	0.23	0.23
	零星材料费	元	—	1.34	1.34	1.34	1.34
机械	磁粉探伤机 6000A	台班	127.79	0.306	0.515	0.771	0.803

5.渗 透 探 伤

(1) 普通渗透探伤

工作内容： 领取材料、探伤部位除锈清理、配制及喷涂渗透液、喷涂显像剂、干燥处理、观察结果、缺陷部位处理记录、清洗药渍、技术报告。**单位：** 10口

编号				6-2604	6-2605	6-2606	6-2607
项目				公称直径(mm以内)			
				100	200	350	500
预算基价	总价(元)			**144.44**	**293.11**	**503.40**	**707.13**
	人工费(元)			45.90	93.15	159.30	224.10
	材料费(元)			97.53	197.94	340.60	478.14
	机械费(元)			1.01	2.02	3.50	4.89
组成内容		**单位**	**单价**	**数量**			
人工	综合工	工日	135.00	0.34	0.69	1.18	1.66
材料	渗透剂 500mL	瓶	72.08	0.678	1.376	2.368	3.324
	显像剂 500mL	瓶	6.06	1.356	2.752	4.736	6.650
	清洗剂 500mL	瓶	18.91	2.034	4.128	7.104	9.972
	零星材料费	元	—	1.98	4.02	6.88	9.68
机械	轴流风机 7.5kW	台班	42.17	0.024	0.048	0.083	0.116

(2) 荧光渗透探伤

工作内容： 领取材料、探伤部位除锈清理、配制及喷涂渗透液、喷涂显像剂、干燥处理、观察结果、缺陷部位处理记录、清洗药渍、技术报告。**单位：** 10口

编号				6-2608	6-2609	6-2610	6-2611
项目				公称直径(mm以内)			
				100	200	350	500
预算基价	总价(元)			**172.96**	**350.72**	**602.40**	**845.17**
	人工费(元)			55.35	112.05	191.70	268.65
	材料费(元)			116.39	236.22	406.48	570.62
	机械费(元)			1.22	2.45	4.22	5.90
组成内容		**单位**	**单价**	**数量**			
人工	综合工	工日	135.00	0.41	0.83	1.42	1.99
材料	显像剂 500mL	瓶	6.06	1.356	2.752	4.736	6.650
	清洗剂 500mL	瓶	18.91	2.034	4.128	7.104	9.972
	荧光渗透探伤剂 500mL	瓶	99.90	0.678	1.376	2.368	3.324
	零星材料费	元	—	1.98	4.02	6.88	9.68
机械	轴流风机 7.5kW	台班	42.17	0.029	0.058	0.100	0.140

三、预热及后热

1.碳钢管电加热片

工作内容：准备工作、热电偶固定、包扎、连线、通电升温、拆除、回收材料、清理现场、硬度测定。 **单位：**10口

编号				6-2612	6-2613	6-2614	6-2615	6-2616	6-2617	6-2618
项目				外径×壁厚(mm)						
				219×(10～20)	219×(25～40)	273×(10～20)	273×(25～40)	325×(10～20)	325×(25～40)	377×(10～20)
预算基价	总价(元)			**836.09**	**997.79**	**915.46**	**1087.04**	**937.19**	**1132.27**	**979.12**
	人工费(元)			508.95	594.00	548.10	633.15	548.10	633.15	548.10
	材料费(元)			131.70	175.09	155.29	210.64	177.02	255.87	218.95
	机械费(元)			195.44	228.70	212.07	243.25	212.07	243.25	212.07
组成内容		**单位**	**单价**	**数量**						
人工	综合工	工日	135.00	3.77	4.40	4.06	4.69	4.06	4.69	4.06
材料	电加热片	m^2	—	(0.024)	(0.042)	(0.030)	(0.054)	(0.036)	(0.066)	(0.036)
	热电偶 1000℃ 1m	个	68.09	0.20	0.20	0.20	0.20	0.40	0.40	0.44
	高硅布 δ25	m^2	38.96	3.00	4.10	3.60	5.00	3.80	5.80	4.80
	零星材料费	元	—	1.20	1.74	1.42	2.22	1.74	2.67	1.98
机械	自控热处理机	台班	207.91	0.94	1.10	1.02	1.17	1.02	1.17	1.02

工作内容：准备工作、热电偶固定、包扎、连线、通电升温、拆除、回收材料、清理现场、硬度测定。

单位：10口

编号				6-2619	6-2620	6-2621	6-2622	6-2623	6-2624	6-2625
项目				外径×壁厚(mm)						
				377×(25~40)	426×(10~25)	426×(30~50)	480×(15~25)	480×(30~60)	530×(15~25)	530×(30~60)
预算基价	总价(元)			**1170.49**	**1359.27**	**2168.41**	**1659.61**	**2323.10**	**1687.12**	**2362.58**
	人工费(元)			633.15	780.30	1293.30	980.10	1336.50	980.10	1336.50
	材料费(元)			294.09	277.50	376.13	301.11	470.98	328.62	510.46
	机械费(元)			243.25	301.47	498.98	378.40	515.62	378.40	515.62
组成内容		**单位**	**单价**	**数量**						
人工	综合工	工日	135.00	4.69	5.78	9.58	7.26	9.90	7.26	9.90
材料	电加热片	m^2	—	(0.078)	(0.054)	(0.108)	(0.060)	(0.144)	(0.066)	(0.162)
	热电偶 1000℃ 1m	个	68.09	0.44	0.66	0.60	0.66	0.66	0.66	0.66
	高硅布 δ25	m^2	38.96	6.70	5.90	8.50	6.50	10.80	7.20	11.80
	零星材料费	元	—	3.10	2.70	4.12	2.93	5.27	3.17	5.79
机械	自控热处理机	台班	207.91	1.17	1.45	2.40	1.82	2.48	1.82	2.48

2.低压合金钢管电加热片

工作内容：准备工作、热电偶固定、包扎、连线、通电升温、拆除、回收材料、清理现场、硬度测定。 **单位：**10 口

编号				6-2626	6-2627	6-2628	6-2629	6-2630	6-2631	6-2632
项目				外径×壁厚(mm)						
				57×(10~15)	76×(10~15)	89×(10~15)	114×(10~15)	133×(10~20)	159×(10~20)	159×(25~30)
预算基价	总价(元)			**971.46**	**977.73**	**982.87**	**993.05**	**1088.40**	**1100.25**	**1284.68**
	人工费(元)			660.15	660.15	660.15	660.15	719.55	719.55	839.70
	材料费(元)			57.66	63.93	69.07	79.25	92.33	104.18	120.64
	机械费(元)			253.65	253.65	253.65	253.65	276.52	276.52	324.34
组成内容		单位	单价	数量						
人工	综合工	工日	135.00	4.89	4.89	4.89	4.89	5.33	5.33	6.22
材料	电加热片	m^2	—	(0.006)	(0.006)	(0.009)	(0.009)	(0.012)	(0.018)	(0.024)
	热电偶 1000℃ 1m	个	68.09	0.21	0.21	0.21	0.21	0.20	0.20	0.21
	高硅布 δ25	m^2	38.96	1.10	1.26	1.39	1.65	2.00	2.30	2.70
	零星材料费	元	—	0.51	0.54	0.62	0.67	0.79	0.95	1.15
机械	自控热处理机	台班	207.91	1.22	1.22	1.22	1.22	1.33	1.33	1.56

工作内容：准备工作、热电偶固定、包扎、连线、通电升温、拆除、回收材料、清理现场、硬度测定。 **单位：**10口

编号				6-2633	6-2634	6-2635	6-2636	6-2637	6-2638	6-2639
项目				外径×壁厚(mm)						
				219×(10～20)	219×(25～40)	273×(10～20)	273×(25～40)	325×(10～20)	325×(25～40)	377×(10～20)
预算基价	总价(元)			**1127.77**	**1417.97**	**1218.67**	**1524.17**	**1240.29**	**1569.49**	**1279.56**
	人工费(元)			719.55	897.75	768.15	947.70	768.15	947.70	768.15
	材料费(元)			131.70	175.09	155.29	210.55	176.91	255.87	216.18
	机械费(元)			276.52	345.13	295.23	365.92	295.23	365.92	295.23
组成内容		**单位**	**单价**	**数量**						
人工	综合工	工日	135.00	5.33	6.65	5.69	7.02	5.69	7.02	5.69
材料	电加热片	m^2	—	(0.024)	(0.042)	(0.030)	(0.054)	(0.030)	(0.066)	(0.036)
	热电偶 1000℃ 1m	个	68.09	0.20	0.20	0.20	0.20	0.40	0.40	0.40
	高硅布 δ25	m^2	38.96	3.00	4.10	3.60	5.00	3.80	5.80	4.80
	零星材料费	元	—	1.20	1.74	1.42	2.13	1.63	2.67	1.94
机械	自控热处理机	台班	207.91	1.33	1.66	1.42	1.76	1.42	1.76	1.42

工作内容：准备工作、热电偶固定、包扎、连线、通电升温、拆除、回收材料、清理现场、硬度测定。 **单位：**10口

编　号				6-2640	6-2641	6-2642	6-2643	6-2644	6-2645	6-2646
项　目				外径×壁厚(mm)						
				377×(25～50)	426×(10～25)	426×(30～50)	480×(10～25)	480×(30～60)	530×(10～25)	530×(30～60)
预算基价	总　价(元)			**1691.33**	**1658.43**	**3053.65**	**1803.06**	**3275.64**	**2129.73**	**3315.12**
	人工费(元)			1008.45	996.30	1933.20	1084.05	2025.00	1300.05	2025.00
	材料费(元)			294.09	277.50	376.13	301.11	470.98	328.62	510.46
	机械费(元)			388.79	384.63	744.32	417.90	779.66	501.06	779.66
组成内容		**单位**	**单价**	**数　量**						
人工	综合工	工日	135.00	7.47	7.38	14.32	8.03	15.00	9.63	15.00
材料	电加热片	m^2	—	(0.078)	(0.054)	(0.108)	(0.060)	(0.144)	(0.066)	(0.162)
	热电偶 1000℃ 1m	个	68.09	0.44	0.66	0.60	0.66	0.66	0.66	0.66
	高硅布 δ25	m^2	38.96	6.70	5.90	8.50	6.50	10.80	7.20	11.80
	零星材料费	元	—	3.10	2.70	4.12	2.93	5.27	3.17	5.79
机械	自控热处理机	台班	207.91	1.87	1.85	3.58	2.01	3.75	2.41	3.75

3.中高压合金钢管电加热片

工作内容：准备工作、热电偶固定、包扎、连线、通电升温、拆除、回收材料、清理现场、硬度测定。 **单位：**10口

编号				6-2647	6-2648	6-2649	6-2650	6-2651	6-2652	6-2653
项目				外径×壁厚(mm)						
				57×(10～15)	76×(10～15)	89×(10～15)	114×(10～15)	133×(10～20)	159×(10～20)	159×(25～30)
预算基价	总价(元)			**1134.65**	**1140.92**	**1146.06**	**1156.24**	**1296.47**	**1308.32**	**1583.84**
	人工费(元)			777.60	777.60	777.60	777.60	869.40	869.40	1055.70
	材料费(元)			57.66	63.93	69.07	79.25	92.33	104.18	120.64
	机械费(元)			299.39	299.39	299.39	299.39	334.74	334.74	407.50
组成内容		**单位**	**单价**	**数量**						
人工	综合工	工日	135.00	5.76	5.76	5.76	5.76	6.44	6.44	7.82
材料	电加热片	m^2	—	(0.006)	(0.006)	(0.009)	(0.009)	(0.012)	(0.018)	(0.024)
	热电偶 1000℃ 1m	个	68.09	0.21	0.21	0.21	0.21	0.20	0.20	0.21
	高硅布 δ25	m^2	38.96	1.10	1.26	1.39	1.65	2.00	2.30	2.70
	零星材料费	元	—	0.51	0.54	0.62	0.67	0.79	0.95	1.15
机械	自控热处理机	台班	207.91	1.44	1.44	1.44	1.44	1.61	1.61	1.96

工作内容：准备工作、热电偶固定、包扎、连线、通电升温、拆除、回收材料、清理现场、硬度测定。 **单位：**10口

编号				6-2654	6-2655	6-2656	6-2657	6-2658	6-2659	6-2660
项目				外径×壁厚(mm)						
				219×(10~20)	219×(25~40)	273×(10~20)	273×(25~40)	325×(10~20)	325×(25~40)	377×(10~20)
预算基价	总价(元)			**1335.84**	**1765.44**	**1434.22**	**1875.69**	**1455.84**	**1921.01**	**1495.11**
	人工费(元)			869.40	1147.50	923.40	1201.50	923.40	1201.50	923.40
	材料费(元)			131.70	175.09	155.29	210.55	176.91	255.87	216.18
	机械费(元)			334.74	442.85	355.53	463.64	355.53	463.64	355.53
组成内容		**单位**	**单价**	**数量**						
人工	综合工	工日	135.00	6.44	8.50	6.84	8.90	6.84	8.90	6.84
材料	电加热片	m^2	—	(0.024)	(0.042)	(0.030)	(0.054)	(0.030)	(0.066)	(0.036)
	热电偶 1000℃ 1m	个	68.09	0.20	0.20	0.20	0.20	0.40	0.40	0.40
	高硅布 δ25	m^2	38.96	3.00	4.10	3.60	5.00	3.80	5.80	4.80
	零星材料费	元	—	1.20	1.74	1.42	2.13	1.63	2.67	1.94
机械	自控热处理机	台班	207.91	1.61	2.13	1.71	2.23	1.71	2.23	1.71

工作内容：准备工作、热电偶固定、包扎、连线、通电升温、拆除、回收材料、清理现场、硬度测定。　　**单位：**10口

编号				6-2661	6-2662	6-2663	6-2664	6-2665	6-2666	6-2667
项目				外径×壁厚(mm)						
				377×(25～50)	426×(10～25)	426×(30～50)	480×(10～25)	480×(30～60)	530×(10～25)	530×(30～60)
预算基价	总价(元)			**2086.37**	**1917.42**	**3758.03**	**2087.26**	**4044.64**	**2472.42**	**4084.12**
	人工费(元)			1293.30	1186.65	2442.15	1289.25	2579.85	1547.10	2579.85
	材料费(元)			294.09	273.37	376.13	301.11	470.98	328.62	510.46
	机械费(元)			498.98	457.40	939.75	496.90	993.81	596.70	993.81
组成内容		单位	单价	数量						
人工	综合工	工日	135.00	9.58	8.79	18.09	9.55	19.11	11.46	19.11
材料	电加热片	m^2	—	(0.078)	(0.054)	(0.108)	(0.060)	(0.144)	(0.066)	(0.162)
	热电偶 1000℃ 1m	个	68.09	0.44	0.60	0.60	0.66	0.66	0.66	0.66
	高硅布 δ25	m^2	38.96	6.70	5.90	8.50	6.50	10.80	7.20	11.80
	零星材料费	元	—	3.10	2.65	4.12	2.93	5.27	3.17	5.79
机械	自控热处理机	台班	207.91	2.40	2.20	4.52	2.39	4.78	2.87	4.78

4.碳钢管电感应

工作内容：准备工作、热电偶固定、包扎、连线、通电升温、拆除、回收材料、清理现场、硬度测定。 **单位：**10口

编号				6-2668	6-2669	6-2670	6-2671	6-2672	6-2673	6-2674
项目				外径×壁厚(mm)						
				219×(10～20)	219×(25～40)	273×(10～20)	273×(25～40)	325×(10～20)	325×(25～40)	377×(10～20)
预算基价	总价(元)			**942.54**	**1213.79**	**1026.03**	**1382.20**	**1139.45**	**1507.31**	**1240.45**
	人工费(元)			471.15	554.85	471.15	594.00	508.95	594.00	508.95
	材料费(元)			387.65	559.80	471.14	682.32	540.02	807.43	641.02
	机械费(元)			83.74	99.14	83.74	105.88	90.48	105.88	90.48
组成内容		**单位**	**单价**	**数量**						
人工	综合工	工日	135.00	3.49	4.11	3.49	4.40	3.77	4.40	3.77
材料	石棉布 $\delta 3$	m^2	57.20	3.0	4.1	3.6	5.0	3.8	5.8	4.8
	裸铜线 $120mm^2$	kg	54.36	3.7	5.7	4.6	7.0	5.4	8.2	6.2
	热电偶 1000℃ 1m	个	68.09	0.20	0.20	0.20	0.20	0.40	0.40	0.40
	零星材料费	元	—	1.30	1.81	1.55	2.18	1.88	2.68	2.19
机械	中频加热处理机 100kW	台班	96.25	0.87	1.03	0.87	1.10	0.94	1.10	0.94

工作内容：准备工作、热电偶固定、包扎、连线、通电升温、拆除、回收材料、清理现场、硬度测定。 **单位：**10口

编号				6-2675	6-2676	6-2677	6-2678	6-2679	6-2680	6-2681
项目				外径×壁厚(mm)						
				377×(25～50)	426×(10～25)	426×(30～50)	480×(15～25)	480×(30～60)	530×(15～25)	530×(30～60)
预算基价	总价(元)			**1664.39**	**1577.82**	**2503.61**	**1868.52**	**2757.37**	**1952.30**	**2847.47**
	人工费(元)			621.00	684.45	1177.20	865.35	1220.40	865.35	1220.40
	材料费(元)			932.70	771.13	1116.58	849.17	1319.44	932.95	1409.54
	机械费(元)			110.69	122.24	209.83	154.00	217.53	154.00	217.53
组成内容		单位	单价	数量						
人工	综合工	工日	135.00	4.60	5.07	8.72	6.41	9.04	6.41	9.04
材料	石棉布 $\delta 3$	m^2	57.20	6.7	5.9	8.5	6.5	10.8	7.2	11.8
	裸铜线 $120mm^2$	kg	54.36	9.5	7.1	10.7	7.9	12.0	8.7	12.6
	热电偶 1000℃ 1m	个	68.09	0.44	0.66	0.66	0.66	0.66	0.66	0.66
	零星材料费	元	—	3.08	2.75	3.79	2.99	4.42	3.24	4.70
机械	中频加热处理机 100kW	台班	96.25	1.15	1.27	2.18	1.60	2.26	1.60	2.26

5.低压合金钢管电感应

工作内容：准备工作、热电偶固定、包扎、连线、通电升温、拆除、回收材料、清理现场、硬度测定。 **单位：**10口

编号				6-2682	6-2683	6-2684	6-2685	6-2686	6-2687	6-2688
项目				外径×壁厚(mm)						
				57×(10~15)	76×(10~15)	89×(10~15)	114×(10~15)	133×(10~20)	159×(10~20)	159×(25~30)
预算基价	总价(元)			**863.33**	**888.86**	**907.23**	**938.50**	**1048.34**	**1087.37**	**1328.66**
	人工费(元)			611.55	611.55	611.55	611.55	669.60	669.60	789.75
	材料费(元)			143.02	168.55	186.92	218.19	259.39	298.42	398.38
	机械费(元)			108.76	108.76	108.76	108.76	119.35	119.35	140.53
组成内容		**单位**	**单价**	**数量**						
人工	综合工	工日	135.00	4.53	4.53	4.53	4.53	4.96	4.96	5.85
材料	石棉布 $\delta3$	m^2	57.20	1.10	1.26	1.39	1.65	2.00	2.30	2.70
	裸铜线 $120mm^2$	kg	54.36	1.2	1.5	1.7	2.0	2.4	2.8	4.2
	热电偶 1000℃ 1m	个	68.09	0.21	0.21	0.21	0.21	0.20	0.20	0.21
	零星材料费	元	—	0.57	0.64	0.70	0.79	0.91	1.03	1.33
机械	中频加热处理机 100kW	台班	96.25	1.13	1.13	1.13	1.13	1.24	1.24	1.46

工作内容：准备工作、热电偶固定、包扎、连线、通电升温、拆除、回收材料、清理现场、硬度测定。 **单位：**10口

编号				6-2689	6-2690	6-2691	6-2692	6-2693	6-2694	6-2695
项目				外径×壁厚(mm)						
				219×(10～20)	219×(25～40)	273×(10～20)	273×(25～40)	325×(10～20)	325×(25～40)	377×(10～20)
预算基价	总价(元)			**1176.60**	**1560.06**	**1318.70**	**1739.85**	**1387.58**	**1864.96**	**1488.58**
	人工费(元)			669.60	849.15	719.55	897.75	719.55	897.75	719.55
	材料费(元)			387.65	559.80	471.14	682.32	540.02	807.43	641.02
	机械费(元)			119.35	151.11	128.01	159.78	128.01	159.78	128.01
组成内容		**单位**	**单价**	**数量**						
人工	综合工	工日	135.00	4.96	6.29	5.33	6.65	5.33	6.65	5.33
材料	石棉布 $\delta 3$	m^2	57.20	3.00	4.10	3.60	5.00	3.80	5.80	4.80
	裸铜线 $120mm^2$	kg	54.36	3.7	5.7	4.6	7.0	5.4	8.2	6.2
	热电偶 1000℃ 1m	个	68.09	0.20	0.20	0.20	0.20	0.40	0.40	0.40
	零星材料费	元	—	1.30	1.81	1.55	2.18	1.88	2.68	2.19
机械	中频加热处理机 100kW	台班	96.25	1.24	1.57	1.33	1.66	1.33	1.66	1.33

工作内容：准备工作、热电偶固定、包扎、连线、通电升温、拆除、回收材料、清理现场、硬度测定。 **单位**：10 口

编 号				6-2696	6-2697	6-2698	6-2699	6-2700	6-2701	6-2702
项 目				外径×壁厚(mm)						
				377×(25～50)	426×(10～25)	426×(30～50)	480×(10～25)	480×(30～60)	530×(10～25)	530×(30～60)
预算基价	总 价(元)			**2063.88**	**1813.23**	**3217.09**	**1981.70**	**3532.24**	**2291.83**	**3622.34**
	人 工 费(元)			959.85	884.25	1786.05	961.20	1877.85	1152.90	1877.85
	材 料 费(元)			932.70	771.13	1112.45	849.17	1319.44	932.95	1409.54
	机 械 费(元)			171.33	157.85	318.59	171.33	334.95	205.98	334.95
组 成 内 容		**单位**	**单价**	**数 量**						
人工	综合工	工日	135.00	7.11	6.55	13.23	7.12	13.91	8.54	13.91
材料	石棉布 $\delta 3$	m^2	57.20	6.7	5.9	8.5	6.5	10.8	7.2	11.8
	裸铜线 $120mm^2$	kg	54.36	9.5	7.1	10.7	7.9	12.0	8.7	12.6
	热电偶 1000℃ 1m	个	68.09	0.44	0.66	0.60	0.66	0.66	0.66	0.66
	零星材料费	元	—	3.08	2.75	3.74	2.99	4.42	3.24	4.70
机械	中频加热处理机 100kW	台班	96.25	1.78	1.64	3.31	1.78	3.48	2.14	3.48

6.中高压合金钢管电感应

工作内容：准备工作、热电偶固定、包扎、连线、通电升温、拆除、回收材料、清理现场、硬度测定。 **单位：**10口

编号				6-2703	6-2704	6-2705	6-2706	6-2707	6-2708	6-2709
项目				外径×壁厚(mm)						
				57×(10～15)	76×(10～15)	89×(10～15)	114×(10～15)	133×(10～20)	159×(10～20)	159×(25～30)
预算基价	总价(元)			**910.18**	**935.71**	**954.08**	**985.35**	**1220.13**	**1259.16**	**1550.41**
	人工费(元)			650.70	650.70	650.70	650.70	815.40	815.40	1001.70
	材料费(元)			143.02	168.55	186.92	218.19	259.39	298.42	369.68
	机械费(元)			116.46	116.46	116.46	116.46	145.34	145.34	179.03
组成内容		**单位**	**单价**	**数量**						
人工	综合工	工日	135.00	4.82	4.82	4.82	4.82	6.04	6.04	7.42
材料	石棉布 $\delta3$	m^2	57.20	1.10	1.26	1.39	1.65	2.00	2.30	2.20
	裸铜线 $120mm^2$	kg	54.36	1.2	1.5	1.7	2.0	2.4	2.8	4.2
	热电偶 1000℃ 1m	个	68.09	0.21	0.21	0.21	0.21	0.20	0.20	0.21
	零星材料费	元	—	0.57	0.64	0.70	0.79	0.91	1.03	1.23
机械	中频加热处理机 100kW	台班	96.25	1.21	1.21	1.21	1.21	1.51	1.51	1.86

工作内容：准备工作、热电偶固定、包扎、连线、通电升温、拆除、回收材料、清理现场、硬度测定。 **单位：**10口

编号				6-2710	6-2711	6-2712	6-2713	6-2714	6-2715	6-2716
项目				外径×壁厚(mm)						
				219×(10~20)	219×(25~40)	273×(10~20)	273×(25~40)	325×(10~20)	325×(25~40)	377×(10~20)
预算基价	总价(元)			**1348.39**	**1848.69**	**1495.50**	**2034.83**	**1564.38**	**2159.94**	**1665.38**
	人工费(元)			815.40	1093.50	869.40	1147.50	869.40	1147.50	869.40
	材料费(元)			387.65	559.80	471.14	682.32	540.02	807.43	641.02
	机械费(元)			145.34	195.39	154.96	205.01	154.96	205.01	154.96
组成内容		**单位**	**单价**	**数量**						
人工	综合工	工日	135.00	6.04	8.10	6.44	8.50	6.44	8.50	6.44
材料	石棉布 $\delta 3$	m^2	57.20	3.00	4.10	3.60	5.00	3.80	5.80	4.80
	裸铜线 $120mm^2$	kg	54.36	3.7	5.7	4.6	7.0	5.4	8.2	6.2
	热电偶 1000℃ 1m	个	68.09	0.20	0.20	0.20	0.20	0.40	0.40	0.40
	零星材料费	元	—	1.30	1.81	1.55	2.18	1.88	2.68	2.19
机械	中频加热处理机 100kW	台班	96.25	1.51	2.03	1.61	2.13	1.61	2.13	1.61

工作内容：准备工作、热电偶固定、包扎、连线、通电升温、拆除、回收材料、清理现场、硬度测定。 **单位：**10口

编号				6-2717	6-2718	6-2719	6-2720	6-2721	6-2722	6-2723
项目				外径×壁厚(mm)						
				377×(25~50)	426×(10~25)	426×(30~50)	480×(10~25)	480×(30~60)	530×(10~25)	530×(30~60)
预算基价	总价(元)			**2393.38**	**2023.19**	**3798.78**	**2209.40**	**4168.49**	**2565.41**	**4258.59**
	人工费(元)			1239.30	1062.45	2280.15	1154.25	2417.85	1385.10	2417.85
	材料费(元)			932.70	771.13	1112.45	849.17	1319.44	932.95	1409.54
	机械费(元)			221.38	189.61	406.18	205.98	431.20	247.36	431.20
组成内容		**单位**	**单价**	**数量**						
人工	综合工	工日	135.00	9.18	7.87	16.89	8.55	17.91	10.26	17.91
材料	石棉布 $\delta3$	m^2	57.20	6.7	5.9	8.5	6.5	10.8	7.2	11.8
	裸铜线 $120mm^2$	kg	54.36	9.5	7.1	10.7	7.9	12.0	8.7	12.6
	热电偶 1000℃ 1m	个	68.09	0.44	0.66	0.60	0.66	0.66	0.66	0.66
	零星材料费	元	—	3.08	2.75	3.74	2.99	4.42	3.24	4.70
机械	中频加热处理机 100kW	台班	96.25	2.30	1.97	4.22	2.14	4.48	2.57	4.48

7.碳钢管氧乙炔

工作内容：准备工作、加热升温、拆除、回收材料、清理现场、硬度测定。　　**单位：**10口

编号				6-2724	6-2725	6-2726	6-2727	6-2728	6-2729
项目				外径×壁厚(mm)					
				22×3	27×3	34×(3～4)	42×(3～4)	48×(3～4)	57×(3～5)
预算基价	总价(元)			**4.90**	**5.27**	**7.10**	**7.27**	**8.81**	**10.63**
	人工费(元)			4.05	4.05	5.40	5.40	6.75	8.10
	材料费(元)			0.85	1.22	1.70	1.87	2.06	2.53
组成内容		**单位**	**单价**	**数量**					
人工	综合工	工日	135.00	0.03	0.03	0.04	0.04	0.05	0.06
材料	氧气	m^3	2.88	0.087	0.125	0.174	0.191	0.211	0.259
	乙炔气	kg	14.66	0.041	0.059	0.082	0.090	0.099	0.122

工作内容：准备工作、加热升温、拆除、回收材料、清理现场、硬度测定。 **单位：**10口

编号				6-2730	6-2731	6-2732	6-2733	6-2734	6-2735
项目				外径×壁厚(mm)					
				76×(3.5～6)	89×(4～6)	114×(4～8)	133×(4～8)	159×(4.5～8)	219×(6～10)
预算基价	总价(元)			**14.54**	**21.15**	**39.32**	**46.26**	**56.02**	**138.40**
	人工费(元)			10.80	16.20	29.70	36.45	45.90	95.85
	材料费(元)			3.74	4.95	9.62	9.81	10.12	42.55
组成内容		**单位**	**单价**	**数量**					
人工	综合工	工日	135.00	0.08	0.12	0.22	0.27	0.34	0.71
材料	氧气	m^3	2.88	0.381	0.506	0.984	1.000	1.035	4.351
	乙炔气	kg	14.66	0.180	0.238	0.463	0.473	0.487	2.048

工作内容： 准备工作、加热升温、拆除、回收材料、清理现场、硬度测定。　　　　**单位：** 10口

编号				6-2736	6-2737	6-2738	6-2739	6-2740	6-2741
项目				外径×壁厚(mm)					
				273×(6～12)	325×(6～14)	377×(8～16)	426×(8～18)	478×(10～20)	530×(10～20)
预算基价	总价(元)			**249.00**	**316.20**	**420.04**	**492.43**	**561.02**	**782.87**
	人工费(元)			171.45	218.70	288.90	338.85	400.95	540.00
	材料费(元)			77.55	97.50	131.14	153.58	160.07	242.87
组成内容		**单位**	**单价**	**数量**					
人工	综合工	工日	135.00	1.27	1.62	2.14	2.51	2.97	4.00
材料	氧气	m^3	2.88	7.931	9.970	13.410	15.705	16.368	24.836
	乙炔气	kg	14.66	3.732	4.692	6.311	7.391	7.703	11.688

8.低压合金钢管氧乙炔

工作内容：准备工作、加热升温、拆除、回收材料、清理现场、硬度测定。 **单位：**10口

编号				6-2742	6-2743	6-2744	6-2745	6-2746	6-2747
项目				外径×壁厚(mm)					
				22×3	28×3	34×(3～4)	42×(3～4)	48×(3～4)	57×(3～5)
预算基价	总价(元)			**4.99**	**5.40**	**7.27**	**8.81**	**10.37**	**12.24**
	人工费(元)			4.05	4.05	5.40	6.75	8.10	9.45
	材料费(元)			0.94	1.35	1.87	2.06	2.27	2.79
组成内容		**单位**	**单价**	**数量**					
人工	综合工	工日	135.00	0.03	0.03	0.04	0.05	0.06	0.07
材料	氧气	m^3	2.88	0.096	0.138	0.191	0.210	0.232	0.286
	乙炔气	kg	14.66	0.045	0.065	0.090	0.099	0.109	0.134

工作内容：准备工作、加热升温、拆除、回收材料、清理现场、硬度测定。　　**单位：**10口

编号				6-2748	6-2749	6-2750	6-2751	6-2752	6-2753
项目				外径×壁厚(mm)					
				76×(3.5～6)	89×(4～6)	114×(4～8)	133×(4～8)	159×(4.5～8)	219×(6～10)
预算基价	总价(元)			**16.24**	**24.35**	**35.81**	**48.36**	**61.09**	**152.11**
	人工费(元)			12.15	18.90	27.00	39.15	49.95	105.30
	材料费(元)			4.09	5.45	8.81	9.21	11.14	46.81
组成内容		**单位**	**单价**	**数量**					
人工	综合工	工日	135.00	0.09	0.14	0.20	0.29	0.37	0.78
材料	氧气	m^3	2.88	0.419	0.557	0.900	0.942	1.139	4.786
	乙炔气	kg	14.66	0.197	0.262	0.424	0.443	0.536	2.253

工作内容：准备工作、加热升温、拆除、回收材料、清理现场、硬度测定。 **单位**：10口

编号				6-2754	6-2755	6-2756	6-2757	6-2758	6-2759
项目				外径×壁厚(mm)					
				273×(6～12)	325×(6～14)	377×(8～16)	426×(8～18)	478×(10～20)	530×(10～20)
预算基价	总价(元)			**244.85**	**328.46**	**462.85**	**541.54**	**708.66**	**861.17**
	人工费(元)			168.75	226.80	318.60	372.60	486.00	594.00
	材料费(元)			76.10	101.66	144.25	168.94	222.66	267.17
组成内容		**单位**	**单价**	**数量**					
人工	综合工	工日	135.00	1.25	1.68	2.36	2.76	3.60	4.40
材料	氧气	m^3	2.88	7.784	10.396	14.750	17.276	22.769	27.320
	乙炔气	kg	14.66	3.662	4.892	6.942	8.130	10.715	12.857

四、焊口热处理

1.碳钢管电加热片

工作内容：准备工作、热电偶固定、包扎、连线、通电升温、拆除、回收材料、清理现场、硬度测定。 **单位：**10口

编号				6-2760	6-2761	6-2762	6-2763	6-2764	6-2765
项目				外径×壁厚(mm)					
				219×(20～30)	219×(31～50)	273×(20～30)	273×(31～50)	325×(20～30)	325×(31～50)
预算基价	总价(元)			**2343.12**	**3336.64**	**3545.66**	**5014.30**	**3637.51**	**5120.04**
	人工费(元)			1614.60	2340.90	2523.15	3612.60	2523.15	3607.20
	材料费(元)			314.78	394.88	373.83	474.42	465.68	585.56
	机械费(元)			413.74	600.86	648.68	927.28	648.68	927.28
组成内容		**单位**	**单价**	**数量**					
人工	综合工	工日	135.00	11.96	17.34	18.69	26.76	18.69	26.72
材料	电加热片	m^2	—	(0.060)	(0.078)	(0.072)	(0.102)	(0.090)	(0.120)
	热电偶 1000℃ 1m	个	68.09	0.50	0.50	0.50	0.50	1.00	1.00
	高硅布 δ50	m^2	76.35	3.60	4.63	4.36	5.65	5.09	6.63
	零星材料费	元	—	5.87	7.33	6.90	9.00	8.97	11.27
机械	自控热处理机	台班	207.91	1.99	2.89	3.12	4.46	3.12	4.46

工作内容： 准备工作、热电偶固定、包扎、连线、通电升温、拆除、回收材料、清理现场、硬度测定。 **单位：** 10 口

编号				6-2766	6-2767	6-2768	6-2769	6-2770	6-2771
项目				外径×壁厚(mm)					
				325×(51～65)	377×(20～30)	377×(31～50)	377×(51～65)	426×(20～30)	426×(31～50)
预算基价	总价(元)			**6574.90**	**3695.03**	**5293.58**	**6756.36**	**4038.06**	**5562.67**
	人工费(元)			4702.05	2523.15	3612.60	4702.05	2725.65	3815.10
	材料费(元)			664.89	523.20	753.70	846.35	611.75	768.31
	机械费(元)			1207.96	648.68	927.28	1207.96	700.66	979.26
组成内容		**单位**	**单价**	**数量**					
人工	综合工	工日	135.00	34.83	18.69	26.76	34.83	20.19	28.26
材料	电加热片	m^2	—	(0.138)	(0.102)	(0.162)	(0.186)	(0.114)	(0.156)
	热电偶 1000℃ 1m	个	68.09	1.00	1.00	1.00	1.00	1.50	1.50
	高硅布 δ50	m^2	76.35	7.65	5.83	8.79	9.98	6.52	8.53
	零星材料费	元	—	12.72	9.99	14.49	16.29	11.81	14.91
机械	自控热处理机	台班	207.91	5.81	3.12	4.46	5.81	3.37	4.71

工作内容：准备工作、热电偶固定、包扎、连线、通电升温、拆除、回收材料、清理现场、硬度测定。 **单位：**10口

编号				6-2772	6-2773	6-2774	6-2775	6-2776	6-2777	6-2778
项目				外径×壁厚(mm)						
				426×(51～65)	480×(20～30)	480×(31～50)	480×(51～80)	530×(20～30)	530×(31～50)	530×(51～80)
预算基价	总价(元)			**7037.03**	**4098.11**	**5759.58**	**7822.11**	**4152.54**	**5845.29**	**7932.73**
	人工费(元)			4904.55	2725.65	3815.10	5269.05	2725.65	3815.10	5269.05
	材料费(元)			872.55	671.80	965.22	1199.57	726.23	1050.93	1310.19
	机械费(元)			1259.93	700.66	979.26	1353.49	700.66	979.26	1353.49
组成内容		**单位**	**单价**	**数量**						
人工	综合工	工日	135.00	36.33	20.19	28.26	39.03	20.19	28.26	39.03
材料	电加热片	m²	—	(0.180)	(0.132)	(0.204)	(0.264)	(0.144)	(0.228)	(0.294)
	热电偶 1000℃ 1m	个	68.09	1.50	1.50	1.50	1.50	1.50	1.50	1.50
	高硅布 δ50	m²	76.35	9.87	7.29	11.06	14.07	7.99	12.16	15.49
	零星材料费	元	—	16.84	13.07	18.65	23.19	14.06	20.38	25.39
机械	自控热处理机	台班	207.91	6.06	3.37	4.71	6.51	3.37	4.71	6.51

2.低压合金钢管电加热片

工作内容：准备工作、热电偶固定、包扎、连线、通电升温、拆除、回收材料、清理现场、硬度测定。 **单位：**10口

编号				6-2779	6-2780	6-2781	6-2782	6-2783	6-2784
项目				外径×壁厚(mm)					
				57×(3～14)	76×(3～14)	89×(4～16)	114×(6～18)	133×(6～25)	159×(6～25)
预算基价	总价(元)			**1622.07**	**1635.95**	**1807.56**	**2109.00**	**2583.94**	**2609.61**
	人工费(元)			1198.80	1198.80	1318.95	1545.75	1894.05	1894.05
	材料费(元)			115.56	129.44	149.72	166.14	203.38	229.05
	机械费(元)			307.71	307.71	338.89	397.11	486.51	486.51
组成内容		**单位**	**单价**	**数量**					
人工	综合工	工日	135.00	8.88	8.88	9.77	11.45	14.03	14.03
材料	电加热片	m^2	—	(0.012)	(0.012)	(0.018)	(0.024)	(0.030)	(0.036)
	热电偶 1000℃ 1m	个	68.09	0.50	0.50	0.50	0.50	0.50	0.50
	高硅布 δ50	m^2	76.35	1.04	1.22	1.48	1.69	2.17	2.50
	零星材料费	元	—	2.11	2.25	2.68	3.06	3.66	4.13
机械	自控热处理机	台班	207.91	1.48	1.48	1.63	1.91	2.34	2.34

工作内容：准备工作、热电偶固定、包扎、连线、通电升温、拆除、回收材料、清理现场、硬度测定。 **单位：**10口

编号				6-2785	6-2786	6-2787	6-2788	6-2789	6-2790
项目				外径×壁厚(mm)					
				159×(26～30)	219×(6～25)	219×(26～35)	273×(6～25)	273×(26～50)	325×(6～25)
预算基价	总价(元)			**3065.47**	**2668.11**	**3563.26**	**3222.87**	**6817.35**	**2910.95**
	人工费(元)			2241.00	1894.05	2585.25	1977.75	5047.65	1977.75
	材料费(元)			248.56	287.55	314.78	737.82	474.42	425.90
	机械费(元)			575.91	486.51	663.23	507.30	1295.28	507.30
组成内容		**单位**	**单价**	**数量**					
人工	综合工	工日	135.00	16.60	14.03	19.15	14.65	37.39	14.65
材料	电加热片	m^2	—	(0.042)	(0.054)	(0.060)	(0.660)	(0.102)	(0.078)
	热电偶 1000℃ 1m	个	68.09	0.50	0.50	0.50	0.50	0.50	1.00
	高硅布 δ50	m^2	76.35	2.75	3.25	3.60	9.08	5.65	4.58
	零星材料费	元	—	4.55	5.37	5.87	10.52	9.00	8.13
机械	自控热处理机	台班	207.91	2.77	2.34	3.19	2.44	6.23	2.44

工作内容：准备工作、热电偶固定、包扎、连线、通电升温、拆除、回收材料、清理现场、硬度测定。 **单位：**10口

编号				6-2791	6-2792	6-2793	6-2794	6-2795	6-2796
项目				外径×壁厚(mm)					
				325×(26～50)	325×(51～75)	377×(6～25)	377×(26～50)	426×(12～25)	426×(26～50)
预算基价	总价(元)			**6928.49**	**9622.50**	**4205.50**	**7004.73**	**4606.86**	**8700.53**
	人工费(元)			5047.65	7128.00	2967.30	5047.65	3219.75	6312.60
	材料费(元)			585.56	664.89	477.25	661.80	559.63	768.31
	机械费(元)			1295.28	1829.61	760.95	1295.28	827.48	1619.62
组成内容		**单位**	**单价**	**数量**					
人工	综合工	工日	135.00	37.39	52.80	21.98	37.39	23.85	46.76
材料	电加热片	m^2	—	(0.120)	(0.138)	(0.090)	(0.138)	(0.102)	(0.156)
	热电偶 1000℃ 1m	个	68.09	1.00	1.00	1.00	1.00	1.50	1.50
	高硅布 $\delta50$	m^2	76.35	6.63	7.65	5.24	7.61	5.85	8.53
	零星材料费	元	—	11.27	12.72	9.09	12.69	10.85	14.91
机械	自控热处理机	台班	207.91	6.23	8.80	3.66	6.23	3.98	7.79

工作内容：准备工作、热电偶固定、包扎、连线、通电升温、拆除、回收材料、清理现场、硬度测定。 **单位：**10 口

编号				6-2797	6-2798	6-2799	6-2800	6-2801	6-2802
项目				外径×壁厚(mm)					
				480×(14~25)	480×(26~50)	480×(51~75)	530×(14~25)	530×(26~50)	530×(51~75)
预算基价	总价(元)			**4659.75**	**7507.48**	**10413.70**	**4708.78**	**7580.64**	**10455.92**
	人工费(元)			3219.75	5300.10	7381.80	3219.75	5300.10	7381.80
	材料费(元)			612.52	847.65	1137.84	661.55	920.81	1180.06
	机械费(元)			827.48	1359.73	1894.06	827.48	1359.73	1894.06
组成内容		**单位**	**单价**	**数量**					
人工	综合工	工日	135.00	23.85	39.26	54.68	23.85	39.26	54.68
材料	电加热片	m^2	—	(0.114)	(0.174)	(0.264)	(0.126)	(0.192)	(0.258)
	热电偶 1000℃ 1m	个	68.09	1.50	1.50	1.50	1.50	1.50	1.50
	高硅布 $\delta 50$	m^2	76.35	6.53	9.55	13.27	7.16	10.49	13.82
	零星材料费	元	—	11.82	16.37	22.54	12.75	17.76	22.77
机械	自控热处理机	台班	207.91	3.98	6.54	9.11	3.98	6.54	9.11

3.中高压合金钢管电加热片

工作内容：准备工作、热电偶固定、包扎、连线、通电升温、拆除、回收材料、清理现场、硬度测定。 **单位：**10口

编号				6-2803	6-2804	6-2805	6-2806	6-2807	6-2808	6-2809
项目				外径×壁厚(mm)						
				57×(3～14)	76×(3～14)	89×(4～16)	108×(6～18)	114×(6～18)	133×(6～25)	159×(6～25)
预算基价	总价(元)			**1904.38**	**1918.26**	**2115.64**	**2488.32**	**2492.94**	**3056.23**	**3081.90**
	人工费(元)			1422.90	1422.90	1564.65	1848.15	1848.15	2270.70	2270.70
	材料费(元)			115.56	129.44	149.72	166.14	170.76	203.38	229.05
	机械费(元)			365.92	365.92	401.27	474.03	474.03	582.15	582.15
组成内容		**单位**	**单价**	**数量**						
人工	综合工	工日	135.00	10.54	10.54	11.59	13.69	13.69	16.82	16.82
材料	电加热片	m^2	—	(0.012)	(0.012)	(0.018)	(0.024)	(0.024)	(0.030)	(0.036)
	热电偶 1000℃ 1m	个	68.09	0.50	0.50	0.50	0.50	0.50	0.50	0.50
	高硅布 δ50	m^2	76.35	1.04	1.22	1.48	1.69	1.75	2.17	2.50
	零星材料费	元	—	2.11	2.25	2.68	3.06	3.10	3.66	4.13
机械	自控热处理机	台班	207.91	1.76	1.76	1.93	2.28	2.28	2.80	2.80

工作内容：准备工作、热电偶固定、包扎、连线、通电升温、拆除、回收材料、清理现场、硬度测定。

单位：10口

编号				6-2810	6-2811	6-2812	6-2813	6-2814	6-2815
项目				外径×壁厚(mm)					
				159×(26～30)	219×(6～25)	219×(26～35)	273×(6～25)	273×(26～50)	325×(6～25)
预算基价	总价(元)			**3630.72**	**3140.40**	**4232.38**	**4805.01**	**7331.08**	**4891.82**
	人工费(元)			2691.90	2270.70	3117.15	3551.85	5455.35	3553.20
	材料费(元)			248.56	287.55	314.78	340.44	474.42	425.90
	机械费(元)			690.26	582.15	800.45	912.72	1401.31	912.72
组成内容		**单位**	**单价**	**数量**					
人工	综合工	工日	135.00	19.94	16.82	23.09	26.31	40.41	26.32
材料	电加热片	m^2	—	(0.042)	(0.054)	(0.060)	(0.066)	(0.102)	(0.078)
	热电偶 1000℃ 1m	个	68.09	0.50	0.50	0.50	0.50	0.50	1.00
	高硅布 δ50	m^2	76.35	2.75	3.25	3.60	3.93	5.65	4.58
	零星材料费	元	—	4.55	5.37	5.87	6.34	9.00	8.13
机械	自控热处理机	台班	207.91	3.32	2.80	3.85	4.39	6.74	4.39

工作内容：准备工作、热电偶固定、包扎、连线、通电升温、拆除、回收材料、清理现场、硬度测定。 **单位：**10口

编号				6-2816	6-2817	6-2818	6-2819	6-2820	6-2821
项目				外径×壁厚(mm)					
				325×(26～50)	325×(51～75)	377×(6～25)	377×(26～50)	426×(12～25)	426×(26～50)
预算基价	总价(元)			**7442.22**	**11513.11**	**4941.82**	**7518.46**	**5387.22**	**7987.99**
	人工费(元)			5455.35	8631.90	3551.85	5455.35	3842.10	5745.60
	材料费(元)			585.56	664.89	477.25	661.80	559.63	768.31
	机械费(元)			1401.31	2216.32	912.72	1401.31	985.49	1474.08
组成内容		**单位**	**单价**	**数量**					
人工	综合工	工日	135.00	40.41	63.94	26.31	40.41	28.46	42.56
材料	电加热片	m^2	—	(0.120)	(0.138)	(0.090)	(0.138)	(0.102)	(0.156)
	热电偶 1000℃ 1m	个	68.09	1.00	1.00	1.00	1.00	1.50	1.50
	高硅布 $\delta 50$	m^2	76.35	6.63	7.65	5.24	7.61	5.85	8.53
	零星材料费	元	—	11.27	12.72	9.09	12.69	10.85	14.91
机械	自控热处理机	台班	207.91	6.74	10.66	4.39	6.74	4.74	7.09

工作内容：准备工作、热电偶固定、包扎、连线、通电升温、拆除、回收材料、清理现场、硬度测定。 **单位：**10 口

编号				6-2822	6-2823	6-2824	6-2825	6-2826	6-2827
项目				外径×壁厚(mm)					
				480×(14～25)	480×(26～50)	480×(51～75)	530×(14～25)	530×(26～50)	530×(51～75)
预算基价	总价(元)			**5440.11**	**8067.33**	**12351.16**	**5489.14**	**8140.49**	**12389.95**
	人工费(元)			3842.10	5745.60	8922.15	3842.10	5745.60	8920.80
	材料费(元)			612.52	847.65	1137.84	661.55	920.81	1180.06
	机械费(元)			985.49	1474.08	2291.17	985.49	1474.08	2289.09
组成内容		**单位**	**单价**	**数量**					
人工	综合工	工日	135.00	28.46	42.56	66.09	28.46	42.56	66.08
材料	电加热片	m^2	—	(0.114)	(0.174)	(0.264)	(0.126)	(0.192)	(0.258)
	热电偶 1000℃ 1m	个	68.09	1.50	1.50	1.50	1.50	1.50	1.50
	高硅布 δ50	m^2	76.35	6.53	9.55	13.27	7.16	10.49	13.82
	零星材料费	元	—	11.82	16.37	22.54	12.75	17.76	22.77
机械	自控热处理机	台班	207.91	4.74	7.09	11.02	4.74	7.09	11.01

4.碳钢管电感应

工作内容：准备工作、热电偶固定、包扎、连线、通电升温、拆除、回收材料、清理现场、硬度测定。 **单位：**10口

编号				6-2828	6-2829	6-2830	6-2831	6-2832
项目				外径×壁厚(mm)				
				219×(30～50)	273×(30～50)	325×(30～50)	325×(51～65)	377×(30～50)
预算基价	总价(元)			**3577.17**	**5057.27**	**5331.71**	**7116.35**	**5639.21**
	人工费(元)			2200.50	3300.75	3300.75	4313.25	3300.75
	材料费(元)			1114.87	1363.82	1638.26	2290.09	1945.76
	机械费(元)			261.80	392.70	392.70	513.01	392.70
组成内容		**单位**	**单价**	**数量**				
人工	综合工	工日	135.00	16.30	24.45	24.45	31.95	24.45
材料	石棉布 $\delta 3$	m^2	57.20	4.63	5.65	6.63	7.65	8.79
	裸铜线 $120mm^2$	kg	54.36	14.88	18.36	21.71	32.56	25.06
	热电偶 1000℃ 1m	个	68.09	0.5	0.5	1.0	1.0	1.0
	零星材料费	元	—	7.11	8.55	10.78	14.46	12.62
机械	中频加热处理机 100kW	台班	96.25	2.72	4.08	4.08	5.33	4.08

工作内容：准备工作、热电偶固定、包扎、连线、通电升温、拆除、回收材料、清理现场、硬度测定。 **单位：**10口

编号				6-2833	6-2834	6-2835	6-2836	6-2837
项目				外径×壁厚(mm)				
				426×(30～50)	426×(51～65)	480×(30～50)	480×(51～80)	530×(30～50)
预算基价	总价(元)			**5944.12**	**7925.37**	**6280.02**	**8829.12**	**6519.36**
	人工费(元)			3402.00	4414.50	3402.00	4750.65	3402.00
	材料费(元)			2137.87	2986.31	2473.77	3513.48	2713.11
	机械费(元)			404.25	524.56	404.25	564.99	404.25
组成内容		**单位**	**单价**	**数量**				
人工	综合工	工日	135.00	25.20	32.70	25.20	35.19	25.20
材料	石棉布 $\delta3$	m^2	57.20	8.53	9.87	11.06	14.07	12.16
	裸铜线 $120mm^2$	kg	54.36	28.21	42.32	31.69	47.54	34.91
	热电偶 1000℃ 1m	个	68.09	1.5	1.5	1.5	1.5	1.5
	零星材料费	元	—	14.32	19.10	16.33	22.27	17.72
机械	中频加热处理机 100kW	台班	96.25	4.20	5.45	4.20	5.87	4.20

5.低压合金钢管电感应

工作内容：准备工作、热电偶固定、包扎、连线、通电升温、拆除、回收材料、清理现场、硬度测定。 **单位：**10口

编号				6-2838	6-2839	6-2840	6-2841	6-2842	6-2843
项目				外径×壁厚(mm)					
				57×(3～14)	76×(3～14)	89×(4～16)	108×(6～18)	114×(6～18)	133×(6～25)
预算基价	总价(元)			**1627.29**	**1706.97**	**1767.85**	**2213.19**	**2237.96**	**2667.15**
	人工费(元)			1154.25	1154.25	1154.25	1482.30	1482.30	1806.30
	材料费(元)			335.40	415.08	475.96	554.75	579.52	646.21
	机械费(元)			137.64	137.64	137.64	176.14	176.14	214.64
组成内容		**单位**	**单价**	**数量**					
人工	综合工	工日	135.00	8.55	8.55	8.55	10.98	10.98	13.38
材料	石棉布 $\delta3$	m^2	57.20	1.04	1.22	1.48	1.69	1.75	1.75
	裸铜线 $120mm^2$	kg	54.36	4.402	5.670	6.510	7.730	8.120	9.340
	热电偶 1000℃ 1m	个	68.09	0.5	0.5	0.5	0.5	0.5	0.5
	零星材料费	元	—	2.57	3.03	3.38	3.83	3.97	4.34
机械	中频加热处理机 100kW	台班	96.25	1.43	1.43	1.43	1.83	1.83	2.23

工作内容：准备工作、热电偶固定、包扎、连线、通电升温、拆除、回收材料、清理现场、硬度测定。 **单位：**10口

编号				6-2844	6-2845	6-2846	6-2847	6-2848	6-2849
项目				外径×壁厚(mm)					
				159×(6～25)	159×(26～30)	219×(6～25)	219×(26～35)	273×(6～25)	273×(26～50)
预算基价	总价(元)			**2801.62**	**3479.70**	**3056.35**	**4208.19**	**4294.37**	**6532.82**
	人工费(元)			1806.30	2130.30	1806.30	2454.30	2708.10	4171.50
	材料费(元)			780.68	1096.26	1035.41	1462.25	1264.79	1865.63
	机械费(元)			214.64	253.14	214.64	291.64	321.48	495.69
组成内容		**单位**	**单价**	**数量**					
人工	综合工	工日	135.00	13.38	15.78	13.38	18.18	20.06	30.90
材料	石棉布 $\delta3$	m^2	57.20	2.50	2.75	3.25	3.60	3.93	5.65
	裸铜线 $120mm^2$	kg	54.36	11.010	16.520	14.880	22.320	18.360	27.540
	热电偶 1000℃ 1m	个	68.09	0.5	0.5	0.5	0.5	0.5	0.5
	零星材料费	元	—	5.13	6.89	6.59	8.97	7.90	11.33
机械	中频加热处理机 100kW	台班	96.25	2.23	2.63	2.23	3.03	3.34	5.15

工作内容：准备工作、热电偶固定、包扎、连线、通电升温、拆除、回收材料、清理现场、硬度测定。 **单位**：10口

编号				6-2850	6-2851	6-2852	6-2853	6-2854	6-2855
项目				外径×壁厚(mm)					
				325×(6～25)	325×(26～50)	325×(51～75)	377×(6～25)	377×(26～50)	426×(12～25)
预算基价	总价(元)			**4549.26**	**6898.55**	**9682.39**	**4770.93**	**7229.92**	**5155.43**
	人工费(元)			2708.10	4171.50	6606.90	2708.10	4171.50	2835.00
	材料费(元)			1519.68	2231.36	2290.09	1741.35	2562.73	1983.55
	机械费(元)			321.48	495.69	785.40	321.48	495.69	336.88
组成内容		**单位**	**单价**	**数量**					
人工	综合工	工日	135.00	20.06	30.90	48.94	20.06	30.90	21.00
材料	石棉布 $\delta 3$	m^2	57.20	4.58	6.63	7.65	5.24	7.61	5.85
	裸铜线 $120mm^2$	kg	54.36	21.70	32.56	32.56	25.06	37.59	28.21
	热电偶 1000℃ 1m	个	68.09	1.0	1.0	1.0	1.0	1.0	1.5
	零星材料费	元	—	10.00	14.07	14.46	11.27	15.96	13.30
机械	中频加热处理机 100kW	台班	96.25	3.34	5.15	8.16	3.34	5.15	3.50

工作内容：准备工作、热电偶固定、包扎、连线、通电升温、拆除、回收材料、清理现场、硬度测定。 **单位：**10口

编号				6-2856	6-2857	6-2858	6-2859	6-2860	6-2861	6-2862
项目				外径×壁厚(mm)						
				426×(26～50)	480×(14～25)	480×(26～50)	480×(51～75)	530×(14～25)	530×(26～50)	530×(51～75)
预算基价	总价(元)			**7718.65**	**5384.81**	**8062.72**	**11047.12**	**5597.10**	**7903.65**	**11296.75**
	人工费(元)			4298.40	2835.00	4298.40	6733.80	2835.00	4298.40	6733.80
	材料费(元)			2909.16	2212.93	3253.23	3513.48	2425.22	3094.16	3763.11
	机械费(元)			511.09	336.88	511.09	799.84	336.88	511.09	799.84
组成内容		**单位**	**单价**	**数量**						
人工	综合工	工日	135.00	31.84	21.00	31.84	49.88	21.00	31.84	49.88
材料	石棉布 $\delta 3$	m^2	57.20	8.53	6.53	9.55	14.07	7.16	10.49	13.82
	裸铜线 $120mm^2$	kg	54.36	42.32	31.69	47.54	47.54	34.91	43.64	52.37
	热电偶 1000℃ 1m	个	68.09	1.5	1.5	1.5	1.5	1.5	1.5	1.5
	零星材料费	元	—	18.59	14.61	20.56	22.27	15.83	19.73	23.64
机械	中频加热处理机 100kW	台班	96.25	5.31	3.50	5.31	8.31	3.50	5.31	8.31

6.中高压合金钢管电感应

工作内容：准备工作、热电偶固定、包扎、连线、通电升温、拆除、回收材料、清理现场、硬度测定。 **单位：**10口

编号				6-2863	6-2864	6-2865	6-2866	6-2867	6-2868
项目				外径×壁厚(mm)					
				57×(3～14)	76×(3～14)	89×(4～16)	108×(6～18)	114×(6～18)	133×(6～25)
预算基价	总价(元)			**1871.87**	**1951.66**	**2166.60**	**2616.39**	**2641.16**	**3099.14**
	人工费(元)			1372.95	1372.95	1510.65	1850.85	1850.85	2170.80
	材料费(元)			335.29	415.08	475.96	554.75	579.52	670.39
	机械费(元)			163.63	163.63	179.99	210.79	210.79	257.95
组成内容		**单位**	**单价**	**数量**					
人工	综合工	工日	135.00	10.17	10.17	11.19	13.71	13.71	16.08
材料	石棉布 $\delta3$	m^2	57.20	1.04	1.22	1.48	1.69	1.75	2.17
	裸铜线 $120mm^2$	kg	54.36	4.40	5.67	6.51	7.73	8.12	9.34
	热电偶 1000℃ 1m	个	68.09	0.5	0.5	0.5	0.5	0.5	0.5
	零星材料费	元	—	2.57	3.03	3.38	3.83	3.97	4.50
机械	中频加热处理机 100kW	台班	96.25	1.70	1.70	1.87	2.19	2.19	2.68

工作内容： 准备工作、热电偶固定、包扎、连线、通电升温、拆除、回收材料、清理现场、硬度测定。 **单位：** 10口

编号				6-2869	6-2870	6-2871	6-2872	6-2873	6-2874
项目				外径×壁厚(mm)					
				159×(6～25)	159×(26～30)	219×(6～25)	219×(26～35)	273×(6～25)	273×(26～50)
预算基价	总价(元)			**3209.43**	**3970.42**	**3461.46**	**4780.48**	**4903.87**	**7516.58**
	人工费(元)			2170.80	2569.05	2168.10	2965.95	3252.15	5050.35
	材料费(元)			780.68	1096.26	1035.41	1462.25	1264.79	1865.63
	机械费(元)			257.95	305.11	257.95	352.28	386.93	600.60
组成内容		单位	单价	数量					
人工	综合工	工日	135.00	16.08	19.03	16.06	21.97	24.09	37.41
材料	石棉布 $\delta 3$	m^2	57.20	2.50	2.75	3.25	3.60	3.93	5.65
	裸铜线 $120mm^2$	kg	54.36	11.01	16.52	14.88	22.32	18.36	27.54
	热电偶 1000℃ 1m	个	68.09	0.5	0.5	0.5	0.5	0.5	0.5
	零星材料费	元	—	5.13	6.89	6.59	8.97	7.90	11.33
机械	中频加热处理机 100kW	台班	96.25	2.68	3.17	2.68	3.66	4.02	6.24

工作内容： 准备工作、热电偶固定、包扎、连线、通电升温、拆除、回收材料、清理现场、硬度测定。 **单位：** 10口

编号				6-2875	6-2876	6-2877	6-2878	6-2879	6-2880
项目				外径×壁厚(mm)					
				325×(6～25)	325×(26～50)	325×(51～75)	377×(6～25)	377×(26～50)	426×(12～25)
预算基价	总价(元)			**5158.76**	**7882.31**	**11276.04**	**5380.43**	**8213.68**	**5783.44**
	人工费(元)			3252.15	5050.35	8031.15	3252.15	5050.35	3396.60
	材料费(元)			1519.68	2231.36	2290.09	1741.35	2562.73	1983.55
	机械费(元)			386.93	600.60	954.80	386.93	600.60	403.29
组成内容		**单位**	**单价**	**数量**					
人工	综合工	工日	135.00	24.09	37.41	59.49	24.09	37.41	25.16
材料	石棉布 δ3	m^2	57.20	4.58	6.63	7.65	5.24	7.61	5.85
	裸铜线 $120mm^2$	kg	54.36	21.70	32.56	32.56	25.06	37.59	28.21
	热电偶 1000℃ 1m	个	68.09	1.0	1.0	1.0	1.0	1.0	1.5
	零星材料费	元	—	10.00	14.07	14.46	11.27	15.96	13.30
机械	中频加热处理机 100kW	台班	96.25	4.02	6.24	9.92	4.02	6.24	4.19

工作内容： 准备工作、热电偶固定、包扎、连线、通电升温、拆除、回收材料、清理现场、硬度测定。 **单位：** 10口

编号				6-2881	6-2882	6-2883	6-2884	6-2885	6-2886	6-2887
项目				外径×壁厚(mm)						
				426×(26～50)	480×(14～25)	480×(26～50)	480×(51～75)	530×(14～25)	530×(26～50)	530×(51～75)
预算基价	总价(元)			**8723.24**	**6012.82**	**9067.31**	**12660.24**	**6225.11**	**8908.24**	**12909.87**
	人工费(元)			5196.15	3396.60	5196.15	8175.60	3396.60	5196.15	8175.60
	材料费(元)			2909.16	2212.93	3253.23	3513.48	2425.22	3094.16	3763.11
	机械费(元)			617.93	403.29	617.93	971.16	403.29	617.93	971.16
组成内容		**单位**	**单价**	**数量**						
人工	综合工	工日	135.00	38.49	25.16	38.49	60.56	25.16	38.49	60.56
材料	石棉布 $\delta 3$	m^2	57.20	8.53	6.53	9.55	14.07	7.16	10.49	13.82
	裸铜线 $120mm^2$	kg	54.36	42.32	31.69	47.54	47.54	34.91	43.64	52.37
	热电偶 1000℃ 1m	个	68.09	1.5	1.5	1.5	1.5	1.5	1.5	1.5
	零星材料费	元	—	18.59	14.61	20.56	22.27	15.83	19.73	23.64
机械	中频加热处理机 100kW	台班	96.25	6.42	4.19	6.42	10.09	4.19	6.42	10.09

第九章　其他项目制作、安装

说　明

一、冷排管制作与安装基价中，已包括钢带的轧绞、绕片，但不包括钢带退火和冲、套翅片，管架制作与安装可按本章所列项目计算，冲、套翅片可根据实际情况自行补充。

二、分汽缸、集气罐和空气分气筒的安装，基价内不包括附件安装，其附件可参照相应子目。

三、空气调节器喷雾管安装按《采暖通风国家标准图》T704-12以六种形式分列。可按不同形式以组分别计算。

工程量计算规则

一、塑料法兰制作、安装：依据塑料法兰的规格，按设计图示数量计算。

二、冷排管制作、安装：依据排管形式、组合长度，按设计图示长度计算。

三、蒸汽汽缸制作、安装：依据汽缸不同质量，制作按设计图示尺寸以质量计算；安装按设计图示数量计算。若蒸汽分汽缸为成品安装，则不综合分汽缸制作。

四、集气罐制作、安装：依据其规格，按设计图示数量计算。若集气罐为成品安装，则不综合集气罐制作。

五、空气分气筒制作、安装：依据其规格，按设计图示数量计算。

六、空气调节喷雾管安装：依据其型号，按设计图示数量计算。

七、钢制排水漏斗制作、安装：依据其规格，按设计图示数量计算。其口径规格按下口公称直径计算。

八、水位计安装：依据其形式，按设计图示数量计算。

九、手摇泵安装：依据其规格，按设计图示数量计算。

十、管口焊接充氩保护：依据其规格及充氩部位，不分材质，按设计图示数量计算。

十一、钢带退火：依据其规格，按设计图示质量计算。

十二、加氨：依据其加氨数量，按设计图示质量计算。

十三、套管制作、安装：依据套管的规格、性质（柔性、刚性防水、一般穿墙），按设计图示数量计算。

十四、阀门操纵装置安装：依据阀门种类，按其装置质量计算。

十五、调节阀临时短管制作、安装：依据其规格，按设计图示数量计算。

一、塑料法兰制作、安装（热风焊）

工作内容： 画线、号料、切割、坡口加工、板弧滚压、钻孔、锥丝、组对、焊接。　　**单位：** 副

编号				6-2888	6-2889	6-2890	6-2891	6-2892	6-2893
项目				管道外径（mm以内）					
				20	25	32	40	51	65
预算基价	总价（元）			**68.88**	**76.56**	**83.27**	**91.90**	**97.31**	**106.48**
	人工费（元）			63.45	70.20	75.60	82.35	86.40	93.15
	材料费（元）			0.48	0.64	0.83	1.17	1.76	2.25
	机械费（元）			4.95	5.72	6.84	8.38	9.15	11.08
组成内容		单位	单价	数量					
人工	综合工	工日	135.00	0.47	0.52	0.56	0.61	0.64	0.69
材料	塑料板	m^2	—	(0.02)	(0.03)	(0.04)	(0.04)	(0.05)	(0.05)
	电阻丝	根	11.04	0.01	0.01	0.01	0.02	0.02	0.02
	电	kW·h	0.73	0.16	0.19	0.23	0.28	0.32	0.40
	塑料焊条	kg	13.07	0.01	0.02	0.03	0.04	0.08	0.11
	零星材料费	元	—	0.12	0.13	0.16	0.22	0.26	0.30
机械	电动空气压缩机 $0.6m^3$	台班	38.51	0.11	0.13	0.15	0.19	0.21	0.26
	木工圆锯机 *D*600	台班	35.46	0.02	0.02	0.03	0.03	0.03	0.03

工作内容：画线、号料、切割、坡口加工、板弧滚压、钻孔、锥丝、组对、焊接。 **单位：**副

编号				6-2894	6-2895	6-2896	6-2897	6-2898	6-2899
项目				管道外径(mm以内)					
				76	90	114	140	166	218
预算基价	总价(元)			**121.18**	**144.14**	**166.75**	**193.52**	**215.20**	**260.72**
	人工费(元)			103.95	121.50	139.05	160.65	176.85	210.60
	材料费(元)			2.69	3.51	3.95	5.68	6.18	8.33
	机械费(元)			14.54	19.13	23.75	27.19	32.17	41.79
组成内容		**单位**	**单价**	**数量**					
人工	综合工	工日	135.00	0.77	0.90	1.03	1.19	1.31	1.56
材料	塑料板	m^2	—	(0.06)	(0.08)	(0.08)	(0.15)	(0.18)	(0.21)
	电阻丝	根	11.04	0.03	0.04	0.05	0.06	0.07	0.09
	电	kW·h	0.73	0.54	0.72	0.91	1.03	1.22	1.60
	塑料焊条	kg	13.07	0.12	0.15	0.16	0.27	0.28	0.37
	零星材料费	元	—	0.40	0.58	0.64	0.74	0.86	1.33
机械	电动空气压缩机 $0.6m^3$	台班	38.51	0.35	0.46	0.58	0.66	0.78	1.03
	木工圆锯机 *D*600	台班	35.46	0.03	0.04	0.04	0.05	0.06	0.06

二、冷排管制作、安装

1.翅片墙排管(12 根以内)

工作内容：管材清理及外观检查、调直、摵弯、切管、挖眼、组对、焊接、绕翅片、水压试验、安装。 **单位：**100m

编　号				6-2900	6-2901	6-2902	6-2903
项　目				7m	10m	16m	22m
预算基价	总　价(元)			**2177.69**	**1865.69**	**1581.80**	**1476.04**
	人 工 费(元)			1834.65	1578.15	1347.30	1260.90
	材 料 费(元)			115.94	91.41	69.76	59.88
	机 械 费(元)			227.10	196.13	164.74	155.26
组成内容		**单位**	**单价**	**数　量**			
人工	综合工	工日	135.00	13.59	11.69	9.98	9.34
材料	无缝钢管	m	—	(103.05)	(102.73)	(102.46)	(102.34)
	钢带	t	—	(0.414)	(0.414)	(0.414)	(0.414)
	碳钢电焊条 E4303 *D*3.2	kg	7.59	3.74	3.17	2.66	2.43
	氧气	m^3	2.88	4.114	3.490	2.930	2.670
	乙炔气	kg	14.66	1.37	1.16	0.98	0.89
	焦炭	kg	1.25	26.40	18.38	11.50	8.38
	木柴	kg	1.03	15.90	11.70	7.80	6.05
	尼龙砂轮片 *D*100×16×3	片	3.92	1.50	1.27	1.06	0.97
	零星材料费	元	—	0.36	0.29	0.20	0.19
机械	电焊条烘干箱 600×500×750	台班	27.16	0.17	0.14	0.10	0.09
	电焊机（综合）	台班	74.17	1.70	1.36	0.97	0.88
	鼓风机 $18m^3$	台班	41.24	0.27	0.18	0.15	0.09
	轧纹机	台班	29.43	1.47	1.45	1.45	1.45
	绕带机	台班	28.29	1.47	1.45	1.45	1.45
	立式钻床 *D*25	台班	6.78	0.06	0.05	0.03	0.02

2.翅片顶排管(12根以内)

工作内容:管材清理及外观检查、调直、摵弯、切管、挖眼、组对、焊接、绕翅片、水压试验、安装。 **单位:**100m

	编　　号			6-2904	6-2905	6-2906	6-2907
	项　　目			7m	10m	16m	22m
预算基价	总　　价(元)			**2125.96**	**1835.91**	**1592.64**	**1464.27**
	人　工　费(元)			1767.15	1539.00	1341.90	1240.65
	材　料　费(元)			109.29	86.35	68.55	58.99
	机　械　费(元)			249.52	210.56	182.19	164.63
	组成内容	**单位**	**单价**	**数　　量**			
人工	综合工	工日	135.00	13.09	11.40	9.94	9.19
材料	无缝钢管	m	—	(105.25)	(104.29)	(103.44)	(103.03)
	钢带	t	—	(0.414)	(0.414)	(0.414)	(0.414)
	碳钢电焊条 E4303 *D*3.2	kg	7.59	4.21	3.47	2.98	2.67
	氧气	m^3	2.88	4.630	3.820	3.280	2.940
	乙炔气	kg	14.66	1.54	1.27	1.09	0.98
	焦炭	kg	1.25	19.04	13.60	8.51	6.20
	木柴	kg	1.03	10.30	7.40	4.80	3.63
	尼龙砂轮片 *D*100×16×3	片	3.92	1.68	1.39	1.19	1.07
	零星材料费	元	—	0.43	0.32	0.26	0.21
机械	电焊条烘干箱 600×500×750	台班	27.16	0.20	0.15	0.12	0.10
	电焊机(综合)	台班	74.17	1.99	1.52	1.19	0.98
	鼓风机 $18m^3$	台班	41.24	0.20	0.15	0.09	0.07
	轧纹机	台班	29.43	1.49	1.49	1.49	1.49
	绕带机	台班	28.29	1.49	1.49	1.49	1.49
	立式钻床 *D*25	台班	6.78	0.33	0.23	0.14	0.05

3.光滑顶排管(60根以内)

工作内容：管材清理及外观检查、调直、摵弯、切管、挖眼、组对、焊接、绕翅片、水压试验、安装。 **单位：**100m

编号				6-2908	6-2909	6-2910	6-2911	6-2912	6-2913	6-2914
项目				7m	10m	16m	22m	28m	34m	37m
预算基价	总价(元)			**1299.66**	**1046.22**	**854.52**	**767.00**	**696.35**	**664.65**	**659.40**
	人工费(元)			1198.80	970.65	800.55	723.60	658.80	630.45	626.40
	材料费(元)			82.16	60.42	45.00	36.27	31.71	29.58	28.45
	机械费(元)			18.70	15.15	8.97	7.13	5.84	4.62	4.55
组成内容		**单位**	**单价**	**数量**						
人工	综合工	工日	135.00	8.88	7.19	5.93	5.36	4.88	4.67	4.64
材料	无缝钢管	m	—	(103.84)	(103.28)	(102.80)	(102.58)	(102.51)	(102.42)	(102.39)
	碳钢电焊条 E4303 $D3.2$	kg	7.59	2.90	2.16	1.75	1.47	1.36	1.32	1.28
	氧气	m^3	2.88	3.19	2.38	1.93	1.62	1.49	1.45	1.41
	乙炔气	kg	14.66	1.06	0.79	0.64	0.54	0.50	0.48	0.47
	焦炭	kg	1.25	17.38	12.43	7.82	5.67	4.29	3.52	3.24
	木柴	kg	1.03	8.86	6.47	4.12	3.03	2.21	1.81	1.67
	尼龙砂轮片 $D100\times16\times3$	片	3.92	1.16	0.86	0.70	0.59	0.54	0.53	0.51
	零星材料费	元	—	0.02	0.02	0.01	0.01	0.01	0.01	0.01
机械	电焊条烘干箱 600×500×750	台班	27.16	0.01	0.01	0.01	0.01	0.01	0.01	0.01
	电焊机（综合）	台班	74.17	0.12	0.10	0.06	0.05	0.04	0.03	0.03
	鼓风机 $18m^3$	台班	41.24	0.18	0.13	0.08	0.06	0.05	0.04	0.04
	立式钻床 $D25$	台班	6.78	0.31	0.31	0.14	0.10	0.08	0.07	0.06

4.光滑蛇形墙排管(20根以内)

工作内容：管材清理及外观检查、调直、揻弯、切管、挖眼、组对、焊接、绕翅片、水压试验、安装。 **单位：**100m

编号				6-2915	6-2916	6-2917	6-2918
项目				7m	10m	16m	22m
预算基价	总价(元)			**1317.41**	**1049.71**	**853.42**	**757.53**
	人工费(元)			1228.50	986.85	808.65	720.90
	材料费(元)			77.30	54.75	39.69	32.78
	机械费(元)			11.61	8.11	5.08	3.85
组成内容		**单位**	**单价**	**数量**			
人工	综合工	工日	135.00	9.10	7.31	5.99	5.34
材料	无缝钢管	m	—	(103.05)	(102.74)	(102.46)	(102.34)
	气焊条 $D<2$	kg	7.96	0.83	0.59	0.53	0.50
	氧气	m^3	2.88	2.54	1.79	1.57	1.45
	乙炔气	kg	14.66	0.98	0.69	0.60	0.56
	焦炭	kg	1.25	26.67	18.76	11.77	8.58
	木柴	kg	1.03	15.22	11.00	7.22	5.52
机械	立式钻床 $D25$	台班	6.78	0.07	0.04	0.02	0.02
	鼓风机 $18m^3$	台班	41.24	0.27	0.19	0.12	0.09

5.立式墙排管(40根以内)

工作内容： 管材清理及外观检查、调直、摵弯、切管、挖眼、组对、焊接、绕翅片、水压试验、安装。 **单位：** 100m

编号				6-2919	6-2920	6-2921
项目				2.5m	3m	3.5m
预算基价	总价(元)			**2725.18**	**2334.01**	**2069.65**
	人工费(元)			2598.75	2230.20	1979.10
	材料费(元)			99.12	82.19	70.88
	机械费(元)			27.31	21.62	19.67
组成内容		**单位**	**单价**	**数量**		
人工	综合工	工日	135.00	19.25	16.52	14.66
材料	无缝钢管	m	—	(111.18)	(109.40)	(108.56)
	氧气	m^3	2.88	6.16	5.11	4.40
	乙炔气	kg	14.66	2.05	1.70	1.47
	碳钢电焊条 E4303 *D*3.2	kg	7.59	5.60	4.64	4.00
	尼龙砂轮片 *D*100×16×3	片	3.92	2.24	1.86	1.60
	零星材料费	元	—	0.04	0.04	0.03
机械	电焊条烘干箱 600×500×750	台班	27.16	0.02	0.02	0.02
	电焊机（综合）	台班	74.17	0.21	0.18	0.15
	立式钻床 *D*25	台班	6.78	1.65	1.14	1.18

6.搁架式排管(10排以内)

工作内容：管材清理及外观检查、调直、摵弯、切管、挖眼、组对、焊接、绕翅片、水压试验、安装。 **单位：**100m

	编　号			6-2922	6-2923	6-2924
	项　目			4.5m	8m	10m
预算基价	总　价(元)			**1567.50**	**1078.80**	**945.90**
	人工费(元)			1425.60	985.50	870.75
	材料费(元)			119.87	80.84	64.82
	机械费(元)			22.03	12.46	10.33
	组成内容	**单位**	**单价**	**数　量**		
人工	综合工	工日	135.00	10.56	7.30	6.45
材料	无缝钢管	m	—	(102.60)	(102.35)	(102.28)
	碳钢电焊条 E4303 *D*3.2	kg	7.59	3.02	2.42	1.94
	尼龙砂轮片 *D*100×16×3	片	3.92	1.21	0.97	0.78
	氧气	m^3	2.88	3.32	2.67	2.13
	乙炔气	kg	14.66	1.11	0.89	0.71
	焦炭	kg	1.25	37.60	21.50	17.30
	木柴	kg	1.03	18.80	10.73	8.60
	零星材料费	元	—	0.01	0.01	0.01
机械	电焊条烘干箱 600×500×750	台班	27.16	0.01	0.01	0.01
	电焊机（综合）	台班	74.17	0.06	0.03	0.03
	鼓风机 18m^3	台班	41.24	0.40	0.23	0.18
	立式钻床 *D*25	台班	6.78	0.12	0.07	0.06

三、蒸汽分汽缸制作、安装

1.制　　作

工作内容：下料、切断、切割、卷圆、坡口、焊接、水压试验。　　**单位：**100kg

编号				6-2925	6-2926	6-2927
项目				钢管制(kg)		钢板制
				50以内	50以外	
预算基价	总价(元)			**1384.90**	**616.50**	**1119.75**
	人工费(元)			1075.95	445.50	584.55
	材料费(元)			159.91	108.99	452.76
	机械费(元)			149.04	62.01	82.44
组成内容		**单位**	**单价**	**数量**		
人工	综合工	工日	135.00	7.97	3.30	4.33
材料	无缝钢管	t	—	(0.09318)	(0.09386)	(0.00627)
	普碳钢板 Q195～Q235 δ4.5～7.0	t	3843.28	0.01282	0.01214	0.09973
	低碳钢管箍 *DN*20	个	1.58	7	2	1
	碳钢电焊条 E4303 *D*3.2	kg	7.59	4.19	2.51	3.73
	氧气	m^3	2.88	3.17	2.79	3.24
	乙炔气	kg	14.66	1.06	0.93	1.08
	焦炭	kg	1.25	28.5	11.2	6.9
	尼龙砂轮片 *D*100×16×3	片	3.92	1.68	1.00	1.30
	零星材料费	元	—	0.90	0.53	0.69
机械	电焊条烘干箱 600×500×750	台班	27.16	0.42	0.25	0.32
	电焊机（综合）	台班	74.17	1.75	0.70	0.57
	卷板机 20×2500	台班	273.51	—	—	0.1
	鼓风机 18m^3	台班	41.24	0.19	0.08	0.10

2.安　装

工作内容：分汽缸安装。　　　　**单位：**个

编　号				6-2928	6-2929	6-2930	6-2931	6-2932
项　目				每个质量(kg)				
				50以内	100以内	150以内	200以内	200以外
预算基价	总　价(元)			**432.67**	**565.24**	**666.76**	**711.84**	**825.53**
	人 工 费(元)			427.95	556.20	657.45	702.00	747.90
	材 料 费(元)			2.22	4.32	4.59	5.12	8.43
	机 械 费(元)			2.50	4.72	4.72	4.72	69.20
组 成 内 容		**单位**	**单价**	**数　量**				
人工	综合工	工日	135.00	3.17	4.12	4.87	5.20	5.54
材料	分汽缸	个	—	(1)	(1)	(1)	(1)	(1)
	碳钢电焊条 E4303 *D*3.2	kg	7.59	0.24	0.47	0.50	0.56	0.90
	尼龙砂轮片 *D*100×16×3	片	3.92	0.10	0.19	0.20	0.22	0.36
	零星材料费	元	—	0.01	0.01	0.01	0.01	0.19
机械	电焊条烘干箱 600×500×750	台班	27.16	0.01	0.01	0.01	0.01	0.09
	电焊机（综合）	台班	74.17	0.03	0.06	0.06	0.06	0.90

四、集气罐制作、安装

1.制　　作

工作内容： 下料、切割、坡口、焊接、水压试验。　　**单位：** 个

编　号				6-2933	6-2934	6-2935	6-2936	6-2937
项　目				公称直径(mm以内)				
				150	200	250	300	400
预算基价	总　价(元)			**113.30**	**158.12**	**224.16**	**292.28**	**413.30**
	人 工 费(元)			90.45	121.50	155.25	206.55	272.70
	材 料 费(元)			16.64	28.93	59.74	75.82	125.22
	机 械 费(元)			6.21	7.69	9.17	9.91	15.38
组 成 内 容		**单位**	**单价**	**数　量**				
人工	综合工	工日	135.00	0.67	0.90	1.15	1.53	2.02
材料	无缝钢管	m	—	(0.30)	(0.32)	(0.43)	(0.43)	(0.45)
	熟铁管箍	个	—	(2)	(2)	(2)	(2)	(2)
	普碳钢板 Q195～Q235 δ4.5～7.0	t	3843.28	0.0020	0.0035	—	—	—
	普碳钢板 Q195～Q235 δ8～20	t	3843.31	—	—	0.0090	0.0120	0.0220
	碳钢电焊条 E4303 D3.2	kg	7.59	0.52	1.03	1.80	2.12	2.86
	氧气	m^3	2.88	0.53	0.77	1.12	1.32	1.86
	乙炔气	kg	14.66	0.18	0.26	0.37	0.44	0.62
	尼龙砂轮片 D100×16×3	片	3.92	0.21	0.41	0.72	0.85	1.14
	零星材料费	元	—	0.02	0.02	0.02	0.03	0.04
机械	电焊条烘干箱 600×500×750	台班	27.16	0.01	0.01	0.01	0.01	0.02
	电焊机 (综合)	台班	74.17	0.08	0.10	0.12	0.13	0.20

2.安　装

工作内容：集气罐安装。　　　　**单位：**个

编　号				6-2938	6-2939	6-2940	6-2941	6-2942
项　目				公称直径(mm以内)				
				150	200	250	300	400
预算基价	总　价(元)			**36.45**	**51.30**	**64.80**	**78.30**	**103.95**
	人　工　费(元)			36.45	51.30	64.80	78.30	103.95
组 成 内 容		**单位**	**单价**	**数　量**				
人工	综合工	工日	135.00	0.27	0.38	0.48	0.58	0.77
材料	集气罐	个	—	(1)	(1)	(1)	(1)	(1)

五、空气分气筒制作、安装

工作内容：下料、切割、焊接、安装、水压试验。　　　　**单位：**个

编号				6-2943	6-2944	6-2945
项目				规格(mm)		
				100×400	150×400	200×400
预算基价	总价(元)			**123.21**	**164.31**	**208.69**
	人工费(元)			87.75	120.15	152.55
	材料费(元)			18.60	21.84	29.09
	机械费(元)			16.86	22.32	27.05
组成内容		**单位**	**单价**	**数量**		
人工	综合工	工日	135.00	0.65	0.89	1.13
材料	无缝钢管	m	—	(0.4)	(0.4)	(0.4)
	普碳钢板 Q195～Q235 δ4.5～7.0	t	3843.28	0.0015	0.0018	0.0022
	低碳钢管箍 *DN*20	个	1.58	4	4	4
	碳钢电焊条 E4303 *D*3.2	kg	7.59	0.50	0.65	1.27
	氧气	m^3	2.88	0.25	0.34	0.34
	乙炔气	kg	14.66	0.08	0.11	0.11
	尼龙砂轮片 *D*100×16×3	片	3.92	0.20	0.26	0.51
	零星材料费	元	—	0.04	0.06	0.08
机械	电焊条烘干箱 600×500×750	台班	27.16	0.02	0.03	0.04
	电焊机（综合）	台班	74.17	0.22	0.29	0.35

六、空气调节器喷雾管安装

工作内容：检查、管材清理、切管、套丝、上零件、喷雾管焊接组成、支架制作、喷雾管喷嘴安装、支架安装、水压试验。 **单位：**组

编号				6-2946	6-2947	6-2948	6-2949	6-2950	6-2951
项目				型号					
				I	II	III	IV	V	VI
预算基价	总价(元)			**1182.45**	**1533.63**	**1885.06**	**2290.46**	**2723.04**	**3209.44**
	人工费(元)			1097.55	1437.75	1776.60	2169.45	2586.60	3057.75
	材料费(元)			69.52	80.50	93.08	105.63	121.06	136.31
	机械费(元)			15.38	15.38	15.38	15.38	15.38	15.38
组成内容		单位	单价	数量					
人工	综合工	工日	135.00	8.13	10.65	13.16	16.07	19.16	22.65
材料	喷嘴	个	—	(42)	(56)	(70)	(90)	(108)	(132)
	焊接钢管	m	—	(11.41)	(15.27)	(19.11)	(23.06)	(27.80)	(32.65)
	熟铁管箍	个	—	(6)	(8)	(10)	(10)	(12)	(12)
	黑玛钢丝堵	个	—	(1)	(1)	(1)	(1)	(1)	(1)
	黑玛钢活接头	个	—	(3)	(4)	(5)	(5)	(6)	(6)
	普碳钢板 Q195～Q235 δ4.5～7.0	t	3843.28	0.00116	0.00116	0.00116	0.00116	0.00116	0.00116
	热轧角钢 ＞63	t	3649.53	0.00368	0.00368	0.00368	0.00368	0.00368	0.00368
	圆钢 D10～14	t	3926.88	0.00042	0.00042	0.00042	0.00042	0.00042	0.00042
	热轧扁钢 ＜59	t	3665.80	0.00051	0.00051	0.00051	0.00051	0.00051	0.00051
	螺母 M10	个	0.16	8	8	8	8	8	8
	碳钢电焊条 E4303 D3.2	kg	7.59	2.55	3.26	3.97	4.68	5.55	6.42
	氧气	m^3	2.88	2.81	3.59	4.37	5.15	6.11	7.06
	乙炔气	kg	14.66	0.94	1.20	1.46	1.72	2.04	2.35
	尼龙砂轮片 D100×16×3	片	3.92	1.42	1.30	1.59	1.87	2.22	2.57
	零星材料费	元	—	0.04	0.04	0.04	0.04	0.04	0.04
机械	电焊条烘干箱 600×500×750	台班	27.16	0.02	0.02	0.02	0.02	0.02	0.02
	电焊机（综合）	台班	74.17	0.2	0.2	0.2	0.2	0.2	0.2

七、钢制排水漏斗制作、安装

工作内容： 下料、切断、切割、焊接、安装。　　　　**单位：** 个

编号				6-2952	6-2953	6-2954	6-2955
项目				公称直径(mm以内)			
				50	100	150	200
预算基价	总价(元)			**78.51**	**137.89**	**201.35**	**292.14**
	人工费(元)			58.05	90.45	125.55	186.30
	材料费(元)			10.86	34.82	61.37	81.81
	机械费(元)			9.60	12.62	14.43	24.03
	组成内容	**单位**	**单价**	**数量**			
人工	综合工	工日	135.00	0.43	0.67	0.93	1.38
材料	无缝钢管	m	—	(0.10)	(0.15)	(0.20)	(0.25)
	普碳钢板 Q195～Q235 δ3.5～4.0	t	3945.80	0.00170	0.00705	—	—
	普碳钢板 Q195～Q235 δ4.5～7.0	t	3843.28	—	—	0.01300	0.01580
	碳钢电焊条 E4303 D3.2	kg	7.59	0.25	0.35	0.55	1.30
	氧气	m^3	2.88	0.23	0.49	0.82	1.17
	乙炔气	kg	14.66	0.08	0.16	0.27	0.39
	尼龙砂轮片 D100×16×3	片	3.92	0.10	0.14	0.22	0.52
	零星材料费	元	—	0.03	0.04	0.05	0.09
机械	电焊条烘干箱 600×500×750	台班	27.16	0.02	0.02	0.02	0.04
	交流弧焊机 21kV·A	台班	60.37	0.15	0.20	0.23	0.38

八、水位计安装

工作内容：清洗检查、水位计安装。

单位：组

编号				6-2956	6-2957
项目				管式（D20以内）	板式（δ20以内）
预算基价	总价（元）			**93.95**	**215.45**
	人工费（元）			29.70	151.20
	材料费（元）			64.25	64.25
组成内容		单位	单价	数量	
人工	综合工	工日	135.00	0.22	1.12
材料	水位计	套	64.25	1	1

九、手摇泵安装

工作内容：清洗检查、制垫、加垫、找平、找正、安装。 **单位：**个

编号				6-2958	6-2959	6-2960	6-2961
项目				公称直径(mm以内)			
				25	32	40	50
预算基价	总价(元)			**51.35**	**51.55**	**52.15**	**52.75**
	人工费(元)			49.95	49.95	49.95	49.95
	材料费(元)			1.40	1.60	2.20	2.80
组成内容		**单位**	**单价**	**数量**			
人工	综合工	工日	135.00	0.37	0.37	0.37	0.37
材料	手摇泵	个	—	(1)	(1)	(1)	(1)
	石棉橡胶板 低中压 δ0.8～6.0	kg	20.02	0.07	0.08	0.11	0.14

十、管口焊接充氩保护

1.管内局部充氩保护

工作内容：装堵板、管口封闭、焊口贴胶布、接通气源、调整流量、充氩、拆除堵板。　　　　**单位：**10口

编号				6-2962	6-2963	6-2964	6-2965	6-2966	6-2967
项目				公称直径(mm以内)					
				50	100	200	300	400	500
预算基价	总价(元)			**140.80**	**176.80**	**269.66**	**397.45**	**501.68**	**647.51**
	人工费(元)			81.00	108.00	175.50	270.00	337.50	445.50
	材料费(元)			59.80	68.80	94.16	127.45	164.18	202.01
组成内容		**单位**	**单价**	**数量**					
人工	综合工	工日	135.00	0.60	0.80	1.30	2.00	2.50	3.30
材料	氩气	m^3	18.60	0.80	1.20	2.20	3.50	4.80	5.90
	零星材料费	元	—	44.92	46.48	53.24	62.35	74.90	92.27

2.管外局部充氩保护

工作内容：堵板及脱罩制作、安装、管口封闭、接通气源、调整流量、充氩、拆除堵板。　　**单位：**10口

编号				6-2968	6-2969	6-2970	6-2971	6-2972	6-2973
项目				公称直径(mm以内)					
				50	100	200	300	400	500
预算基价	总价(元)			**156.65**	**211.75**	**349.51**	**540.44**	**687.85**	**894.89**
	人工费(元)			129.60	172.80	280.80	432.00	540.00	712.80
	材料费(元)			27.05	38.95	68.71	108.44	147.85	182.09
组成内容		**单位**	**单价**	**数量**					
人工	综合工	工日	135.00	0.96	1.28	2.08	3.20	4.00	5.28
材料	氩气	m^3	18.60	1.28	1.92	3.52	5.60	7.68	9.44
	零星材料费	元	—	3.24	3.24	3.24	4.28	5.00	6.51

十一、钢带退火、加氨

工作内容：1.钢带退火:保温、冷却。2.加氨:搬运氨瓶、连接阀口、过磅记录。 **单位：**t

编号				6-2974	6-2975	6-2976
项目				钢带退火	加氨(t以内)	
				30～50	10	20
预算基价	总价(元)			**1167.65**	**811.82**	**703.35**
	人工费(元)			810.00	749.25	641.25
	材料费(元)			306.10	5.52	5.05
	机械费(元)			51.55	57.05	57.05
组成内容		**单位**	**单价**	**数量**		
人工	综合工	工日	135.00	6.00	5.55	4.75
材料	普碳钢板 Q195～Q235 δ4.5～7.0	t	3843.28	0.004	—	—
	白灰	kg	0.30	50	—	—
	焦炭	kg	1.25	169	—	—
	木柴	kg	1.03	6	—	—
	石棉橡胶板 低中压 δ0.8～6.0	kg	20.02	—	0.01	0.01
	黄色氧化铅	kg	9.78	—	0.02	0.02
	甘油	kg	14.22	—	0.02	0.02
	零星材料费	元	—	58.30	4.84	4.37
机械	鼓风机 18m^3	台班	41.24	1.25	—	—
	卷扬机 单筒慢速 50kN	台班	211.29	—	0.27	0.27

十二、套管制作、安装

1.柔性防水套管制作

工作内容： 放样、下料、切割、焊接、刷防锈漆。　　　　**单位：** 个

编号				6-2977	6-2978	6-2979	6-2980	6-2981	6-2982	6-2983	6-2984	6-2985
项目				公称直径(mm以内)								
				50	80	100	125	150	200	250	300	350
预算基价	总　价(元)			**324.39**	**416.57**	**518.08**	**592.12**	**666.21**	**824.73**	**960.44**	**1104.37**	**1404.79**
	人 工 费(元)			201.15	240.30	305.10	348.30	399.60	445.50	494.10	548.10	604.80
	材 料 费(元)			88.79	132.47	147.76	173.76	193.19	294.66	366.67	451.08	675.33
	机 械 费(元)			34.45	43.80	65.22	70.06	73.42	84.57	99.67	105.19	124.66
组成内容		**单位**	**单价**	**数　量**								
人工	综合工	工日	135.00	1.49	1.78	2.26	2.58	2.96	3.30	3.66	4.06	4.48
材料	焊接钢管	t	—	(0.00440)	(0.00654)	(0.00752)	(0.00972)	(0.01180)	(0.01819)	(0.02426)	(0.03112)	(0.03654)
	普碳钢板 Q195～Q235 δ10～20	t	3875.88	0.01350	0.02140	0.02390	0.02692	0.02946	0.04817	0.05607	0.06760	—
	普碳钢板 Q195～Q235 δ15～30	t	4006.16	—	—	—	—	—	—	—	—	0.08379
	碳钢电焊条 E4303 *D*3.2	kg	7.59	1.00	1.25	1.47	1.80	2.48	4.56	7.04	9.20	10.04
	橡胶石棉盘根 *D*11～25 250℃编制	kg	25.04	0.11	0.14	0.17	0.20	0.23	0.29	0.36	0.42	0.48
	橡皮条 *D*20	个	0.76	2	2	2	2	2	2	2	2	2
	双头带帽螺栓	kg	12.76	0.36	0.64	0.64	1.28	1.28	1.28	1.92	3.48	3.60
	氧气	m^3	2.88	2.34	3.16	3.51	3.74	4.10	5.27	6.44	6.44	6.55
	乙炔气	kg	14.66	0.78	1.05	1.17	1.25	1.37	1.76	2.15	2.15	2.18
	尼龙砂轮片 *D*100×16×3	片	3.92	0.050	0.084	0.100	0.125	0.150	0.206	0.257	0.306	0.355
	焦炭	kg	1.25	—	—	—	—	—	—	—	—	100
	木柴	kg	1.03	—	—	—	—	—	—	—	—	12
	零星材料费	元	—	1.64	2.02	2.37	3.31	4.09	6.45	9.81	11.54	14.40
机械	电焊条烘干箱 600×500×750	台班	27.16	0.02	0.05	0.08	0.08	0.09	0.10	0.12	0.12	0.13
	交流弧焊机 21kV·A	台班	60.37	0.40	0.50	0.76	0.80	0.85	0.95	1.19	1.20	1.30
	鼓风机 $18m^3$	台班	41.24	—	—	—	—	—	—	—	—	0.20
	立式钻床 *D*25	台班	6.78	0.01	0.02	0.03	0.03	0.04	0.04	0.05	0.06	0.07
	普通车床 630×2000	台班	242.35	0.04	0.05	0.07	0.08	0.08	0.10	0.10	0.12	0.14

工作内容：放样、下料、切割、焊接、刷防锈漆。　　　　　　　　　　**单位：**个

编号				6-2986	6-2987	6-2988	6-2989	6-2990	6-2991	6-2992	6-2993
项目				公称直径(mm以内)							
				400	450	500	600	700	800	900	1000
预算基价	总价(元)			**1619.47**	**1859.52**	**2060.03**	**2658.59**	**3008.14**	**3866.71**	**4280.74**	**4862.14**
	人工费(元)			676.35	789.75	837.00	945.00	1078.65	1339.20	1452.60	1676.70
	材料费(元)			794.68	889.53	1011.00	1458.79	1635.74	2115.81	2384.57	2659.54
	机械费(元)			148.44	180.24	212.03	254.80	293.75	411.70	443.57	525.90
组成内容		**单位**	**单价**	**数量**							
人工	综合工	工日	135.00	5.01	5.85	6.20	7.00	7.99	9.92	10.76	12.42
材料	焊接钢管	t	—	(0.04033)	(0.04468)	(0.05113)	(0.06035)	(0.06967)	(0.07880)	(0.08836)	(0.09754)
	普碳钢板 Q195～Q235 δ15～30	t	4006.16	0.09939	0.10882	0.12522	0.19095	0.22388	0.27569	0.31847	0.34883
	碳钢电焊条 E4303 D3.2	kg	7.59	11.60	15.20	16.80	24.00	28.00	41.60	45.60	51.20
	橡皮条 D20	个	0.76	2	2	2	2	2	2	2	2
	橡胶石棉盘根 D11～25 250℃编制	kg	25.04	0.54	0.60	0.83	1.11	1.26	1.48	1.59	1.78
	双头带帽螺栓	kg	12.76	4.80	4.80	5.12	7.80	10.56	17.28	17.28	20.16
	氧气	m^3	2.88	6.55	6.67	6.79	6.79	7.31	8.78	9.95	11.70
	乙炔气	kg	14.66	2.18	2.22	2.26	6.26	2.44	2.93	3.32	3.90
	尼龙砂轮片 D100×16×3	片	3.92	0.401	0.451	0.499	0.584	0.679	0.773	0.867	0.961
	焦炭	kg	1.25	120	140	160	180	200	240	280	320
	木柴	kg	1.03	12	12	16	16	16	20	20	20
	零星材料费	元	—	17.42	19.54	23.08	27.72	32.54	44.67	49.47	54.89
机械	电焊条烘干箱 600×500×750	台班	27.16	0.16	0.20	0.24	0.30	0.35	0.52	0.56	0.68
	交流弧焊机 21kV·A	台班	60.37	1.60	2.00	2.40	3.00	3.50	5.20	5.60	6.80
	鼓风机 18m^3	台班	41.24	0.20	0.24	0.28	0.28	0.28	0.36	0.40	0.44
	普通车床 630×2000	台班	242.35	0.16	0.18	0.20	0.22	0.25	0.28	0.30	0.32
	立式钻床 D25	台班	6.78	0.07	0.08	0.09	0.10	0.12	0.14	0.16	0.18

2.柔性防水套管安装

工作内容： 找标高、找平、找正、就位、安装、加添料、紧螺栓。 **单位：** 个

编号				6-2994	6-2995	6-2996	6-2997	6-2998	6-2999	6-3000	6-3001	6-3002
项目				公称直径(mm以内)								
				50	150	200	300	400	500	600	800	1000
预算基价	总价(元)			**54.04**	**61.65**	**83.47**	**92.20**	**113.23**	**154.72**	**155.71**	**171.46**	**201.70**
	人工费(元)			52.65	59.40	81.00	89.10	109.35	149.85	149.85	163.35	190.35
	材料费(元)			1.39	2.25	2.47	3.10	3.88	4.87	5.86	8.11	11.35
组成内容		**单位**	**单价**	**数量**								
人工	综合工	工日	135.00	0.39	0.44	0.60	0.66	0.81	1.11	1.11	1.21	1.41
材料	黄干油	kg	15.77	0.07	0.12	0.12	0.16	0.20	0.24	0.28	0.40	0.56
	机油 5#～7#	kg	7.21	0.04	0.05	0.08	0.08	0.10	0.15	0.20	0.25	0.35

3.刚性防水套管制作

工作内容：放样、下料、切割、组对、焊接、车制、刷防锈漆。 **单位：**个

编号				6-3003	6-3004	6-3005	6-3006	6-3007	6-3008	6-3009	6-3010	6-3011
项目				公称直径(mm以内)								
				50	80	100	125	150	200	250	300	350
预算基价	总价(元)			**131.78**	**158.02**	**206.82**	**244.15**	**264.42**	**335.16**	**424.19**	**541.69**	**667.28**
	人工费(元)			85.05	101.25	133.65	160.65	171.45	211.95	265.95	314.55	391.50
	材料费(元)			31.68	39.31	46.97	53.67	61.94	87.07	115.79	177.16	216.47
	机械费(元)			15.05	17.46	26.20	29.83	31.03	36.14	42.45	49.98	59.31
组成内容		**单位**	**单价**	**数量**								
人工	综合工	工日	135.00	0.63	0.75	0.99	1.19	1.27	1.57	1.97	2.33	2.90
材料	焊接钢管	t	—	(0.00326)	(0.00402)	(0.00514)	(0.00835)	(0.00946)	(0.01378)	(0.01876)	(0.02184)	(0.02777)
	普碳钢板 Q195～Q235 δ10～15	t	3850.83	0.00397	0.00495	0.00615	0.00711	0.00824	0.01219	0.01561	0.02920	0.03786
	热轧扁钢 ＜59	t	3665.80	0.00090	0.00105	0.00125	0.00140	0.00160	0.00200	0.00240	0.00270	0.00310
	碳钢电焊条 E4303 D3.2	kg	7.59	0.40	0.50	0.59	0.72	0.99	1.80	2.80	3.68	3.74
	氧气	m^3	2.88	1.17	1.46	1.64	1.76	1.87	1.99	2.57	2.63	2.93
	乙炔气	kg	14.66	0.39	0.49	0.55	0.59	0.62	0.66	0.86	0.88	0.98
	尼龙砂轮片 D100×16×3	片	3.92	0.040	0.056	0.068	0.084	0.100	0.138	0.172	0.204	0.237
	零星材料费	元	—	0.81	1.00	1.17	1.65	1.96	3.19	4.95	5.61	7.19
机械	电焊条烘干箱 600×500×750	台班	27.16	0.02	0.02	0.03	0.03	0.03	0.04	0.05	0.06	0.07
	交流弧焊机 21kV·A	台班	60.37	0.16	0.20	0.30	0.32	0.34	0.38	0.48	0.56	0.67
	普通车床 630×2000	台班	242.35	0.02	0.02	0.03	0.04	0.04	0.05	0.05	0.06	0.07

工作内容：放样、下料、切割、组对、焊接、车制、刷防锈漆。 **单位：**个

编号				6-3012	6-3013	6-3014	6-3015	6-3016	6-3017	6-3018	6-3019
项目				公称直径(mm以内)							
				400	450	500	600	700	800	900	1000
预算基价	总价(元)			**884.77**	**1007.70**	**1107.49**	**1351.57**	**1545.63**	**1868.41**	**2187.19**	**2455.23**
	人工费(元)			449.55	507.60	540.00	630.45	716.85	877.50	1050.30	1143.45
	材料费(元)			346.74	402.94	458.05	577.34	670.85	786.82	894.67	1052.45
	机械费(元)			88.48	97.16	109.44	143.78	157.93	204.09	242.22	259.33
组成内容		单位	单价	数量							
人工	综合工	工日	135.00	3.33	3.76	4.00	4.67	5.31	6.50	7.78	8.47
材料	焊接钢管	t	—	(0.03136)	(0.03469)	(0.03795)	(0.04475)	(0.05067)	(0.05733)	(0.06399)	(0.07078)
	普碳钢板 Q195～Q235 δ10～15	t	3850.83	0.04541	0.05302	0.06104	0.07956	0.09284	0.10230	0.11669	0.13860
	热轧扁钢 <59	t	3665.80	0.00340	0.00380	0.00410	0.00480	0.00550	0.00580	0.00640	0.00720
	碳钢电焊条 E4303 D3.2	kg	7.59	4.16	5.60	6.24	8.80	10.00	15.60	17.60	19.60
	氧气	m^3	2.88	3.16	3.16	3.39	3.39	3.69	4.12	4.97	5.85
	乙炔气	kg	14.66	1.05	1.05	1.13	1.13	1.23	1.37	1.66	1.95
	尼龙砂轮片 D100×16×3	片	3.92	0.268	0.300	0.333	0.390	0.452	0.515	0.578	0.641
	焦炭	kg	1.25	70	80	90	110	130	150	170	200
	木柴	kg	1.03	6	6	8	8	8	10	10	15
	零星材料费	元	—	8.61	10.49	12.23	12.98	16.11	21.45	24.56	30.17
机械	电焊条烘干箱 600×500×750	台班	27.16	0.08	0.08	0.09	0.13	0.14	0.20	0.24	0.26
	交流弧焊机 21kV·A	台班	60.37	0.75	0.84	0.88	1.26	1.35	1.98	2.44	2.57
	剪板机 20×2500	台班	329.03	0.02	0.02	0.03	0.03	0.04	0.04	0.05	0.05
	卷板机 20×2500	台班	273.51	0.04	0.04	0.06	0.08	0.09	0.09	0.10	0.12
	鼓风机 18m^3	台班	41.24	0.10	0.12	0.14	0.14	0.14	0.18	0.20	0.22
	普通车床 630×2000	台班	242.35	0.08	0.09	0.09	0.11	0.12	0.14	0.15	0.16

4.刚性防水套管安装

工作内容：找标高、找平、找正、就位、安装、加添料。

单位：个

编号				6-3020	6-3021	6-3022	6-3023	6-3024	6-3025	6-3026	6-3027	6-3028
项目				公称直径(mm以内)								
				50	150	200	300	400	500	600	800	1000
预算基价	总价(元)			**140.70**	**188.88**	**244.40**	**319.53**	**389.55**	**491.37**	**536.60**	**649.87**	**786.05**
	人工费(元)			87.75	98.55	136.35	148.50	180.90	249.75	249.75	272.70	317.25
	材料费(元)			52.95	90.33	108.05	171.03	208.65	241.62	286.85	377.17	468.80
组成内容		**单位**	**单价**	**数量**								
人工	综合工	工日	135.00	0.65	0.73	1.01	1.10	1.34	1.85	1.85	2.02	2.35
材料	硅酸盐水泥 42.5级	kg	0.41	5.80	10.00	11.90	18.90	23.00	26.70	31.70	41.70	51.88
	石棉绒（综合）	kg	12.32	2.50	4.27	5.11	8.09	9.87	11.42	13.56	17.83	22.24
	油麻	kg	16.48	1.20	2.04	2.44	3.86	4.71	5.46	6.48	8.52	10.53

5.一般穿墙套管制作、安装

工作内容：准备工作、切管、焊接、打堵洞眼、安装。 **单位：**个

编号				6-3029	6-3030	6-3031	6-3032	6-3033	6-3034	6-3035	6-3036	6-3037	6-3038
项目				公称直径(mm以内)									
				50	100	150	200	250	300	350	400	450	500
预算基价	总价(元)			**21.44**	**57.29**	**108.02**	**181.10**	**263.88**	**323.77**	**408.53**	**463.53**	**504.19**	**575.18**
	人工费(元)			17.55	49.95	97.20	166.05	247.05	305.10	388.80	441.45	481.95	550.80
	材料费(元)			3.15	6.60	10.08	14.31	16.09	17.93	18.99	21.34	21.50	23.64
	机械费(元)			0.74	0.74	0.74	0.74	0.74	0.74	0.74	0.74	0.74	0.74
组成内容		**单位**	**单价**	**数量**									
人工	综合工	工日	135.00	0.13	0.37	0.72	1.23	1.83	2.26	2.88	3.27	3.57	4.08
材料	碳钢管	m	—	(0.3)	(0.3)	(0.3)	(0.3)	(0.3)	(0.3)	(0.3)	(0.3)	(0.3)	(0.3)
	碳钢电焊条 E4303 *D*3.2	kg	7.59	0.02	0.02	0.02	0.02	0.02	0.02	0.03	0.03	0.03	0.03
	氧气	m^3	2.88	0.327	0.770	1.217	1.743	1.972	2.208	2.296	2.599	2.617	2.893
	乙炔气	kg	14.66	0.109	0.257	0.406	0.581	0.657	0.736	0.765	0.866	0.872	0.964
	零星材料费	元	—	0.46	0.46	0.47	0.62	0.63	0.63	0.93	0.93	0.95	0.95
机械	电焊机（综合）	台班	74.17	0.01	0.01	0.01	0.01	0.01	0.01	0.01	0.01	0.01	0.01

十三、阀门操控装置安装

工作内容： 部件检查、组合装配、安装、固定、试动调正。

单位： 100kg

编号				6-3039
项目				阀门操纵装置
预算基价	总价(元)			**1204.20**
	人工费(元)			1167.75
	材料费(元)			15.71
	机械费(元)			20.74
组成内容		**单位**	**单价**	**数量**
人工	综合工	工日	135.00	8.65
材料	阀门操纵装置	kg	—	(100.00)
	电焊条 E4303 *D*3.2	kg	7.59	0.80
	氧气	m^3	2.88	1.08
	乙炔气	kg	14.66	0.36
	尼龙砂轮片 *D*100×16×3	片	3.92	0.32
机械	电焊条烘干箱 600×500×750	台班	27.16	0.03
	交流弧焊机 21kV·A	台班	60.37	0.33

十四、调节阀临时短管装拆

工作内容：准备工具和材料、切管、焊法兰、拆除调节阀、装临时短管、上螺栓、试压、吹洗、短管拆除、调节阀复位。 **单位：**个

编号				6-3040	6-3041	6-3042	6-3043	6-3044	6-3045	6-3046	6-3047	6-3048
项目				公称直径(mm以内)								
				15	25	50	100	150	200	300	400	500
预算基价	总价(元)			**53.70**	**67.57**	**84.10**	**118.31**	**201.07**	**257.71**	**554.56**	**888.49**	**1335.77**
	人工费(元)			45.90	56.70	63.45	75.60	130.95	151.20	245.70	311.85	341.55
	材料费(元)			6.92	9.99	19.77	41.23	68.64	104.43	305.57	572.75	989.12
	机械费(元)			0.88	0.88	0.88	1.48	1.48	2.08	3.29	3.89	5.10
组成内容		**单位**	**单价**	**数量**								
人工	综合工	工日	135.00	0.34	0.42	0.47	0.56	0.97	1.12	1.82	2.31	2.53
材料	碳钢电焊条 E4303 *D*3.2	kg	7.59	0.01	0.01	0.03	0.07	0.12	0.23	0.54	0.88	1.44
	平焊法兰 1.6MPa *DN*15	个	8.13	0.80	—	—	—	—	—	—	—	—
	平焊法兰 1.6MPa *DN*25	个	11.73	—	0.80	—	—	—	—	—	—	—
	平焊法兰 1.6MPa *DN*50	个	22.98	—	—	0.80	—	—	—	—	—	—
	平焊法兰 1.6MPa *DN*100	个	48.19	—	—	—	0.80	—	—	—	—	—
	平焊法兰 1.6MPa *DN*150	个	79.27	—	—	—	—	0.80	—	—	—	—
	平焊法兰 1.6MPa *DN*200	个	119.54	—	—	—	—	—	0.80	—	—	—
	平焊法兰 1.6MPa *DN*300	个	365.92	—	—	—	—	—	—	0.80	—	—
	平焊法兰 1.6MPa *DN*400	个	689.44	—	—	—	—	—	—	—	0.80	—
	平焊法兰 1.6MPa *DN*500	个	1195.37	—	—	—	—	—	—	—	—	0.80
	氧气	m^3	2.88	0.03	0.03	0.08	0.18	0.31	0.59	0.69	1.13	1.85
	乙炔气	kg	14.66	0.01	0.01	0.03	0.03	0.10	0.20	0.23	0.38	0.62
	尼龙砂轮片 *D*100×16×3	片	3.92	0.01	0.01	0.01	0.03	0.05	0.09	0.22	0.35	0.58
	零星材料费	元	—	0.07	0.26	0.45	1.07	1.76	2.07	2.51	4.32	5.20
机械	电焊条烘干箱 600×500×750	台班	27.16	0.01	0.01	0.01	0.01	0.01	0.01	0.01	0.01	0.01
	交流弧焊机 21kV·A	台班	60.37	0.01	0.01	0.01	0.02	0.02	0.03	0.05	0.06	0.08

附　录

附录一　材 料 价 格

说　　明

一、本附录材料价格为不含税价格，是确定预算基价子目中材料费的基期价格。

二、材料价格由材料采购价、运杂费、运输损耗费和采购及保管费组成。计算公式如下：

采购价为供货地点交货价格：

材料价格 =（采购价 + 运杂费）×（1+ 运输损耗率）×（1+ 采购及保管费费率）

采购价为施工现场交货价格：

材料价格 = 采购价 ×（1+ 采购及保管费费率）

三、运杂费指材料由供货地点运至工地仓库（或现场指定堆放地点）所发生的全部费用。运输损耗指材料在运输装卸过程中不可避免的损耗，材料损耗率如下表：

材料损耗率表

材 料 类 别	损 耗 率
页岩标砖、空心砖、砂、水泥、陶粒、耐火土、水泥地面砖、白瓷砖、卫生洁具、玻璃灯罩	1.0%
机制瓦、脊瓦、水泥瓦	3.0%
石棉瓦、石子、黄土、耐火砖、玻璃、色石子、大理石板、水磨石板、混凝土管、缸瓦管	0.5%
砌块、白灰	1.5%

注：表中未列的材料类别，不计损耗。

四、采购及保管费是指为组织采购、供应和保管材料、工程设备的过程中所需要的各项费用。采购及保管费费率按0.42% 计取。

五、附录中材料价格是编制期天津市建筑材料市场综合取定的施工现场交货价格，并考虑了采购及保管费。

六、采用简易计税方法计取增值税时，材料的含税价格按照税务部门有关规定计算，以“元”为单位的材料费按系数1.1086 调整。

材料价格表

序号	材料名称	规格	单位	单价（元）
1	水泥	32.5级	kg	0.36
2	硅酸盐水泥	42.5级	kg	0.41
3	膨胀水泥	—	kg	1.00
4	白灰	—	kg	0.30
5	绿豆砂	—	t	100.37
6	石棉绒	（综合）	kg	12.32
7	圆钢	D10～14	t	3926.88
8	热轧角钢	>63	t	3649.53
9	热轧扁钢	<59	t	3665.80
10	普碳钢板	δ12～20	t	3626.36
11	普碳钢板	δ20～40	t	3614.77
12	普碳钢板	Q195～Q235 δ3.5～4.0	t	3945.80
13	普碳钢板	Q195～Q235 δ4.5～7.0	t	3843.28
14	普碳钢板	Q195～Q235 δ8～20	t	3843.31
15	普碳钢板	Q195～Q235 δ10～20	t	3875.88
16	普碳钢板	Q195～Q235 δ10～15	t	3850.83
17	普碳钢板	Q195～Q235 δ15～30	t	4006.16
18	铅板	80×150×3	块	10.71
19	铅板	80×300×3	块	19.19
20	青铅	—	kg	22.81
21	合金钢电焊条	—	kg	26.56
22	电焊条	E4303 D3.2	kg	7.59
23	不锈钢电焊条	—	kg	66.08
24	气焊条	D<2	kg	7.96
25	塑料焊条	—	kg	13.07
26	碳钢电焊条	E4303 D3.2	kg	7.59
27	碳钢焊丝	—	kg	10.58

续表

序号	材料名称	规格	单位	单价（元）
28	铜气焊丝	—	kg	46.03
29	碳钢埋弧焊丝	—	kg	9.58
30	合金钢焊丝	—	kg	16.53
31	不锈钢焊丝	1Cr18Ni9Ti	kg	55.02
32	铝焊丝	*D*3	kg	47.38
33	铝合金氩弧焊丝	丝321 *D*1～6	kg	49.32
34	埋弧焊剂	—	kg	4.93
35	螺栓	—	kg	8.33
36	双头带帽螺栓	—	kg	12.76
37	带帽玛铁螺栓	M20×100	套	2.94
38	带帽玛铁螺栓	M22×120	套	4.50
39	螺母	—	kg	8.20
40	螺母	M10	个	0.16
41	硼酸	—	kg	11.68
42	冰醋酸	98%	kg	2.08
43	硫代硫酸钠	—	kg	20.65
44	无水碳酸钠	—	kg	21.29
45	无水亚硫酸钠	—	kg	21.68
46	黑铅粉	—	kg	0.44
47	氧气	—	m^3	2.88
48	乙炔气	—	kg	14.66
49	氩气	—	m^3	18.60
50	米吐尔	—	kg	230.67
51	对苯二酚	—	kg	34.84
52	黄色氧化铅	（综合）	kg	9.78
53	硫酸铝钾	—	kg	231.75
54	溴化钾	—	kg	48.11
55	亚硝酸钠	—	kg	3.99

续表

序号	材料名称	规格	单位	单价(元)
56	硼砂	—	kg	4.46
57	荧光磁粉	—	g	0.13
58	荧光渗透探伤剂	500mL	瓶	99.90
59	Oπ-20	—	L	67.28
60	甘油	—	kg	14.22
61	胶泥	—	kg	16.01
62	胶粘剂	1#	kg	28.27
63	压敏胶粘带	—	m	1.58
64	焦炭	—	kg	1.25
65	木柴	—	kg	1.03
66	煤油	—	kg	7.49
67	机油	5#～7#	kg	7.21
68	变压器油	—	kg	8.87
69	黄干油	—	kg	15.77
70	白布	—	m	3.68
71	高硅布	$\delta25$	m^2	38.96
72	高硅布	$\delta50$	m^2	76.35
73	橡皮条	$D20$	个	0.76
74	钍钨棒	—	kg	640.87
75	油麻	—	kg	16.48
76	水	—	m^3	7.62
77	电	—	kW•h	0.73
78	X射线胶片	80×150	张	2.99
79	X射线胶片	80×300	张	4.14
80	显像剂	500mL	瓶	6.06
81	肥皂	—	块	1.34
82	直探头	—	个	206.66
83	斜探头	—	个	293.19

续表

序号	材料名称	规格	单位	单价（元）
84	薄砂轮片	*D*500×25×4	片	20.42
85	尼龙砂轮片	*D*100×16×3	片	3.92
86	尼龙砂轮片	*D*500×25×4	片	18.69
87	滤油纸	300×300	张	0.93
88	耦合剂	—	kg	81.19
89	清洗剂	500mL	瓶	18.91
90	润滑剂	—	kg	4.04
91	渗透剂	500mL	瓶	72.08
92	消泡剂	—	kg	24.07
93	磁粉	—	kg	107.01
94	低碳钢管箍	*DN*20	个	1.58
95	平焊法兰	1.6MPa *DN*15	个	8.13
96	平焊法兰	1.6MPa *DN*25	个	11.73
97	平焊法兰	1.6MPa *DN*50	个	22.98
98	平焊法兰	1.6MPa *DN*100	个	48.19
99	平焊法兰	1.6MPa *DN*150	个	79.27
100	平焊法兰	1.6MPa *DN*200	个	119.54
101	平焊法兰	1.6MPa *DN*300	个	365.92
102	平焊法兰	1.6MPa *DN*400	个	689.44
103	平焊法兰	1.6MPa *DN*500	个	1195.37
104	水位计	—	套	64.25
105	石棉布	δ3	m^2	57.20
106	橡胶石棉盘根	*D*11～25 250℃编制	kg	25.04
107	石棉橡胶板	低中压 δ0.8～6.0	kg	20.02
108	耐酸橡胶石棉板	（综合）	kg	27.73
109	胶圈	*D*100	个	9.77
110	胶圈	*D*150	个	12.94
111	胶圈	*D*200	个	18.19

续表

序号	材料名称	规格	单位	单价（元）
112	胶圈	*D*300	个	28.25
113	胶圈	*D*400	个	42.49
114	胶圈	*D*500	个	58.99
115	胶圈	*D*600	个	74.12
116	橡胶圈	*DN*300	个	9.18
117	橡胶圈	*DN*400	个	14.55
118	橡胶圈	*DN*500	个	17.41
119	橡胶圈	*DN*600	个	20.14
120	橡胶圈	*DN*700	个	28.09
121	橡胶圈	*DN*800	个	31.45
122	橡胶圈	*DN*900	个	41.50
123	橡胶圈	*DN*1000	个	44.54
124	橡胶圈	*DN*1200	个	53.09
125	橡胶圈	*DN*1400	个	61.93
126	橡胶圈	*DN*1600	个	73.49
127	橡胶圈	*DN*1800	个	81.14
128	支撑圈	*D*100	个	8.71
129	支撑圈	*D*150	个	17.72
130	支撑圈	*D*200	个	20.43
131	支撑圈	*D*300	个	27.01
132	支撑圈	*D*400	个	37.07
133	支撑圈	*D*500	个	57.06
134	支撑圈	*D*600	个	76.01
135	耐酸塑料管	*DN*50	m	27.62
136	裸铜线	120mm^2	kg	54.36
137	探头线	—	根	23.82
138	电阻丝	—	根	11.04
139	热电偶	1000℃ 1m	个	68.09

附录二　施工机械台班价格

说　　明

一、本附录机械不含税价格是确定预算基价中机械费的基期价格，也可作为确定施工机械台班租赁价格的参考。

二、台班单价按每台班 8 小时工作制计算。

三、台班单价由折旧费、检修费、维护费、安拆费及场外运费、人工费、燃料动力费和其他费组成。

四、安拆费及场外运费根据施工机械不同分为计入台班单价、单独计算和不计算三种类型。

1.工地间移动较为频繁的小型机械及部分中型机械，其安拆费及场外运费计入台班单价。

2.移动有一定难度的特、大型(包括少数中型)机械，其安拆费及场外运费单独计算。单独计算的安拆费及场外运费除应计算安拆费、场外运费外，还应计算辅助设施(包括基础、底座、固定锚桩、行走轨道枕木等)的折旧、搭设和拆除等费用。

3.不需安装、拆卸且自身能开行的机械和固定在车间不需安装、拆卸及运输的机械，其安拆费及场外运费不计算。

五、采用简易计税方法计取增值税时，机械台班价格应为含税价格，以“元”为单位的机械台班费按系数 1.0902 调整。

施工机械台班价格表

序号	机　械　名　称	规　格　型　号	台班不含税单价（元）	台班含税单价（元）
1	汽车式起重机	8t	767.15	816.68
2	汽车式起重机	16t	971.12	1043.79
3	汽车式起重机	20t	1043.80	1124.97
4	汽车式起重机	30t	1141.87	1234.24
5	电动双梁起重机	5t	190.91	208.13
6	吊装机械	（综合）	664.97	705.06
7	载货汽车	5t	443.55	476.28
8	载货汽车	8t	521.59	561.99
9	载货汽车	10t	574.62	620.24
10	载货汽车	15t	809.06	886.72
11	卷扬机	单筒慢速 50kN	211.29	216.04
12	卷扬机	双筒慢速 50kN	236.29	244.04
13	电动葫芦	单速 3t	33.90	37.57
14	木工圆锯机	*D*500	26.53	29.21
15	木工圆锯机	*D*600	35.46	39.35
16	普通车床	630×2000	242.35	250.09
17	立式钻床	*D*25	6.78	7.64
18	剪板机	20×2500	329.03	345.63
19	卷板机	20×2500	273.51	283.68
20	弯管机	*D*108	78.53	87.28
21	砂轮切割机	*D*500	39.52	43.08
22	半自动切割机	100mm	88.45	98.59
23	等离子切割机	400A	229.27	254.98
24	中频加热处理机	100kW	96.25	107.83
25	坡口机	2.8kW	32.84	35.78
26	刨边机	12000mm	566.55	610.59
27	液压压接机	500t	292.46	318.84
28	中频揻管机	160kW	72.47	80.64
29	中频揻管机	250kW	92.27	102.76

续表

序号	机械名称	规格型号	台班不含税单价（元）	台班含税单价（元）
30	轧纹机	—	29.43	32.08
31	电动单级离心清水泵	*D*100	34.80	38.22
32	电动单级离心清水泵	*D*200	88.54	99.01
33	油泵	50Fs-25	37.74	41.14
34	油泵	100Fs-37A	69.57	75.85
35	试压泵	60MPa	24.94	27.39
36	耐腐蚀泵	*D*40	36.17	39.55
37	耐腐蚀泵	*D*100	178.15	200.77
38	电焊机	（综合）	74.17	82.36
39	氩弧焊机	500A	96.11	105.49
40	交流弧焊机	21kV·A	60.37	66.66
41	直流弧焊机	20kW	75.06	83.12
42	直流弧焊机	30kW	92.43	102.77
43	电焊条烘干箱	600×500×750	27.16	29.58
44	自动埋弧焊机	1200A	186.98	209.32
45	电动空气压缩机	$0.6m^3/min$	38.51	41.30
46	电动空气压缩机	$1m^3/min$	52.31	56.92
47	电动空气压缩机	$6m^3/min$	217.48	242.86
48	电动空气压缩机	$10m^3/min$	375.37	421.34
49	γ射线探伤仪	192/IY	170.64	186.03
50	鼓风机	$18m^3/min$	41.24	44.90
51	轴流风机	7.5kW	42.17	46.69
52	X射线探伤机	TX-2005	55.18	60.16
53	X射线探伤机	TX-2505	61.77	67.34
54	X射线探伤机	RF-3005	118.69	129.40
55	超声波探伤机	CTS-26	78.30	85.36
56	磁粉探伤机	6000A	127.79	139.32
57	滤油机	—	32.16	35.06
58	绕带机	—	28.29	30.84
59	自控热处理机	—	207.91	226.66

附录三　平焊法兰螺栓质量表

平焊法兰螺栓质量表

公称直径	0.25MPa				0.6MPa				1.0MPa				1.6MPa				2.5MPa			
	法兰		螺栓		法兰		螺栓		法兰		螺栓		法兰		螺栓		法兰		螺栓	
	δ	孔数	L	kg	δ	孔数	L	kg	δ	孔数	L	kg	δ	孔数	L	kg	δ	孔数	L	kg
10	10	4	10×35	0.182	12	4	10×40	0.197	12	4	12×40	0.281	14	4	12×45	0.300	16	4	12×50	0.319
15	10	4	10×35	0.182	12	4	10×40	0.197	12	4	12×40	0.281	14	4	12×45	0.300	16	4	12×50	0.319
20	12	4	10×40	0.197	14	4	10×40	0.197	14	4	12×45	0.300	16	4	12×50	0.319	18	4	12×50	0.319
25	12	4	10×40	0.197	14	4	10×40	0.197	14	4	12×45	0.300	18	4	12×50	0.319	18	4	12×50	0.319
32	12	4	12×40	0.281	16	4	12×50	0.319	16	4	16×50	0.601	18	4	16×55	0.635	20	4	16×60	0.669
40	12	4	12×40	0.281	16	4	12×50	0.319	18	4	16×55	0.635	20	4	16×60	0.669	22	4	16×65	0.702
50	12	4	12×40	0.281	16	4	12×50	0.319	18	4	16×55	0.635	22	4	16×65	0.702	24	4	16×70	0.736
70	14	4	12×45	0.300	16	4	12×50	0.319	20	4	16×60	0.669	24	4	16×70	0.736	24	8	16×70	1.472
80	14	4	16×50	0.601	18	4	16×55	0.635	20	4	16×60	0.669	24	8	16×70	1.472	26	8	16×70	1.472
100	14	4	16×50	0.601	18	4	16×55	0.365	22	8	16×65	1.404	26	8	16×70	1.472	28	8	20×80	2.710
125	14	8	16×50	1.202	20	8	16×60	1.338	24	8	16×70	1.472	28	8	16×75	1.540	30	8	22×85	3.556
150	16	8	16×50	1.202	20	8	16×60	1.338	24	8	20×70	2.298	28	8	20×80	2.710	30	8	22×85	3.556
175	18	8	16×50	1.202	22	8	16×65	1.404	24	8	20×70	2.298	28	8	20×80	2.710	32	12	22×90	5.334
200	20	8	16×55	1.270	22	8	16×65	1.404	24	8	20×70	2.498	30	12	20×85	4.380	32	12	22×90	5.334
225	22	8	16×60	1.338	22	8	16×65	1.404	24	8	20×70	2.498	30	12	20×85	4.380	34	12	27×100	9.981
250	22	12	16×65	2.106	24	12	16×70	2.208	26	12	20×75	3.906	32	12	22×90	5.334	34	12	27×100	9.981
300	22	12	20×70	3.747	24	12	20×70	3.747	28	12	20×80	4.065	32	12	22×90	5.334	36	16	27×105	14.076
350	22	12	20×70	3.747	26	12	20×75	3.906	28	16	20×80	5.420	34	16	22×95	7.620	42	16	30×120	18.996
400	22	16	20×70	4.996	28	16	20×80	5.420	30	16	22×85	7.112	38	16	27×105	14.076	44	16	30×120	18.996
450	24	16	20×70	4.996	28	16	20×80	5.420	30	20	22×85	8.890	42	20	27×115	18.560	48	20	30×130	24.930
500	24	16	20×70	4.996	30	16	20×85	5.840	32	20	22×90	8.890	48	20	30×130	24.930	52	20	36×150	41.450
600	24	20	22×75	7.932	30	20	22×85	8.890	36	20	27×105	17.595	50	20	30×140	26.120	—	—	—	—
700	26	24	22×80	9.900	32	24	22×90	10.668	—	—	—	—	—	—	—	—	—	—	—	—
800	26	24	27×85	18.804	32	24	27×95	19.962	—	—	—	—	—	—	—	—	—	—	—	—
900	28	24	27×85	18.804	34	24	27×100	19.962	—	—	—	—	—	—	—	—	—	—	—	—
1000	30	28	27×90	21.938	36	28	27×105	24.633	—	—	—	—	—	—	—	—	—	—	—	—
1200	30	32	27×90	25.072	—	—	—	—	—	—	—	—	—	—	—	—	—	—	—	—
1400	32	36	27×95	29.943	—	—	—	—	—	—	—	—	—	—	—	—	—	—	—	—
1600	32	40	27×95	33.270	—	—	—	—	—	—	—	—	—	—	—	—	—	—	—	—

附录四　榫槽面平焊法兰螺栓质量表

榫槽面平焊法兰螺栓质量表

公称直径	0.25MPa				0.6MPa				1.0MPa				1.6MPa				2.5MPa			
	法兰		螺栓		法兰		螺栓		法兰		螺栓		法兰		螺栓		法兰		螺栓	
	δ	孔数	L	kg	δ	孔数	L	kg	δ	孔数	L	kg	δ	孔数	L	kg	δ	孔数	L	kg
10	10	4	10×40	0.197	12	4	10×45	0.210	12	4	12×45	0.300	14	4	12×50	0.319	16	4	12×55	0.338
15	10	4	10×40	0.197	12	4	10×45	0.210	12	4	12×45	0.300	14	4	12×50	0.319	16	4	12×55	0.338
20	12	4	10×45	0.210	14	4	10×50	0.223	14	4	12×50	0.319	16	4	12×55	0.338	18	4	12×60	0.357
25	12	4	10×45	0.210	14	4	10×50	0.223	14	4	12×45	0.319	18	4	12×60	0.357	18	4	12×60	0.357
32	12	4	12×45	0.300	16	4	12×55	0.338	16	4	16×60	0.669	18	4	16×65	0.702	20	4	16×65	0.702
40	12	4	12×45	0.300	16	4	12×55	0.338	18	4	16×65	0.702	20	4	16×65	0.702	22	4	16×75	0.770
50	12	4	12×45	0.300	16	4	12×55	0.338	18	4	16×65	0.702	22	4	16×70	0.736	24	4	16×75	0.770
70	14	4	12×50	0.319	16	4	12×55	0.338	20	4	16×70	0.736	24	4	16×70	0.736	24	8	16×75	1.540
80	14	4	16×55	0.635	18	4	16×65	0.702	20	4	16×70	0.736	24	8	16×75	1.540	26	8	16×80	1.608
100	14	4	16×55	0.635	18	4	16×65	0.702	22	8	16×70	1.472	26	8	16×80	1.608	28	8	20×85	2.920
125	14	8	16×55	1.270	20	8	16×65	1.404	24	8	16×75	1.540	28	8	16×85	1.742	30	8	22×95	3.810
150	16	8	16×60	1.338	20	8	16×65	1.404	24	8	16×80	2.710	28	8	20×90	2.920	30	8	22×95	3.810
175	16	8	16×60	1.338	22	8	16×70	1.472	24	8	20×80	2.710	28	8	20×90	2.920	32	12	22×100	5.715
200	18	8	16×65	1.402	22	8	16×70	1.472	24	8	20×80	2.710	30	12	20×95	4.695	32	12	22×100	5.715
225	20	8	16×65	1.402	22	8	16×70	1.472	24	8	20×80	2.710	30	12	20×95	4.695	34	12	27×105	10.557
250	22	12	16×70	2.208	24	12	16×75	2.310	26	12	20×85	4.380	32	12	22×100	5.715	34	12	27×105	10.557
300	22	12	20×75	3.906	24	12	20×80	4.065	28	12	20×90	4.380	32	12	22×100	5.715	36	16	27×120	14.848
350	22	12	20×75	3.906	26	12	20×85	4.380	28	16	20×90	5.840	34	16	22×105	8.132	42	16	30×130	19.944
400	22	16	20×75	5.208	28	16	20×85	5.840	30	16	22×95	7.620	38	16	27×115	14.848	44	16	30×130	19.944
450	24	16	20×80	5.420	28	16	20×90	5.840	30	20	22×95	9.525	42	20	27×130	19.520	48	20	30×140	26.120
500	24	16	20×80	5.420	30	16	20×90	5.840	32	20	22×100	9.525	48	20	30×140	26.120	52	20	36×150	41.450
600	24	20	22×85	8.890	30	20	22×90	8.890	36	20	27×110	17.595	50	20	36×150	41.450	—	—	—	—
700	26	24	22×85	10.668	—	—	—	—	—	—	—	—	—	—	—	—	—	—	—	—
800	26	24	27×90	18.804	—	—	—	—	—	—	—	—	—	—	—	—	—	—	—	—

附录五　对焊法兰螺栓质量表

对焊法兰螺栓质量表

公称直径	0.25MPa				0.6MPa				1.0MPa				1.6MPa				2.5MPa			
	法兰		螺栓		法兰		螺栓		法兰		螺栓		法兰		螺栓		法兰		螺栓	
	δ	孔数	L	kg	δ	孔数	L	kg	δ	孔数	L	kg	δ	孔数	L	kg	δ	孔数	L	kg
10	10	4	10×40	0.197	12	4	10×40	0.197	12	4	12×45	0.300	14	4	12×50	0.319	16	4	12×55	0.338
15	10	4	10×40	0.197	12	4	10×40	0.197	12	4	14×45	0.300	14	4	12×50	0.319	16	4	12×55	0.338
20	12	4	10×40	0.197	12	4	10×40	0.197	14	4	12×50	0.319	14	4	12×50	0.319	16	4	12×55	0.338
25	12	4	10×40	0.197	14	4	10×45	0.210	14	4	12×50	0.319	14	4	12×50	0.319	16	4	12×55	0.338
32	12	4	12×40	0.300	14	4	12×50	0.319	16	4	16×60	0.669	16	4	16×60	0.669	18	4	16×65	0.702
40	12	4	12×45	0.300	14	4	12×50	0.319	16	4	16×60	0.669	16	4	16×60	0.669	18	4	16×65	0.702
50	12	4	12×45	0.300	14	4	12×50	0.319	16	4	16×60	0.669	16	4	16×60	0.669	20	4	16×70	0.736
70	12	4	12×45	0.300	14	4	12×50	0.319	18	4	16×65	0.702	18	4	16×65	0.702	22	8	16×70	1.472
80	14	4	16×50	0.601	16	4	16×60	0.669	18	4	16×65	0.702	20	8	16×70	1.472	22	8	16×70	1.472
100	14	4	16×50	0.601	16	4	16×60	0.669	20	8	16×70	1.472	20	8	16×70	1.472	24	8	20×80	2.710
125	14	8	16×50	1.202	18	8	16×65	1.404	22	8	16×77	1.540	22	8	16×80	1.608	26	8	22×85	3.556
150	14	8	16×50	1.202	18	8	16×65	1.404	22	8	20×77	2.604	22	8	20×80	2.710	28	8	22×90	3.556
175	16	8	16×60	1.338	20	8	16×70	1.472	22	8	20×75	2.604	24	8	20×80	2.710	28	12	22×95	5.715
200	16	8	16×60	1.338	20	8	16×70	1.472	22	8	20×75	2.604	24	12	20×80	4.065	30	12	27×95	9.981
225	18	8	16×65	1.404	20	8	16×70	1.472	22	8	20×75	2.604	24	12	20×80	4.065	32	12	27×105	10.557
250	20	12	16×70	2.208	22	12	16×75	2.310	24	12	20×80	4.066	26	12	22×85	5.334	32	12	27×105	10.557
300	20	12	20×70	3.747	22	12	20×75	3.906	26	12	20×85	4.380	28	12	22×90	5.334	36	16	27×115	14.848
350	20	12	20×70	3.747	22	12	20×75	3.906	26	16	20×85	5.840	32	16	22×100	7.620	40	16	30×120	18.996
400	20	16	20×70	4.996	22	16	20×75	5.208	26	16	22×85	7.112	36	16	27×115	14.848	44	16	30×130	19.944
450	20	16	20×70	4.996	24	16	20×80	5.208	26	20	20×85	8.890	38	20	27×120	18.560	46	20	30×140	26.120
500	24	16	20×80	5.420	24	16	20×80	5.420	28	20	22×90	8.890	42	20	30×130	24.930	48	20	36×150	41.450
600	24	20	22×80	8.250	24	20	22×80	8.250	30	20	27×95	16.635	46	20	36×140	39.740	54	20	36×160	43.160
700	24	24	22×80	9.900	24	24	22×80	9.900	30	24	27×100	19.963	48	24	36×140	47.688	58	24	42×170	80.856
800	24	24	27×85	18.804	24	24	27×85	18.804	32	24	30×110	27.072	50	24	36×150	49.740	60	24	42×180	80.856

续表

公称直径	4.0MPa				6.4MPa			
	法兰		双头螺栓		法兰		双头螺栓	
	δ	孔数	*L*	kg	δ	孔数	*L*	kg
10	16	4	12×65	0.376	18	4	12×70	0.395
15	16	4	12×65	0.376	18	4	12×70	0.395
20	16	4	12×65	0.376	20	4	16×80	0.804
25	16	4	12×65	0.376	22	4	16×85	0.871
32	18	4	16×75	0.770	24	4	20×95	1.565
40	18	4	16×75	0.770	24	4	20×95	1.565
50	20	4	16×80	0.804	26	4	20×100	1.565
70	22	8	16×85	1.743	28	8	20×110	3.345
80	24	8	16×85	1.743	30	8	20×110	3.345
100	26	8	20×100	3.130	32	8	22×120	4.321
125	28	8	20×110	3.345	36	8	27×140	8.193
150	30	8	20×110	3.345	38	8	30×150	10.924
175	36	12	27×130	11.713	42	12	30×150	16.386
200	38	12	27×140	12.289	44	12	30×160	17.105
225	40	12	30×150	16.386	46	12	30×160	17.105
250	42	12	30×150	16.386	48	12	36×180	27.951
300	46	16	30×160	22.807	54	16	36×190	40.008
350	52	16	30×170	24.725	60	16	36×200	40.008
400	58	16	36×200	40.008	66	16	42×220	61.368
450	60	20	36×200	50.010	—	—	—	—
500	62	20	42×210	76.710	—	—	—	—
600	—	—	—	—	—	—	—	—
700	—	—	—	—	—	—	—	—
800	—	—	—	—	—	—	—	—

附录六　梯形槽式对焊法兰螺栓质量表

梯形槽式对焊法兰螺栓质量表

公称直径	6.4MPa				10MPa				16MPa			
	法兰		螺栓		法兰		螺栓		法兰		螺栓	
	δ	孔数	L	kg	δ	孔数	L	kg	δ	孔数	L	kg
10～15	22	4	12×80	0.433	22	4	12×80	0.433	26	4	16×95	0.939
20	24	4	16×90	0.871	24	4	16×90	0.871	32	4	20×110	1.673
25	24	4	16×90	0.871	24	4	16×90	0.871	34	4	20×110	1.673
32	26	4	20×100	1.565	30	4	20×110	1.673	36	4	22×120	2.160
40	28	4	20×110	1.673	32	4	20×110	1.673	40	4	24×130	2.901
50	30	4	20×110	1.673	34	4	22×120	2.160	44	8	24×140	6.107
65	32	8	20×110	3.346	38	8	22×130	4.576	50	8	27×160	8.962
80	36	8	20×120	3.556	42	8	22×140	4.832	54	8	27×170	9.730
100	40	8	22×140	4.832	48	8	27×160	8.962	58	8	30×180	12.362
125	44	8	27×150	8.578	52	8	30×170	12.362	70	8	36×210	21.373
150	48	8	30×160	11.404	58	12	30×180	18.543	80	12	36×230	34.115
200	54	12	30×180	18.543	66	12	36×210	32.060	92	12	42×260	51.625
250	62	12	36×200	30.006	74	12	36×220	32.060	100	12	48×290	78.315
300	66	16	36×220	47.747	80	16	42×240	65.101	—	—	—	—

附录七 焊环活动法兰螺栓质量表

焊环活动法兰螺栓质量表

公称直径	0.25、0.6MPa				1.0MPa				1.6MPa			
	法兰		螺栓		法兰		螺栓		法兰		螺栓	
	δ	孔数	L	kg	δ	孔数	L	kg	δ	孔数	L	kg
10	10	4	10×55	0.236	12	4	12×60	0.357	14	4	12×65	0.376
15	10	4	10×55	0.236	12	4	12×60	0.357	14	4	12×65	0.376
20	10	4	10×55	0.236	14	4	12×65	0.376	16	4	12×75	0.414
25	12	4	10×60	0.250	14	4	12×65	0.376	16	4	12×75	0.414
32	12	4	12×60	0.357	16	4	16×80	0.804	18	4	16×85	0.871
40	12	4	12×60	0.357	18	4	16×80	0.804	20	4	16×90	0.871
50	12	4	12×60	0.357	18	4	16×80	0.804	20	4	16×90	0.871
70	14	4	12×70	0.395	20	4	16×90	0.871	22	4	16×100	0.939
80	14	4	16×75	0.770	22	4	16×100	0.939	24	8	16×100	1.878
100	14	4	16×75	0.770	24	8	16×100	1.878	26	8	16×110	2.013
125	14	8	16×75	1.540	26	8	16×110	2.013	28	8	16×115	2.149
150	16	8	16×80	1.608	26	8	20×110	3.345	28	8	20×120	3.556
200	18	8	16×90	1.742	26	8	20×120	3.556	28	12	20×120	5.334
250	20	12	16×100	2.817	28	12	20×120	5.334	—	—	—	—
300	24	12	20×110	5.019	30	12	20×130	5.651	—	—	—	—
400	32	16	20×130	7.535	—	—	—	—	—	—	—	—
500	38	16	20×150	8.380	—	—	—	—	—	—	—	—

附录八　管口翻边活动法兰螺栓质量表

管口翻边活动法兰螺栓质量表

公称直径	0.25、0.6MPa			
	法兰		螺栓	
	δ	孔数	L	kg
15	10	4	10×45	0.210
20	10	4	10×45	0.210
25	12	4	10×50	0.223
32	12	4	12×50	0.319
40	12	4	12×50	0.319
50	12	4	12×50	0.319
70	14	4	12×55	0.338
80	14	4	16×60	0.669
100	14	4	16×60	0.669
125	14	8	16×60	1.338
150	16	8	16×65	1.404
175	18	8	16×70	1.472
200	18	8	16×70	1.472
225	20	8	16×75	1.540
250	20	12	16×75	2.310
300	24	12	20×85	4.380
350	28	12	20×90	4.380
400	32	16	20×100	6.260
450	34	16	20×105	6.692
500	38	16	20×110	6.692